W0259186

ALLE · ZEIT · WACH
1842

Harald Schumny (Hrsg.)

Meßtechnik mit dem Personal Computer

Meßdatenerfassung und -verarbeitung

3., neubearbeitete und erweiterte Auflage
mit 148 Abbildungen

Springer-Verlag
Berlin Heidelberg NewYork
London Paris Tokyo
Hong Kong Barcelona Budapest

Prof. Dr.-Ing. Harald Schumny
Physikalisch-Technische Bundesanstalt (PTB)
Rechnerintegrierte Meßdatenverarbeitung
Fürstenwalder Damm 388
12587 Berlin-Friedrichshagen

Die vorhergehenden Auflagen sind unter dem Titel "Personal Computer in Labor, Versuchs- und Prüffeld" erschienen.

ISBN-13: 978-3-540-56088-3 e-ISBN-13: 978-3-642-93528-2
DOI: 10.1007/978-3-642-93528-2

Die Deutsche Bibliothek - CIP-Einheitsaufnahme
Meßtechnik mit dem Personal-Computer: Meßdatenerfassung und -verarbeitung / H. Schumny (Hrsg.). -
3., neubearbeitete und erweiterte Auflage -
Berlin; Heidelberg; New York; London; Paris; Tokyo; Hong Kong; Barcelona; Budapest: Springer 1993
Bis 2. Aufl. u.d.T.: Personal-Computer in Labor, Versuchs- und Prüffeld

NE: Schumny, Harald (Hrsg.)

Einbandgrafik: Prof. Varchim, Inst. f. elektronische Meßtechnik und Grundlagen der Elektrotechnik, Braunschweig
Satz: Reproduktionsfertige Vorlage des Herausgebers

68/3020 - 5 4 3 2 1 0 - Gedruckt auf säurefreiem Papier

Vorwort zur 3. Auflage

Seit nunmehr fast zehn Jahren gibt es das VDI-Seminar "Arbeitsplatzcomputer für Meßdatenerfassung und -auswertung". In etwa halbjährlichem Abstand werden dabei Grundlagen der modernen Meßtechnik aufgezeigt sowie Hardware- und Software-Aspekte zum Einsatz von Personalcomputern angesprochen. In der ersten Auflage dieses Buchs vom Februar 1988 war der damals recht eingeschränkte Leistungsumfang der MS-DOS-PCs als Hauptproblem dargestellt, wobei vor allem auch die fehlenden Multitask- und Echtzeiteigenschaften dieser PCs die Diskussion anregten. Ebenfalls mager war das Angebot an sogenannter Standardsoftware.

Schon in der zweiten Auflage, die im Januar 1990 erschien, standen diese anfänglichen Grundprobleme nicht mehr im Vordergrund. Erst recht hat sich nun diese dritte, erheblich überarbeitete und ergänzte Auflage von der eher historischen Darstellung in der Mitte der achtziger Jahre entfernt. Gleichzeitig haben wir den Buchtitel in "Meßtechnik mit dem PC" geändert, womit die Gewichtsverschiebung von den PC-Problemen mehr hin zu den Fragen der Meßdatenerfassung und -verarbeitung ausgedrückt wird. Verkürzt lassen sich somit der Inhalt dieses Buchs und der entsprechend aktualisierten Seminare wie folgt angeben:

Moderne Meßtechnik mit Hilfe der kostengünstigsten und am weitesten verbreiteten Computer mit den Schwerpunkten

- Teil I	Computer und Schnittstellen, besonders PC-Instrumentierung, digitale Schnittstellen, Messen und Steuern mit IEEE-488 und SCPI
- Teil II	Signalerfassung, Verarbeitung, Darstellung, besonders A/D-Umsetzung, digitale Filterung, Meßunsicherheit
- Teil III	Praktische Instrumentierung und Anwendungen, besonders Instrumentierung mit Zusatzkarten im PC oder in externer Box, Erfassung dynamischer Meßwerte, Prozeßperipherie, Unterschiede zwischen Datenlogger, Datenakquisition und Prozeßkontroller
- Teil IV	Software für Erfassung und Verarbeitung, besonders kommentierte Übersichten, Anforderungen an Meßtechnik-Software, Standardsoftware
- Anhang	Normen-Verzeichnisse, Literatur- und Sachwortverzeichnisse

Wir haben also nicht oder nur langsam veränderliche Grundlagen beibehalten, der rasanten Weiterentwicklung unterliegende Teile aktualisiert und neue Erkenntnisse dazugenommen. Hierunter fällt insbesondere die ausführliche Behandlung der Instrumentierung und der dazu notwendigen Schnittstellen sowie die umfassende Abhandlung der Gerätesteuerung mit IEEE-488.2 und SCPI. Erwähnt sei ebenfalls die Ausweitung der Software-Diskussion, die Kurzbesprechung vieler Meßtechnik-Software und der instruktive Anhang. Damit ist ein wichtiges Buch entstanden, das auf der Tradition der ersten Auflagen aufbaut und in die Zukunft weist.

Berlin, im Januar 1993 *Harald Schumny*

Autorenverzeichnis

Dipl.-Ing. *Wolfgang Bartels*
Keithley Instruments, Germering

Dipl.-Math. *Hendrik Immel*
Eichendorff-Gymnasium, Koblenz

Dr.-Ing. *Wilfried Melder*
GfS mbH, Aachen

Ing. *Harry Reimer*
Datalog GmbH, Mönchengladbach 2

Prof. Dr.-Ing. *Harald Schumny*
Physikalisch-Technische Bundesanstalt, Berlin

Dr.-Ing. *Hans-Joachim Schuster*
Physikalisch-Technische Bundesanstalt, Braunschweig

Prof. Dr.-Ing. *J.-Uwe Varchmin*
Institut für elektrische Meßtechnik und Grundlagen der Elektrotechnik, Technische Universität Braunschweig

Prof. Dr.-Ing. *Erhard Vollmann*
FH München, FB Elektrotechnik, München

Dipl.-Ing. *Torsten Waldeck*
Meilhaus Electronic, Puchheim

Prof. Dr. rer. nat. *Klaus Weise*
Physikalisch-Technische Bundesanstalt, Braunschweig

Inhaltsverzeichnis

Teil II Signalerfassung, Verarbeitung, Darstellung 91

Teil I Computer und Schnittstellen

1 Instrumentierung mit Arbeitsplatzcomputern

von Harald Schumny

Instrumentierung eines Arbeitsplatzcomputers (APC) bedeutet: Ausrüstung des APC mit Zusatz-Hardware und -Software in der Weise, daß er zur Ausführung einer meßtechnischen Aufgabe geeignet ist (dann spricht man auch von meßtechnischer Instrumentierung). Instrumentierung *mit* einem APC weist auf die steuernde Rolle des Computers in einem Meßsystem hin. Die verschiedenen Methoden und technischen Besonderheiten der Instrumentierung werden im folgenden behandelt. APCs (entsprechend dem aktuellen Stand der Technik) und relevante Software-Fragen werden ebenfalls angesprochen.

Bild 1.1 zeigt ein solches modernes Meßdatenerfassungssystem (auch *Data Acquisition System*, DAS) und deutet auf einen weiteren sehr wichtigen Problemkreis: die digitalen Schnittstellen zum Anschalten verschiedenster Systemkomponenten. Im Kapitel 2 (Schnittstellen und Vernetzung) werden wir hierauf zurückkommen.

Wesentliche Komponenten eines Meßtechniksystems sind also:

- *der Arbeitsplatzcomputer (APC, auch Host-Computer)*
- *Zusatz-Hardware, z.B. DAS und Anschlußklemmen (Termination Panel)*
- *geeignete digitale Schnittstellen (Beisp. in Bild 1.1 unter "Communications")*
- *geeignete, möglichst gute Software (hierzu mehr ab Kapitel 11)*

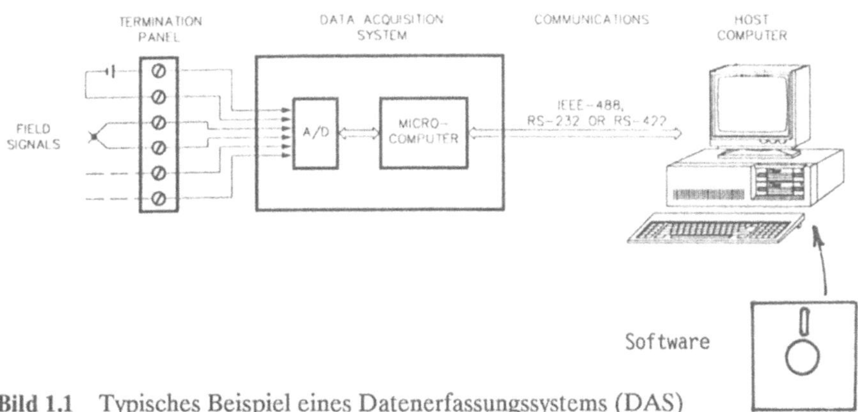

Bild 1.1 Typisches Beispiel eines Datenerfassungssystems (DAS)

1.1 Computerfamilien

Als Arbeitsplatzcomputer werden solche Datenverarbeitungsgeräte bezeichnet, die für den verteilten Einsatz direkt am Arbeitsplatz vorgesehen sind. Die Nutzung ist entweder isoliert oder "irgendwie" vernetzt. **Bild 1.2** faßt alle wesentlichen Komponenten solch eines Computers zusammen.

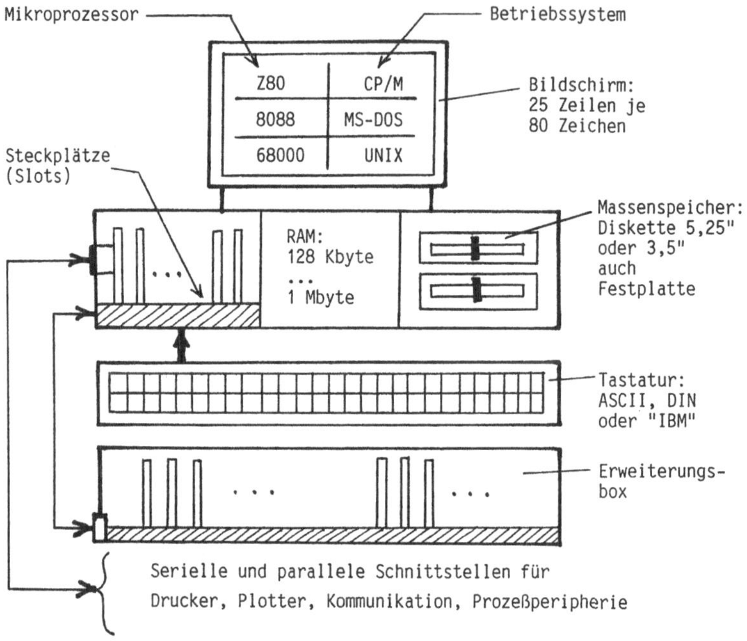

Bild 1.2 Personal- bzw. Arbeitsplatzcomputer in Standardausführung der 80er Jahre. Die aktuellen Mikroprozessoren und Betriebssysteme sind in Tabelle 1.1 angegeben. Arbeitsspeicher (RAM) liegen heute in der Regel weit oberhalb 1 Mbyte

1.1.1 Hardware-Aspekte

Tabelle 1.1 benutzt die Bezeichnung APC als "Oberbegriff" und ordnet darunter die wichtigsten Computerfamilien mit ihren Hauptmerkmalen ein. Dazu gehört heute die Macintosh-Familie von *Apple* (kurz als "Mac" bezeichnet). Aber auch die "MicroVAX" (μVAX) der Fa. *Digital Equipment Corporation* (DEC) sowie die *Sun*- und *HP*-Computer zählen wir dazu. Die verwendeten Abkürzungen:

PC: *Personalcomputer*
AT: *Advanced Technology* (Fortschrittliche Technik, 16-/32-Bit)
ISA: *Industry Standard Architecture* (auch PC-Bus genannt)
EISA: *Extended ISA*
MS-DOS: *Microsoft Disk Operating System* (Plattenbetriebssystem)
PS/2: *Personal System 2* (IBM-Computer)
MCA: *Microchannel Architecture*
OS/2: *Operating System 2*
WS: *Workstation*
VME: *Versa Module Europe* (Normung: IEEE-1014)
RISC: *Reduced Instruction Set Computer*
TC: *TurboChannel* (DEC)
PA: *Precision Architecture* (HP)

Tabelle 1.1 APC-Familien mit ihren Hauptmerkmalen

APC-Familie	*Prozessor*	*Daten-bits*	*System-Bus*	*Betriebs-system*	*Firmen*
PC/AT	80286 80386 80486	16 32 32	ISA EISA	MS-DOS	weltweit
PS/2	80286 80386/486	16 32	MCA	MS-DOS OS/2	IBM
WS	68010 68030	16 32	VME	Unix	viele
MacII	68010 68030	16 32	Nu	Apple, Unix, MS-DOS	Apple
Next	68030	32	Nu	Mach (Unix)	Next
μVAX	DEC	32	Q, TC	VMS, Unix	DEC
Sun HP/Apollo	RISC RISC	32/64 32/64	S PA	Sun OS (Unix) HP-UX (Unix)	Sun HP

Die Bezeichnung PA (*Precision Architecture*) steht genauer gesagt für die Struktur der RISCs von *Hewlett-Packard*. Wir verwenden dieses Kürzel hier für das System an sich.

Die drei wesentlichen Merkmale eines APC sind entsprechend Tabelle 1.1 die folgenden:

- *Der Mikroprozessor*; hierbei dominieren die Prozessorfamilien von *Intel* (80xxx) und *Motorola* (68xxx). 32-Bit-Typen nehmen weiter zu.
- *Der Systembus*; marktbeherrschend ist dabei der von der *IBM* eingeführte PC-Bus mit 16 oder 32 bit Datenbreite. Dafür ist die Bezeichnung ISA eingeführt. Der neuere IBM-Bus MCA wird unten angesprochen.
- *Das Betriebssystem*; hier hat MS-DOS die stärkste Verbreitung, dafür gibt es die meiste Software.

Die Abhängigkeit zwischen Mikroprozessor und Betriebssystem wird aus Tab. 1.1 deutlich. Hier listen wir die hervorragenden Hardware-Eigenschaften heutiger "Standard-PCs" auf, für die weithin als Gattungsbeschreibung *PC-Kompatibilität* herangezogen wird. In diesem Zusammenhang spricht man auch von "Industriestandard" oder "De-facto-Standard":

- Mikroprozessor 8086, 80286, 80386 oder 80486;
- Koprozessoren 8087, 80287 usw. möglich;
- Arbeitsspeicher mindestens 1 Mbyte, weiter ausbaubar;
- Massenspeicher 5 1/4" Floppy Disk (133 mm Durchmesser) mit IBM-Aufzeichnungsformat (360 Kbyte oder 1,2 Mbyte); häufiger 3 1/2" (89 mm) mit 1,44 Mbyte;
- Festplatte (*Winchester*) mit mindestens 40 Mbyte Speicherkapazität, oft über 100 Mbyte;
- einheitliche Tastatur nach IBM-Muster;
- Standardgraphik vom Typ EGA/VGA mit bis zu 800 * 600 Punkten, aber auch z.B. 1024 * 768;
- Druckeranschluß an Centronics- oder serieller Schnittstelle;
- Anschluß für eine Maus;
- serieller Anschluß für Datenkommunikation;
- freie Steckplätze (*slots*) für Leiterplatten im ISA- oder EISA-Format.

Bei Vorliegen dieser Merkmale spricht man von *Hardware-Kompatibilität*. Es gibt weltweit hunderte von PC-Herstellern und Zulieferern, die PC-verträgliche Steckkarten für nahezu alle nur denkbaren Aufgaben anbieten. Es gibt verschiedene Graphikverbesserungen und spezielle Ergänzungen, z.B. für *Personal Instrumentation*, für Entwicklung (CAE, *Computer Aided Engineering*), für Konstruktion (CAD, *Computer Aided Design*), Qualitätskontrolle (CAQ, *Computer Aided Quality*) usw.

Selbstverständlich existieren andere Computer mit abweichender Hardware und teilweise besseren Eigenschaften (z.B. die mit Prozessoren der 68xxx-Familie). Die Hardware- und Software-Unterstützung ist jedoch für die IBM-kompatiblen Geräte weitaus am größten.

Der PC-Systembus ist so ausgelegt, daß auf die Mutterplatine (*motherboard*) der 16- und 32-Bit-PCs vom Typ AT 8-, 16- und 32-Bit-Platinen gesteckt werden können. Diese "kompatible" Konstruktion wird ISA genannt.

Mit der Vorstellung der *Microchannel* genannten PC-Architektur (MCA) hat die Fa. *IBM* versucht, dem durch die offene, modulare ISA-Architektur dominierten PC-Markt eine neue Richtung zu geben und einen fortschrittlicheren PC-Systembus durchzusetzen. Aber MCA ist nicht verträglich mit ISA, d.h. vorhandene Steckkarten können nicht mehr verwendet werden. Darum haben führende PC-Hersteller eine "Erweiterte Industrie-Standard-Architektur" EISA für 32-Bit-PCs definiert, auf der auch alle älteren 8-Bit- und 16-Bit-Komponenten lauffähig sind.

Eine viel verwendete Charakterisierung der gewünschten PC-Leistung ist mit dem Kürzel "**M5**" gekennzeichnet, womit folgendes gemeint ist:

- 1 Mbyte Speicherkapazität;
- 1 MIPS (*Million Instructions Per Second*) Rechenleistung;
- 1 Million Bildpunkte (*pixels*) auf dem Bildschirm darstellbar;
- 1 Mbit/s Datenrate über eine serielle Schnittstelle;
- *Multitasking/Windowing*, also gleichzeitige Abarbeitung mehrerer verschiedener Programme.

Mit dem *Betriebssystem MS-DOS* sind nur 640 Kbyte Arbeitsspeicher direkt nutzbar. Jedoch können alle PCs heute entsprechend dem von den Firmen *Lotus, Intel, Microsoft* (LIM) entwickelten *Expanded Memory Standard* (EMS) bis auf 16 Mbyte adressieren, wodurch "1 Mbyte" zumindest für Daten und spezielle Programme deutlich überschritten ist. In die MS-DOS-Versionen ab 4.x ist diese Möglichkeit integriert, so daß 16 Mbyte direkt nutzbar sind.

Die *Rechenleistung* 1 MIPS wird von PCs mit dem Prozessor 80286 überboten. Eine Übersicht dazu gibt **Tabelle 1.2**. Die angegebenen Zahlen sind der Literatur entnommen und können aufgrund verschiedener Bemessungsmethoden nur grobe Orientierungen darstellen.

Anders ist es bei den *Bildschirmgraphiken*. Die "hochauflösenden" Standards bieten auch bei 1024 * 768 Bildpunkten nur 786 000 Pixels. Nur mit teuren Graphikkarten und speziellen Bildschirmen ist die "1-M-Auflösung" erreichbar.

Die *Datenrate* von 1 Mbit/s ist prinzipiell möglich, wenn der Rechner mit einer Schnittstellenkarte gemäß V.11 oder RS-485 ausgerüstet ist oder einen speziellen Anschluß für ein LAN (*Local Area Network*) besitzt. Aber auch dann kann langsame Software die Nutzung der hohen Übertragungsrate behindern.

Tabelle 1.2 Rechenleistung verschiedener Prozessoren in MIPS (*Million Instructions Per Second*)

Prozessor	*Taktfrequenz (MHz)*	*MIPS*
80286	8	1,5
	12,5	2 - 3
	16	3
	20	4
	25	5
80386	15	4
	25	6 - 7
	33	8
80486	25	15 -20
	50	41
in ECL-Technik		120
Multi-PC (4 x 486)	50	160
P5 (i586)		100 ...
Clipper		5
Sparc (Sun)		10 - 40
RISC	8	2 - 8
RISC	20	16 - 20 ...
R3000 (MIPS)	33	20
R4000 (MIPS)	100	70 - 80
R4000	200	400
Hyperstone	25	25

Multitasking ist mit MS-DOS nach wie vor nicht möglich; dieses Betriebssystem kann auch in der neuesten Version nur ein Programm zu einer Zeit abarbeiten. Einen möglichen Ausweg findet man oft durch Instrumentierung des MS-DOS-PCs mit "intelligenten" Meßkarten, die also einen eigenen Prozessor mit Betriebssystem enthalten. Einzelheiten dazu später.

1.1.2 Benutzeroberfläche

Die Benutzeroberfläche eines Computers wird gebildet aus Hardware- und Software-Einrichtungen, mit deren Hilfe ein Benutzer am Gerät arbeitet. Es gibt ein paar verschiedene Konzepte, die zumindest teilweise auch die technologische Leistungsfähigkeit des jeweiligen Herstellers dokumentieren. Gemeinsam ist allen der Bildschirm (bzw. die Flüssigkristall- oder Plasmaanzeige) für Meldungen, Hinweise, Aufforderungen, Wahlmöglichkeiten, numerische und graphische Ausgaben usw. **Bild 1.3** zeigt ein paar wichtige Komponenten einer modernen Benutzeroberfläche: Tastatur, Bildschirm, Maus, Graphiktablett. Ausführung, Benutzung und Programmierung der Bedienungskomponenten sind bei PCs weitgehend vereinheitlicht.

Verschieden ist vor allem die Art der Kommandoeingabe. Dabei werden drei Grundtypen unterschieden:

- **Kommandogeführte Nutzung** (*command driven*) mit Tastatureingabe von z.B.
  dir Enter — für das Platten-Inhaltsverzeichnis (*directory*)
  Ctrl p — für Umschaltung auf Drucken (*print*)
  Ctrl i — für Darstellung in Kursivschrift (*italics*).
- **Menügeführte Nutzung** (*menu driven*), wobei alle Funktionen aus Listen oder gekennzeichneten Feldern am Bildschirm abrufbar sind.
- **Graphische Benutzerführung** (*graphics driven*) mit Abruf aller Funktionen durch "Anwählen" graphischer Symbole (*icons*, Ikonen genannt).

Eingaben über die alphanumerische Tastatur ist die am meisten verwendete Methode. Es wird dabei jede Anweisung an das Betriebssystem oder innerhalb eines laufenden Programms in vorgeschriebener mnemonischer Schreibweise eingetastet (s. oben, Kommandogeführte Nutzung).

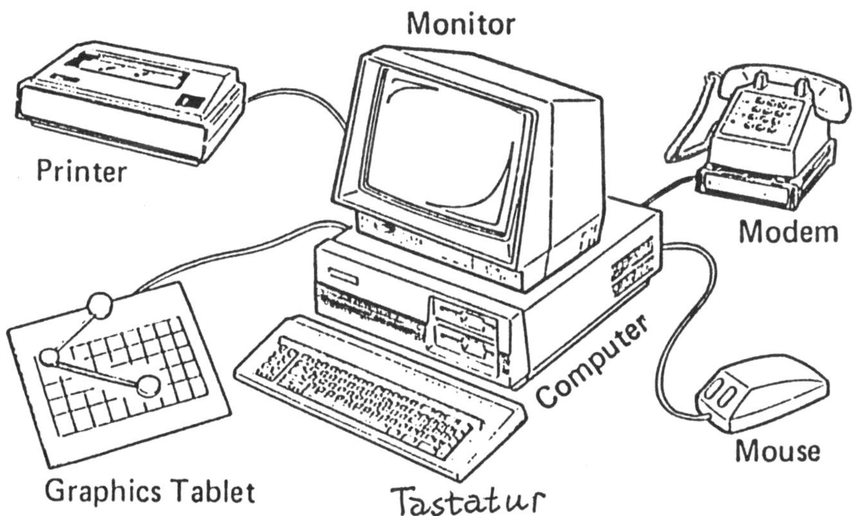

Bild 1.3 Elemente der Benutzeroberfläche

Funktionstasten werden gerne benutzt, um zwischen Auswahlmöglichkeiten (Menü) bequem entscheiden zu können. Komfortable Systeme blenden die Funktionstasten mit der augenblicklichen Bedeutung beschriftet auf dem Bildschirm ein (*soft keys*).

Mit einer Maus können Menüfelder oder Ikonen auf dem Bildschirm "angesteuert" und aktiviert werden. Diese bequeme Methode hat sich weitgehend durchgesetzt. Eingaben über die Tastatur sind bei mancher Software weitgehend überflüssig.

Berührungsempfindlicher Bildschirm (*touch screen*) ist z.B. für Prozeßleitstände eine bewährte Methode zur direkten Anwahl von Aktionen. In einer Version bilden vor dem Bildschirm angeordnete Infrarotstrahlen matrixförmige Kreuzungspunkte, die mit dem Finger oder einem Bleistift unterbrochen werden können, wodurch zugeordnete Programmteile starten.

Handschriftliche Direkteingabe ist eine interessante Methode, bei der z.B. direkt per Hand auf ein Graphiktablett geschrieben wird. **Bild 1.4** erklärt, wie Schriftzüge digitalisiert und durch Vergleich mit den Koordinaten abgespeicherter Muster erkannt werden.

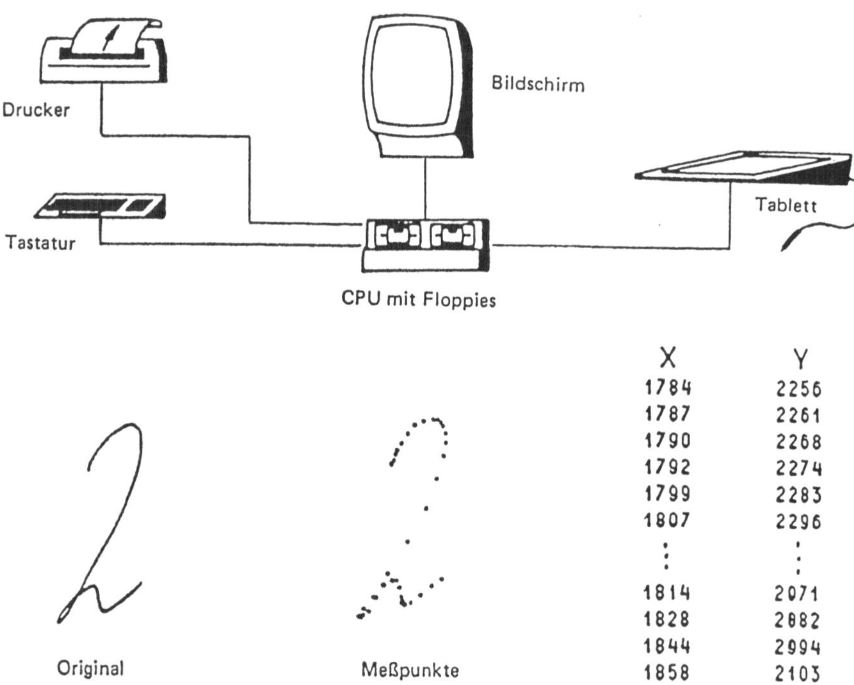

Bild 1.4 Prinzip der handschriftlichen Direkteingabe

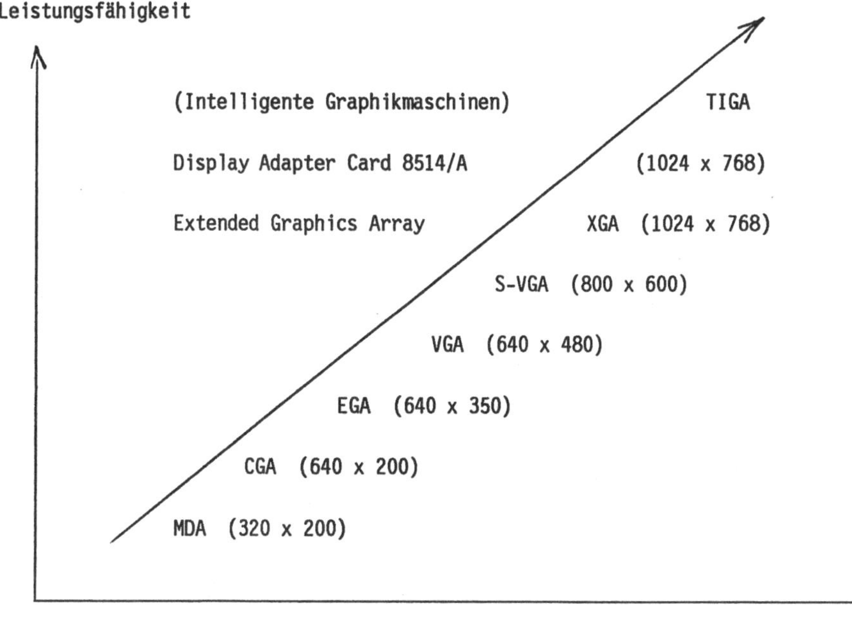

Bild 1.5 Entwicklungsstufen wichtiger PC-Graphikstandards

Graphische Benutzeroberfläche (*Graphical User Interface*, GUI) ist zunächst der allgemeine Begriff für moderne graphische Benutzerführungen per Bildschirm. Konkret orientiert sich heute die Gestaltung solcher Oberflächen an MS-Windows (bei PCs), bei Unix- und VMS-Workstations (DEC) folgt die Gestaltung den Standards POSIX oder PEX (*PHIGS Extensions for X-Windows*, das nun schon gut eingeführte X-Window System).

Die PC-Graphik war am Anfang unterentwickelt. Während manche Vorläufer des IBM-PC bereits z.B. 800 * 640 Punkte Bildschirmauflösung boten, kam der Ur-PC mit 320 * 200 Punkten bei vier Farben und 640 * 200 bei monochromer Darstellung auf den Markt. Diese mit CGA bezeichnete Graphik-Anschaltung wurde dann aber ergänzt um die zunächst monochrome sog. *Hercules-Auflösung* (HGA in **Tabelle 1.3**, übernächste Seite), später auch farbig verfügbar. Heute dominiert VGA.

Tabelle 1.3 besteht zum größeren Teil aus IBM-Entwicklungen. Die wesentlichen Entwicklungsstufen sind in **Bild 1.5** dargestellt. Jede aufeinanderfolgende Version hat eine höhere Auflösung und mehr Farben gebracht, aber auch dem PC mehr Leistungsfähigkeit (*performance*) abgefordert. Nach VGA mit 640 * 480 Pixels ist Super-VGA mit 800 * 600 und mehr sowie die "Display Adapter Card" 8514/A definiert, die 1024 * 768 Bildpunkte ansteuert und dem PC-Zentralprozessor (CPU) viel "Graphikarbeit" abnimmt. Eine für PCs neue Entwicklung heißt XGA, *Extended Graphics Array*. XGA ist voll verträglich (kompatibel) mit den älteren Standards wie VGA, EGA, CGA. Ernst zu nehmen ist aber auch die Definition von *Texas Instruments* (TIGA), der sich viele Entwickler und Hersteller angeschlossen haben.

Zwei Entwicklungen gestatten nun die bequeme Nutzung der doch recht verschiedenen Graphik-Standards aus Tabelle 1.3: Die meisten Graphik-Karten sind flexible Adapter für mehrere der bekannten Standardauflösungen; einige Farbgraphik-Bildschirme sind in der Lage, sich auf die unterschiedlichen Zeilenfrequenzen einzustellen (*Multisync*).

Damit ist die Benutzung der zahlreichen kommerziellen Softwarepakete unproblematisch. Die Selbstprogrammierung graphischer Ausgaben wird aber extrem dadurch behindert, daß manche Sprachen gar keine Graphikunterstützung bieten und da, wo Graphikanweisungen verfügbar sind, diese von den Möglichkeiten, der Syntax und dem Prinzip her voneinander abweichen. Zur Bereinigung dieser mißlichen Situationen wurden die in **Tabelle 1.4** aufgeführten Graphik-Standards geschaffen, die sich zum Teil ergänzen, teilweise aber konkurrieren (vor allem PHIGS und GKS). Weitgehend durchgesetzt hat sich aber GKS, die deutsche Entwicklung *Graphisches Kern-System*.

Tabelle 1.4 Internationale Graphik-Standards für PCs

Core	früher US-Standard
PHIGS	*Programmer's Hierarchical Interactive Graphics Standard* (erweiterte Version von Core)
GKS	*Graphical Kernel System*, 2D-Version mit 200 Funktionen, 3D-Version mit weiteren 110 Funktionen
PMIGS	*Programmer's Minimal Interface to Graphics* (minimal möglicher Subset von GKS)
VDI	*Virtual Device Interface* (z.B. als Bindeglied zwischen PC-Hardware und GKS bzw. PHIGS)
VDM	*Virtual Device Metafile* (dient der Abspeicherung auf Massenspeicher)
NAPLPS	*North American Presentation Layer Protocol Syntax*
IGES	*Initial Graphics Exchange Specification* (Schnittstelle zwischen Graphik-Datenbank und Anwenderprogramm)
GEM	*Graphics Environment Manager* (Benutzerschnittstelle für MS-DOS; ähnlich wie beim Macintosh)

Tabelle 1.3 Die wichtigen PC-Graphikauflösungen

	Punkte	*Farben*	*Zeilenfrequenz*
CGA *Color Graphics Adapter*	320*200 640*200	4 aus 16 2	15,75 kHz
HGA *Hercules Graphics Adapter*	750*348	monochrom, später auch farbig	18,432 kHz
EGA *Enhanced Graphics Adapter*	640*350	16 aus 64	21,85 kHz
HGC *High-resolution Graphics Card*	720*348 752*410	4	
VGA *Video Graphic Array* Super-VGA, bis	640*480 800*600 1280*1024	16 aus 64 256	30,6 kHz 31,5 kHz
PGC *Professional Graphics Controller*	640*480 1024*768 1280*960 ... 2048*1024	16 aus 64 256 aus 4096	30,48 kHz ... 60,2 kHz ... 64,0 kHz
XGA *Extended Graphics Array*	1024*768	256, bis 65 536	
8514/A	1024*768	bis 256	35,5 kHz
TIGA *Texas Instruments Graphics Adapter*	1024*768 und mehr	256 und mehr	

1.1.3 PC für Messen, Steuern und Regeln (MSR)

Dem Vorteil der beschriebenen PC-Standardisierung steht entgegen, daß die PC-Hardware und -Software für den Einsatz in der Büroautomatisierung entwickelt wurden. In den Grundausführungen fehlen deshalb für technische Anwendungen (für MSR) in der Tat geeignete Hardwareschnittstellen und Softwareelemente, sowohl vom Betriebssystem her, als auch bei den verfügbaren Programmiersprachen.

Soll ein PC nicht nur für Berechnungen, Synthese, Analyse usw. verwendet werden, müssen neben der *Standardperipherie* (z.B. Bildschirm, Drucker) weitere Systemteile verfügbar sein, die zusammengefaßt als *Prozeßperipherie* bezeichnet werden (**Bild 1.6**). Darunter verstehen wir vor allem Meßgeräte, Sensoren und Stelleinheiten, aber auch Wandler (ADC/DAC) und Multiplexer (MUX) bzw. Meßstellenumschalter gehören dazu. Die für all diese Zwecke verwendbaren Schnittstellen werden später besprochen (Kapitel 2).

Ein weiterer Aspekt ist die mögliche Verbindung eines PC mit anderen Computern, um z.B. eine Aufgabenteilung zu realisieren oder die Leistungsfähigkeit eines Rechenzentrums in Anspruch nehmen zu können. Dafür ist in Bild 1.6 eine spezielle Verbindung eingezeichnet. Das bedeutet aber, der PC muß für diese Zwecke geeignete Schnittstellen haben, und es müssen zugehörige Sprachenelemente oder Treiberprogramme im PC verfügbar sein.

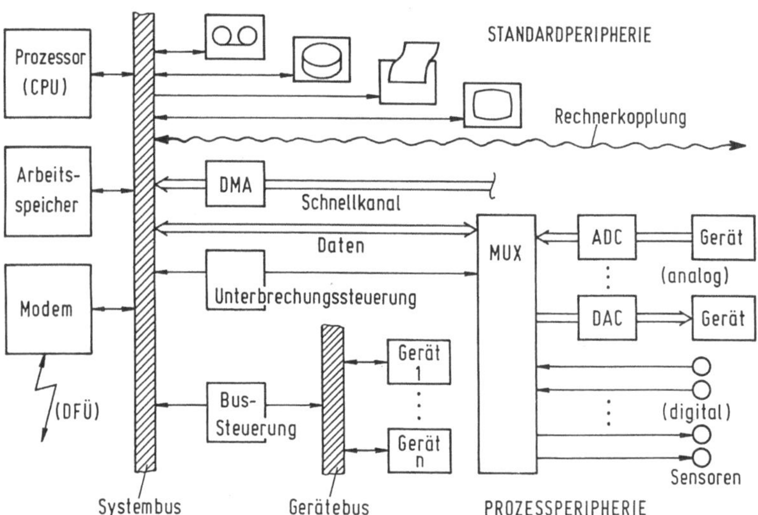

Bild 1.6 Schematische Darstellung eines weit ausgebauten PC-Systems. DFÜ: Datenfernübertragung, DMA: *Direct Memory Access*, MUX: Multiplexer, ADC: *Analog Digital Converter*, DAC: *Digital Analog Converter*

Die Softwarediskussion in diesem Zusammenhang ist zu trennen in Bereiche der kommerziellen Standardprogramme und die Probleme der Selbstprogrammierer. Im letzteren Fall ist nach wie vor BASIC zu berücksichtigen. Jedoch kann für MSR die PC-Standardsprache GW-BASIC nicht befriedigen, weil keinerlei Prozeßelemente verfügbar sind. Es gibt aber BASIC-Versionen (z.B. HP-BASIC, HTBasic), die spezielle Unterstützungen bieten. Nötig sind vor allem Erweiterungen wie

- CALL "Subroutine" (Aufruf mit symbolischem Namen)
- GOTO "Label" (Zielname und nicht absolute Adresse)
- lokale Variablen (nicht nur global definierte Variablen)
- Schnittstellenunterstützung.

Sind solche Möglichkeiten nicht verfügbar, wird das Programmieren zumindest erschwert, Programmierung in Maschinensprache (*Assembler*) ist dann oft unvermeidlich. Ganz allgemein gilt: Die Softwareunterstützung ist dann besonders gut, wenn der PC stark verbreitet ist (wie vor allem der IBM PC und alle verträglichen, auch: kompatiblen), oder wenn ein geeignetes Betriebssystem verwendet wird. In diesem Sinne ist MS-DOS nicht geeignet. Mehr hierzu später (Abschn. 1.3 und Kap. 11).

1.2 Instrumentierung

Die Verfahren zur Instrumentierung von PCs (*Personal Instrumentation*, PI) können wir auf **Bild 1.7** zurückführen und zeigen, wie aufgrund dieser Idee alle redundanten, preistreibenden Teile komplexer Meß- und Steuerungssysteme eliminiert werden. Auch lassen sich Schnittstellen- und Softwareprobleme minimieren und einheitliche Bedieneroberflächen realisieren.

Die beiden Hauptverfahren für PI sind:

(1) Der PC als Meßinstrument durch Einstecken von speziellen Funktionskarten auf den PC-internen Systembus vom Typ ISA, EISA, MCA, aber auch VMEbus, VXIbus, Nubus usw.
(2) Bereitstellen der Meß- und Steuerungsfunktionen durch Anschalten einer externen Box (*Personal Instrumentation Box*, PIB) an den PC mit Hilfe von Standardschnittstellen oder einer speziellen Buskarte.

In beiden Fällen werden Meßfunktionen mit Einsteckkarten bereitgestellt und mit Hilfe von PC-Software verfügbar gemacht. Die Gruppenbezeichnung dafür lautet *Virtual Instrument*. In der Fachliteratur ist auch die Bezeichnung *Instrument-on-a-card* geprägt. Diese Bezeichnungen grenzen die eben definierten Meßtechnikkonzepte von den realen Instrumenten ab, die für die klassische, selbständige Benutzungsart vollständig ausgeführt sind.

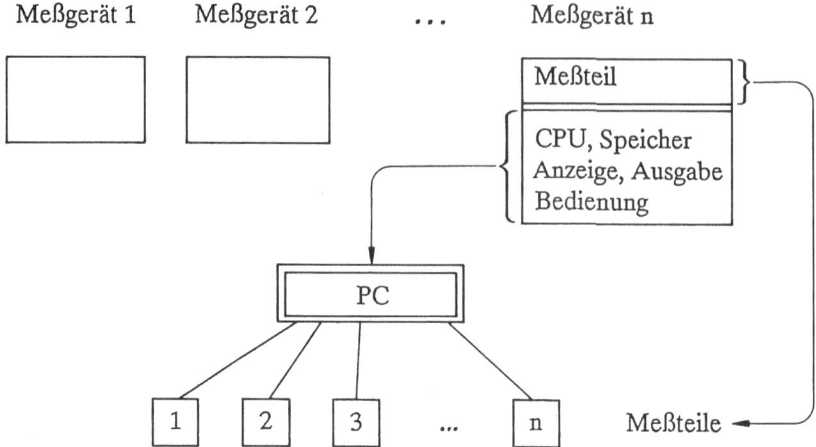

Bild 1.7 Grundidee zu *Personal Instrumentation* (PI)

Die große Vielfalt verfügbarer PC-Meßkarten verspricht Lösungsmöglichkeiten für sehr viele Meßprobleme, macht aber auch die Beurteilung und Auswahl zu einer schwierigen Aufgabe. In diesem Buch werden wir deshalb mehrfach darauf zurückkommen. An dieser Stelle möchten wir ein Forschungsprojekt erwähnen, das von der Physikalisch-Technischen Bundesanstalt (PTB) initiiert und an der TU Prag durchgeführt wurde, dann zu einer Datenbank (MESBASE) geführt hat, die inzwischen mehr als 200 Produkte enthält und mit ihren wesentlichen Merkmalen beschreibt (s. hierzu [HaaSnoSchy92]).

Computer-Controlled Instruments (CCI) sind reale Meßgeräte, die "stand-alone" oder computergesteuert arbeiten können. Fehlen die Bedienungselemente, ist das Gerät nicht "stand-alone" nutzbar und wird dann *PC-Instrument* genannt. Das wesentliche Merkmal solcher Geräte ist das Vorhandensein einer digitalen Schnittstelle zum Anschluß an einen Computer.

Instrument-on-a-card (s. oben) ist die Bezeichnung für Meßmodule, die auf einer Computer-Einsteckkarte realisiert sind und notwendigerweise den passenden Gastcomputer (*host*) sowie die dazugehörige Software erfordern, um als Meßgeräte arbeiten zu können. Als "Host"-Versionen zählen wir:

- *Arbeitsplatzcomputer* mit freien Steckplätzen;
- *Instrumentierungsbox* mit Steckplätzen (*slots*) auf einem der anerkannten Systembusse;
- *Frontend* mit eigenem Computer als "intelligentes" Subsystem sowie serieller oder paralleler Schnittstelle zur Verbindung mit anderen Systemteilen oder zur Einbeziehung in ein lokales Netzwerk.

Als Grundkonzepte für PI können somit zusammenfassend die folgenden genannt werden:

- Komponenten mit direktem Zugriff auf den PC-Systembus; manchmal sind Module auswechselbar oder aufeinander zu stecken (*stackable*).
- Platinen zum Einstecken in den PC-Bus; davon gibt es eine enorme Auswahl von vielen Anbietern, oft zusammen mit spezieller Software nutzbar.
- Buserweiterung in der Form, daß eine externe Box an den PC über einen Bus-Steckplatz oder Standard-Schnittstellen angeschlossen ist. Dadurch bleiben PC-Steckplätze frei.
- IEC-Bus (auch IEEE-488-Bus) zur Zusammenschaltung von 15 Geräten bei einer Gesamtleitungslänge von ca. 20 m.
- Serielle Verbindung für größere Entfernungen, z.B. zur Automatisierung einer Fabrikhalle.
- Front-end als "intelligentes" Subsystem zur Entwicklung flexibler, leistungsfähiger MSR-Systeme für hohe Anforderungen.

Einige Vor- und Nachteile sind in **Tabelle 1.5** zusammengestellt. Eine wichtige Rolle spielt in diesem Zusammenhang der IEC-Bus, der darum später noch ausführlicher erläutert wird. Wir werden aber auch auf die technischen Weiterentwicklungen und Zukunftsaussichten eingehen und z.B. neue Entwicklungen wie VXIbus und serielle Schnittstellen wie RS-485 besprechen.

Tabelle 1.5 Einige Vor- und Nachteile verschiedener PI-Methoden

Schnittstellentyp	***Vorteile***	***Nachteile***
Einsteckmodule (*Plug-ins*)	sehr schnell, weil am internen Bus	begrenzte Anzahl Steckplätze, Gehäuse muß geöffnet werden
IEC-Bus (IEEE-488)	parallele Anordnung, viele Geräte verfügbar, nur ein Steckplatz für 15 Geräte	langsamer als Plug-ins, nur 8 bit breit, komplexe Protokolle und Gerätenachrichten
RS-232-C (V.24)	kostengünstig, Vielzahl Peripherie	serielle Schnittstelle, langsam
LANs	schnell (bis 10 Mbit/s)	teuer

Für alle genannten Instrumentierungs- und Anschaltarten werden zahlreich Konfigurierungs- und Programmierhilfen angeboten (bis hin zum Programmgenerator). Zunehmend sind auch komplette Standardprogramme verfügbar, die das Programmieren überflüssig machen sollen (s. Kap. 11).

Zunehmende Bedeutung wird die Zusammenschaltung oder gar Vernetzung von PCs untereinander oder mit einem übergeordneten Computer erlangen. Grundlagen und Normungen dazu werden später (Kap. 2) behandelt.

1.3 Software

1.3.1 Entwicklung, Situation

Wegen der oben erwähnten Bindung zwischen Mikroprozessor und Betriebssystem spricht man auch von MS-DOS-Computern, wenn man die Software-Kompatibilität der PCs meint. Zunehmend setzt sich nun Unix durch. Für allgemeine Anwendungen und für den Einsatz in technischen Bereichen ist aber MS-DOS dominierend.

Allgemein gilt: Jeder Computer ist so wertvoll wie die Qualität der verfügbaren Software. Darum haben die Programmierung und die Auswahl von Programmen einen hohen Stellenwert. Daraus läßt sich folgern, daß Auswahl und Einsatz eines PC vor allem vom Komfort und den Möglichkeiten bei der Programmierung und Bedienung abhängig gemacht werden sollten. Das Betriebssystem und die Programmiersprache sind demzufolge wesentliche Auswahlkriterien.

Betriebssysteme sind entweder an bestimmte Hersteller oder PC-Typen gebunden (z.B. *Apple, Digital Equipment, Hewlett-Packard*), oder es werden De-facto-Standards verwendet, vor allem MS-DOS und Unix. Leider aber ist die Standardisierung im zweiten Fall nicht so eindeutig, weil verschiedene Versionen und gar ein paar grundsätzliche Abweichungen vorkommen.

Die am weitesten verbreitete Programmiersprache ist BASIC. Neben der leichten Erlernbarkeit ist der Hauptgrund hierfür die Möglichkeit des interaktiven Arbeitens am PC. Darunter versteht man die Tatsache, daß das *Interpretierer* genannte Betriebsprogramm die Umsetzungen zwischen den BASIC-Anweisungen und dem Maschinencode jeweils unmittelbar ausführt. *Compiler* übersetzen dagegen immer nur vollständige Programme; ein Dialog zwischen Mensch und Maschine ist damit kaum möglich.

Mit BASIC sind aber auch Nachteile verbunden:

- Die "Standard"-Versionen BASICA oder GW-BASIC bieten keine Sprachelemente und Strukturen für Prozeß-Ein-/Ausgaben.
- Das Interpretieren von BASIC-Anweisungen kostet Zeit, die Reaktionszeiten beim Einsatz für Messen, Steuern und Regeln können zu lang werden. Abhilfe bringt dann die Anwendung eines BASIC-Compilers, die Wahl einer besser geeigneten Programmiersprache, das Auslagern zeitkritischer Teile in Assemblerprogramme oder die Anschaffung eines "schnelleren" PCs.

Erwähnt werden soll, daß sog. *Standardsoftware* das Programmieren häufig überflüssig macht, weil diese Programmpakete Komplettlösungen für bestimmte Anwendungen bieten. Allerdings sind diese Pakete in der Regel teuer, manchmal nicht änderbar, teilweise schwer erlernbar. Wir werden hierauf noch zurückkommen.

Zusammenfassend läßt sich schließen, daß die Software-Situation bezüglich PCs in technischen Anwendungen weitgehend durch Antworten auf die folgenden Fragen beschreibbar ist:

- Welches Betriebssystem wird verwendet?
- Sind Prozeßschnittstellen integrierter Bestandteil des Systems mit geeigneten Sprachelementen und Funktionen?
- Erfüllen die lauffähigen Programmiersprachen alle Anforderungen an Datenraten und Verarbeitungsgeschwindigkeit oder muß auf Assembler-Programmierung ausgewichen werden?
- Werden ausreichende Möglichkeiten zur Meßdatenauswertung (Analyse, Statistik usw.) und zur graphischen Darstellung geboten?
- Sind Softwaremittel zur Verbindung mit anderen Rechnern verfügbar?

Diese Fragen sind teilweise miteinander gekoppelt, bei differenzierter Betrachtungsweise müssen sie vielleicht auch anders gestellt werden. Die wesentlichen Aspekte sind jedoch berücksichtigt.

Die Software-Situation kann, was die Programmiersprachen angeht, als einigermaßen stabil angesehen werden. Nach wie vor führt bei Selbstprogrammierern BASIC gefolgt von Pascal und verstärkt C. Natürlich wird auch oft im Assembler programmiert.

Die von *Microsoft* für PCs als "Standard-Programmiersprachen" entwickelten BASIC-Versionen heißen BASICA oder GW-BASIC. Die mit solchen interpretierenden Sprachen verbundene Möglichkeit der interaktiven Nutzung, also des direkten Dialogs mit der Maschine, ist der Hauptgrund für die starke Verbreitung.

Von den bekannten Nachteilen des "Interpreter-BASIC" ist eigentlich nur einer verblieben, nämlich der große Zeitbedarf für das Interpretieren. Als Abhilfe gilt hier: alle nicht für den interaktiven Einsatz vorgesehenen Programmteile nach der Fertigstellung mit einem passenden BASIC-Compiler in Maschinencode übersetzen, also direkt lauffähige COM- oder EXE-Files erzeugen.

Wichtige **BASIC-Compiler** sind: Quick-BASIC von *Microsoft* und Turbo-BASIC von der Fa. *Borland*, von der auch Turbo-Pascal stammt. Wir haben Quick-BASIC aus zwei Gründen als "Standard" eingeführt: Dieser Compiler erzeugt schnell ablaufende Programme, und er bietet Software-Schnittstellen zu den anderen "Microsoft-Sprachen" wie C, Pascal, FORTRAN. Weitere Merkmale:

- moderne, menügeführte Benutzeroberfläche,
- integrierter Editor, mit Wordstar verträglich,
- komfortable Fehlerbehandlung,
- arbeitet mit Objekt-Modulen,
- unterstützt den Arithmetikprozessor 8087 oder 80287,
- keine Begrenzung auf 64 Kbyte Programm- bzw. Datenfilelänge.

Somit empfiehlt sich aus unserer Erfahrung die folgende Software-Hierarchie:

- Assemblerroutinen als z.B. Schnittstellentreiber und bei hohen Echtzeitanforderungen;
- BASIC-Interpretierer für interaktive Rechnernutzung und zur Bedienung des IEC-Busses;
- Quick-BASIC für Komplettprogramme mit Schnittstellen zu z.B. Pascal oder FORTRAN;
- Pascal oder FORTRAN für technisch-wissenschaftliche Berechnungen;
- Standardsoftware (s. Kap. 11) wie Crosstalk, DADiSP, DIA-PC, MS-WORD, dBASE usw. für diverse Aufgaben.

Zunehmend wird versucht, Probleme mit sog. *Standardsoftware* zu lösen. Dabei handelt es sich um spezialisierte oder allgemeine Programmpakete, die in der Regel per Bildschirmmenü nutzbar sind. Ein Aspekt bei der Auswahl ist natürlich das zugrunde liegende Betriebssystem: die meiste Standardsoftware gibt es für MS-DOS.

In technisch-wissenschaftlichen Anwendungen ist seit längerer Zeit Unix der Favorit, weil *Multiusing* und *Multitasking* selbstverständlich sind. Workstations der höheren Leistungsklasse arbeiten unter Unix. Aber auch Standard-PCs sind in der Lage, dieses Betriebssystem zu "fahren".

1.3.2 Betriebssysteme für MSR

Spezielle Betriebssysteme für MSR, sog. *Echtzeit-Betriebssysteme* (auch RT-OS, *Real-Time Operating Systems*), waren in der Vergangenheit nur für spezielle (sprich: teure) Prozeßrechner verfügbar. Nun gibt es eine Reihe von RT-OS für PCs, die einerseits von bekannten Minicomputer-Systemen abgeleitet sind (z.B. iRMX), teilweise speziell für PCs entwickelt wurden (wie FlexOS). **Tabelle 1.6** gibt eine geringe Auswahl von in Deutschland angebotenen Betriebssystemen für MS-DOS-PCs an, die Multitasking oder Echtzeit-Eigenschaften aufweisen.

Tabelle 1.6 Betriebssysteme für PCs mit *Multitasking* oder *Echtzeiteigenschaften* (Auswahl)

IBM und Microsoft	OS/2
viele Quellen	Unix
DIN-Normen	PEARL in der Version PC-PEARL
Digital Research	CCP/M (Concurrent CP/M) CDOS 186/286/386 entsprechen FlexOS 186-386 CDOS XM / 4.11 / Plus DR-DOS 5.0, 6.0
Intel und andere	iRMX (Multiuser / Multitasking) PC-MEDOS (MS-DOS plus iRMX)
Andyne	PCMASCOT
DSI	ChronOS
Forth	polyFORTH
Hunter & Ready	VRTX
IGC	VM/386 (kompatibel mit DOS 3.x und DOS 4.x)
Industr.Progr.	MTOS
Kontron	RT/iX (C-Programme laufen unter MS-DOS 3.x)
Real-Time Comp.Sc.	PC/RTX, AT/RTX
Repas	QNX
SESA	SRE/86-PC
Siemens	RMOS 286
Software Link	PC-MOS/386 (Multiuser / Multitasking)
THEOS Software	THEOS 386

Zwei etwas negative Aspekte dieser Systeme dürfen nicht unerwähnt bleiben: (1) die Preise dafür sind zum Teil recht hoch; (2) um die Echtzeiteigenschaften nutzen zu können, müssen Programme in irgendeiner Sprache selbst erstellt werden (z.B. in C). Die in großer Anzahl verfügbare MS-DOS-Software ist "unter" solchen RT-OS entweder nicht lauffähig, oder es muß in den MS-DOS-Modus umgeschaltet werden, wodurch dann die Echtzeiteigenschaften und z.B. Multitasking verlorengehen.

MS-DOS ist ein "Einfach- bzw Singletask-System": Nur ein Benutzer kann zu einer Zeit eine Task ausführen. Dies ist die Einschränkung, die vor allem Kritik auslöst, wenn es um den Einsatz von MS-DOS-PCs in Labor, Versuchs- und Prüffeld geht, wo Echtzeiteigenschaften gefragt sind.

Der Begriff *Echtzeit* ist nicht mit wirklichen Zeitangaben faßbar. Eine allgemeine Definition lautet, daß ein System dann in Echtzeit reagiert, wenn eine geforderte Antwort vor dem Auftreten des nächsten Ereignisses gegeben werden kann. Etwas genauer:

Ein Echtzeitsystem zeichnet sich dadurch aus, daß unter allen Umständen definiertes Antwortverhalten garantiert ist.

Ereignisse können von innen (aus dem laufenden Programm) oder von außen (z.B. aus einem Meßprozeß) herrühren. Ein Echtzeit-Betriebssystem muß in der Lage sein, solche Alarme (*interrupts*) zu erkennen und das gerade laufende Programm zu unterbrechen, um ein anderes Programm (die *Interrupt Service Routine*) zu starten. Besondere Kriterien für Echtzeit-Betriebssysteme sind zusätzlich, daß (1) mehrere Programme gleichzeitig gestartet sein können und/oder (2) mehrere Benutzer gleichzeitig am Computer arbeiten können.

Betriebssysteme mit Multitask- und Echtzeiteigenschaften werden inzwischen in größerer Zahl für MS-DOS-Computer angeboten. Eine unvollständige Auswahl von Systemen, die zumindest Multitasking ermöglichen (siehe aber unten bei DR-DOS), ist oben in Tabelle 1.6 zusammengestellt. Die Firmen *IBM* und *Microsoft* haben seit der Entstehung der PCs gemeinsam an der Entwicklung von Betriebssystemen gearbeitet. Das trifft auch auf OS/2 (*Operating System 2*) bzw. BS/2 (Betriebssystem 2) zu. Die Besonderheit von OS/2: es ist ein Multitasking-System.

Eine deutsche Entwicklung ist die *Process and Experiment Automation Realtime Language* PEARL, deren Einheitlichkeit mit Hilfe folgender Normen gewährleistet ist: DIN 66 253 Teil 1 "Basic PEARL"; Teil 2 "Full PEARL"; Teil 3 "Mehrrechner-PEARL". PEARL ist eine *Prozeßrechnersprache* und ein *Betriebssystem* mit Echtzeiteigenschaften, nun auch für PCs nutzbar (PC-PEARL). Zur weiteren Verbreitung dieser Sprache wurde vom VDI der PEARL-Verein gegründet.

Die Firma *Digital Research* steht von Anfang an in Konkurrenz zu *Microsoft*, hat aber immer stark Multitasking und Echtzeitfähigkeit beachtet. Die Versionen DR-DOS 5.0 und 6.0 haben der aktuellen Version MS-DOS 5.0 die günstige Speicheroptimierung voraus. Aber DR-DOS ist auch kein echtes Multitasking-System. In der Version 6.0 können jedoch 20 Programme (*tasks*) gleichzeitig geöffnet sein. Man kann schnell zwischen verschiedenen Tasks wechseln und über einen Zwischenspeicher Daten aus einer Task in eine andere kopieren. Jedoch läuft nur immer das im "Vordergrund" aktive Programm, die im "Hintergrund" stehenden Tasks sind auf dem jeweils letzten aktiven Stand "eingefroren".

Ein weit verbreiteter Standard für industrielle Anwendungen ist das *Intel*-Betriebssystem iRMX. In mehreren Versionen ist es für PCs verfügbar. Drei Entwicklungsstufen sind in **Tabelle 1.7** angegeben. Die letzte Version "iRMX for Windows" gestattet es, auf ein und demselben PC Echtzeit-Software sowie DOS- und Windows-Anwendungen gleichzeitig laufen zu lassen. Standard-DOS läuft als Task unter iRMX, Windows 3.0 kann dann als DOS-Anwendung laufen. Nachdem iRMX von DOS aus gestartet ist, sind DOS- oder Windows-Programme iRMX-Tasks, die mit allen anderen Tasks kommunizieren können, wobei 255 Prioritätsniveaus für die Tasks definiert werden können (Preis 1992 ca. US $ 2000).

Tabelle 1.7 Versionen des Echtzeit-Betriebssystems iRMX

Status	***neue***	***alte***	***adressierbarer Speicher***	***Prozessoren***	***Ergänzung***
	Bezeichnung				
alt	iRMXI	iRMX86	1 Mbyte	8086	MS-DOS
aktuell	iRMXII	iRMX286	16 Mbyte	80286 80386	protected mode
neu (1990)	iRMXIII		4 Gbyte	80386	RMK386 Unix/386

Trotz der aufgezeigten PC-Probleme einerseits und guter alternativer Möglichkeiten andererseits dominiert MS-DOS auch in vielen Bereichen der Meßdatenerfassung und -verarbeitung. Befriedigende bis gute Ergebnisse werden erzielt durch die oben diskutierten Methoden der PC-Instrumentierung, wobei vor allem die beiden folgenden Methoden sehr erfolgreich sind:

(1) Einsatz "intelligenter" PC-Einsteckkarten mit eigenem Prozessor und Betriebssystem. Dann ist echtes Multitasking mit zwei getrennten Prozessoren möglich, und die Meßkarte ist in der Regel echtzeitfähig.

(2) Verwendung weithin akzeptierter Standardsoftware zur Datenerfassung, Analyse und Darstellung der Meßdaten. Mehrere solcher Programme können mit Meßkarten wichtiger Hersteller zusammenarbeiten, auch mit solchen wie unter (1) genannt.

2 Schnittstellen und Vernetzung

von Harald Schumny

2.1 Einteilung von Schnittstellen

In einer ersten Grobeinteilung wollen wir danach unterscheiden, ob die Verbindung zwischen einem Computer und der "Umwelt" (*Peripherie*) über eine "äußere" Standardschnittstelle oder per Zugriff auf den rechnerinternen *Systembus* erfolgt. **Bild 2.1** grenzt die peripherienahen Standardschnittstellen von den prozessornahen ab.

Standardschnittstellen: Anschluß in der Regel problemlos; Eigenschaften i.a. bekannt (z.B. Datenrate, mögliche Leitungslänge); Störsicherheit gut bis sehr gut; Benutzung bzw. Programmierung oft bequem, vor allem dann, wenn die Computer- bzw. Gerätehersteller dies im System unterstützen; Datenübertragungsrate für manche Anwendungsfälle zu niedrig; maximale Leitungslänge nicht immer ausreichend.

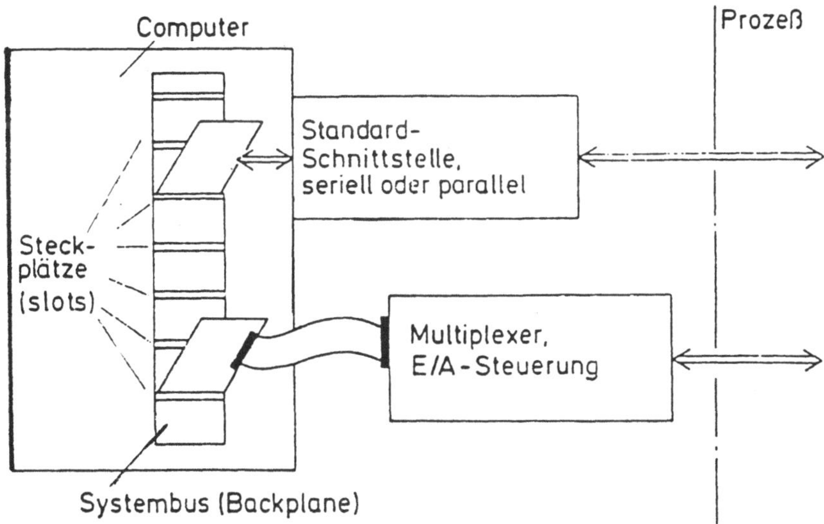

Bild 2.1 Grobeinteilung in "äußere" und "innere" Schnittstellen

Bild 2.2
Verschiedene Einteilungskriterien für Verbindungen zur Außenwelt eines Computers.
PP: Punkt-zu-Punkt, MP: Mehrpunkt,
LAN: *Local Area Network*,
MAN: *Metropolitan Area Network*,
WAN: *Wide Area Network*

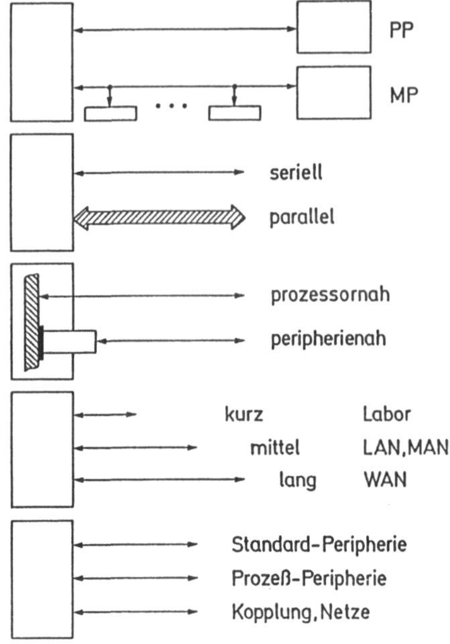

Systembusanschluß: Eingriffe in den Computer notwendig (Hardware und Software); Verbindung zwischen internem Busanschluß und dem äußeren "Adapter" oft sehr kritisch, weil diese "Busverlängerung" Störungen verursachen bzw. einfangen kann; zum Betrieb sind *Schnittstellentreiber* (Assemblerprogramme) nötig, deren Benutzung aus einer höheren Programmiersprache nicht immer bequem ist; bei sauberer Ausführung können aber hohe Datenübertragungsraten erzielt werden.

Mit **Bild 2.2** ist die eben besprochene Abgrenzung in eine ganze Reihe von Unterscheidungskriterien einbezogen. Wesentlich sind vor allem noch:

- *Punkt-zu-Punkt-Verbindung*, d.h. es gibt nur einen Sender und einen Empfänger, die entweder in nur einer Richtung (*simplex*, z.B. Drucker am PC), wechselweise in beiden Richtungen (*halbduplex*) oder gleichzeitig in beiden Richtungen (*duplex*) arbeiten können.

- *Mehrpunktverbindung*, d.h. es können mehrere Geräte (z.B. 15 beim IEC-Bus) zusammengeschaltet sein und Meldungen sowie Daten austauschen. Die Art der Verbindung (*Topologie*) kann sehr verschieden aussehen (Stern, Bus, Ring).

Schnittstellen müssen nicht nur Daten übertragen, zur Koordinierung aller Abläufe und zur Absicherung ist auch Kontrollinformation notwendig. Zu deren Übermittlung stehen grundsätzlich zwei Möglichkeiten zur Verfügung (**Bild 2.3**):

(1) Installierung von speziellen Schnittstellen-Meldeleitungen (ältere Methode, z.B. IEC-Bus oder V.24, genauer: RS-232-C).

(2) Keine zusätzlichen Meldeleitungen, sondern Übermittlung von Steuerzeichen auf der einen, gemeinsamen Informationsleitung (Software-Steuerung, z.B. bei seriellen Bussen und LANs).

In manchen Ausführungen wird eine Kombination aus beiden Verfahren angewendet, z.B. beim IEC-Bus, bei dem Kontrollinformation nicht nur über die zusätzlichen acht Steuerleitungen, sondern auch über die ebenfalls acht Datenleitungen in Form von Steuerzeichen übertragen werden.

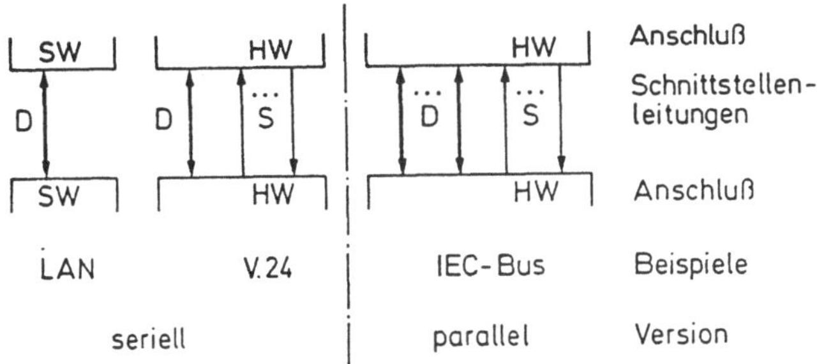

Bild 2.3 Schnittstellen-Steuerungsverfahren mit Software- (SW) und Hardware-Steuerung (HW). D: Datenleitungen, S: Steuerleitungen. Die Postbezeichnung V.24 steht in der Regel für RS-232-C.

2.2 Die "klassischen" Standardschnittstellen

Die stärkste Verbreitung haben noch Schnittstellen der älteren Generationen, also solche, die mit zusätzlichen Steuerleitungen arbeiten, deren elektrische Eigenschaften nur relativ geringe Leitungslängen erlauben und die entweder aus der Postnormung kommen (z.B. V.24) oder als parallele Schnittstellen vor fast 30 Jahren entwickelt wurden. Zur letzteren Gruppe gehört der sog. IEC-Bus, dessen Entwicklung und Eigenschaften in Abschn. 2.3 beschrieben sind.

Die Normung der digitalen Schnittstellen hat sich in der Vergangenheit oft auf Entwicklungen der Postverwaltungen gestützt (CCITT: *Comité Consultatif International Télégraphique et Téléphonique*, vor allem V- und X-Serien), aber auch Entwicklungen der Computerindustrie haben sich durchgesetzt und sind als Normen verabschiedet von z.B. EIA (*Electronic Industries Association*, RS-Serie), IEEE (*Institute of Electrical and Electronics Engineers*), IEC (*International Electrotechnical Commission*), ISO (*International Organization for Standardization*), DIN (*Deutsches Institut für Normung*).

Für *Punkt-zu-Punkt-Verbindungen* sind drei Standards relevant: 20-mA-Stromschleife, RS-232-Spannungsschnittstelle und V.11-Doppelstromschnittstelle. Für *Mehrpunktverbindungen* (Bus) gelten vor allem DIN 66 259 Teil 4 und RS-485. In **Tabelle 2.1** sind die wichtigen seriellen Standards zusammengestellt.

Tabelle 2.1 Serielle Schnittstellen. PP: Punkt-zu-Punkt; MP: Mehrpunkt

Üblicher Name	*Normen*	*Typische Leitungslänge*	*Typische Übertragungsgeschwindigkeiten*	
20 mA	DIN 66 258/1 66 348/1	300 m	110 oder 300 bit/s	PP
V.24	DIN 66 020/1 66 259/1 RS-232-C	20 m	19,2 kbit/s	PP
V.11	DIN 66 258/2 66 259/3 RS-422	10 m ... 1 km	10 Mbit/s ... 100 kbit/s	PP
Seri- eller Bus	DIN 66 258/3 66 259/4 66 348/2 RS-485	bis 1 km	bis 1 Mbit/s	MP

20-mA-Stromschleife (*Current Loop* oder *TTY Interface*) ist bei geringen Anforderungen häufig anzutreffen. Die Schnittstellen-Hardware ist einfach und störsicher, galvanische Trennung mit Optokopplern ist sehr einfach machbar (**Bild 2.4**). In DIN 66 348 Teil 1 sind alle notwendigen Festlegungen zu finden.

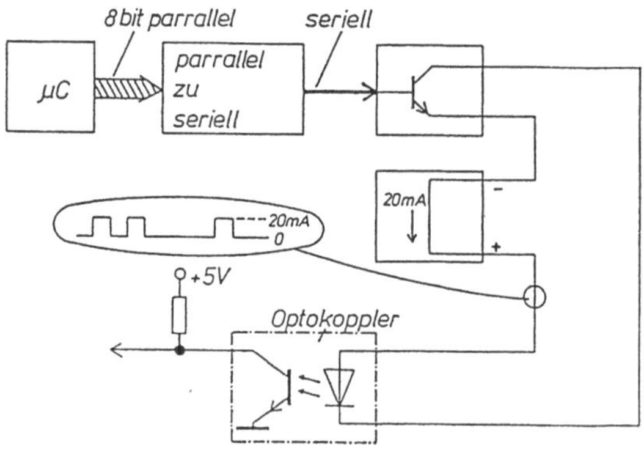

Bild 2.4 Prinzip der 20-mA-Stromschleife

RS-232-Schnittstelle (V.24/V.28 und DIN 66 020 Teil 1) ist die am meisten verwendete serielle Schnittstelle bei Leitungslängen bis etwa 20 m und 19,2 kbit/s Übertragungsgeschwindigkeit. Die elektrischen Eigenschaften sind in CCITT V.28 bzw. DIN 66 259 Teil 1 festgelegt, Signale in V.24. Die EIA-Norm RS-232-C vereinigt eine V.24-Auswahl mit elektrischen Eigenschaften und Steckerbestimmung, ist also eine "richtige" Schnittstellen-Norm. Nachteile dieses Standards:

- Die "Postliste" V.24 enthält über 50 Signalnamen, nur zwei davon sind Datenwege (Stifte 2 und 3 in vielen Modem-Standards und in RS-232), zwei sind Erdungen (Stifte 1 und 7). Hersteller wählen oft verschiedene Untermengen aus, so daß dann "V.24-Schnittstellen" nicht zusammenarbeiten können. Dazu kommt, daß ohne Modem (*Nullmodemschaltung*) die "Datenpins" gekreuzt werden müssen.
- Es wird erdsymmetrisch (*unbalanced*) mit einseitig geerdetem Rückleiter (*single-ended*) gearbeitet (**Bild 2.5**), was hohe Störanfälligkeit bedeutet. Galvanische Trennung ist wegen der Erdsymmetrie wirkungslos. Die geforderte Versorgung mit +/- 15 V verhindert TTL-Kompatibilität.

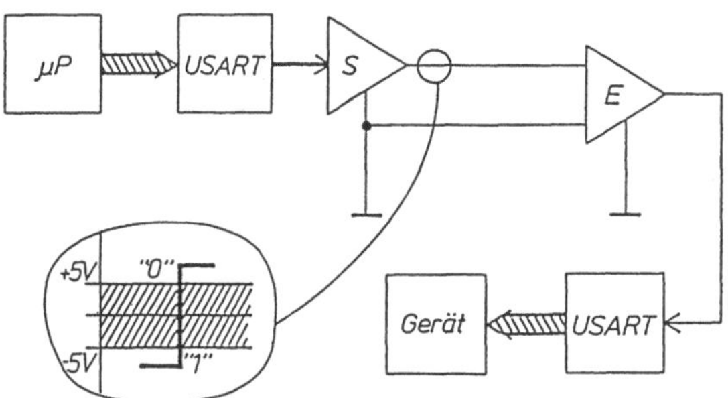

Bild 2.5 Prinzip der V.24/V.28-Übertragung (*single-ended* bzw. erdsymmetrisch). USART: *Universal Synchronous/Asynchronous Receiver/Transmitter*, S: Sender, E: Empfänger

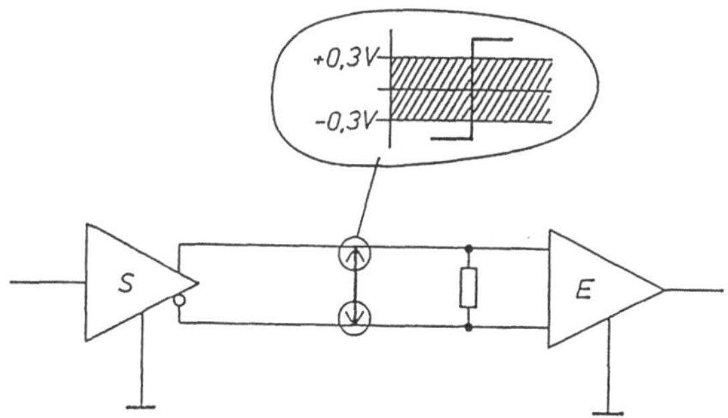

Bild 2.6 Prinzip der V.11-Übertragung (Differenzsignale, *balanced*)

Eine erhebliche Verbesserung ergibt sich durch symmetrische Ankopplung (*balanced*) mit Differentialempfänger (*differential*; **Bild 2.6**), wie sie bei folgender Schnittstellenfestlegung verwendet wird:

V.11-Schnittstelle (RS-422). Dieser Standard (DIN 66 259 Teil 3) gewährleistet hohe Störsicherheit, weil nur Spannungsdifferenzen ausgewertet werden und galvanische Trennung wirkt. Weitere Vorteile:

- Versorgungsspannung nur 5 Volt;
- preiswerte verdrillte Leitungen (*twisted pairs*) bis etwa 1 km verwendbar;
- Übertragungsgeschwindigkeit bis etwa 10 Mbit/s möglich.

Serieller Bus (RS-485, DIN 66 259 Teil 4 und DIN 66 348 Teil 2). Mit dieser Entwicklung ist der Trend zu lokalen Rechnernetzen (*Local Area Networks*, LANs) berücksichtigt. Für PCs gibt es Steckkarten mit RS-422- und RS-485-Schnittstellen. Letztere sind heute Voraussetzung für die PC-Vernetzung; hierzu später mehr.

Für alle eben besprochenen Schnittstellenversionen werden zwei Betriebsarten wie folgt unterschieden:

- **Asynchrone Übertragung**. Dabei können die einzelnen Codezeichen zu beliebigen Zeitpunkten und unabhängig von anderen Zeichen gesendet werden. Dies ist das zwischen PCs und der Peripherie übliche Verfahren.
- **Synchrone Übertragung**. Hierbei gibt es keine Start- und Stopbits für die einzelnen Zeichen; alle Informationen werden nahtlos aufeinander folgend gesendet. Dieses Verfahren ist bei Großcomputern und der Datenfernübertragung üblich (z.B. Paketvermittlung mit HDLC, *High-level Data Link Control*).

Der in Bild 2.5 angedeutete Baustein USART erlaubt beide Betriebsarten. Für PCs gibt es z.B. Anschaltungen mit der *Intel-Bitbus-Schnittstelle*, die HDLC verwenden und als sog. *Feldbus*- oder *Sensorbus-Interface* dienen. Dies ist eine hochaktuelle Entwicklung für die Fertigungsautomatisierung, die vom Meßfühler (Sensor) bis zur Vernetzung der Gesamtfabrik alle Ebenen abdecken soll. Wichtige Feldbusse sind in Abschnitt 2.4 zusammengestellt.

Arbeitsplatzcomputer nach IBM-Muster (also PCs) werden i.a. mit mindestens einer seriellen und einer parallelen Schnittstelle ausgerüstet:
- Kommunikationsschnittstelle (COM) ähnlich RS-232-C (**Bild 2.7**);
- Druckerschnittstelle (LPT) ähnlich Centronics-Standard (**Bild 2.8**).

Die "Standard"-Schnittstellen der PCs weichen wie folgt von den anerkannten Normen ab:

- Die weltweit akzeptierte Norm EIA RS-232-C schreibt eine Stiftbelegung eindeutig für einen 25poligen Steckanschluß vor, die Fa. *IBM* hat jedoch einen 9poligen Anschluß eingeführt (Bild 2.7).

- Ebenfalls weltweit ist der von der Fa. *Centronics* definierte 36polige Stecker in Benutzung, die IBM hat als Druckerschnittstelle einen 25poligen Anschluß eingeführt (Bild 2.8), wie er sonst für serielle Schnittstellen nach RS-232-C genormt ist.

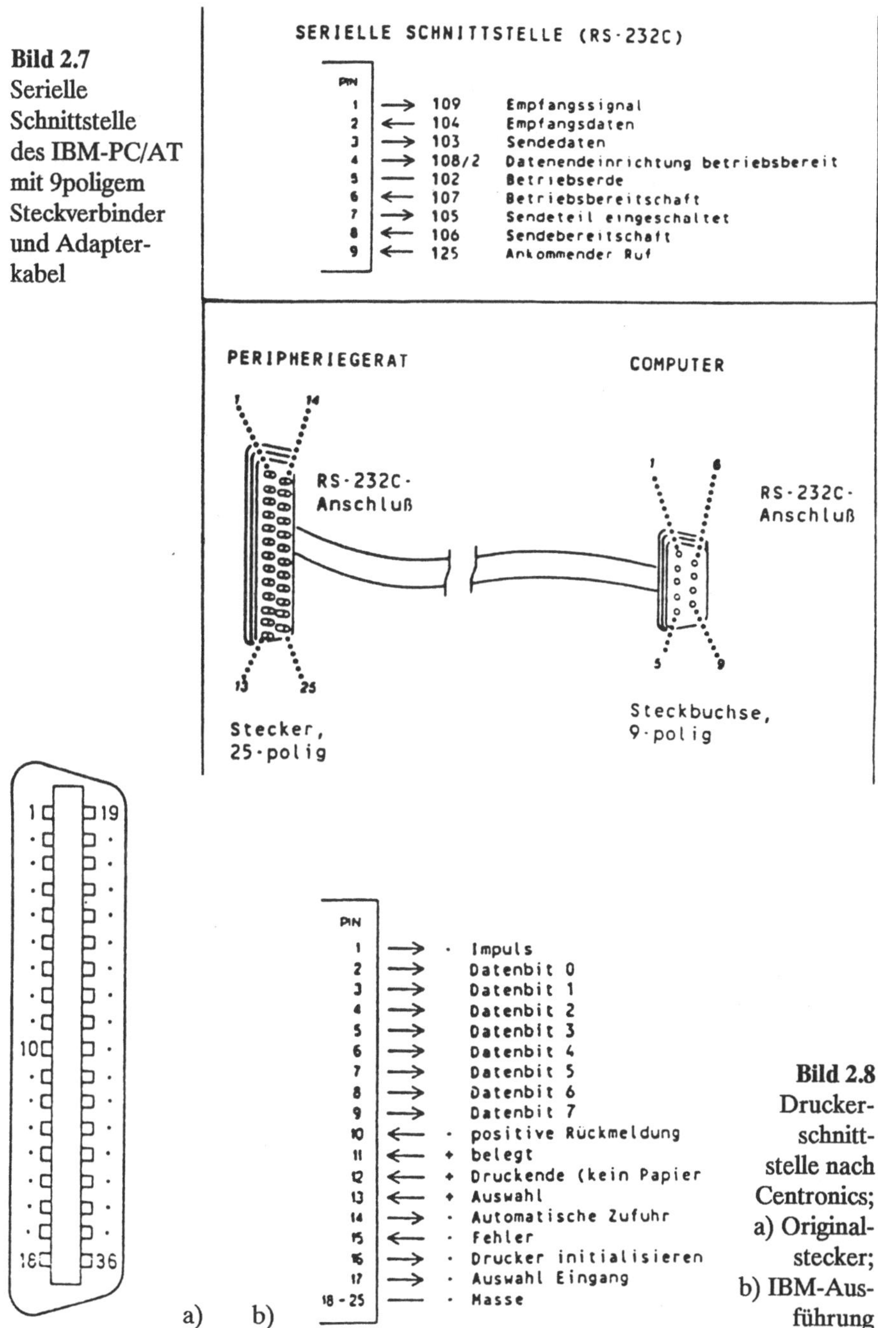

Bild 2.7 Serielle Schnittstelle des IBM-PC/AT mit 9poligem Steckverbinder und Adapterkabel

Bild 2.8 Druckerschnittstelle nach Centronics; a) Originalstecker; b) IBM-Ausführung

2.3 IEC-Bus und Weiterentwicklungen

2.3.1 IEEE-488 und SCPI

Eine der bislang wichtigsten Definitionen für die computergestützte Meßtechnik wurde anfangs der sechziger Jahre von der Firma *Hewlett-Packard* (HP) als *HP Interface Bus* (HP-IB) vorgestellt; andere Hersteller fanden dafür die Bezeichnung *General-Purpose Interface Bus* (GPIB). Im internationalen Normenwerk finden wir den GPIB als IEC 625 (bzw. DIN IEC 625). Die darin festgelegten Busspezifikationen unterscheiden sich vom ebenfalls gültigen Standard IEEE-488 nur im Steckverbinder. Weil aber der 24polige IEEE-Stecker überwiegt, ist es konsequent, vom *IEEE-488-Bus* zu sprechen. Im deutschen Sprachgebrauch hat sich jedoch die Bezeichnung IEC-Bus eingebürgert.

Die Normung des IEC-Busses hat sich über Jahre erstreckt. Die ursprüngliche Norm IEEE-488 von 1978 wurde 1987 durch das Papier 488.1 ersetzt. Unverändert ist darin die grundlegende Busspezifikation dargestellt, d.h. es sind elektrische und mechanische Eigenschaften sowie die Schnittstellen-Funktionen beschrieben. Damit ist gewährleistet, daß Geräte nach festgelegten Regeln Bytes miteinander austauschen können. Busfähige Geräte lassen sich wie folgt einteilen:

- ***Controller*** als zentrale Steuereinheit für den Busbetrieb zur Adressierung und Programmierung von Meßgeräten und zum Aufnehmen von Information. Controller können mithin "sprechen" (*talk*) und empfangen bzw. "hören" (*listen*).

- ***Sprecher*** (*Talker*) können nur Daten senden, wie z.B. Thermometer, einfache Digitalvoltmeter.

- ***Hörer*** (*Listener*) können nur Daten empfangen, wie z.B. Netzgeräte, Drucker, Signalgeneratoren, Scanner.

- ***Talker/Listener*** lassen sich so programmieren, daß sie senden oder empfangen können. So kann z.B. ein Digitalmultimeter in seiner Funktion über den Bus eingestellt werden und dann Meßdaten auf den Bus geben.

- ***Dreidraht-Handshake*** gehört zu den weiteren typischen Besonderheiten der Anfang der 60er Jahre entwickelten IEC-Bus-Schnittstelle (damaliger Stand der Technik). Es wird dabei mit zwei Signalen (Leitungen) getrennt die Übernahmebereitschaft und das Ende interner Verarbeitungsabläufe angezeigt.

- ***Adressierung*** am IEC-Bus bedeutet zweierlei: (1) An jedem Busgerät ist mit einer an der Rückwand angebrachten Schalterreihe eine im System einmalige Geräteadresse einzustellen. (2) Während des Betriebs ist jedes Gerät über seine eingestellte (einmalige) Adresse anzusprechen, und zwar unterschieden nach der augenblicklichen Funktion als Sprecher (*talker*) oder Hörer (*listener*).

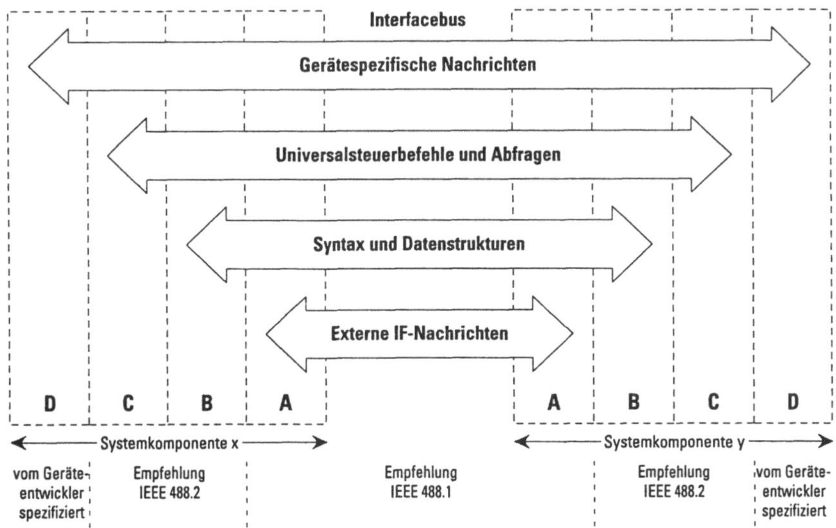

Bild 2.9 Struktur der neuen Normen IEEE-488.1 und IEEE-488.2

• ***Gerätesteuerung*** bedeutet die Nutzung von Anwendungsfunktionen über den IEC-Bus. Die Norm IEEE-488.1 gibt dafür keine Richtlinien. Darum ist die Geräteprogrammierung völlig uneinheitlich, so daß nicht einmal Geräte eines Herstellers ohne Änderungen in den Programmen austauschbar sind. Eine Verbesserung der Situation ist mit der Verabschiedung von IEEE-488.2 eingetreten.

Mit der Norm IEEE-488.1 ist ein zuverlässiges Verfahren zur Übermittlung von Bytes zwischen Geräten festgelegt. **Bild 2.9** zeigt die Einordnung dieser Norm in ein Gesamtkonzept für die computergestützte Meßtechnik und macht deutlich, welche Teile von IEEE-488.2 ausgefüllt werden: Die Vereinheitlichung der Syntax, Codes und Formate für Geräteprogrammierung und Meßdatendarstellung sowie die Festlegung von universellen Steuerbefehlen (Ebenen B und C in der Struktur). Hervorzuheben ist, daß diese Entwicklungen praktisch bei jeder Schnittstelle angewendet werden können. Außerhalb bleiben aber immer noch die gerätespezifischen Nachrichten. Hier setzt SCPI an (s. unten) und komplettiert den so wichtigen Standard IEEE-488, übernimmt aber ebendiese Funktion auch bei den neuen Entwicklungen, z.B. beim VXIbus.

• ***Universalsteuerbefehle*** sind solche, die alle Arten von Geräten verstehen und erfüllen müssen. IEEE-488.2 legt einen solchen Satz von Steuerbefehlen fest. Dazu gehören die Identifizierung des Geräts anhand der Hersteller- und Modellnummer (Konzept des elektronischen Typenschildes), das Rückversetzen des ganzen Meßgeräts in einen bekannten Ausgangszustand, die Ausführung eines Selbsttests. Andere Befehle ermöglichen Kalibrierungen, Triggerung, Makrobildung usw. Insgesamt sind 13 verbindliche und 26 optionale Steuerbefehle definiert und beschrieben.

• ***Automatische Konfigurierung*** hilft bei der Adressenverwaltung in Meßsystemen. Nach altem Standard müssen die Adressen manuell und eindeutig an den Geräten eingestellt werden (am "Mäuseklavier"). 488.2 beschreibt ein Protokoll zum Einsatz zwischen Controller und neuen, automatisch konfigurierbaren Geräten, mit dessen Hilfe jedes Meßgerät identifiziert und ihm eine eindeutige Adresse zugeordnet werden kann.

• ***Statusbericht*** ist ein weiterer wesentlicher Teil. Während IEEE-488.1 zwar genau die Funktionsweise der *Bedienungsanforderung* SRQ beschreibt, wird nur wenig über das zugehörige Statusbyte (STB) ausgesagt. 488.2 gibt ein Modell für einen Statusbericht.

• ***Synchronisation*** bedeutet die Möglichkeit, aus einem Anwenderprogramm zu erkennen, wann alle offenen Steuerbefehle vollständig abgearbeitet sind. 488.2 bietet für diesen Zweck drei Universalbefehle. Diese Einrichtung ist deshalb wichtig, weil viele Meßgeräte Steuerbefehle schneller akzeptieren als ausführen können.

• ***SCPI*** (*Standard Commands for Programmable Instruments*) ergänzen die Schnittstellen-Normungen und stellen einheitliche Sprachelemente zur Programmierung von Meßgeräten zur Verfügung; sie decken sozusagen die Anwendungsebene entsprechend dem ISO-Referenzmodell ab. Entstanden ist SCPI aus Firmenentwicklungen wie folgt:

Hewlett-Packard mit	
HPSL -	HP Systems Language
TMSL-	Test Measurement Systems Language
Tektronix mit	
ADIF -	Analog Data Interchange Format
Konsortium mit	
SCPI -	Standard Commands for Programmable Instruments

• ***Meßtechnik-Programmiersprachen*** wie eben erwähnt zeichnen sich dadurch aus, daß sie leicht erlernbare Elemente enthalten, die dem Bereich der Meßtechnik-Anwendung zugehören und unabhängig vom Gerätetyp sind. So gilt beispielsweise für

Spannungsmessung:	*Frequenzmessung*:
:MEASURE:VOLT?	:MEASURE:FREQ?

Es wird also gewissermaßen meßtechnische Umgangssprache verwendet.

2.3.2 VXIbus

VXI ist das Akronym für *VMEbus Extensions for Instrumentation*. Basis ist also der VMEbus mit Europakarten und den Steckverbindern P1 und P2. Das IEEE-Normungsprojekt P1155 spezifiziert für den VXIbus die ungenutzten P2-Kontakte und einen dritten Steckverbinder P3. Darin enthalten sind Versorgungsleitungen für ECL-Schaltkreise (*Emitter-Coupled Logic*) mit - 5,2 V und - 2 V sowie Taktleitungen bis 100 MHz, Trigger-Leitungen, ein Analog-Summenbus und Leitungen für lokale Teilbusse zur Verbindung benachbarter Module.

• ***Steckkarten*** sind in vier Größen innerhalb des Europakarten-Rasters festgelegt. Die Größen A und B sind die Original-VMEbus-Module, dazu kommen die auf 340 mm verlängerten Größen C und D, wobei die dreifach hohe D-Karte selten ist; die größte Bedeutung hat derzeit die Größe C. Wegen des Modulabstands von 30,48 mm passen 13 C- oder D-Karten in ein 19"-Gehäuse, das auch als *Mainframe* bezeichnet wird. Kleinere Karten lassen sich mit größeren mischen.

• ***Slot 0*** (Steckplatz 0) eines VXIbus-Gehäuses (*VXIbus crate*) hat besondere Bedeutung: Das Modul in diesem Steckplatz (*slot 0 device*) muß gemeinsame Ressourcen für die anderen Module in den Steckplätzen 1 bis 12 zur Verfügung stellen, z.B. Takt- und Triggerinformation. Vom Steckplatz 0 müssen ebenfalls Möglichkeiten zur Identifizierung der anderen Module im VXI-Rahmen ausgehen.

• ***Resource Manager*** (auch System-Manager) ist die Fachbezeichnung für die in jedem VXI-Rahmen notwendige Kontrolleinheit. Die Position ist nicht festgelegt, trotzdem wird es sich hierbei meist um das "Slot 0 device" handeln. Der *Resource Manager* identifiziert alle VXIbus-Geräte, veranlaßt den System-Selbsttest, konfiguriert die System-Adreßtabelle (*address map*) sowie die Systemhierarchie und initialisiert die normalen Systemoperationen.

Die Kommunikation zwischen VXIbus-Modulen ist bestimmt durch hierarchische Beziehungen zwischen sog. *Commanders* und *Servants*. Innerhalb eines Sytems kann ein Commander eine Gruppe von Servants kontrollieren. Insgesamt sind in einem VXIbus-System 256 verschiedene Module (*devices*) möglich.

• ***Commander:*** Ein VXIbus-Modul mit VMEbus-Masterfunktion, wodurch die Kontrolle einer Gruppe von Servants möglich ist. Solch ein Commander kann aber in einer Gesamthierarchie als Servant für einen anderen Commander dienen. Commander sind immer Nachrichten-orientiert (*message based*, s. unten).

• ***Servant:*** Ein VXIbus-Modul mit oder ohne VMEbus-Masterfunktion, das in einer Gesamthierarchie unter der Kontrolle eines Commanders arbeitet. Solch ein Servant kann wiederum Commander für eine andere Servant-Gruppe sein. Servants können Nachrichten-orientiert (*message based*) oder Register-orientiert (*register based*, s. unten) arbeiten.

Eine Hierarchie von VXIbus-Modulen ist wie nachfolgend aufgezählt definiert; ein automatisches Erkennungs- und Einstellprotokoll dafür ist festgelegt. Für jeden Typ sind Konfigurierungsregister vorgesehen, die vom Steckverbinder P1 erreicht werden. Darüber kann im System jedes Modul identifiziert werden, und zwar nach Typ, Modell, Hersteller und Speicherbeschaffenheit.

• ***Register-orientierte Module*** (*register based devices*) arbeiten "maschinennah", d.h. sie müssen ähnlich wie Mikroprozessoren in Maschinensprache programmiert werden. Sie verfügen über keine "lokale Intelligenz"; man bezeichnet sie deshalb auch als "dumme Module" (*dumb devices*). Die Kehrseite der Medaille: Diese VXIbus-Module sind optimal schnell ansprechbar.

• ***Speichermodule*** (*memory devices*) verfügen zusätzlich zu den Registern über Speichereinheiten vom Typ RAM oder/und ROM. Diese sind nutzbar, um gewisse "Intelligenz" bereitzustellen.

• ***Nachrichten-orientierte Module*** (*message based modules*) sind vorgesehen für den Einsatz in Umgebungen mit höherem Kommunikationsniveau, wo gewissermaßen "Klartext" verwendet werden soll (siehe SCPI). Sie müssen Kommunikationsregister enthalten, auf die von allen anderen Modulen zugegriffen werden kann. Diese als "smart" bezeichneten Module können z.B. ASCII-Kommandos interpretieren und Register-orientierte Module steuern. Nahezu alle am Markt verfügbaren Module sind von diesem Typ (*message based C-sized modules*).

• ***Programmierung*** eines VXIbus-Systems zeichnet sich dadurch aus, daß eine Steuerungs- und Kommandostruktur in Anlehnung an den IEC-Bus-Standard (IEEE-488 bzw. GPIB) definiert wurde. Deshalb ist in einem Meßsystem eine Mischung aus VMEbus-, VXIbus- und IEC-Bus-Modulen integrierbar. Vor allem werden VXI- und IEEE-488-Instrumente gemischt mit einem z.B. bereits vorhandenen IEC-Bus-Kontroller betrieben und mit der dafür entwickelten Software gesteuert. Künftig wird verstärkt die Kommandosprache SCPI die Kompatibilität von VXIbus-Modulen gewährleisten.

• ***MXIbus*** (*Multisystem Extension Interface bus*) ist ein 32-Bit-Multiplexbus zur Verbindung mehrerer VXI-Mainframes und zur Anbindung an einen PC. Ein komplexer Aufbau entsprechend **Bild 2.10** wirkt dann wie ein einziges VXIbus-System. Die Buskabel mit 62poligem Steckverbinder können 20 m lang sein und bis zu 32 Mainframes verbinden. Sie bestehen aus 48 erdsymmetrischen (*single-ended*) verdrillten Leiterpaaren (*twisted pairs*), d.h. die 48 Signalleitungen sind jeweils mit ihren Masseleitungen verdrillt, wodurch, wie beim IEEE-488-Bus, eine hohe Störsicherheit erzielt wird. Die Übertragungsgeschwindigkeit beträgt 20 Mbyte/s.

Atnernativen zur MXIbus-Lösung werden auf den Markt kommen. Bekannt sind aber auch Bemühungen um kostengünstigere PC-Instrumentierungen. Beispielsweise ist aus den USA eine Entwicklung für direkte Nutzung des EISA-Busses bekannt: PCXI, *Personal Computer Extensions for Instrumentation*.

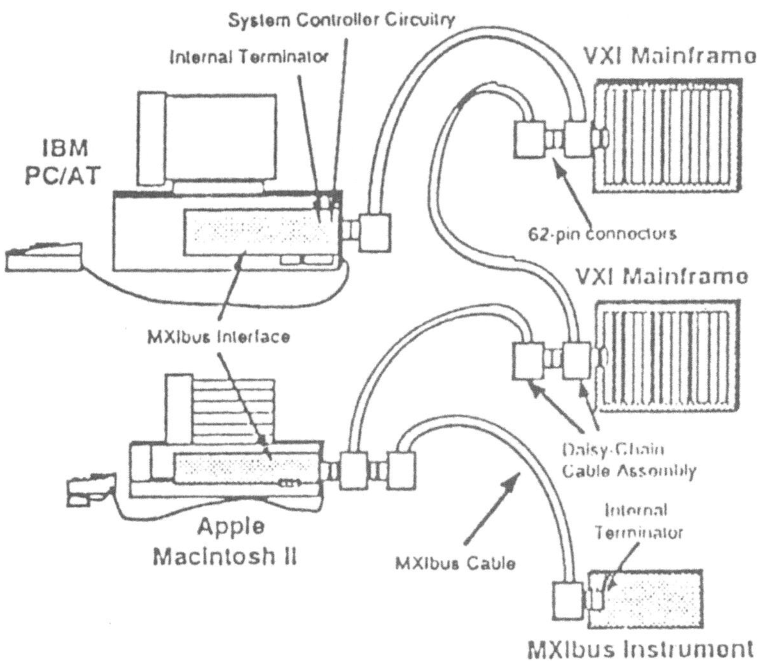

Bild 2.10 VXIbus-System mit MXIbus-Kopplung

2.4 Serielle Busse

Aus der Vielzahl bekannter serieller Busse werden nachfolgend einige vorgestellt, die gewisse Bedeutung erlangt haben. Das sind

Proway, SP50, PDV-Bus, Manchester-Bus, InterBus-S, Bitbus, DIN-Meßbus, PROFIBUS, FIP, ABUS, CAN-Bus, LON

• ***Proway*** (*Process Dataway*) ist der Sammelbegriff für Projekte zur Definition eines seriellen Busses für PDV-Verwendung (Prozeßdatenverarbeitung). Die Hauptaktivitäten liegen beim IEC-Subkomitee IEC SC 65A/W6. Es gab und gibt eine ganze Reihe von Vorschlägen zur Normung durch dieses Komitee. Weil bislang Einigung nicht zu erzielen war, sind nationale "Alleingänge" gestartet worden, z.B. in den USA, in Frankreich und Deutschland. In Deutschland entstand dadurch zunächst der PDV-Bus (s. unten), danach wurden Vorhaben gestartet, die zum DIN-Meßbus und zum PROFIBUS führten. Die im IEC-Komitee sozusagen konkurrierenden, aber ähnlichen Projekte heißen:

• ***SP50 Fieldbus***, der wichtigste amerikanische Vorschlag; er stammt aus einer Arbeitsgruppe der ISA (*Instrument Society of America*) und kommt in zwei Varianten vor:

- H1 für Längen bis 1850 m und 100 ms Antwortzeit als digitaler Ersatz für existierende Analogsysteme mit 4 - 20 mA Stromschleifen; die Übertragungsrate beträgt 31,25 kbit/s, galvanische Trennung ist vorgeschrieben, das System ist eigensicher.
- H2 für Längen bis 750 m und 1 ms Antwortzeit als moderner Feldbus für Neukonstruktionen mit 1 Mbit/s Übertragungsrate.
- Es können in beiden Fällen 256 Stationen adressiert werden, als Medium wird Kabel mit verdrillten Leitern angegeben.

• ***PDV-Bus*** (Bus für Prozeßdatenverarbeitung) ist die umgangssprachliche Bezeichnung für DIN 19 241 Teil 1 "Bitserielles Prozeßbusschnittstellensystem - Serielle Digitale Schnittstelle SDS". Wesentliche Eigenschaften:

- serieller Bus mit Koaxialkabel;
- elektrische Eigenschaften gemäß CCITT V.11;
- bis zu 256 Teilnehmer anschließbar;
- Entfernungen bis 3 km;
- maximale Übertragungsgeschwindigkeit 1 Mbit/s, praktisch oft 200 kbit/s;
- variable Nachrichtenlänge;
- hohe Fehlererkennungswahrscheinlichkeit für Übertragungsfehler;
- Tolerierung des Ausfalls einzelner Teilnehmer;
- Echtzeitverhalten typisch 10 ms.

Der Verkehr auf dem seriellen PDV-Bus wird von einer zentralen Leitstation (zentraler Master) gesteuert. Die Master-Funktion kann an andere Teilnehmer weitergegeben werden, d.h. jeder Teilnehmer kann temporäre Leitstation sein und dadurch z.B. Querverkehr ermöglichen. Grundsätzlich fragt der zentrale Master zyklisch die angeschlossenen Stationen im *Polling-Verfahren* ab. Zusätzlich gibt es Globalaufrufe (*Broadcasting*) und Möglichkeiten der Alarmbehandlung.

• ***Manchester-Bus*** ist die zivile Bezeichnung für einen seriellen Bus mit besonderen Eigenschaften zum Einsatz in Flugzeugen (darum auch als *Avionics Bus* bekannt). Die Benennung ist von der verwendeten Signalcodierung abgeleitet: *Manchester-Code (biphase)*. Es wird also in der Mitte jeder Bitzelle ein Signalwechsel erzeugt, was das System selbsttaktend macht. Deshalb konnte für diesen Bus galvanische Trennung mittels Transformatoren (Übertrager) festgelegt werden. Die Normungsarbeit stammt aus dem US-amerikanischen Militärbereich, das Ergebnis heißt MIL-STD-1553B (*Military Standard*). Weitere Merkmale:
- Worte einheitlicher Länge von 20 bit;
- Zeitmultiplexbus (TDM) mit Halbduplex;
- Pulscodemodulierung (PCM);
- Übertragungsrate 1 Mbit/s mit Antwortzeit zwischen 4 und 12 μs;
- Buslänge typisch 300 m bei 1 Mbit/s;
- bis zu 31 Fernterminals (*Remote Terminals*, RT) anschließbar.

Redundanz spielt im militärischen Bereich eine große Rolle, deshalb ist der MIL-STD-Bus mindestens doppelt ausgelegt. Der *Bus Controller* steuert alle Datenübertragungen; ein *Bus Monitor* dient zur Überwachung des Busbetriebs, er hat keine eigene Busadresse und Antwortfunktion (Monitorbetrieb). Buskomponenten sind von mehreren Firmen verfügbar. Die Werbung zielt auch auf zivile Anwendungen außerhalb von Flugzeugen.

Transformatorankopplung ist eine weitere Besonderheit des MIL-STD-Busses. Es sind zwei Arten definiert und wie folgt bezeichnet: direkte und Transformatorkopplung; beide benutzen Übertrager.
- Direkte Kopplung mit kurzem Abzweig, maximal 30 cm (*short stub*); dabei sind Übertrager und Isolationswiderstände im Terminal angeordnet.
- Transformatorkopplung mit maximal 6 m Abzweig (*long stub*) erfordert einen zusätzlichen Übertrager am Busanschluß.
- Universalkoppler stellt Ankopplungsmöglichkeiten für beide Fälle bereit.

• ***InterBus-S*** (auch IB-S) ist eine gezielte Entwicklung für den Einsatz als sog. *Sensorbus*, um also direkt im Meßfeld Sensoren und Aktoren auf einfache Weise zu verdrahten. Es wird Echtzeitfähigkeit bescheinigt mit Reaktionszeiten von < 4 ms bei 1024 und 7 ms bei 4096 E/A-Punkten. Die Nettodatenrate beträgt 300 kbit/s bei 400 m Buslänge, als Hamming-Distanz wird 4 angegeben.

• ***Bitbus*** ist eine ältere Entwicklung der Fa. *Intel* mit RS-485-Buselektrik, HDLC-Protokoll, Zweidrahtbus mit 9poligem Steckverbinder, maximal 2,4 Mbit/s über 30 m, meistens 62,5 kbit/s bei 1200 m. Verfügbar ist der Busbaustein 8044 RUPI.

• ***DIN-Meßbus*** ist gewissermaßen die Ergänzung der bislang vorgestellten seriellen Feldbusse für kostengünstige Anwendungen mit geringem Aufwand. Die Schichten 1 und 2 sind in DIN 66 348 Teil 2 beschrieben; ein dritter Teil mit Anwendungsfunktionen wird 1993 fertig. Basis dafür ist MMS (*Manufacturing Message Specification*), das in ISO/IEC 9506 festgelegte Verfahren. Weitere Hauptmerkmale:
- Buselektrik nach RS-485;
- 15poliger Steckverbinder;
- Vierdrahtbus mit 19,2 kbit/s über 500 m;
- 32 Stationen im Master-Slave-Betrieb.

• ***PROFIBUS***, der deutsche Beitrag, definiert mit DIN 19 245 Teil 1 die Schichten 1 und 2 für einen Feldbus (*process fieldbus*), mit Teil 2 die Schicht 7 (Anwendungsfunktionen). Wesentliche Merkmale:
- Blockprüfung mit HD = 4;
- Buselektrik nach RS-485; Zweidraht- oder Mehrdrahtanordnung bis 1,2 km;
- typisch 90 kbit/s, maximal 500 kbit/s.

• ***FIP*** (*Factory Instrumentation Protocol*) stammt aus Frankreich und Italien und wird auch von einigen europäischen Firmen unterstützt. Integrierte Schnittstellen-Bausteine existieren, z.B. der Chip FULLFIP von dem Halbleiterhersteller VLSI. Es handelt sich um einen offenen Feldbus mit Broadcast-Eigenschaften (jeder

Teilnehmer ist grundsätzlich Aufnehmer von Rundrufnachrichten). Datenrahmen enthalten keine Adressen. Der Busverwalter (*bus administrator*) gibt mit einer Vorabnachricht (*command frame*) die Quellenadresse an. Aus der Anwendungsfestlegung (Schicht-7-Funktion) muß bekannt sein, welche Empfänger gemeint sind, d.h. für alle Busteilnehmer muß definiert sein, welche Datenquellen sie zu beobachten haben. Weitere Hauptmerkmale sind:
- Schnelle Abwicklungen wegen fehlendem Handshake (*unacknowledged datagrams*);
- maximale Länge 2 km;
- Anzahl Stationen maximal 256;
- als Medien abgeschirmte verdrillte Leiterpaare oder Lichtleiter;
- Übertragungsgeschwindigkeiten 31,25 kbit/s, 1 Mbit/s oder 2,5 Mbit/s.

• ***ABUS*** ist eine Industrieentwicklung eines seriellen, bidirektionalen Eindrahtbusses, primär für den Einsatz im Automobil. Daraus folgen einige Besonderheiten, die nachfolgend aufgezählt sind:
- Multimaster-Betrieb möglich;
- Adressierung und Buszuteilung über den Inhalt eines Telegramms (*content-based addressing*) mit Hilfe von Identifizierern;
- zusätzlich Nutzung von Prioritäten und Kommandostrukturen;
- kurze Wartezeiten (64 µs) für Nachrichten hoher Priorität;
- feste Telegrammlänge von 31 bit und 16-Bit-Datenformat;
- nominelle Bitrate 500 kbit/s, effektive Transferrate 260 kbit/s;
- 30 m Leitungslänge mit 75 pF/m;
- 5 V Versorgungsspannung;
- Signalspannungen im wesentlichen 2 V und 3,6 V.

Multimaster-Betrieb bedeutet in diesem Fall, daß jeder Datentransfer durch eine Datenquelle initiiert werden kann. Das geschieht immer, wenn die Quelle in dem ihr zugeordneten Datenbereich eine signifikante Änderung registriert. Jedes danach gesendete Telegramm hat eine Länge von 31 bit bzw. ist 62,5 µs lang.

Inhaltsbezogene Adressierung geschieht beim ABUS mit Hilfe der 11 *Identifier Bits*. Damit lassen sich 2048 Transfer-Objekte definieren. Dies entspricht einer ebensolchen Anzahl logischer Adressen. Angeschlossene Teilnehmer empfangen jeweils Nachrichten von allen Absendern. Aufgenommen und gespeichert werden Daten aber nur von solchen Teilnehmern, deren Identifizierer mit dem des Telegramms übereinstimmt.

• ***CAN-Bus*** ist ebenfalls eine Entwicklung für das Automobil - für eine "unterbrechungsgesteuerte Echtzeitumgebung". Die Bezeichnung steht für *Controller Area Network* (CAN). Haupteigenschaften sind:
- Multimaster-Architektur mit asynchroner Übertragung;
- CSMA/CD-Zugriffsverfahren mit zerstörungsfreier Arbitrierung;
- Adressierung über den Inhalt eines Telegramms (*content-based addressing*) mit Hilfe von Identifizierern;
- Prioritätenzuordnung mittels des 11-Bit-Identifizierers, je niedriger die

Nummer des Identifizierers (der Adresse), desto höher ist die Priorität;
- kurze Wartezeiten (kurze Latenzzeit) für Nachrichten hoher Priorität, 150 μs bei höchster Priorität;
- 2032 verschiedene Nachrichten mit bis zu 8 Bytes pro Nachricht;
- Transferrate bis 1 Mbit/s, Nettodatenrate dann 575 kbit/s;
- Fehlerüberwachung mit 15-Bit-CRC, Leitungscodierung NRZ mit Bit-Stuffing und Nachrichtenrahmen-Prüfung, dadurch Hamming-Distanz HD = 5;
- 40 m Leitungslänge bei 1 Mbit/s;
- 5 V Versorgungsspannung;
- differentielle Buselektrik mit Signalspannungen 1,5 V für logisch 1 und 3 V für logisch 0.

Die CAN-Buslogik ist "Wired-AND", d.h. es gibt auf dem Bus zwei Zustände, die dominant und rezessiv genannt werden. Ein dominantes Bit (logisch 0) überschreibt ein rezessives (logisch 1). Wenn also mehrere Quellen (*Transmitter*) gleichzeitig Daten auf den Bus senden und der Kollisionsfall (*contention*) eintritt, dann wird jedes rezessive Bit des Buszuteilungsfelds (die ersten 12 Bits des CAN-Datenrahmens) auf logisch 0 gezwungen. Schließlich verbleibt auf dem Bus die Kombination mit den meisten Nullbits, die Nachricht also mit der höchsten Priorität wird weitergesendet. Diesen Vorgang nennt man bitweise zerstörungsfreie Arbitrierung (*bitwise arbitration*).

Datensicherheit ist für den CAN-Bus sehr hoch angesiedelt, sie wird durch fünf Mechanismen kontrolliert:

(1) 15-Bit-CRC mit dem Generator-Polynom
$x^{15} + x^{14} + x^{10} + x^{8} + x^{7} + x^{4} + x^{3} + 1$

(2) *Monitoring*, d.h. Transmitter vergleichen die logischen Pegel der zu sendenden Nachrichten mit den Pegeln auf dem Bus

(3) *Bit-Stuffing* (nach 5 gleichen Bits Einfügung eines invertierten Bits, engl. *stuff width of 5*)

(4) Jede Nachricht muß von mindestens einem Teilnehmer als richtig erkannt und mit ACK (*Acknowledge*) quittiert werden

(5) Erkannte Fehler werden allen anderen Teilnehmern mit einem Fehlerrahmen (*Error Frame*) mitgeteilt

CAN-Bus-Anschaltungen werden in integrierter Form (als Chips) von mehreren Herstellern angeboten. Dabei wird zwischen BasicCAN (Untermenge) und Full-CAN unterschieden. Anwendungen werden auch außerhalb des Automobils gefunden, z.B. zum Aufbau von sog. Sensorbussen.

• ***LON*** (*Local Operating Network*) ist eine Entwicklung der US-Firma *Echelon* zur kostengünstigen Zusammenschaltung von Komponenten auf unterschiedlichen Ebenen (Heimelektronik bis Fabrikautomatisierung). Definiert sind konkrete Anschaltungen (LONWORKS-Transceiver) für verschiedene Medien und Protokolle entsprechend aller sieben Ebenen des Referenzmodells (LONTALK-Protocol). Ein spezieller Einchip-Mikrocomputer mit drei Prozessoren (NEURON-Chip) steht zur Verfügung ebenso wie Entwicklungssoftware (LONBUILDER).

2.5 Vom Ethernet zum FDDI

Die lokale Vernetzung vor allem von PCs und Workstations ist dominiert durch einige wenige Hersteller und durch internationale Standards. Hier sei nur angemerkt, daß die meisten LANs dem ISO-Referenzmodell entsprechen. Dies gilt nicht direkt für zwei wichtige Firmenlösungen, die nach eigenen Schichtenmodellen konstruiert sind, nämlich SNA (*Systems Network Architecture*) der *IBM* und DNA (*Digital Network Architecture*) von DEC (*Digital Equipment Corporation*).

Durch eine Zusammenarbeit der Firmen *Xerox*, *Intel* und *DEC* (die sog. DIX-Gruppe) entstand das am ISO-Referenzmodell orientierte Ethernet, heute der Standard für die meisten LANs im Einsatz. Von Bedeutung ist ebenfalls der IBM-Token-Ring, künftig werden mehr Glasfasernetze nach dem Standard FDDI eingesetzt werden. Diese Versionen sollen deshalb nachfolgend kurz vorgestellt werden. Ausführliche Beschreibungen sind zahlreich zu finden.

2.5.1 Ethernet und Token-Ring

Das mit *Ethernet* bezeichnete LAN-Konzept bedeutet die Normierung der Schicht-1- und Schicht-2-Funktionen, teilweise auch darüber hinausgehender Eigenschaften. Damit ist die Vernetzung von Computern möglich, wobei folgende Haupteigenschaften gelten:

Topologie	-	Bus
Medium, normal	-	Triaxialkabel 50 Ω
Medium, Thinnet	-	Koaxialkabel 50 Ω, RG-58 ("BNC-Kabel")
Übertragung	-	im Basisband
Datenrate	-	10 Mbit/s
Signalcodierung	-	Manchester
Übertragungsfrequenz	-	20 MHz
Stationen (Knoten)	-	maximal 1024
Entfernung	-	zwischen den Stationen maximal 2,5 km
Zugriffsverfahren	-	CSMA/CD

Die Ethernet-Topologie ist grundsätzlich durch die Busdefinition bestimmt. Eine Ethernet-Einheit (*trunk cable*) wird als Segment bezeichnet. **Bild 2.11** zeigt solch ein Segment mit Anschlußstellen (*tap connectors*). Diese sind entweder in Quetschausführung (Durchdrücken eines Anschlußstiftes) oder mit Koaxialanschlüssen verfügbar.

• ***10Base5*** ist die Bezeichnung für das normale Ethernet. Die Angaben in Bild 2.11 für ein Segment treffen hierfür zu. Insbesondere gelten die folgenden Grenzwerte:

Segmentlänge	-	500 m
Stationen pro Segment	-	100
Segmente	-	5, davon maximal drei Koaxialsegmente
Repeater zwischen zwei Stationen	-	4
Transceiverkabel	-	50 m
Minimaler Abstand zwischen zwei Stationen	-	2,5 m

Bild 2.12 verdeutlicht, wie Einzelsegmente mit Hilfe von Repeatern zu komplexeren Netzen zusammengeschaltet werden. Mit *Remote Repeaters* können 1000 m bzw., bei Verwendung von Glasfasern, 4000 m überbrückt werden.

• ***10Base2*** ist das Kürzel für die kostengünstige Ausführung des Ethernetzes, darum auch als *Cheapernet* oder, wegen der Nutzung des dünneren BNC-Kabels, als *Thinnet* bezeichnet. Es gelten im Grunde die gleichen Festlegungen wie bei 10Base5, jedoch gibt es zwei Nachteile, dagegen aber mehrere Vorteile:

Segmentlänge	-	185 (Standard), oft bis über 200 m
Stationen pro Segment	-	30
Verkabelung	-	Einfach und problemlos wie in der allgemeinen Laborpraxis

• ***10BaseT*** bezeichnet die zunehmend wichtiger werdende Ethernet-Technik auf der Basis verdrillter Leitungen (*twisted pairs*). Damit ist die Nutzung der weltweit in unzähligen Gebäuden verlegten Telefonleitungen möglich. Direkt gilt dies z.B. in den USA; in Europa verlegte Leitungen sind nicht immer problemlos nutzbar.

Marktanteile, weltweit Mitte der 90er Jahre bei der PC-Vernetzung, sind nach verschiedenen Quellen etwa so zugeordnet, daß Ethernet zu 70 % dominiert, davon die Hälfte nach 10BaseT. Hinweis: Auch die Variante ***10BaseF*** (bzw. *10BaseFL*) existiert. Damit soll die Lichtleiter-Technologie für Basis-LAN-Techniken erschlossen werden (F steht für *fiber*, L für *link*).

• ***Token-Ring*** ist auch deshalb von Bedeutung, weil die marktbeherrschende Firma IBM dahinter steht. Die Datenraten sind zu 4 Mbit/s oder 16 Mbit/s festgelegt. Wegen der Manchester-Codierung ist auch hierbei der Wirkungsgrad nur 50 %, und es ist beim "schnellen" Token-Ring die Übertragungsfrequenz 32 MHz.

Segment
(500m max.)
Koaxialkabel
Transceiver-Kabel
(50 m max.)
Station
Transceiver
(100 max. pro Segment)

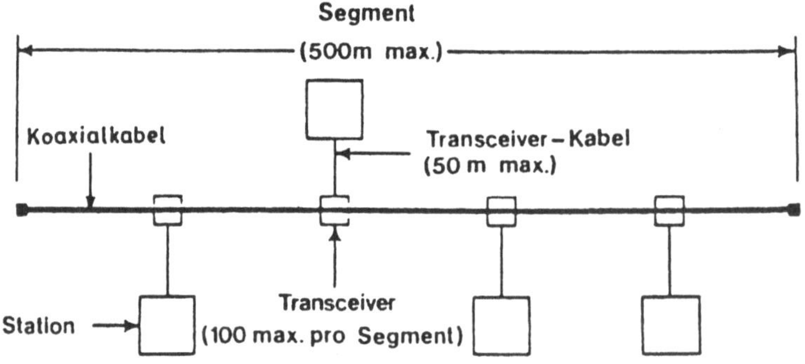

Bild 2.11 Ethernet-Segment

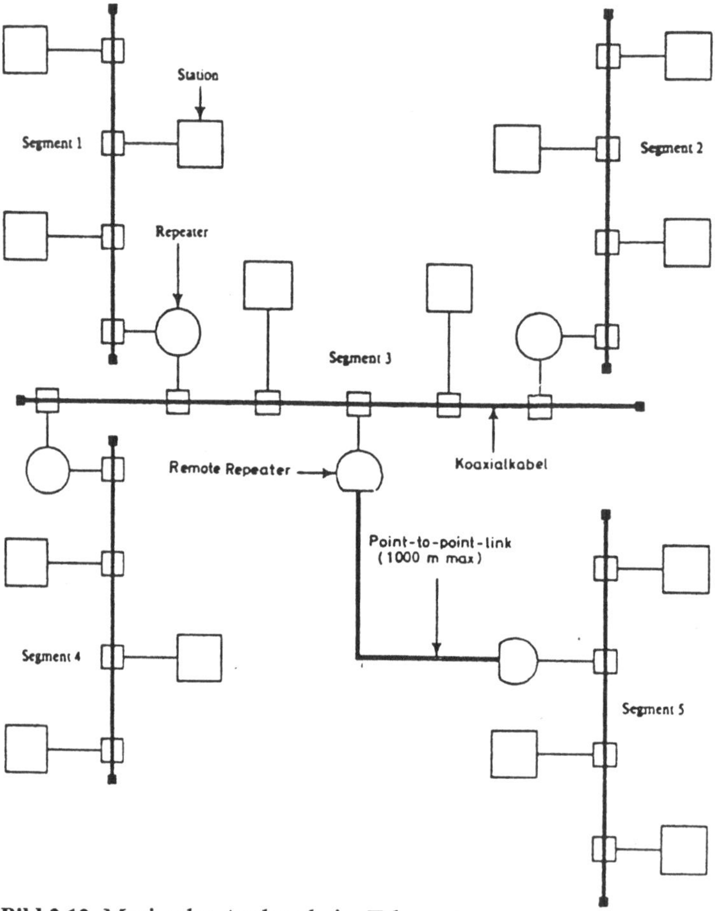

Station
Segment 1
Segment 2
Repeater
Segment 3
Remote Repeater
Koaxialkabel
Point-to-point-link
(1000 m max)
Segment 4
Segment 5

Bild 2.12 Maximaler Ausbau beim Ethernet

2.5.2 TCP/IP

Die LAN-Normung deckt in der Regel nur die Referenzschichten 1 und 2 ab. Damit ist der gesicherte Datenaustausch zwischen Teilnehmern innerhalb eines LAN-Segments möglich. Für die Zusammenschaltung gleichartiger oder unterschiedlicher Teilnetze sind Koppelelemente verfügbar. So lassen sich Datenwege zwischen verschiedensten Rechnern auch über größere Entfernungen realisieren. Um darüber auch Daten austauschen zu können, müssen aber die höheren Protokolle ebenfalls standardisiert bzw. angepaßt sein. Im Sinne einer internationalen Einheitlichkeit sind die ISO-Standards zu bevorzugen. Aber der Markt folgt mitunter anderen Logiken: Wegen der starken Marktpositionen sind die Protokollfamilien der Firmen DEC und IBM wichtig, allerdings nur zur Nutzung in homogenen Netzen - mit Komponenten also des einen Herstellers.

Offene Kommunikation zwischen Einrichtungen verschiedener Hersteller und unterschiedlicher Normung wird derzeit mit Hilfe der Protokollfamilie TCP/IP ausgeführt, die nicht von den offiziellen Normungsinstitutionen stammt, sondern von der *Advanced Research Project Agency* (ARPA) des amerikanischen Verteidigungsministeriums initiert wurde. **Bild 2.13** erklärt, daß die TCP/IP-Protokolle den

Schicht	Bezeichnung	Funktion	Protokolle bzw. Standards	
7	Verarbeitung (*application*)	System- und Anwendungssteuerung	CASE, FTAM, JTM, MHS, MMS, SMTP NFS	 ***Network File System***
6	Darstellung (*presentation*)	Sitzungsaufbau, Syntax	FTP ASN.1	***File Transfer Protocol***
5	Kommunikation (*session*)	Sitzungssteuerung	Telnet	***virtuelles Terminal***
4	Transport (*transport*)	Datenübertragung	TCP	***Transmission Contrl Protocol***
3	Vermittlung (*network*)	Routing	IP X.25	***Internet Protocol***
2	Sicherung (*data link*)	Übertragungsabsicherung	IEEE-802.2 BSC, HDLC	***LLC, MAC***
1	Bitübertragung (*physical*)	Bitübertragung	IEEE-802.3	***CSMA/CD***

Bild 2.13 Referenzmodell und Arpanet-Protokolle

Kommunikationsvorgang ab Schicht 3 steuern (sog. *Arpanet*). Die untersten beiden Schichten werden durch die LAN-Normung abgedeckt.

• ***ARPA-Protokolle*** ist eine andere Bezeichnung für die TCP/IP-Familie. Darunter versteht man

- IP (*Internet Protocol*) für Schicht 3;
- TCP (*Transmission Control Protocol*) für Schicht 4;
- Telnet (interaktiver Terminaldienst),
- FTP (*File Transfer Protocol*),
- NFS (*Network File System*) und
- SMPT (*Simple Mail Transfer Protocol*) für Schichten 5 bis 7.

- **IP** (*Internet Protocol*) deckt die Schicht 3 des Referenzmodells ab und ist für die Adressierung und das "Routing" im Netzverbund zuständig. Dafür werden sog. Internet-Adressen zentral vergeben, die 32 bit lang und üblicherweise in vier Oktetten notiert sind, z.B. 134.7.4.19.

- **TCP** (*Transmission Control Protocol*) übernimmt Schicht-4-Funktionen, ist also verantwortlich für den Aufbau logischer Verbindungen zwischen zwei Kommunikationspartnern. Dazu gehören die zeitliche Überwachung von Verbindungen, Multiplexing und Flußsteuerung.

- **Telnet** (*terminal emulation*) ist ein stark benutzter Dienst und erlaubt jedem Benutzer im TCP/IP-Netzwerk, sich in einen beliebigen anderen Computer einzuloggen, wenn der Name des anderen Rechners und das Paßwort bekannt sind. Jede Eingabe wird direkt an den anderen Rechner weitergegeben; für den Gastrechner (*host*) wirkt der Nutzerrechner wie ein Terminal.

- **FTP** (*File Transfer Protocol*) dient der gemeinsamen Nutzung von Dateien durch verschiedene Teilnehmer, d.h. jeder einzelne Benutzer hat dadurch Zugriff auf Dateien der anderen Computer, die er auf seinen Rechner kopieren kann. Ebenso können eigene Dateien auf anderen Computern abgelegt werden.

- **NFS** (*Network File System*) ist eine erweiterte TCP/IP-Anwendung. Damit werden im Unterschied zum FTP die "entfernten" (*remote*) Dateien nicht in den eigenen Rechner kopiert, sondern es wird direkt mit den Dateien auf den fremden Computern gearbeitet (auch: *remote execution*).

2.5.3 FDDI

Fiber Distributed Data Interface ist die aktuelle Definition für Hochgeschwindigkeits-LANs mit folgenden Haupteigenschaften:

- Glasfaser-Doppelring mit Gradientenfaser
- 100 Mbit/s Übertragungsgeschwindigkeit
- 200 km maximale Kabellänge, d.h 100 km Doppelringlänge
- 1000 Stationen einfach, 500 Stationen doppelt angeschlossen
- Abstand zwischen FDDI-Knoten maximal 2 km.

Logisch handelt es sich bei FDDI um einen Token-Ring. Mit Konzentratoren (*Wiring Concentrators*, WC) lassen sich physikalisch Stern- oder Baumstrukturen aufbauen. Eine Hauptanwendung ist die schnelle Kopplung von LANs, wofür es die Bezeichnung "Hochgeschwindigkeits-Backbone" gibt. In **Bild 2.14** ist darum der Hauptdoppelring als *FDDI Backbone Network* bezeichnet. Ebenfalls angedeutet ist die Anwendung als *Backend Network* zur Einbindung umfangreicher Standardperipherie.

Wiring Concentrators verbinden den FDDI-Doppelring mit einfach angeschalteten Stationen und bilden jeweils ein *Front End Network*. Bild 2.14 zeigt auch noch eine Reihe von *Gateways* zur Verbindung mit Bus- und Ring-LANs. Schließlich ist noch die Einbeziehung von Telefoneinrichtungen mit Hilfe einer Nebenstellenanlage (PBX, *Private Branch Exchange*) angegeben.

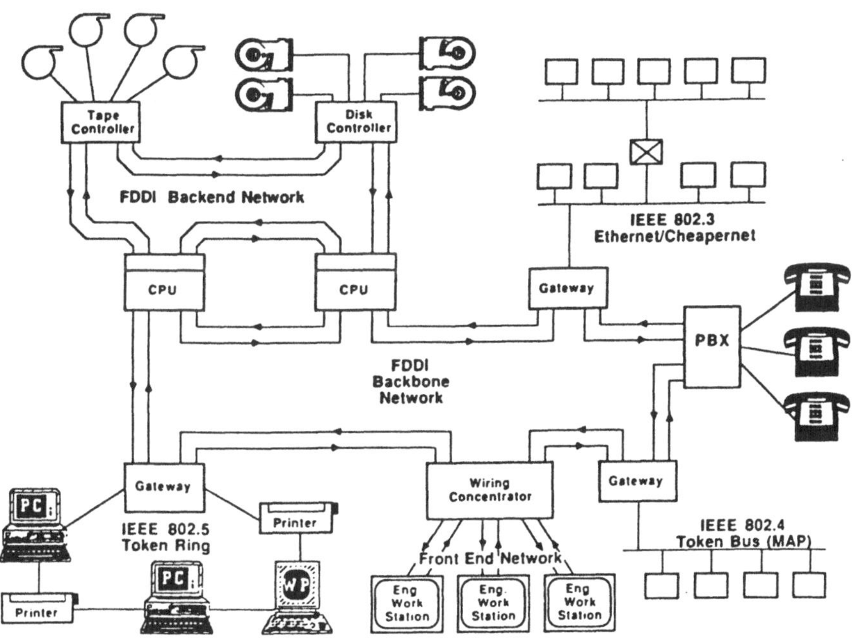

Bild 2.14 Typische FDDI-Anwendungen

Die Signalcodierung ist beim FDDI für die hohe Übertragungsrate optimiert. Es wird nicht wie beim Ethernet Manchester-codiert; das würde nämlich für FDDI eine Signalfrequenz von 200 MHz auf der Leitung erfordern (Wirkungsgrad 50 %). Vielmehr kommt eine "4-von-5-Bit-Codierung" zur Anwendung (Fachbezeichnung 4B/5B), wodurch für die Datenrate 100 Mbit/s nur eine Signalfrequenz von 125 MHz benötigt wird (Wirkungsgrad 80 %).

Twisted Pair FDDI soll abschließend erwähnt werden. Hierbei handelt es sich um ein Projekt zur Nutzung verdrillter Leiter in FDDI-Netzwerken, wobei die Datenrate auch 100 Mbit/s betragen soll.

3 Messen und Steuern mit IEC-Bus

von J.-Uwe Varchmin

Wechselnde Aufgaben im industriellen Prüffeld und Forschungslabor erfordern standardisierte Schnittstellen für den Anschluß der Meßgeräte und Prozeßsteuerungen an den PC. Schon 1974 wurde die Normung der IEC-625/IEEE-488-Schnittstelle (kurz *IEC-Bus*) eingeführt, die den Aufbau von Meßsystemen und deren Steuerung mit Computern - damals speziellen IEC-Bus-*Controllern* - wesentlich vereinfacht.

Inzwischen gibt es IEC-Bus-*Interface*-Karten für PCs von verschiedenen Herstellern, so daß der PC zum *Prozeßcontroller* nach-, um- oder aufgerüstet werden kann. Probleme mit der Schnittstellen-Hardware und mangelnde Unterstützung bei der Software erschweren vielen PC-Anwendern die effektive Nutzung des PCs für Aufgaben der automatischen Meßdatenerfassung und Prozeßsteuerung.

Der folgende Beitrag zeigt, wie mit einem PC und geeigneter Meß- und Steuerungs-Hardware Aufgabenstellungen im industriellen Prüffeld gelöst werden können; dabei übernimmt der PC "*online*" die Steuerung des Prozesses, der Meßdatenerfassung und Auswertung.

3.1 So arbeitet der IEC-Bus

3.1.1 IEC-Bus-Hardware

Der IEC-Bus ermöglicht die Verbindung mehrerer Meßgeräte über ein Leitungssystem, das von einem Gerät zum nächsten durchgezogen wird. Die Zeichenübertragung auf diesem Bus erfolgt bitparallel mit serieller Zeichenfolge nach einem festgelegten Anforderungs- und Quittungsverfahren (*Handshake*), das sich ohne Zeitverlust an die unterschiedliche Übertragungsgeschwindigkeit verschiedenartiger Geräte anpaßt.

Da das Bus-System auf eine Entwicklung der Firma *Hewlett-Packard* zurückgeht, wird dieser Bus bei HP als HP-IB (*HP Interface Bus*) bezeichnet, während andere Hersteller auch die Bezeichnung GPIB (*General Purpose Interface Bus*) verwenden. Die Bus-Struktur und die Klassifizierung der Geräte, die an den Bus angeschlossen werden können, zeigt **Bild 3.1**.

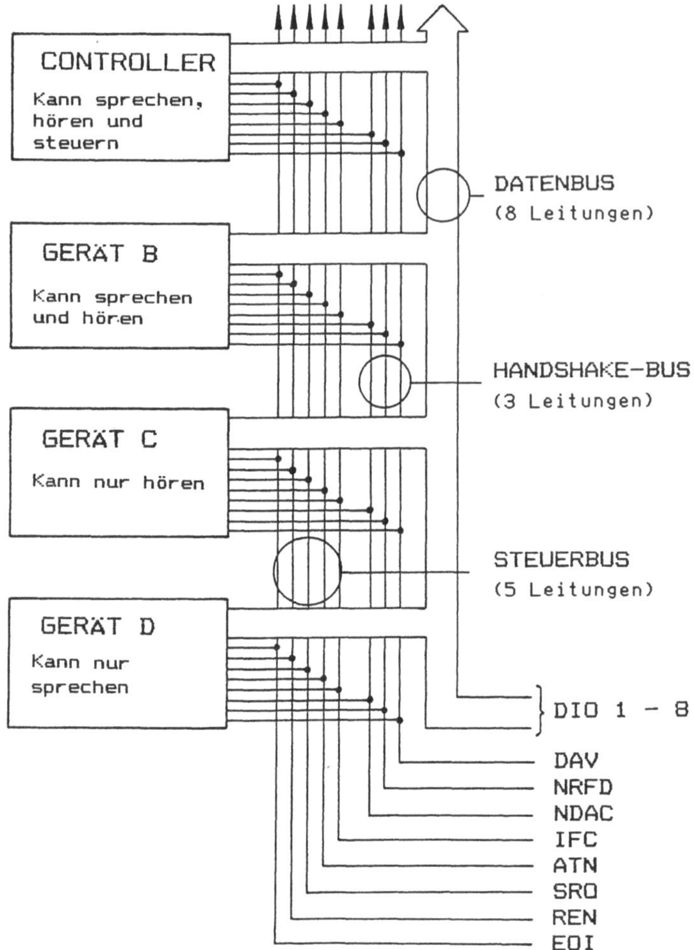

Bild 3.1 Busstruktur und Geräte am IEC-Bus

Systemfähige Geräte lassen sich folgendermaßen unterteilen:

• ***Hörer*** (*Listener*) können nur Daten empfangen, z.B.: Drucker, Netzgeräte, Signalgeneratoren, *Scanner*, die über den Bus programmiert werden.

• ***Sprecher*** (*Talker*) können nur Daten senden, z.B.: Lochstreifenleser, einfache Digitalvoltmeter.

• ***Hörer und Sprecher*** können wahlweise so programmiert werden, daß sie Informationen aufnehmen oder abgeben, z.B. ein Digitalmultimeter, das in seinen Funktionen über den Bus programmiert wird und Meßwerte in digitaler Form abgibt.

Jeder Bus benötigt einen ***Controller***, der die Steuerung übernimmt, die Geräte adressiert und programmiert und Informationen von den angeschlossenen Geräten aufnehmen kann. Er verfügt mithin auch über die Funktionen Hörer und Sprecher.

Der rein passiv ausgeführte Bus, dessen zugehörige Elektronik in den einzelnen Geräten untergebracht ist, besteht aus folgenden Leitungsgruppen:

• ***Datenbus*** mit den Leitungen DIO1...DIO8 zur Übertragung von Geräteadressen und Informationen.

• ***Kontrollbus*** mit den fünf Leitungen:

IFC - mit der Aktivierung von "*Interface Clear*" wird der Bus in einen definierten Grundzustand gebracht.

REN - "*Remote Enable*" ermöglicht die Fernbedienung der angeschlossenen Geräte durch den *Controller*.

ATN - wird die Leitung "*Attention*" gesetzt, beginnt der *Controller* mit einem Programmzyklus.

EOI - "*End Or Identify*" erfüllt zwei Funktionen. Das Signal zeigt das Ende einer Datenübertragung an oder wird für die Identifizierung eines Gerätes verwendet.

SRQ - die "*Service-Request*-Leitung" ermöglicht es, den am Bus angeschlossenen Geräten eine Bedienungsanforderung an den *Controller* abzugeben; dieser muß dann durch serielles oder paralleles Abfragen (*Serial Poll* bzw. *Parallel Poll*) herausfinden, welches Gerät den Service angefordert hat.

• ***Steuerleitungen*** für die Datenübertragung:

Das sogenannte *Drei-Draht-Handshake-Verfahren* (**Bild 3.2**) gewährleistet, daß am IEC-Bus Geräte mit unterschiedlicher Übertragungsgeschwindigkeit einwandfrei zusammenarbeiten können. Die Übertragungsgeschwindigkeit des gesamten Systems wird dabei stets vom langsamsten Gerät bestimmt. Die drei Leitungen haben folgende Bezeichnungen und Aufgaben:

DAV - "*Data Valid*" meldet, daß bei einem Sprecher gültige Daten vorliegen, die z.B. vom *Controller* übernommen werden können.

NRFD - "*Not Ready For Data*", die Datenübertragung beginnt erst, wenn alle angeschlossenen Geräte signalisiert haben, daß sie zur Datenaufnahme bereit sind.

NDAC - "*Not Data Accepted*", die Datenübertragung wird erst abgeschlossen, wenn alle Geräte signalisiert haben, daß die Daten übernommen worden sind. Erst dann kann das nächste Datenbyte - z. B. vom DVM - auf den Bus gelegt werden.

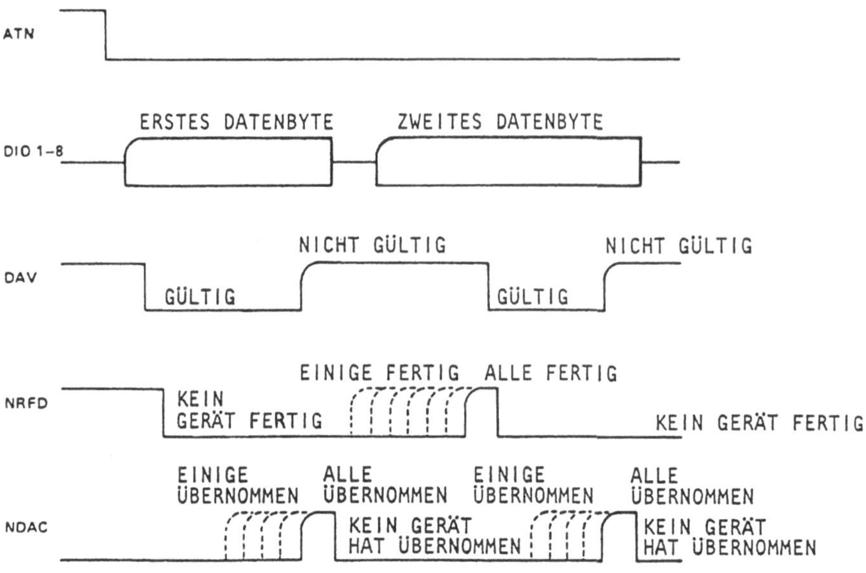

Bild 3.2 Impulsdiagramm des Dreidraht-Handshake am IEC-Bus

Zur Realisierung der IEC-Bus-Hardware bieten die Halbleiterhersteller hochintegrierte Bausteine an, die die Entwicklung einer IEC-Schnittstelle wesentlich vereinfachen und mit Ausnahme der Treiberfunktion für die Leitungen alle Schnittstellenfunktionen erfüllen. Bezüglich ihrer Struktur lassen sich die verfügbaren Bausteine in zwei Gruppen einteilen:

(1) Hardwarebezogene Bausteine

Der Informationsaustausch zwischen IEC-Bus-Interface und Gerät erfolgt durch logische Ein- und Ausgangssignale. Diese Bausteine werden vorteilhaft dann eingesetzt, wenn die Gerätefunktionen ohne Mikroprozessor realisiert werden.

(2) Softwarebezogene Bausteine

Diese Bausteine sind geräteseitig mit einer Prozessorschnittstelle (Daten-, Adreß- und Steuerbus) versehen. Das Laden interner Register mit bestimmten Informationen löst definierte IEC-Bus-Aktivitäten aus. Diese Bausteine kommen vor allem dann vorteilhaft zum Einsatz, wenn bereits die Ausübung der Gerätefunktion unter Kontrolle eines Prozessors erfolgt - wie das bei einem PC und modernen Digitalmultimetern der Fall ist.

3.1.2 IEC-Bus-Software

Der Programmieraufwand für ein automatisches Test- und Meßsystem (ATM) ist ein entscheidendes Kriterium für dessen Wirtschaftlichkeit. Zu einer vollständigen technischen Automationslösung gehört deshalb nicht nur die hardwaremäßige Realisierung, sondern auch die entsprechende Software.

Obwohl die Übertragung von Gerätenachrichten und die Einstellung der jeweiligen Übertragungswege durch die Norm international festgelegt sind, unterliegen aber die Gerätehersteller keiner Vorschrift, weder bei der Verwendung von Einstellbefehlen für die verschiedenen Test- und Meßgeräte, noch bei der Einbindung einer IEC-Bus-Kommando-Syntax in eine höhere Programmiersprache. Beim Tausch eines Gerätes aus einem System durch ein Gerät mit gleicher Funktion, aber unterschiedlicher Herkunft, muß daher generell auch die entsprechende Software geändert werden (vergleiche aber SCPI in Abschnitt 2.3).

• ***Einstellbefehle***

Bei modernen IEC-Bus-Systemgeräten hat sich allgemein eingebürgert, daß jeder Teilfunktion des Gerätes ein Buchstabe (z.B. *R* = *Range*) zugeordnet ist, während Unterfunktionen (z.B. die verschiedenen Meßbereiche) mit Ziffern gekennzeichnet werden.

Tabelle 3.1 zeigt als Beispiel einige mögliche Programmiercodes eines Digitalvoltmeters.

Die Einstellung einer bestimmten Gerätefunktion erfolgt durch Übertragung der entsprechenden Zeichenkette vom *Controller* an das Meßgerät, wie z.B. in **Bild 3.3** dargestellt.

Verschiedene Geräte können zunächst für die Messung vorbereitet (eingestellt) werden, während die eigentliche Messung dann durch einen speziellen Triggerbefehl für alle Geräte gleichzeitig erfolgt.

• ***Meßwerte***

Die Einstellung der Meßgeräte dient dem Zweck, eine Messung vorzubereiten bzw. auszuführen. Im Fernsteuerbetrieb am IEC-Bus muß das Ergebnis im Meßgerät zwischengespeichert werden, bis das Gerät als Sprecher adressiert wird und den Meßwert entweder an den *Controller* oder andere Aufzeichnungsgeräte (z. B. Drucker, Floppy-Disk) abgeben kann. Auch hierbei gilt wieder, wie schon bei der Geräteeinstellung, daß die Meßwerte von jedem Hersteller in einem frei wählbaren Format aufbereitet und übertragen werden. **Bild 3.4** zeigt dafür ein Beispiel.

Tabelle 3.1 Programmiercodes eines Digitalvoltmeters

Hauptfunktion Bezeichnung	Steuerzeichen	Unterfunktion Bezeichnung	Steuerzeichen
Meßart	M	Vdc Vac ohm	0 1 2
Bereich	R	1000 V 100 V 10 V	0 1 2
Integrationszeit	S	20 ms 100 ms 1000 ms	0 1 2
Bedienungsruf nach Ende der Messung	Q	nein ja	0 1
Start der Messung (Trigger)	T	einmal laufend	0 1

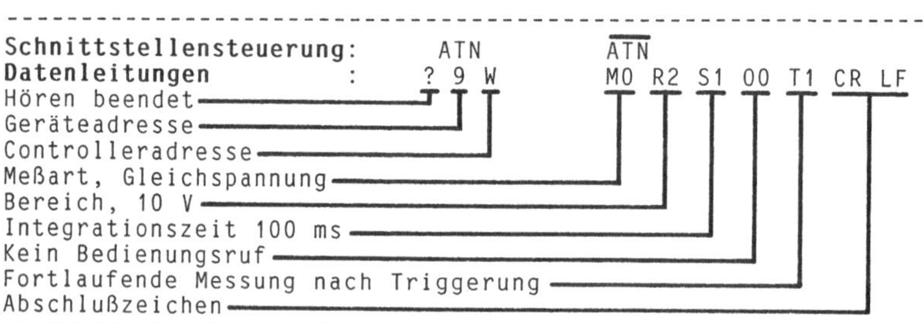

Bild 3.3 Programmierdaten zur Einstellung eines Meßgeräte

• *IEC-Bus-Kommando-Syntax*

Die verschiedenen Hersteller von IEC-Bus-*Interfacekarten* für PCs liefern für den Betrieb der Schnittstelle Software auf Disketten oder als ROM-residente *Firmware*.

Obwohl die *Kommando-Syntax* der verschiedenen IEC-Bus-Betriebsprogramme nicht einheitlich ist, läßt sich eine übergeordnete Struktur angeben. Ein solches Kommando besteht aus:

Befehl, Adresse, Parameter

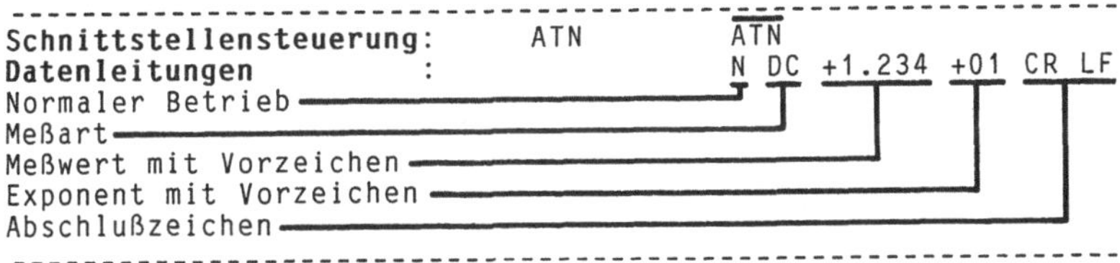

Bild 3.4 Ausgabeformat eines Meßwertes

Dabei sind Adressen und Parameter (Variablen) nur bei solchen Anweisungen vorhanden, bei denen eine Übertragung von Gerätenachrichten (Einstellnachrichten, Meßwerte) vom *Controller* an Geräte oder umgekehrt stattfinden. **Bild 3.5** zeigt die Verwendung verschiedener Standard-Ein-Ausgabebefehle für IEC-Bus-Aktivitäten.

Eine zweite Gruppe von Befehlen benötigt nur das Befehlswort und die Geräteadresse. Mit diesen Befehlen werden die Systemgeräte in einen bestimmten Zustand (z.B. adressiert, entadressiert, fernsteuerbar) gebracht.

Eine dritte Gruppe schließlich benötigt nur das Befehlswort; damit wird z.B. der Grundzustand des IEC-Bus (*Reset, Clear*) hergestellt.

Besondern vorteilhaft ist eine Kommando-Syntax, bei der schon am Befehlswort die Zuordnung zum IEC-Bus erkennbar ist. Im obigen Beispiel weist lediglich die Adresse auf eine Aktivität am IEC-Bus hin. Besonders *ungünstig* für die Lesbarkeit eines Programms sind solche Software-Realisierungen, die jeden IEC-Bus-Befehl als ein Unterprogramm mit Parameterübergabe aufrufen:

CALL IEC (A, B, C,...)

```
   WRT, ADR, "F2R4T2X"     Befehle zur Übertragung einer
 PRINT, ADR, "F2R4T2X"     Einstellnachricht an das Gerät
BUSOIT, ADR, "F2R4T2X"     mit der Adresse ADR

                           Befehle zum Einlesen einer Ge-
   RED, ADR, A$            rätenachricht (Meßwert) vom Ge-
 INPUT, ADR, A$            rät mit der Adresse ADR in den
 BUSIN, ADR, A$            Controller. Die Nachricht wird
                           in der Variablen A$ gespeichert
```

Bild 3.5 Ein-Ausgabebefehle für IEC-Bus-Geräte in verschiedenen Rechnersystemen

Schon bei der ersten Anwendung eines preiswerten PCs als IEC-Bus-Controller auf der Basis des Commodore 3032 hat die Fa. *Rohde & Schwarz* die Programmiersprache BASIC um Befehle erweitert, die

1. sofort als IEC-Bus-Befehle erkennbar sind,
2. alle Funktionen des IEC-Bus realisieren.

Diese in **Tabelle 3.2** aufgelisteten zusätzlichen IEC-Bus-Befehle werden innerhalb der Programmiersprache BASIC genauso verwendet wie z.B. die Standard-Befehle INPUT, GET, PRINT. Zusätzlich stehen über das Betriebssystem MS-DOS alle Software- und Hardware-Möglichkeiten von Personalcomputern zur Verfügung.

Tabelle 3.2 Einige IEC-Bus-Befehle der von *Rohde & Schwarz* verwendeten Kommando-Syntax

```
-------------------------------------------------
 IECIN      Daten einlesen
 IECOUT     Daten oder Befehle senden
 IECLAD     Höreradresse senden
 IECUML     Hörer entadressieren (unlisten)
 IECUMT     Sprecher entadressieren (untalk)
 IECSRQ     Verzweigung bei Service Request
 IECSPE     Serial Poll enable
 IECPPC     Parallel Poll configure
 IECPPD     Parallel Poll disable
-------------------------------------------------
```

Inzwischen ist auch eine Erweiterung der von *Microsoft* bekannten BASIC-Version für IEC-Bus-Anwendungen in verschiedenen Personalcomputern erhältlich. Es handelt sich dabei um IEC/IEEE BASIC, eine Erweiterung des MBASIC. Die Syntax ist ähnlich der von R.u.S. angegebenen.

Auch wenn sich im Laufe der Zeit eine einheitliche Kommando-Syntax für den IEC-Bus durchsetzen sollte, bleibt doch noch das Software-Problem beim Austausch von Geräten bestehen. Dieses Problem läßt sich zumindest mildern, wenn man versucht, nicht alle gerätespezifischen Einstelldaten mit in das Programm zu übernehmen. Vielmehr empfiehlt es sich, diese Daten in Tabellen abzuspeichern, die das Programm aufruft und abarbeitet.

Diese Tabellen lassen sich bei Geräteänderungen im Meßsystem mit geeigneten Menüprogrammen leicht auf die neuen Geräteanforderungen umstellen. Dabei werden nur Daten, aber keine Programme geändert. An einem Beispiel soll diese Technik im folgenden Abschnitt dargestellt werden.

3.2 Meß- und Steuerungssystem mit PC als IEC-Bus-Controller

3.2.1 Vielstellen-Meßsysteme mit Scanner

Die übliche Anordnung eines Vielstellen-Meßsystems als offene Meßkette mit Rechner, Digitalmultimeter und Meßstellenumschalter, wie sie mit industriellen Geräten aufgebaut werden kann, zeigt **Bild 3.6**. Die Verbindung zwischen den Geräten des Meßsystems werden über den IEC-Bus hergestellt. Sollen bei einem solchen Vielstellen-Meßsystem z.B. grenzwertabhängige Steuerungen durchgeführt werden - oder sollen Parameter für einen nächsten Meßvorgang in Abhängigkeit von der Meßgröße vollautomatisch eingestellt werden -, dann muß die offene Meßkette in einen geschlossenen Steuer- oder Regelkreis umgewandelt werden. Im allgemeinen ist hierfür eine an das Meßsystem angepaßte Steuerelektronik (SPS) oder die Anwendung eines Prozeßrechners erforderlich.

Hier wird über ein Gerät und die zugehörige Software berichtet, mit denen Meß- und Steuerungsaufgaben in einer vom Anwender für die jeweilige Aufgabe definierten Kommandosprache programmiert werden. Dieser Beitrag soll als Anregung dienen, sich von den "Einzweckprogrammen" zu entfernen und sich Software-Werkzeuge zu verschaffen, mit denen die o.g. Aufgaben einfacher und in gewisser Weise standardisiert bearbeitet werden.

Das modular aufgebaute Gerät übernimmt die Aufgaben eines universellen Meßstellenumschalters (*Scanner*) und eines Steuergeräts - daher die gewählte Gerätebezeichnung USUS. Die Kontrolle des Meß- und Steuervorgangs kann von jedem Personalcomputer mit IEC-Bus-Interface übernommen werden. **Bild 3.7** zeigt einen Systemaufbau für die Erwärmungsmessung an elektrischen Maschinen.

Die zentrale Einheit des Systems ist das mit USUS bezeichnete Gerät, mit dem Funktionen wie Scannen, Steuern und Abfragen von digitalen Eingängen erfüllt werden.

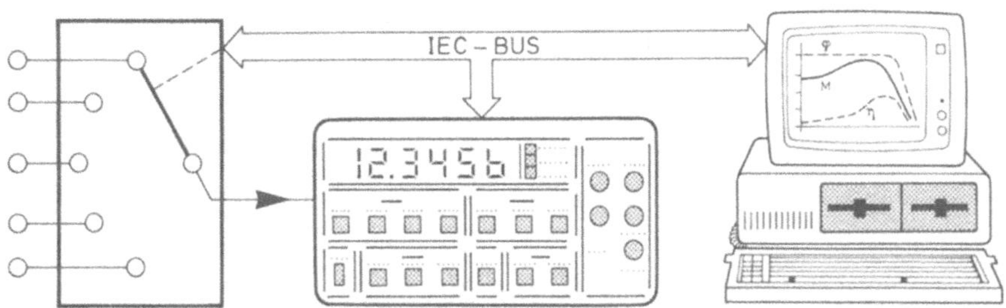

Bild 3.6 Vielstellen-Meßsystem mit Steuerrechner

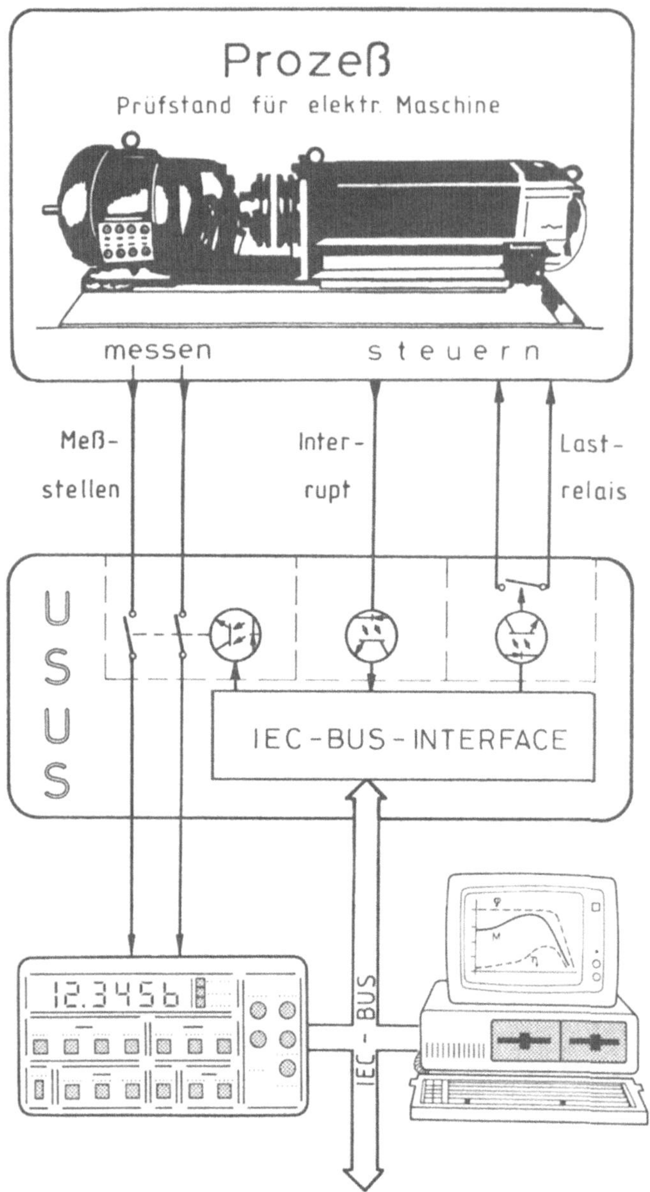

Bild 3.7 Meß- und Steuersystem USUS mit PC als IEC-Bus-Controller

3.2.2 Hardware des USUS-Geräts

Das Grundgerät ist ein 19"-Tischgehäuse, das die Stromversorgung, den internen Systembus, das IEC-Bus-Interface und die Statusanzeige an der Frontplatte aufnimmt. Insgesamt stehen 11 Steckplätze mit je 7 TE Breite für Meß- und Steuerungseinschübe zur Verfügung (**Bild 3.8**). Die Verdrahtung zum Prozeß erfolgt rückseitig über die entsprechenden Einschübe. Es werden folgende Einschübe unterschieden:

- Meßrelaiseinschub - Steuerrelaiseinschub - Interrupteinschub	Insgesamt 11 Steckplätze, Einschubbestückung in beliebiger Reihenfolge

• ***Ansteuerung der Meßrelais***

Die Meßrelais haben die Aufgabe, entweder nur eine von *n* Meßstellen über eine Sammelschiene auf den Eingang eines Digitalmultimeters zu schalten (Einfachbetrieb) oder eine Signalquelle auf eine oder mehrere Senken zu verteilen (Mehrfachbetrieb).

Folgende Daten sind von einem Meßstellumschalter zu fordern:
- Meßgröße 2/3/4polig auf 2/3/4polige Sammelschiene schalten
- Relaiskontakte mit geringen Thermospannungen < 1 µV/K
- Elektrisch "sicheres" *Layout* mit großen Kriech- und Luftstrecken, galvanischer Trennung von Meßkreis und Ansteuerung
- Rückmeldung des Schaltzustands der Relais über eigene Kontakte
- Anzeige des Schaltzustands.

• ***Steuerung von Energiekreisen***

Aufgabe der Steuerrelais ist es, verschiedene Energiekreise im Prozeß über mechanische oder elektronische Relais zu schalten.

Folgenden Daten sind von einer Steuerbaugruppe zu fordern:
- Mechanische Relais (1polig UM/250 V/1 A)
  oder
- Elektronische Relais (1polig EIN/250 V/1 A)
- Elektrisch "sicheres" *Layout* mit großen Kriech- und Luftstrecken, galvanischer Trennung von Lastkreis und Ansteuerung
- Rückmeldung des Schaltzustands der Relais über eigene Kontakte
- Anzeige des Schaltzustands

• ***Unterbrechung des Versuchsablaufs***

Prüfstände mit automatischem Versuchsablauf benötigen u. a. auch Grenzwertüberwachungen, die das laufende Meßprogramm abbrechen oder meßgrößenabhängig verzweigen. Diese Möglichkeit wurde hier mit der Abfrage von digitalen Eingängen (*Grenzwertschalter*) realisiert. Die einzelnen Eingänge sind zu einem *Sammelinterrupt* zusammengefaßt, der am IEC-Bus-Interface einen *Service-Request* auslöst. Durch *Polling* wird anschließend vom Controller das auslösende Interruptsignal identifiziert.

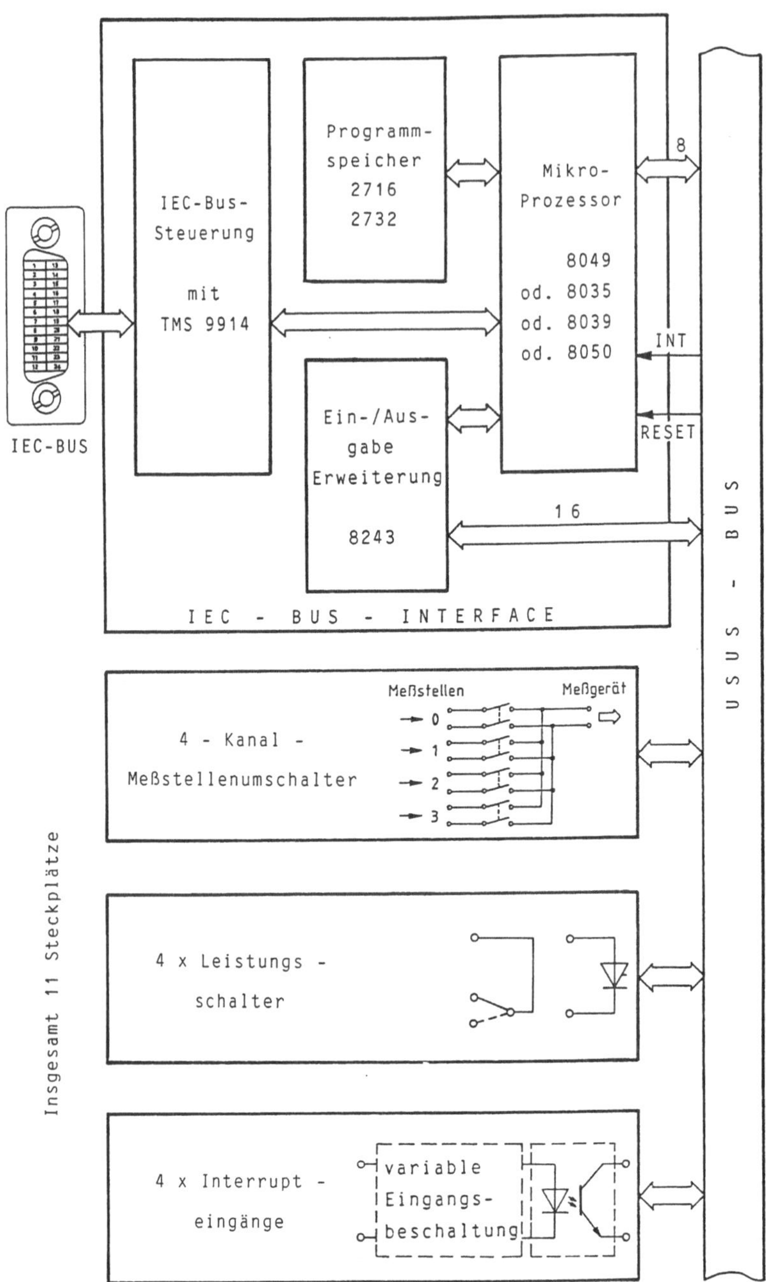

Bild 3.8 USUS-Blockschaltbild mit IEC-Bus-Interface, Scanner und Steuerfunktionen

Folgende Daten sind von einer Interruptbaugruppe zu fordern:
- Variable Eingangsbeschaltung für Spannungen bis 380 V
- Möglichkeit zur Flankenwahl (positiv/negativ)
- Maskierbarkeit einzelner Interrupteingänge

3.2.3 Software für ein automatisches Meß- und Steuerungssystem

An die Software eines universell einsetzbaren Meß- und Steuerungssystems sind folgende Anforderungen zu stellen:

- Einfache Dialogführung durch übersichtliche Menütechnik.
- Einfache Programmierung der Meßvorgänge und Steuerabläufe ohne spezielle Programmierkenntnisse durch Tabelleneditierung und Definition anwendungsspezifischer Kommandos.
- Speicherung aller Daten eines Versuchsablaufs.
- Erstellung der Versuchsprotokolle mit Listen und Diagrammen.

Bild 3.9 zeigt die Baumstruktur des Programmsystems SUSI (Scannen und Steuern mit IEC-Bus), das beliebige IEC-Bus-Geräte und das o.g. USUS-Gerät bedienen kann. Das Programm ist lauffähig auf kompatiblen PCs in der Programmiersprache GW-BASIC. Die einzelnen Teilprogramme des Systems werden aus dem Menü ausgewählt und nach dem *Overlay-Prinzip* automatisch aufgerufen. Jedes Teilprogramm führt nach Beendigung auf das Menü zurück. In dieser Technik lassen sich auch in BASIC große Programmsysteme übersichtlich gestalten.

Nach dem Start des Programmsystems SUSI gelangt der Benutzer in das Hauptmenü. Nur von hier aus können die Menüs 1...5 aufgerufen werden. Aus den Menüs wird in Untermenüs und von dort in Teilprogramme verzweigt.

MENÜ-1 und MENÜ-2 bieten aus BASIC heraus die Möglichkeit, MS-DOS-*Utilities* - wie z.B. Diskettenformatierung, Inhaltsverzeichnisse, Druckerinstallation und Stellen der Systemuhr - zu nutzen.

MENÜ-3 bietet die Tabelleneditoren für die Versuchsprogrammierung und Kommandodefinition. Im Untermenü VERSUCHSTABELLEN erfolgt die Programmierung eines Versuchsablaufs in Tabellenform und die Verwaltung bereits vorhandener Versuchstabellen. Bei der Erstellung einer Tabelle für einen Versuchsablauf werden die Kommandos verwendet, die in den Untermenüs

IECKTAB-SEND:	IEC-Befehlstabelle für Einstellkommandos
IECKTAB-EMPF:	IEC-Befehlstabelle für Empfangskommandos
USUS-MAKRO :	Makro-Kommandos für das USUS-Gerät; damit lassen sich unabhängig vom PC zeitabhängige Steuerungen ausführen

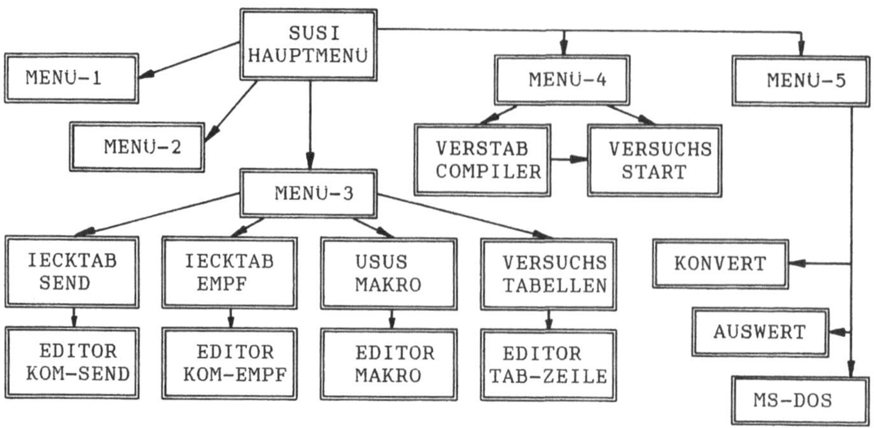

Bild 3.9 Baumstruktur des Programmsystems SUSI

mit anwendungsspezifischen Bezeichnungen definiert wurden. Diese Untermenüs stellen außerdem durch die in ihnen enthaltene IEC-Bus-Testfunktion eine *Benutzeroberfläche* für systemfähige Meß- und Steuergeräte aller Art dar. Damit ist es möglich, unabhängig vom Versuchsablauf, das programmierte Einzelkommando auf seine funktionale Richtigkeit zu prüfen.

In allen Teilprogrammen werden die eingegebenen Daten in Tabellen verwaltet. Die Tabellen für die selbstdefinierten Kommandos können 99 Einträge aufnehmen, eine Versuchstabelle kann 399 Kommandozeilen lang sein. Für die Tabelleneditierung ist der Bildschirm in zwei Fenster unterteilt. Im linken Fenster wird jeweils ein Ausschnitt von 10 Einträgen der gerade bearbeiteten Tabelle angezeigt. Mit den *Cursor*-Tasten kann daraus eine Zeile ausgewählt werden, die dann im rechten Bildschirmfenster für die interaktive Editierung zur Verfügung steht.

Bild 3.10 zeigt den PC-Monitor bei der Editierung einer Versuchstabelle für die Messung der Positioniergenauigkeit eines Handhabungsgeräts (Name der Tabelle POSMES). Das Handhabungsgerät bewegt einen Probekörper in eine vorgegebene Position und meldet das Erreichen dieser Postion an das Meßsystem mit einem Signal, das am USUS-Gerät einen Interrupt auslöst. Die Ausgangssignale der induktiven Sensoren für die X- und Y-Koordinaten werden anschließend über den Scanner von einem DVM gemessen. Dabei werden die Spannungsmeßwerte mit Kalibrierfaktoren in physikalische Koordinaten umgerechnet.

Das Ende der Messung wird der Steuerung des Handhabungsgeräts über einen Steuerausgang des USUS-Geräts signalisiert. Die Meßposition wird verlassen und aus einer anderen Richtung erneut angefahren (Rücksprung nach Zeile 4).

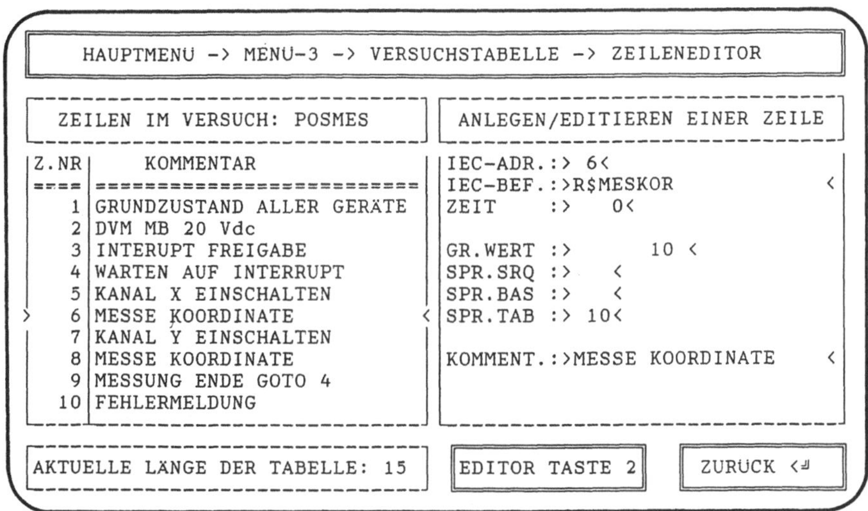

Bild 3.10 Editieren einer Versuchstabelle

Die Versuchstabelle ist eine seqentielle Folge von Kommandos, die interpretierend abgearbeitet werden. Auf Unterprogramme wurde zu Gunsten einer einfachen Tabellenstruktur verzichtet, bedingte und unbedingte Sprünge sind jedoch möglich. Bedingte Sprünge können in Abhängigkeit von Grenzwertüberschreitungen und vom *Sevice Request* der IEC-Bus-Geräte ausgeführt werden.

Als Sprungziele für bedingte und unbedingte Sprünge können Zeilennummern der Versuchstabelle oder Benutzerroutinen in BASIC (SPR.BAS Nr. 1...10) angegeben werden. Das Beispiel in Bild 3.10 zeigt im rechten Bildschirmfenster einen bedingten Sprung, bei Überschreitung des gemessenen Grenzwertes von 10 mm wird zur Fehlermeldung in Zeile 10 der Versuchtabelle verzweigt.

Im Bild 3.10 wurde mit dem *Cursor* die 6. Zeile (>MESSE KOORDINATE<) zur Editierung angewählt. Das rechten Bildschirmfenster zeigt das vollständige Kommando mit dem Namen MESKOR, welches an das Gerät mit der Adresse 6 zum Empfang (R$ vor dem Kommando) von Meßdaten gesendet wird. Dieses Kommando MESKOR wurde in der IEC-Kommandotabelle EMPFANGEN definiert. **Bild 3.11** zeigt die Tabelle für verschiedene Datenempfangskommandos.

Die von den Meßgeräten als Spannungs-, Strom- oder Widerstandswerte gesendeten Meßdaten können mit Kalibrierfaktoren und einem Offsetwert in physikalische Einheiten umgerechnet werden. Weitere Angaben legen die Einheit, die Speicherung, das Druckformat und den zusätzlich zu speichernden Erfassungszeitpunkt fest. Die Empfangskommandos sind geräteunabhängig. Erst in der Versuchstabelle wird dem Kommando ein Gerät zugeordnet. Die in der Versuchstabelle vorhergehenden Einstellkommandos müssen die Meßgeräte auf die von den Empfangskommandos erwarteten Meßbereiche einstellen.

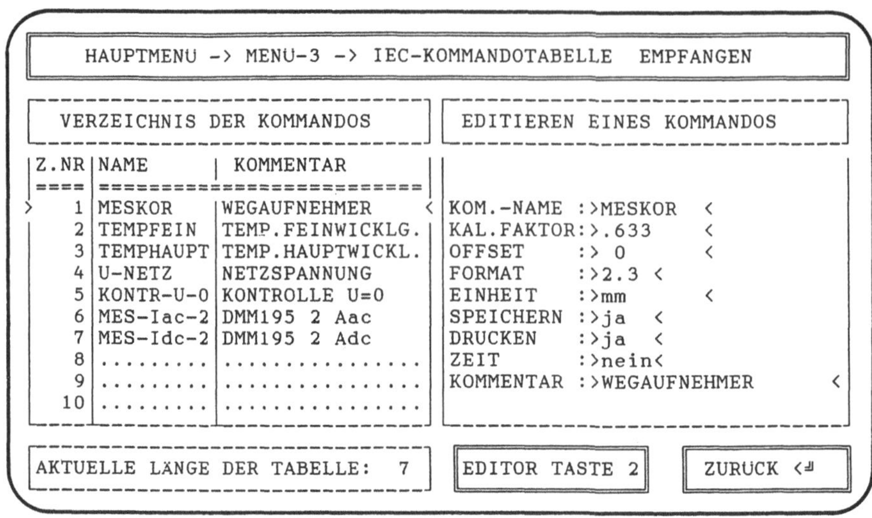

Bild 3.11 Definition von anwendungsspezifischen Kommandos für das Empfangen von Meßdaten von IEC-Bus-Geräten

In welcher Weise die Einstellkommandos eingegeben werden, ist in **Bild 8.12** dargestellt. Das linke Bildschirmfenster zeigt wieder einen Ausschnitt von 10 Zeilen aus dem Gesamtinhaltsverzeichnis der definierten Kommandos. Im rechten Bildschirmfenster wird das zur Editierung angewählte Kommando angezeigt. Das Kommando erhält einen Namen, unter dem es in der Versuchstabelle aufgerufen werden kann und einen erläuternden Kommentar. Name und Kommentar werden in der Verzeichnistabelle angezeigt.

Das eigentliche Einstellkommando, das an ein Gerät gesendet werden soll, ist eine Zeichenkette, die dem Bedienungshandbuch des Geräteherstellers entnommen werden muß. Diese Zeichenkette entspricht den in Tabelle 3.1 und Bild 3.3 angesprochenen Programmierdaten und kann hier maximal 60 Zeichen lang sein.

Die Versuchstabelle in Bild 3.10 stellt noch kein ablauffähiges Programm dar. Wenn diese Tabelle vollständig eigegeben worden ist, muß das MENÜ-4 aufgerufen werden. Von hieraus kann die Versuchstabelle kompiliert und der Versuch gestartet werden. Kompilierung bedeutet in diesem Zusammenhang, daß in der Versuchstabelle alle Kommandonamen, die in anderen Tabellen definiert wurden, durch die dortigen Einträge ersetzt werden. Erst nach dieser Übersetzung kann der Versuch gestartet werden.

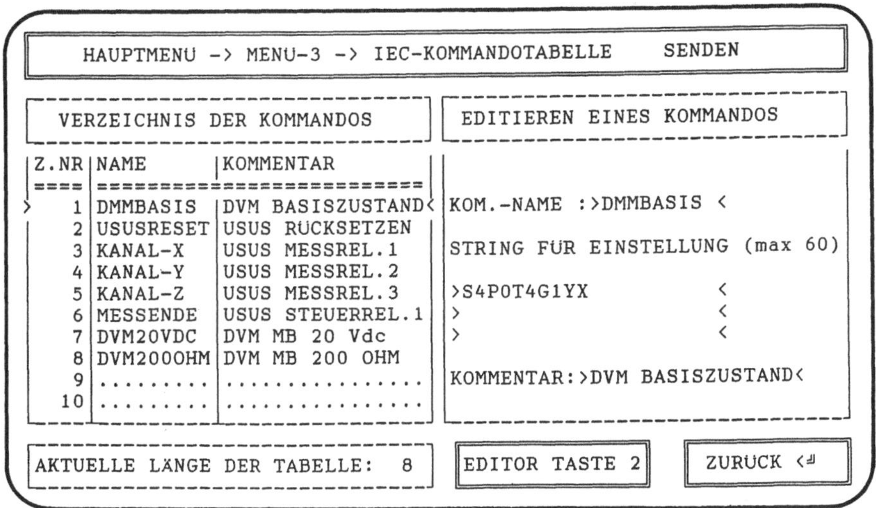

Bild 3.12 Definition von anwendungsspezifischen Kommandos für das Senden von Einstelldaten an IEC-Bus-Geräte

Aus Erfahrung weiß jeder Programmierer, daß kaum ein Programm sofort fehlerfrei läuft. Wenn teure Meßobjekte in automatische Prüfprogramme einbezogen werden, müssen vor dem automatischen Ablauf sorgfältige Einzelschrittüberprüfungen durchgeführt werden. Dafür sind in der SUSI-Software sowohl bei den Kommandodefinitionstabellen als auch in der Versuchsablauftabelle entsprechende Funktionen vorgesehen.

Die Auswertung von Meßergebnissen reicht von der einfachen Tabelle numerischer Werte über die Darstellung von Liniendiagrammen in XY- oder Y-t-Darstellung bis hin zur komplexen Signalanalyse (z.B. FFT). Wegen dieser Vielfalt wurden in das Programmpaket SUSI keine Auswerteprogramme eingebunden. Über das MENÜ-5 besteht die Möglichkeit die Meßdaten so zu konvertieren, daß sie von anderen Auswerteprogrammen wie z.B. DIA-PC, ASYST, Lotus 1-2-3 u.a. weiter verarbeitet werden können.

3.3 Zusammenfassung

Die Normung der IEC-Bus-Schnittstelle hat hardwareseitig eine erhebliche Vereinfachung beim Zusammenschalten verschiedener Meßgeräte zu einem automatischen Meß- und Testsystem bewirkt. Mit den Personalcomputern, die zunehmend als IEC-Bus-Controller eingesetzt werden, wurde ein weiterer Schritt zur kostengünstigen Realisierung dieser Systeme getan. Mit der Vielzahl der *Interface*-Hard- und -Software entstanden zahlreiche Kompatibilitätsprobleme - fast eine babylonische Sprachverwirrung.

Es wurde an einigen Beispielen die Vielgestaltigkeit der IEC-Bus-Syntax dargestellt, vorbildliche Lösungen wurden aufgezeigt. An einem praktischen Beispiel eines Vielstellenmeßsystems wurde gezeigt, wie ein Programm aufgebaut sein sollte, das flexibel auf Änderungen im Meßaufbau reagieren kann und mit dem sich vielfältige Meßaufgaben lösen lassen.

4 Grundlagen der Gerätesteuerung mit IEEE-488.2 und SCPI

von Erhard Vollmann

Der **IEEE-488-Bus** - andere Bezeichnungen: *IEC-Bus*, *Hewlett-Packard Interface Bus (HP-IB)*, *General Purpose Interface Bus (GPIB)* - ist seit 1975 in der Normung und stellt heute den *Standardbus für programmierbare Test- und Meßgeräte* dar. Die derzeit aktuellen **Normen IEEE-488.1 (Hardware)** [ANSI87a] und **IEEE-488.2 (Software)** [ANSI87b] wurden 1987 verabschiedet.

Der **SCPI-Standard** wurde als *Ergänzung zur IEEE-488.2-Norm* erstmalig 1991 [SCPI91] von einer Gruppe führender Meßgerätehersteller verabschiedet.

Es wird der Einfluß obiger Normen auf die Steuerung von programmierbaren Meß- und Testgeräten eines Meßplatzes gezeigt. Der Controller (PC, Workstation) steuert über den IEEE-488-Bus die Geräte. Naturgemäß müssen viele Begriffe aus den Normen angesprochen werden, die u.U. für den "Einsteiger" aus Platzgründen nicht immer ausführlich genug erläutert sind. Detailliertere Erklärungen finden sich in den angegebenen Normschriften.

4.1 Grenzen der IEEE-488.1-Norm

Die **IEEE-488.1-Norm** liefert einen Standard für die mechanische und elektrische Verbindung von Meßgeräten einschließlich der Datenübertragung auf dem Bus, der Schnittstellenfunktionen der Geräte und einiger Nachrichtenprotokolle wie z.B. der seriellen Abfrage der Geräte. Sie trifft jedoch keine oder nur wenig Festlegungen hinsichtlich der minimal notwendigen Schnittstellenfunktionen, der Nachrichtenprotokolle im allgemeinen, der Datenformate, der Verwaltung des Gerätezustands (Status-Byte), des Befehlssatzes für gerätespezifische Operationen usw. Diese wurden dem Gerätehersteller überlassen und entsprechend herstellerspezifisch gelöst, was viele *Probleme* zur Folge hatte:

- Die Geräte hatten *unterschiedliche Schnittstellenfunktionen*, z.B. konnte das eine Digitalmultimeter einen Meßwert mit Bedienerruf SRQ (*Service Request*) melden, wogegen das andere diese Funktion nicht hatte.
- Jedes Gerät hatte eine *eigene Belegung des Statusbytes*.
- Es gab *kein einheitliches Datenformat*. Die Geräte am selben Bus verwendeten für den gleichen Meßwert unterschiedliche Darstellungen.
- Es gab für häufig anzusprechende Gerätefunktionen *keine einheitlichen Befehle*. Anwender, die ein Gerät durch das eines anderen Herstellers ersetzten, mußten ihre Programme neu schreiben.

4.2 IEEE-488.2-Norm

4.2.1 Zielsetzung und Kennzeichen

Die **IEEE-488.2-Norm** versucht die in Abschnitt 4.1 beschriebenen Probleme zu beheben, indem sie für alle Geräte **vorschreibt**:

- ein *Mindestmaß an Schnittstellenfunktionen*
- einen *gemeinsamen Befehlssatz* für häufig anzusprechende Gerätefunktionen
- *einheitliche Nachrichtenprotokolle*
- weitgehend *einheitliche Meldungen des Gerätestatus* und
- *einheitliche Datenformate*.

Diese erweiterte Standardisierung verursacht in den Geräten zwar *höhere Entwicklungskosten*, führt aber beim Anwender (Meßplatzprogrammierer) zu *kürzeren Programmentwicklungszeiten*.

4.2.2 Bezeichnungen

Im Text werden folgende Begriffe verwendet, siehe [ANSI87a;ANSI87b].

Schnittstellennachrichten: Befehle, die im Befehlsmodus (Bussignal ATN = 1) gesendet werden.

Gerätenachrichten: Befehle (Kommandos), die im Datenmodus (Bussignal ATN = 0) gesendet werden (*Program Messages*). Befehle, die vom Gerät eine Antwort verlangen, werden als Abfrage-Befehle (*Query Messages*) bezeichnet.

Geräteantwort: Daten (Meßwerte, Statusinformation, abgefragte Geräteeinstellungen), die vom Gerät an den Controller gesendet werden (*Response Message*).

Die englischen Bezeichnungen beziehen sich auf die Norm.

4.2.3 Notwendige Schnittstellenausrüstung

Die Norm schreibt ein *Mindestmaß an Schnittstellenfunktionen* bei jedem IEEE-488.2-Gerät zwingend vor und garantiert damit dem Anwender einen Mindestausbau. Im wesentlichen müssen alle Geräte Daten senden und empfangen können, zum Bedienerruf fähig sein und die Rücksetzfunktion besitzen, siehe **Bild 4.1**.

Schnittstellen-funktionen	Vorgeschriebene Ausbaustufe	Erläuterung
Source Hand-shake	SH1	Die Handshakefähigkeit zum korrekten Senden von Daten muß implementiert sein
Acceptor Handshake	AH1	Die Handshakefähigkeit zum korrekten Empfangen von Daten muß implementiert sein
(Extended) Tal-ker	T(TE)5 oder T(TE)6	Basic Talker, Serial Poll, Entadressieren wenn eigene Listener-Adresse implementiert; Talk Only Mode freigestellt
(Extended) Li-stener	L(LE)3 oder L(LE)4	Basic Listener, Entadressieren wenn eigene Talker-Adresse implementiert; Listen Only Mode freigestellt
Service Request	SR1	Die Fähigkeit, einen Bedienerruf auszulösen, muß implementiert sein
Device Clear	DC1	Device Clear muß implementiert sein
Remote Local	RL0 oder RL1	Implementierung freigestellt, aber wenn implementiert, dann mit Local Lockout
Parallel Poll	PP0 oder PP1	Implementierung freigestellt, aber wenn implementiert, dann Konfigurierbarkeit über IEEE-488-Bus
Device Trigger	DT0 oder DT1	Implementierung freigestellt
Controller	C0 oder C4 mit C5, C7, C8 oder C11	Genau festgelegter Umfang, siehe IEEE-488.1-Norm
Electrical Inter-face	E1 oder E2	Open Collector oder TriState

Bild 4.1 Notwendige Ausrüstung eines IEEE-488.2-Geräts mit Schnittstellenfunktionen. Die Zustandsdiagramme der Schnittstellenfunktionen und deren Ausbaustufen sind in [ANSI87a] definiert

4.2.4 Generell verfügbare Befehle (*Common Commands*)

Wichtiges Ziel der IEEE-488.2-Norm ist es, einen wenigstens teilweise *einheitlichen Befehlssatz* zur Steuerung der Geräte vorzuschreiben. Diese Befehle werden im Datenmodus (Bussignal ATN=0) gesendet. Ein Teil der Befehle ist für jedes Gerät zwingend vorgeschrieben (*requested*), der Rest ist optional (*optional*), siehe **Bild 4.2.**

Zwingend vorgeschrieben sind die meisten *Befehle* für die *Gerätestatusverwaltung* und die *Synchronisation* sowie einige Befehle für *Rücksetzen* und *Abfrage* Gerät, *Selbsttest* Gerät und *Triggern* Gerät.

Mnemonic	Beschreibung	Reqd./ Opt.
	AUTO CONFIGURE COMMANDS: Kommandos zur softwaremäßigen Zuweisung von IEEE-488-Bus Adressen (statt Einstellung mit DIP-Schaltern u.ä.).	Opt.
	SYSTEM DATA COMMANDS: Information, welche Geräte sich im System/ am Bus befinden.	
*IDN?	Geräte Identifikation.	Reqd.
*OPT?	Geräte-Optionen Identifikation.	Opt.
	INTERNAL OPERATION COMMANDS: Kontrolle über geräteinterne Operationen (z.B. Selbstkalibrierung, Test, Reset).	
*RST	Geräte Reset.	Reqd.
*TST?	Geräte Selbsttest.	Reqd.
	SYNCHRONIZATION COMMANDS: Synchronisation mehrerer Geräte am Bus.	
*OPC	Operation Complete Bit (Bit 0) im ESR setzen, wenn alle laufenden Operationen abgeschlossen sind.	Reqd.
*OPC?	ASCII '1' (dez. 49) wird in den Ausgabepuffer des Geräts geschrieben, wenn alle laufenden Operationen abgeschlossen sind.	Reqd.
*WAI	Warten, bis alle vorhergehenden Kommandos/ Abfragen abgeschlossen sind (Wait to Continue).	Reqd.
	MACRO COMMANDS: Kommandos zur Implementierung von Macros (als Abkürzungen für komplexe Kommandos, damit auch zur Verringerung des Bus-Verkehrs und für die Emulation anderer Instrumente).	Opt.
	PARALLEL POLL COMMANDS: Kommando-Set zur Verwaltung von Parallel Poll:	
*IST?	Lesen des Individual Status Registers (d.h. der Nachricht, die ein Gerät während eines Parallel Poll-Vorganges sendet) ohne Parallel Poll durchzuführen.	Reqd. bei PP1
*PRE	Parallel Poll Enable Register-Bits setzen.	Reqd. bei PP1
*PRE?	Parallel Poll Enable Register lesen.	Reqd. bei PP1

Reqd. = für alle Geräte gefordert, Opt. = optional
ESR = Event Status Register, siehe Bild 4.7

Beispiel:

Antwortstrings des HP 16500A Logic Analysis System auf die Abfragen

```
*IDN?:    'HEWLETT-PACKARD,16500A,0,REV <revision code>'
*OPT?:    'System,0,0,Intermodule,Pattern Gen,1GHz
           Timing B,0,Oscilloscope D,State/Timing E'
```

Bild 4.2 Generell verfügbare Kommandos bei der IEEE-488.2-Norm

	STATUS & EVENT COMMANDS: Kontrolle über Status/ Zustand des Gerätes.	
*CLS	Löschen der Status Register und der damit zusammenhängenden Queues	Reqd.
*ESE	Standard Event Status Enable Register-Bits setzen	Reqd.
*ESE?	Standard Event Status Enable Register lesen	Reqd.
*ESR?	Standard Event Status Register lesen	Reqd.
*SRE	Service Request Enable Register-Bits setzen	Reqd.
*SRE?	Service Request Enable Register lesen	Reqd.
*STB	Status Byte lesen	Reqd.
	DEVICE TRIGGER COMMANDS: Kontrolle über die Gerätereaktion auf Group Execute Trigger (GET).	
*TRG	Entspricht dem IEEE-488.1-Kommando "Group Execute Trigger"	Reqd. bei DT1
	CONTROLLER COMMANDS: Umfaßt nur eine einzige Funktion, die es erlaubt, die Kontrolle an einen anderen Controller abzugeben.	Opt.
	STORED SETTINGS COMMANDS Kommandos zum Lesen/Schreiben des Geräte-Zustandes.	Opt.

Bild 4.2 *Fortsetzung*

4.2.5 Protokoll für Gerätenachrichten

Gerätenachrichtenprotokolle (*Device Message Protocols*) definieren die *Art und Weise*,
- in der *Befehle* (Schnittstellennachrichten, Gerätenachrichten), Befehlsparameter und Daten zu *senden* sind,
- wie ein *Gerät* bei Erhalt von Befehlen, Mehrfachbefehlen (*Multiple Commands*) und von unvollständigen Befehlen oder bei Unterbrechung *reagieren* muß.

Dazu sind *in der Norm*
- ein *Blockdiagramm*, gegliedert in die funktionellen Teile der Busschnittstelle (*Message Exchange Control Interface Functional Blocks*) vorgegeben, siehe **Bild 4.3**,
- die verschiedenen Betriebszustände eines IEEE-488.2-Geräts definiert (*Device Operational States*) und deren Übergänge in einem *Zustandsfolgediagramm* (*Message Exchange Control State Diagram*) festgelegt, siehe **Bild 4.4.**

Damit stehen dem **Programmentwickler eines IEEE-488.2-Geräts** *genaue Vorgaben für die Softwarestruktur* und für den *Programmablauf im Gerät* zur Verfügung. Ein einheitliches Verhalten der Geräte am IEEE-488-Bus - d.h. unabhängig vom Entwickler des Geräts und unabhängig vom Hersteller - müßte jetzt die Folge sein. Der **Anwender (Meßplatzprogrammierer)** kann demnach bei Geräten der IEEE-488.2-Norm von einem *einheitlichen (vorhersagbaren) Verhalten* der Geräte ausgehen.

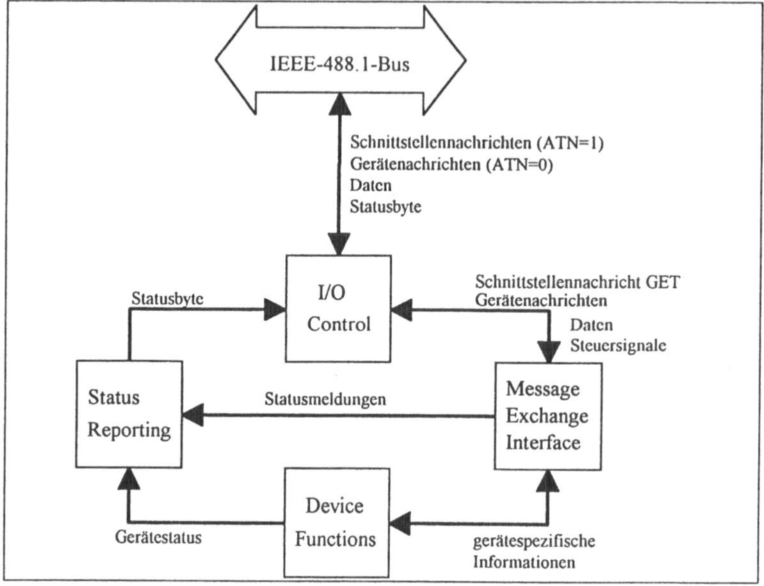

Der Block I/O-Control generiert aus den Schnittstellennachrichten Steuersignale und ist meist als integrierter Baustein realisiert (NEC µPD 7210).

Bild 4.3 Vereinfachtes Blockdiagramm der Busschnittstelle im Gerät
Das *Block Message Exchange Interface* verarbeitet alle Gerätenachrichten und ist detailliert in Fig. 6-2 in [ANSI87b] beschrieben

Festlegungen bezüglich Nachrichtenprotokoll (nicht vollständig):

(1) *Befehle* (*Program Messages*) werden *in der Reihenfolge ihres Eintreffens* abgearbeitet. Im Eingabepuffer werden nach dem FIFO-Prinzip Befehle, die Nachricht Datenblockende (END) und die Schnittstellennachricht GET verwaltet. Einzeln ausführbare Teile eines Befehls können in ihrer Reihenfolge vom Gerät schon ausgeführt werden bevor das Befehlsende erkannt ist.

(2) Bei einem *fehlerhaften Befehl* (*Command Error* = Syntaxfehler ∨ ungültiger Befehlskopf ∨ ungültige Parameter) kann das Gerät ausführbare Teile dieses Befehls, die vor dem fehlerhaften Element liegen, ausführen. Der Befehl ist aber mit Setzen des *Command Error Bit* abzubrechen.

(3) Ein Gerät darf *erst nach einem gültigen Abfragebefehl* als *Sprecher* adressiert werden. Falls der Controller vom Gerät ohne vorherigen Abfragebefehl Daten liest (d.h., das Gerät als Sprecher adressiert), muß das Gerät mit Setzen des *Query Error Bit* und dem Löschen des Ausgabepuffers reagieren (*Unterminated Action*).

(4) Ein Gerät darf pro Abfragebefehl *nur eine Antwort* (*Response Message*) generieren. Die Antwort kann eine oder mehrere Einheiten (Response Message *Units*) enthalten, siehe Abschn. "Syntax".

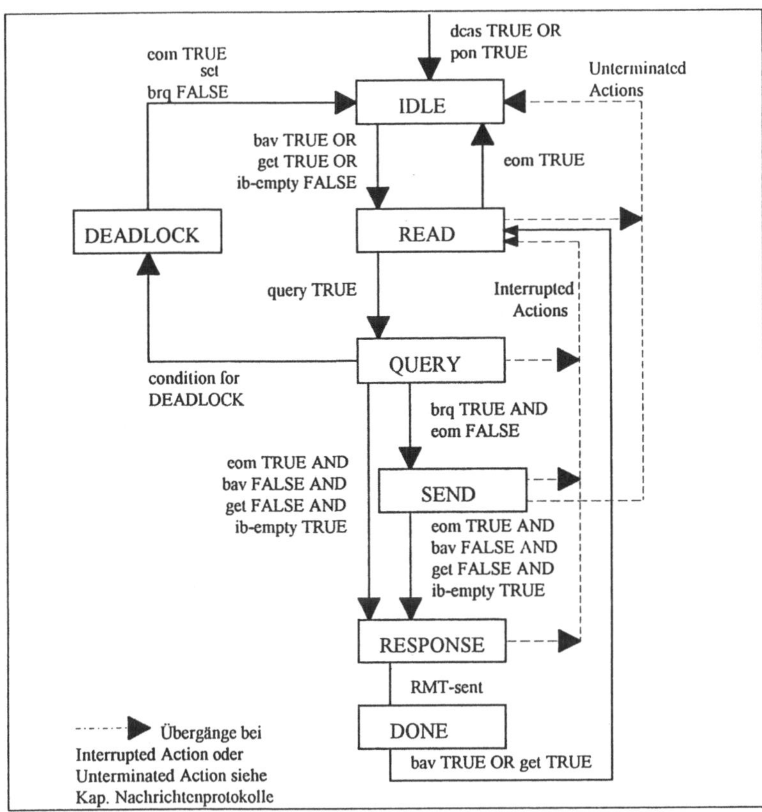

Bild 4.4 Vereinfachtes Zustandsfolgediagramm der Busschnittstelle im Gerät. Detaillierte Form des Zustandsfolgediagramms s. Fig. 6-4 in [ANSI87b]

(5) Wenn das Gerät während des Sendens von Daten (Meßwerte, Statusinformation) vom Controller durch einen neuen *Befehl unterbrochen* wird (*Interrupted Action*), muß es mit Setzen des *Query Error Bit* und dem Löschen des Ausgabepuffers reagieren.

(6) Bei *Rücksetzen Gerät* (Schnittstellenfunktionen DCL, SDC) wird eine Befehlsausführung (*Program Message*, *Response Message*) abgebrochen und im *Grundzustand* (IDLE) auf einen neuen Befehl gewartet. Ein- und Ausgabepuffer werden gelöscht.

(7) Ist ein Befehl nicht ausführbar, weil der *Eingabepuffer* (für die Befehlsaufnahme) oder der *Ausgabepuffer* (für die Antwort) des Geräts *zu klein* ist (*Buffer Deadlock*), reagiert das Gerät mit Setzen des *Query Error Bit*, Abbrechen des Befehls und Verzweigen in den Grundzustand (IDLE).

Erläuterungen zu Bild 4.4:	
Zustand	***Erläuterung***
IDLE	*Grundzustand* nach dem Einschalten
READ	Gerät wurde als *Hörer adressiert*. Ankommende Nachrichten werden im Eingabepuffer gespeichert und an den Parser (Befehlsinterpreter im *Message Exchange Interface*) weitergeleitet.
QUERY	Das Gerät arbeitet wie im READ-Zustand. Nach einer *Abfrage* werden Daten in den Ausgabepuffer (*Message Exchange Interface*) geschrieben.
SEND	Das Gerät wurde als *Sprecher adressiert*. Noch vorhandene Nachrichten des Eingabepuffers (*Message Exchange Interface*) werden vom Parser bearbeitet, auszugebende Daten kommen in den Ausgabepuffer. Die Daten des Ausgabepuffers werden auf den IEEE-488-Bus übertragen.
RESPONSE	Der Parser hat den gesamten *Eingabepuffer abgearbeitet*. Die Datenübertragung vom Ausgabepuffer auf den IEEE-488-Bus läuft wie beim SEND-Zustand ab.
DONE	Die *Übertragung* auf den Bus ist *beendet*
Fehlerzustand	
DEADLOCK	*Überlauf* des Ausgabepuffers oder des Eingabepuffers. Fehlermeldung im *Status Event Register*, siehe Abschn. "Gerätezustand".

Verwendete Abkürzungen:
dcas = device clear active state, pon = power on,bav = byte available, get = group execute trigger, ib-empty = input buffer empty, query = query detected, eom = end of message, brq = byte requested, RMT-sent = response message terminator sent, genaue Beschreibung siehe [ANSI87b].

Abläufe bei Rücksetzen (Rücksetz-Protokoll):

Die Initialisierung des Busses und der angeschlossenen Geräte läuft in *drei Ebenen* ab und ist über Befehle (Signale) steuerbar:

Ebene 1: Rücksetzsignal IFC (IEEE-488.1-Norm) setzt den Bus zurück und *entadressiert* alle Geräte. Der System-Controller (PC) übernimmt die Gerätesteuerung (*Controller-in-Charge*).

Ebene 2: Schnittstellenfunktion DCL oder SDC (IEEE-488.1-Norm) löscht den Eingabe- und den Ausgabepuffer, bricht laufende Befehle im Gerät ab und verzweigt in den *Grundzustand*.

Ebene 3: Rücksetzbefehl *RST (IEEE-488.2-Norm) *initialisiert die gerätespezifischen Funktionen* (*Device Initialization*), setzt aber nicht den Gerätestatus zurück. *Rücksetzen Gerätestatus* wird erreicht über die Befehlsfolge:

*CLS	löscht alle *Event Status Regs*., die das Statusbyte beeinflussen
*SRE 0	löscht *Service Request Enable Reg.*
*ESE 0	löscht *Standard Event Enable Reg.*
:STATus: PRESet	initialisiert die SCPI *Transition* und *Enable* Regs. (SCPI-Befehl)

Siehe auch die Abschnitte "Verwaltung des Gerätezustands" bei IEEE-488.2 und bei SCPI.

Synchronisation von Gerät und Controller:

Gerätebefehle sind unterteilbar in "*sequentielle* Befehle" und "*überlappende* Befehle". Die Festlegung sequentiell/überlappend trifft der Geräteentwickler. Die Norm erlaubt beide Befehlsklassen.

Beispiel: VOLT1 5.25;TIME?

```
   VOLT1          TIME?
[------------------][----------]        sequentielle Befehle

   VOLT1
[------------------]                    überlappende Befehle
   TIME?
 [----------]
```

Manche Anwendungen erfordern eine *Synchronisierung von Gerät und Controller*, d.h., das Steuerprogramm muß wissen, wann ein Befehl im Gerät ausgeführt ist (Bspl.: Neueinstellung Spannungsquelle, dann Beginn Messung).

Drei ***Synchronisiermechanismen*** werden unterstützt:

(1) *Erzwungene sequentielle* Befehlsausführung.

(2) *Warten* auf Bestätigung "*Befehlsende*" im *Ausgabepuffer* des Geräts.

(3) *Warten* auf das Operation Complete Bit (Bit0) im *Event Status Register* (Abfrage des Gerätestatus oder Bedienerruf SRQ durch Gerät).

Die Norm unterstützt obige Mechanismen durch die Befehle ***WAI** (*Wait to continue*), ***OPC?** und ***OPC** (*Operation Complete*), siehe Abschn. "Generell verfügbare Befehle". Zusätzlich ist eine Synchronisierung über externe Triggersignale möglich.

Beispiel: *VOLT1*; *TIME?* seien *überlappende* Befehle

Ohne Synchronisierung:

VOLT1 5.25; TIME?

Die Abfrage TIME? liefert nicht das Ende der Spannungseinstellung.

Mit Synchronisierung:

(1) VOLT1 5.25; **WAI*; TIME?

*WAI *erzwingt einen sequentiellen* Ablauf. Die Abfrage TIME? wird nach dem Ende der Spannungseinstellung bearbeitet.

(2) VOLT1 5.25; **OPC?*

*OPC? liefert *nach Ende des Befehls* VOLT1 das ASCII-Zeichen "*1*" *im Ausgabepuffer* des Geräts.

(3) VOLT1 5.25; **OPC*

*OPC *setzt Bit0* im Event Status Register (siehe Abschn. "Gerätezustand") *nach Ende des Befehls* VOLT1 und erzeugt damit über Setzen des Bits ESE im Statusbyte einen *Bedienerruf SRQ* des Geräts an den Controller.

4.2.6 Datenformate und Syntax

Die Norm unterscheidet zwischen *Hörer (Listener)*- und *Sprecher (Talker)-Format*. Die Formate für den Sprecher sind genau definiert (*precise talking*), wogegen der Hörer beim Empfang einen größeren Spielraum besitzt (*forgiving listening*). Dies ermöglicht das Zusammenschalten von normgerechten Geräten mit nicht normgerechten (älteren) Geräten am Bus (*Abwärtskompatibilität*). Gerätedaten können Zahlenwerte (Meßwerte) und Texte (Einstellinformation) sein. Datenelemente in einer Gerätenachricht sind durch Kommas zu trennen; Daten können durch Strichpunkte in Einheiten (*units*) separiert werden.

In **Bild 4.5** sind *Datenformate und Syntax* für den Sprecher aufgelistet, **Bild 4.6** zeigt die *Unterschiede zum Hörer*. Das *Prinzip "precise talking, forgiving listening"* gilt auch für die *Syntaxregeln* des *Sprechers und Hörers*.

Kommandos:	(<Space>)<Program Header>
Einfacher Program Header	(:)<Program Mnemonic>
Zusammengesetzter Program Header	(:)<Program Mnemonic>:<Program Mnemonic>...
Common Command Program Header	*<Program Mnemonic>
Queries/ Abfragen:	(<Space>)<Query Program Header>
Einfacher Query Program Header	<Program Mnemonic>?
Zusammenges. Query Program Header	(:)<Program Mnemonic>:<Program Mnemonic>...?
Common Command Program Header	*<Program Mnemonic>?

Endezeichen (Talk):	<NL> (dezimal '10') und gesetzte EOI-Leitung.	
Trennzeichen:	<Space>	trennt die Kommandos von Kommando-Parametern.
	';'	trennt die Kommandos voneinander, wenn mehrere Kommandos in einem String gesendet werden.
	','	trennt die Programmdaten.
	':'	trennt die Header (bei zusammengesetzten Programm-Headern)

Programm Daten:	
Integer, binäre Schreibweise	'#B01'
Integer, oktale Schreibweise	'#Q01234567'
Integer hex. Schreibweise	'#H0123456789ABCDEF'
Integer dez. Schreibweise	('+/-')'0123456789' (NR1)
Gleitkomma Standard	('+/-')<Ziffern>.<Ziffern> (NR2)
Gleitkomma wissenschaftlich	('+/-')<Ziffern>.<Ziffern>E'+/-'<Ziffern> (NR3)
Strings	"alphanumerische Zeichen"
Blockdaten (Arbitrary Block Program Data)	#<Ziffer ungleich 0, Angabe, wieviele Ziffern folgen><Ziffern, Angabe, wieviele Daten-Bytes folgen><8Bit Daten-Bytes>

NR = Numeric Response Data

Bild 4.5 Datenformate und Syntax des Sprechers [Bratz92] (nicht vollständig)

Kommandos:	Wie Sprecher/Talker
Queries/ Abfragen:	Wie Sprecher/Talker

Endezeichen (Listen):	<NL> (dezimal '10') oder gesetzte EOI-Leitung, oder <NL> und gesetzte EOI-Leitung
Trennzeichen:	Wie Sprecher/Talker

Programm Daten:	Wie Sprecher/Talker aber: - auch Kleinbuchstaben für Hex.-Darstellung erlaubt - auch kleines "e" für Exponent erlaubt - auch Kleinbuchstaben für Zahlenformatangaben erlaubt (z.B. #q oder #b)

Bild 4.6 Datenformate und Syntax des Hörers [Bratz92] (nicht vollständig)

Bei *Befehlen* und *Abfragen* an das Gerät unterscheidet die Norm zwischen *einfachen (simple)*, *zusammengesetzten (compound)* und generell *verfügbaren (common)* Befehlen/Abfragen, siehe Bild 4.5.

Der *Program Header* ist das Schlüsselwort, das die Funktion eines Befehls kennzeichnet.

Beispiele für *Trennzeichen*:

LISTing:COLumn 1,'Label',BINary;COLumn? 1

':'	trennt den Subsystem-Header LISTing vom Program Header COLumn
<SPACE>	trennt Kommando bzw. Programmheader COLumn von Parametern
','	trennt die einzelnen Parameter (Spaltennummer,Labelname,Darstellungsformat)
';'	trennt Befehl COLumn vom nächsten Befehl (hier Abfrage COLumn?)

Beispiele für *Befehls- und Abfrage-Header*:

Einfacher Program Header:	(:)BEEPer ON	BEEPer?
Zusammengesetzter P.H.:	(:)SYSTem:HEADer ON	
Common Command Header:	*OPC	OPC?

Als *Endezeichen* für den Sprecher ist zwingend vorgeschrieben *NL ^END* (ASCII-Zeichen NL und Bus-Signal EOI), während der Hörer mehrere Kombinationen zuläßt, siehe Bild 4.6.

4.2.7 Verwaltung des Gerätezustands (*Status Report*)

Der Gerätezustand (Befehl ausgeführt/Fehlerzustand/Meßwert fertig usw.) wird im Gerät abgespeichert und ist vom Controller jederzeit abrufbar.

Die **IEEE-488.2-Norm** hat

- die *Statusstrukturen*, in denen der Gerätestatus abgespeichert ist, wesentlich *erweitert*,

- die Statusstrukturen teilweise *genormt* und eine *Mindeststruktur* für alle Geräte vorgeschrieben,

- und *Befehle für den Lese- und Schreibzugriff* auf diese Strukturen definiert und für alle Geräte vorgeschrieben.

Dadurch können die Programmteile für die Geräteabfrage im Steuerprogramm eines Meßplatzes für alle Geräte einheitlich abgefaßt werden.

Die Norm ermöglicht eine **4-Schichten-Statusstruktur** bestehend aus:

Condition Register:	zeigt den Gerätestatus an
Transition Filter:	spezifiziert, welche Zustandsänderung (0-- > 1 oder 1-- > 0) zum Setzen des Bits im *Event Register* führt
Event Register:	speichert das Bit
Event Enable Register:	maskiert das Event Register

Alle Bits des *Event Registers* (maskiert durch das *Event Enable Register*) werden ODER-verknüpft und liefern so ein *Summenbit*, das im nachfolgenden Register, z.B. dem *Status Byte Register*, abgespeichert wird und zum *Bedienerruf SRQ* des Geräts führt.

Die für alle Geräte vorgeschriebene *Mindeststruktur* (*Standard Data Status Structure*) zeigt **Bild 4.7**. Sie besteht aus einem maskierbaren *Event Register*, dessen Summenbit zum Setzen von Bit5 im Statusbyte führt und dem maskierbaren Statusbyte.

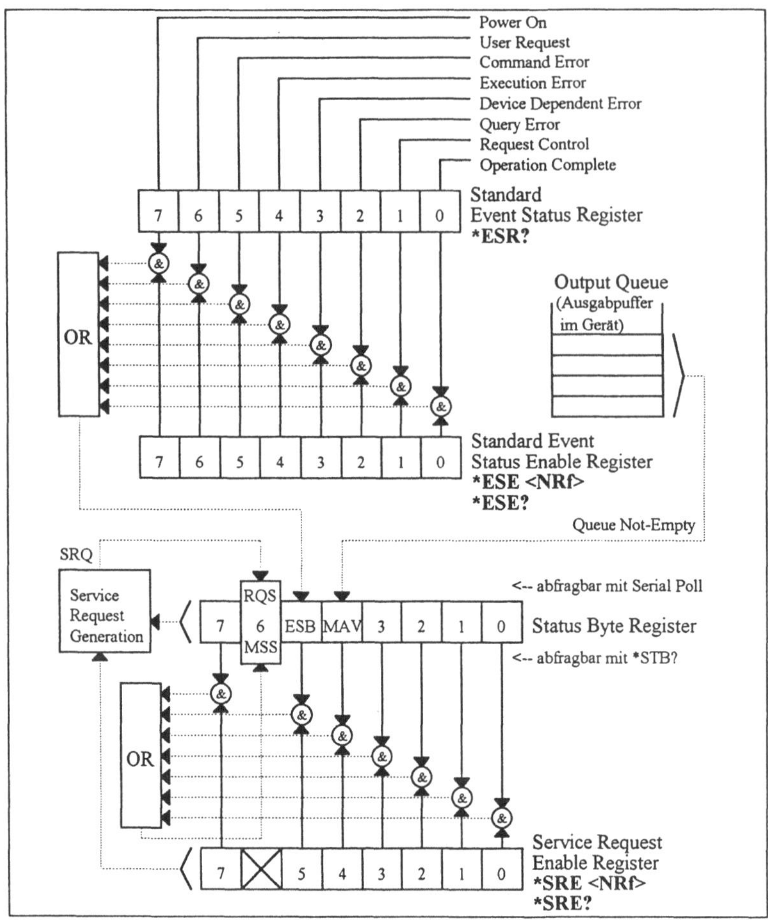

Bild 4.7 Für alle IEEE-488.2-Geräte vorgeschriebene minimale Status-Struktur (*Standard Data Status Structure*) [ANSI87b]

Im **Statusbyte** sind normiert:

Bit6	**RQS(MSS):**	Das Gerät stellt einen Bedienerruf SRQ an den Controller
Bit5	**ESB:**	Summenbit des *Standard Event Status Register*
Bit4	**MAV:**	Ausgabepuffer im Gerät nicht leer (*Message available*)

Die restlichen Bits sind vom Hersteller frei wählbar.

Die Register der *Mindeststruktur* sind über die *Befehle* ***CLS**, ***ESE**, ***ESE?**, ***ESR**, ***ESR?**, ***SRE**, ***SRE?** und ***STB?** les- bzw. *beschreibbar (löschbar)*, siehe Bild 4.2.

Das *Statusbyte* ist über die *serielle Abfrage* (*Serial Poll* in 488.1-Norm) und über den *Befehl STB?* (488.2-Norm) lesbar.

Parallele Status-Abfrage (*Parallel Poll*):

Die 488.2-Norm definiert ein Status-Register (16 bit), maskierbar über das Parallel-Poll-Enable-Register. Das Summenbit (ODER-Verknüpfung der 16 maskierbaren Status-Bits) führt zum Setzen der Datenleitung während der Parallel-Abfrage.

4.3 SCPI-Standard

4.3.1 Zielsetzung und Kennzeichen

Ziel des SCPI-Standards (SCPI: *Standard Commands for Programmable Instruments*) ist es, die **Programmentwicklungszeit** für Meß- und Steuerungssysteme (ATE-Systeme) weiter zu **reduzieren** sowie eine leichtere **Austauschbarkeit der Geräte**, z.B. Ersatz eines Geräts durch das eines anderen Herstellers, zu ermöglichen.

Dies soll erreicht werden durch **standardisierte Geräte-Befehle** und **Geräte-Rückmeldungen** für alle Geräte gleicher Funktionalität, unabhängig vom Gerätetyp und unabhängig vom Hersteller.

Die Abfrage "MEASURE:FREQ?" gilt z.B. für alle Geräte innerhalb einer Geräteklasse, **unabhängig vom Hersteller** (*vertikale Konsistenz*) sowie auch für Geräte aus **verschiedenen Geräteklassen**, z.B. für Oszillografen und für Zähler (*horizontale Konsistenz*).

Kennzeichen:

- SCPI ist keine Programmiersprache wie z.B. Pascal, sondern eine **Kommandosprache**, die Gerätebefehle, Befehlsparameter und Datenformate definiert. SCPI liefert die ASCII-Strings, die über Ausgaberoutinen der Programmiersprache an das Gerät gesendet werden und ist eine Weiterentwicklung von *Hewlett-Packard's Test and Measurement Systems Language* (TMSL).

- *Basis* des SCPI-Standards ist die **IEEE-488.2-Norm**. SCPI verwendet die syntaktischen Strukturen, die *Common Commands* (genau: die 13 mit "Reqd." gekennzeichneten *Common Commands*) und die Datenformate der Norm.

- Die Verwendung von SCPI ist nicht auf den IEEE-488-Bus beschränkt; die Kommandosprache ist auch beim *VXIbus* oder der *RS-232-Schnittstelle* einsetzbar.

- SCPI soll ein lebender Standard sein, der **regelmäßig erweitert** wird. Auf regelmäßig stattfindenden Treffen des SCPI-Konsortiums soll über neue Vorschläge (*Proposals*) entschieden werden.

- SCPI definiert zwar gerätespezifische Befehle und Rückmeldungen, macht jedoch **keine Vorgaben hinsichtlich Genauigkeit, Auflösung und sonstige technische Daten** der Geräte. Deshalb kann der Standard **keine vollständige Austauschbarkeit** der Geräte in einem System garantieren.

Der SCPI-Standard umfaßt **drei Bände** [SCPI91] und wird jährlich überarbeitet:

Volume 1: Syntax and Style
Volume 2: Command Reference
Volume 3: Data Interchange Format

4.3.2 Funktionsblöcke der Geräte

Gerätemodell:

Der SCPI-Standard unterteilt jedes Gerät in Funktionsblöcke, denen jeweils ein *Kommandobaum (subtree)* zugeordnet ist, siehe **Bild 4.8** bis **Bild 4.10**. Das Modell beschreibt den Weg der Meß- und Steuersignale im Gerät, wobei ein Gerät nicht alle Funktionsblöcke besitzen muß.

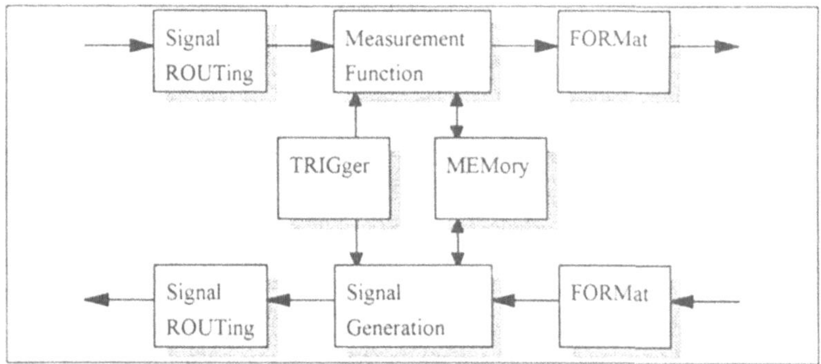

Bild 4.8 SCPI-Modell eines programmierbaren Geräts [SCPI91]

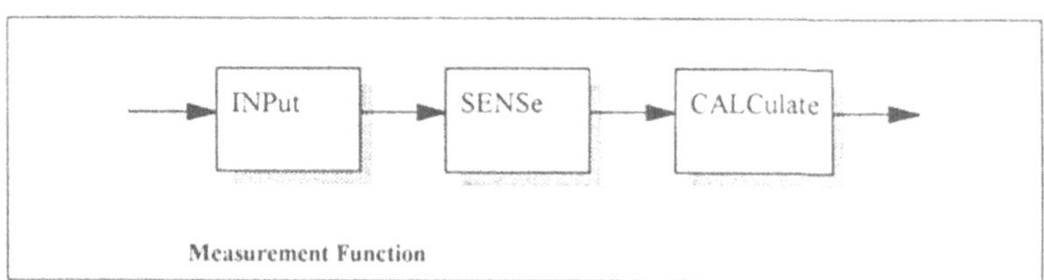

Bild 4.9 Detaillierte *Measurement Function* [SCPI91]

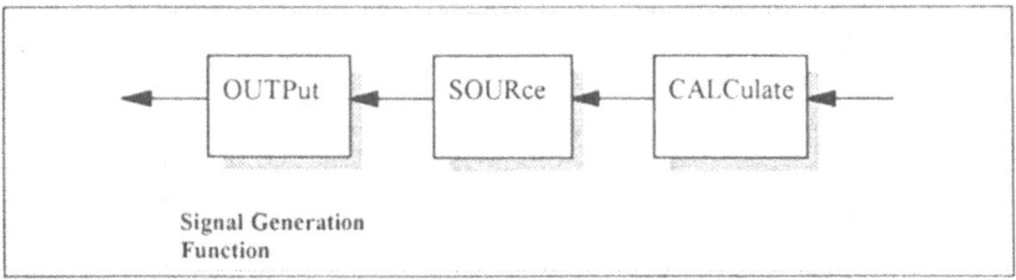

Bild 4.10 Detaillierte *Signal Generation Function* [SCPI91]

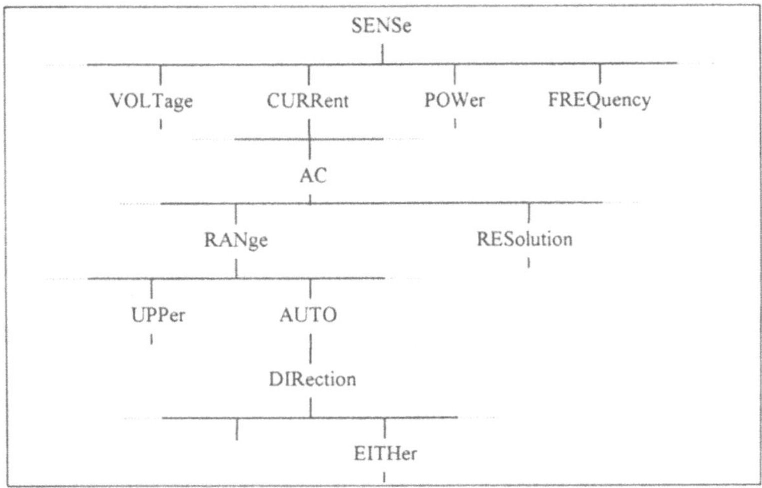

Bild 4.11 Baumstruktur für Subsystem SENse (Ausschnitt) [SCPI91]

Bild 4.11 zeigt einen Ausschnitt aus dem Kommandobaum für den Funktionsblock SENse. Z.B. lautet der Befehl für die automatische Bereichseinstellung in beiden Richtungen bei Wechselstrommessung:

:SENS:CURR:AC:RANG:AUTO:DIR:EITH

Die *Abarbeitung* von zusammengesetzten Befehlen erfolgt entsprechend der Kommando-Baumstruktur wie in [ANSI87b], Anhang A.1 beschrieben.

Erläuterungen zu Bild 4.8 bis 4.10:	
Blöcke	***Erläuterung***
ROUTing	Signalweg zwischen Signalanschluß am Gerät und interner Meßfunktion steuern
Measurement	Umwandlung des physikalischen Signals in Meßwert (internes Datenformat) inkl. Signalkonditionierung
INPut	Konditionierung der Eingangssignale (Verstärken, Dämpfen, Filtern, Frequenz Wandeln)
SENSe	Umwandlung physikalisches Signal in Meßwert und Bereichseinstellung
CALculate	Umwandlung des Meßwerts (z.B. in andere Einheiten oder Berechnung der Anstiegszeit aus Signalkurve)
Signal Generation	Umwandlung von Datenwerten in Signalkurve inkl. Singnalkonditionierung
OUTPut	Konditionierung der Ausgangssignale
SOURce	Umwandlung von Datenwerten in physikalische Signalkurve
TRIG	Synchronisieren, Triggern der Signalmessung oder Signalerzeugung
MEMory	interne Datenspeicherfunktion
FORMat	Umwandlung des Datenformats für externen Transfer (z.B. ASCII-Format)

Befehlsebenen:

SCPI bietet für die Gerätesteuerung *unterschiedliche Befehlsebenen* ("**Low** Level"- und "**High** Level"-Befehle). Dies soll mit zwei Befehlssequenzen gezeigt werden:

Befehlssequenz 1 (*Low Level*):

*RST	Rücksetzen Gerät
:FUNC:VOLT:AC	Wechselspannungsmessung einstellen
:INP:IMP 50	Eingangswiderstand 50 Ohm
:INIT:IMM	Messung triggern
:FETCh:VOLT:AC?	Geräts schreibt Meßwert in den Ausgabepuffer

Befehlssequenz 2 (*High Level*):

*RST	Rücksetzen Gerät
:MEAS:VOLT:AC?	

Der Befehl :MEAS:VOLT:AC? ersetzt die vier Befehle von Befehlssequenz 1. Er konfiguriert das Gerät (Standardeinstellungen), triggert die Messung und veranlaßt das Gerät, den Meßwert im Ausgabepuffer zu hinterlegen.

"*High Level*"-Befehle verlangen weniger Kenntnis von der Geräte-Hardware. Programme mit "High Level"-Befehlen bieten einen höheren Grad an **Kompatibilität** bei Austausch von Geräten. Bei Abweichungen von den Standardeinstellungen sind "Low Level"-Befehle zu verwenden.

4.3.3 Syntax

Program Header: *Program Headers* sind die *Schlüsselworte*, die einen Befehl kennzeichnen. Die Geräte müssem Groß- und Kleinschreibung akzeptieren:

- *Common Command Headers* (siehe IEEE-488.2)

- *Instrument Control Headers* (siehe SCPI)

Jeder *Instrument Control Header* hat eine *Lang-* und eine *Kurzform*. Ein SCPI-Gerät darf nur die exakte Lang- und die exakte Kurzform akzeptieren; "dazwischenliegende" Abweichungen führen zu Fehlermeldungen. Die Langform besteht aus einem einzigen Wort (max. 12 Zeichen, beginnend mit einem Buchstaben entsprechend 488.2), die Kurzform wird aus den ersten vier Zeichen der Langform gebildet. Ist der vierte Buchstabe ein Vokal, entfällt er.

Beispiel:	RESOLUTION	VOLTAGE	TRIGGER1	(Langform)
	RES	VOLT	TRIG1	(Kurzform)

Die Befehle von SCPI bilden einen *hierarchischen Baum*. Die verschiedenen Ebenen werden durch zusammengesetzte Header dargestellt (Trennzeichen ":" wie bei 488.2).

Mehrfach vorhandene Funktionen eines Geräts, z.B. mehrere Eingangskanäle, können über Anhängen einer Zahl (*numerisches Suffix*) an das Kommando ausgewählt werden. Fehlt ein nummerisches Suffix, wird Kanal 1 ausgewählt.

Alle Befehle besitzen, sofern nicht anderst vermerkt, eine *Abfrageform* durch Anhängen eines Fragezeichens "?". Geräteantworten werden ohne Header gesendet.

4.3.4 Grundzustand nach Rücksetzen Gerät

Alle Geräte müssen nach Erhalt des ***RST**-Befehls in einen definierten Grundzustand übergehen. SCPI spezifiert für jeden Befehl die Grundeinstellung ("*genaue Vorgabe*" oder "*vom Geräteentwickler wählbar*").

Als generelle *Regel* gilt:

- alle Geräte sollten in den "*Trigger Idle State*" gehen, die *Signalausgänge* sollten *abgeschaltet* sein
- die Einstellung der Eingangssignale sollte auf "AUTORANGE" oder *minimale Empfindlichkeit* gestellt sein
- das Gerät sollte in seiner *Grundbetriebsart* sein

Statusregister werden vom *RST-Befehl nicht verändert, siehe auch Abschn. "Protokoll für Gerätenachrichten", Teil "Rücksetzprotokoll".

4.3.5 Verwaltung des Gerätezustands (*Status Report*)

SCPI verlangt die komplette Realisierung des Gerätestatus-Modells der **488.2-Norm** einschließlich des Event-Status-Registers (*Device Status Reporting*).

Zusätzlich verlangt SCPI ein *OPERation* Status-Register und ein *QUEStionable Daten/Signal* Status-Register mit den entsprechenden Befehlen. **Bild 4.12** zeigt die *minimal erforderliche* Statusstruktur. Die Summenbits der beiden Register belegen im Statusbyte des Geräts Bit3 und Bit7, so daß für den Geräteentwickler im Statusbyte des Geräts Bit0...Bit2 nicht normiert sind (d.h. frei zur Verfügung stehen).

Im **OPERation** Status-Register sind die aktuellen Gerätezustände enthalten:

0	CALibrating
1	SETTling
2	RANGing
3	SWEeping
4	MEASuring
5	waiting for TRIG
6	waiting for ARM
7	CORRecting
8-12	available to Designer
13	INSTrument Summary Bit
14	PROGram running
15	=0

Das **QUEStionable Daten/Signal**-Statusregister enthält Angaben über das gemessene Signal, wie z.B. *Spannung, Strom, Zeit, Frequenz* usw., wobei jedes Bit wieder das Summenbit eines dahinterliegenden 16-Bit-Statusregisters sein kann. Diese zulässige Erweiterung der Statusstruktur muß den Vorgaben in der 488.2-Norm entsprechen.

Die SCPI-spezifischen Statusregister sind über die *Befehle* :STATus:OPERation:... und :STATus:QUEStionable:.... des Subsystems STATus ansprechbar.

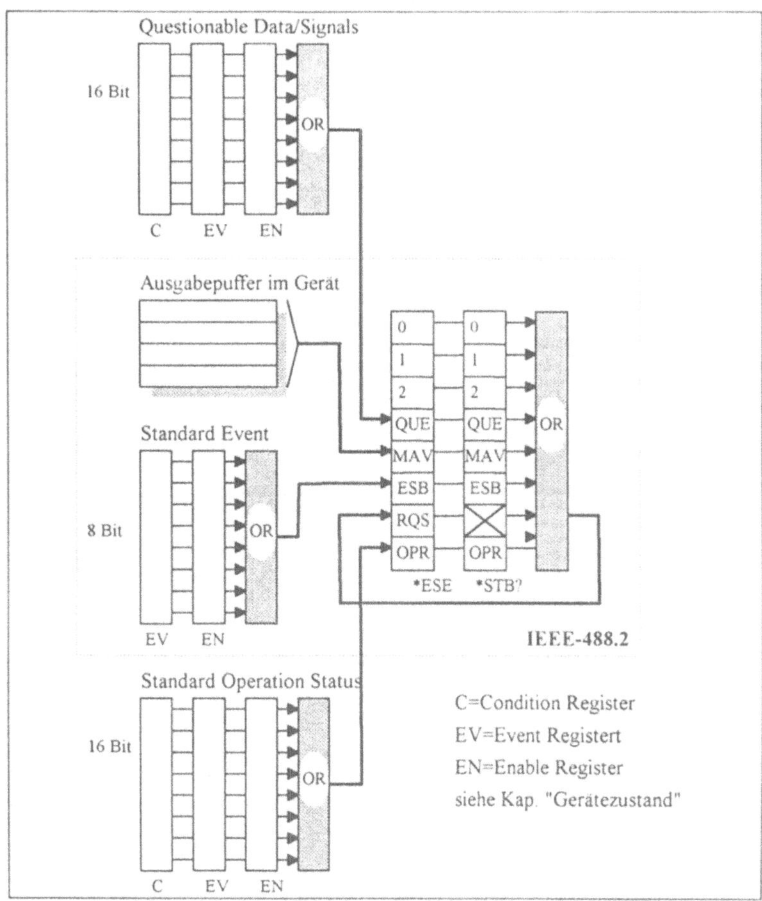

Bild 4.12 Mindest-Status-Struktur eines SCPI-Geräts [SCPI91]

4.3.6 Erweiterbarkeit des SCPI-Standards

SCPI will ein *lebender* Standard sein. Neue Kommandos werden immer in den Standard aufgenommen als Folge von neuen Technologien und neuen Geräten. Das SCPI-Konsortium trifft sich regelmäßig, um über neue Befehle (*Proposals*) zu entscheiden. Angenommene Befehle werden *jährlich veröffentlicht.* Jede Realisierung des SCPI-Standards in einem Gerät bezieht sich deshalb auf einen bestimmten Jahrgang der SCPI-Norm.

Das **SCPI-Konsortium** besteht aus Vertretern folgender Firmen:
HP, Tektronix, Fluke, Keithley, Philips, Rohde & Schwarz, usw.

Es gibt abgestufte Mitliedschaften (750..20 000 US$/Jahr) [Wolle].

SCPI Consortium Office:	Fred Bode Executive director Bode Enterprises 8380 Hercules Drive Suite P3 La Mesa, CA 91942, USA
In Deutschland:	Rohde & Schwarz Mühldorfstr. 15 8000 München

- Begin
  - Initialisierung der Controllerkarte. Abbruch, falls Fehler (PL)
  - Businitialisierung/ Bus-Status-Report: (IEEE-488.2)
    Von IEEE-488 Adresse 0..30 (oder Anwenderbereich)
    - Gerät vorhanden?
    - Identifikation (*IDN?)
    - Optionen (*OPT?)
    - Ergebnis des Selbst-Tests (*TST?)
    - Ausgabe eines Protokolls auf Bildschirm oder Drucker.
      Abbruch, falls Fehler
  - Im Programm verwendete(s) Gerät(e) anmelden und konfigurieren. (PL, SCPI)
    Abbruch, falls Fehler
  - Eventuell weitere Konfigurationen vornehmen (PL, SCPI)
  - Eventuell wiederholt...
    - Messung ausführen (PL, IEEE-488.2, SCPI)
    - Verarbeitung der Meßergebnisse (PL)
    - Grafische Darstellung (PL)
    - Speichern, Ausdrucken (PL)
  - Gerät(e) abmelden (PL)
- End

Bild 4.13 Exemplarischer Aufbau des Steuerprogramms eines Meßplatzes (PL: Software-Entwicklungssystem PowerLab [Meilhaus])

4.4 Einsatz der IEEE-488.2-Norm und des SCPI-Standards in der Meßplatzsoftware

Die *IEEE-488.2-Norm* und der *SCPI-Standard* liefern einen **wichtigen Standard** für die Steuerung programmierbarer Meß- und Testgeräte bei den Vorgängen "Gerät einstellen", "Gerät triggern", "Gerätezustand verwalten" und "Meßwerte lesen". **Bild 4.13** zeigt den stark vereinfachten Aufbau des *Steuerprogramms eines Meßplatzes* für den Test programmierbarer Logikbausteine mit dem HP 16500A Logic Analysis System [Bratz92;HP]. Im Struktogramm des Steuerprogramms ist der Einsatz der IEEE-488.2- und der SCPI-Befehle markiert. Es ist klar ersichtlich, daß bei den Vorgängen "Verarbeitung der Meßergebnisse", "Grafische Darstellung" und "Speichern, Ausdrucken" **keine Befehle** der **Normen** verfügbar sind. Um die Programmentwicklungszeit dort möglichst zu reduzieren wird man hier sinnvollerweise mit einem *Entwicklungssystem* wie *PowerLab* [Meilhaus], das *fertige Bibliotheksroutinen* für diese Aktivitäten zur Verfügung stellt, arbeiten.

Teil II Signalerfassung, Verarbeitung, Darstellung

5 Grundlagen der Meßdatenerfassung und Meßdatenauswertung

von J.-Uwe Varchmin

5.1 Definition analoger und digitaler Signale

Die Anwendung von Methoden der rechnergestützten Erfassung, Analyse und Verarbeitung analoger Signale setzt grundlegende Kenntnisse über Signalstrukturen und Signaltypen voraus. Unmittelbar damit verbunden sind auch Kenntnisse über die "Hardware" - d.h. diejenigen Schaltungen -, die diese Signale erzeugen und verarbeiten. **Bild 5.1** zeigt ein typisches System zur Signalverarbeitung mit einem *Arbeitsplatzcomputer* (APC). Dabei sind die beidseitig vom Rechner dargestellten Funktionsgruppen in vielen Anwendungsfällen auf einer Leiterkarte zusammengefaßt, die als sogenanntes Meßdaten-Erfassungssystem (DAS, *Data Acquisition System*) in den Rechner eingebaut wird.

5.1.1 Wert- und zeitkontinuierliche Signale

Analoge Signale sind diejenigen Signale, die sich hinsichtlich ihrer Eigenschaften im Amplituden- und Zeitbereich wert- und zeitkontinuierlich verhalten, d.h. weder die Zeit noch die Amplitude sind auf diskrete Werte beschränkt. **Bild 5.2** zeigt eine Einteilung der analogen Signale in zwei große Signalklassen:

nichtdeterministische Signale	und	*deterministische Signale*

Signale als Übermittler von Informationen sind nichtdeterministischer und nichtstationärer Natur, denn gerade die nicht vorhersagbaren zeitlichen Änderungen der Signalparameter sind Voraussetzungen dafür, daß das Signal Informationsträger ist.

Deterministische analoge Signale lassen sich durch mathematische Funktionen beschreiben, d.h. die Signalamplitude ist für jeden beliebigen Zeitpunkt berechenbar. Insbesondere wird die Klasse der harmonischen Schwingungen als Nachrichtenträger verwendet, denen die o.g. informationstragenden Signale zum Zweck der Übertragung aufmoduliert werden.

Die meisten *Sensoren* für physikalische Größen liefern als Ausgangssignal ein analoges Signal, das den Zusammenhang zwischen der physikalischen Eingangsgröße (z.B. der Temperatur) und dem elektrischen Ausgangssignal (z.B. der Spannung) beschreibt.

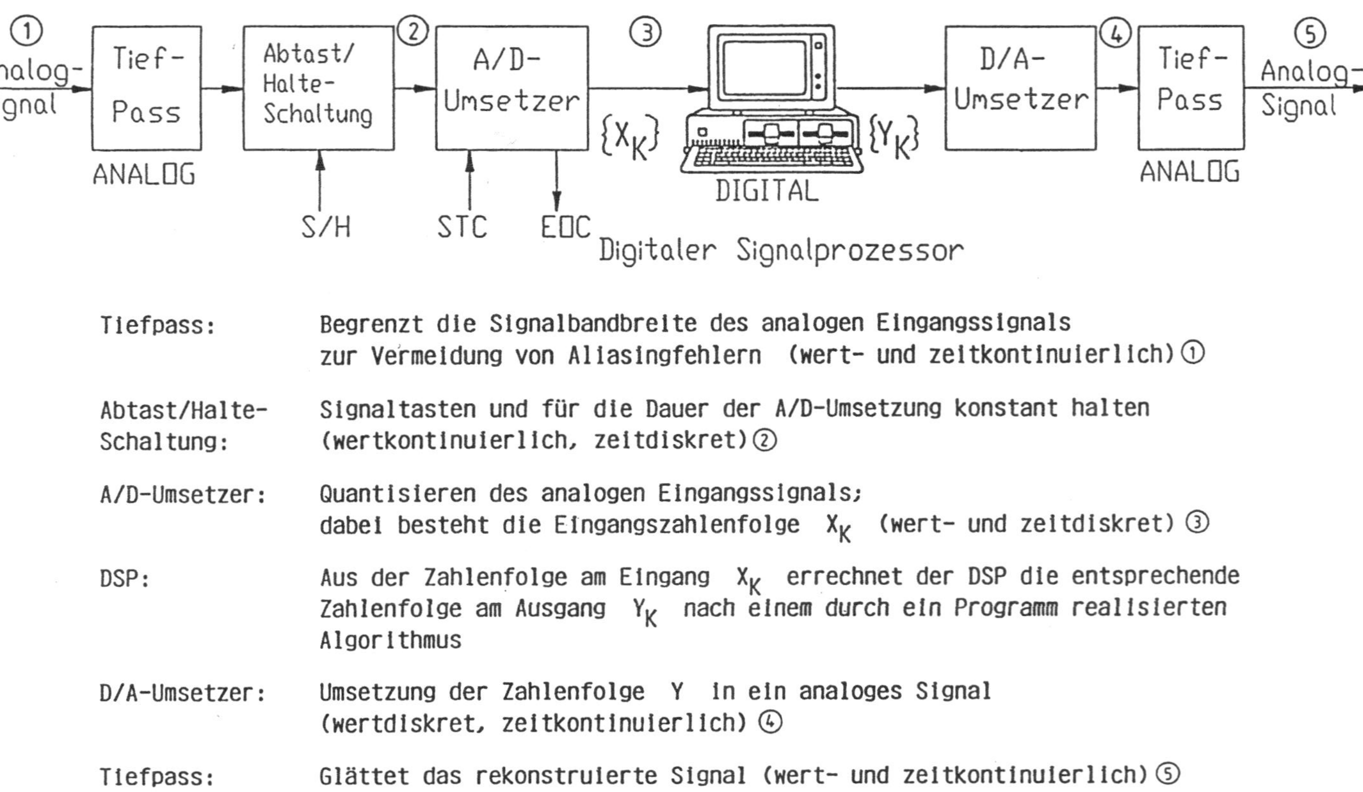

Bild 5.1 Signalflußplan eines Systems zur digitalen Signalverarbeitung

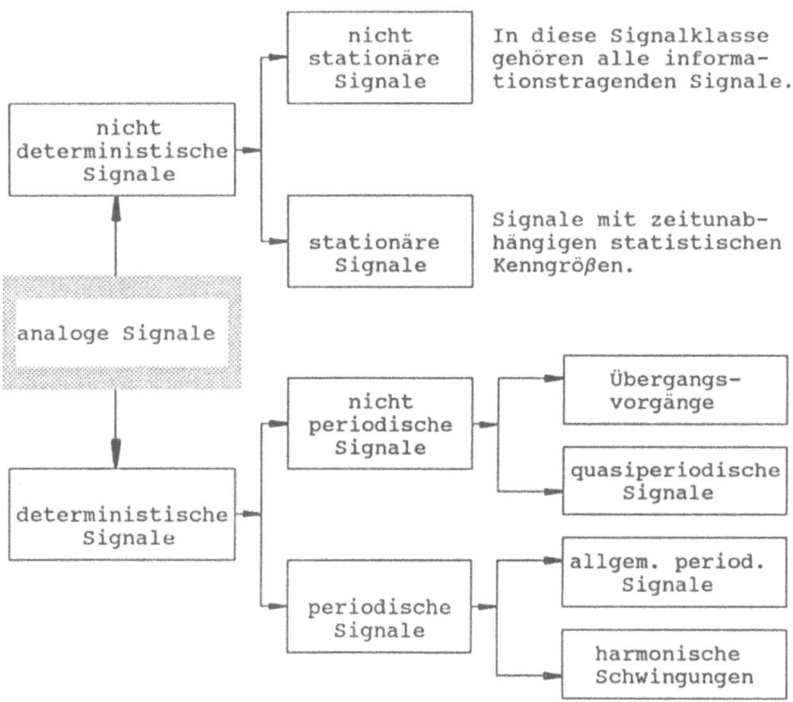

Bild 5.2 Einteilung der analogen Signale in verschiedene Signalklassen

5.1.2 Wertkontinuierliche und zeitdiskrete Signale

Ein Signalverlauf mit Amplitudenwerten, die nur zu diskreten Zeitpunkten existieren, entsteht, wenn ein analoges Signal zu diskreten Zeitpunkten abgetastet wird. Am Ausgang einer solchen Abtastschaltung (*Sample & Hold*), die im allgemeinen Bestandteil eines Meßdatenerfassungssystems ist, liegt ein *wertkontinuierliches* und *zeitdiskretes Signal* vor. Das in **Bild 5.3** dargestellte Abtastsignal kann an der Stelle 2 im Signalflußplan Bild 5.1 auftreten.

5.1.3 Wert- und zeitdiskrete Signale

Ein diskontinuierlicher Verlauf der Amplitudenwerte kommt dann zustande, wenn ein analoges Signal *amplitudenquantisiert* wird. Hierunter versteht man die Unterteilung des Wertebereichs in eine endliche Anzahl diskreter Intervalle. Diese Intervalle fassen alle in sie hineinfallenden Signalamplituden zu einem gemeinsamen Wert zusammen.

Wird ein analoges Signal sowohl zeitlich abgetastet als auch amplitudenquantisiert, dann liegt ein wert- und zeitdiskretes Signal vor. Signale dieser Art treten am

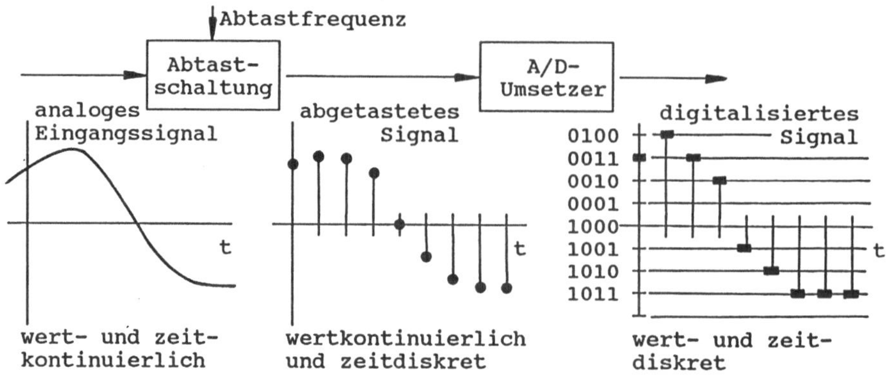

Bild 5.3 Übergang vom analogen zum wert- und zeitdiskreten Signal

Ausgang von Analog-Digital-Umsetzern auf, die abgetastete analoge Signale in Zeitreihen diskreter Zahlenwerte überführen, die dann von einem Rechner weiterverarbeitet werden können. Bild 5.3 zeigt den prinzipiellen Vorgang.

5.2 A/D-Umsetzer für die Meßdatenerfassung

Für die rechnerunterstützte Meßdatenerfassung sind drei Prinzipien der Analog-Digital-Umsetzung von besonderer Bedeutung

Das Parallelverfahren (Flash-Converter)
Das Wägeverfahren (Sukzessive Approximation)
Integrierende Mehr-Rampen-Verfahren (Dual-Slope).

5.2.1 A/D-Umsetzer nach dem Parallelverfahren

Dies ist das theoretisch einfachste Verfahren, jedoch die technisch aufwendigste Realisierung eines A/D-Umsetzers. **Bild 5.4** zeigt den prinzipiellen Aufbau eines *3-Bit-Parallel-Umsetzers*. Der Meßbereich wird durch eine interne oder externe *Referenzspannung* festgelegt. Diese Referenzspannung wird entsprechend der geforderten Auflösung über einen Widerstandsteiler in 2^N-1 Vergleichsspannungen für 2^N-1 Komparatoren aufgeteilt. Dabei differiert die Vergleichsspannung von Komparator zu Komparator um 2^{-N}.

Die Meßspannung U_x wird allen Komparatoren parallel zugeführt. Diejenigen Komparatoren, bei denen die Meßspannung U_x die Vergleichsspannung überschreitet, schalten ihre Ausgänge auf logisch "1", alle anderen Komparatoren nehmen den Schaltzustand logisch "0" an. Die 2^N-1 Komparatorausgänge werden in einer nachfolgenden *Encoder-Logik* zu einem *N-Bit-Binärcode* zusammengefaßt.

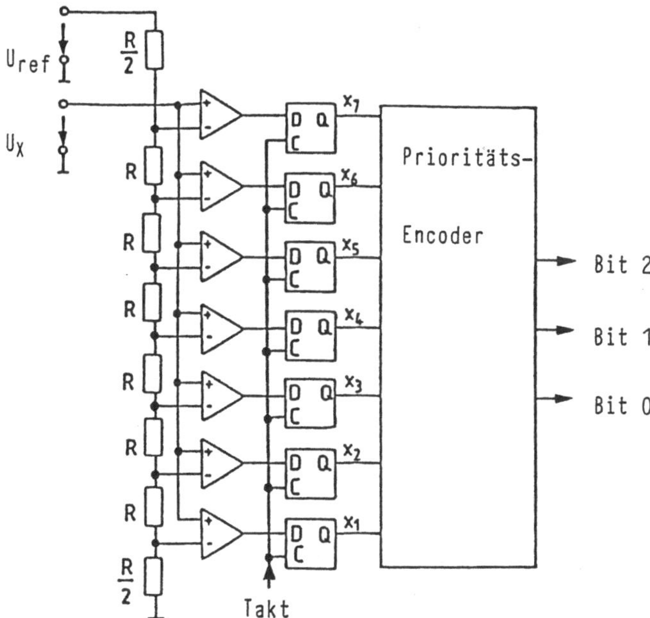

Bild 5.4 A/D-Umsetzer nach dem Parallelverfahren

Die derzeitige Grenze der technologischen Realisierbarkeit liegt bei einer Auflösung von 8 bit und der Abtastfrequenz von 150 MHz. Parallel-Wandler werden vorwiegend für Transientenrecorder und die Digitalisierung von Video-Signalen bei der digitalen Bildverarbeitung verwendet.

5.2.2 A/D-Umsetzer nach dem Wägeverfahren

A/D-Umsetzer, die nach diesem Verfahren arbeiten, werden am häufigsten in der Meßdatenerfassung eingesetzt. Das Verfahren erlaubt kurze Umsetzzeiten (12-Bit-ADU mit 2 µs) und hohe Auflösung (bis 16 bit) bei mittlerem technologischen Aufwand.

Ein *sukzessiv approximierender A/D-Umsetzer* (**Bild 5.5** zeigt den prizipiellen Aufbau) besteht aus einem Komparator, dem die Meßspannung U_x zugeführt wird, einem D/A-Umsetzer, der die Vergleichsspannung für den Komparator erzeugt, einem Codewort-Generator mit Steuerlogik und einem Taktgeber. Eine interne oder externe *Referenzspannung* bestimmt die maximale Ausgangsspannung des DAU und damit den Meßbereich des ADU.

Das Meßprinzip beruht auf einer schrittweisen Annäherung des rückgewandelten Digitalwertes an die Eingangsspannung. Dabei werden von der Steuerlogik *Codeworte* (Binärwerte) mit unterschiedlicher Schrittweite an den DAU geliefert. Es

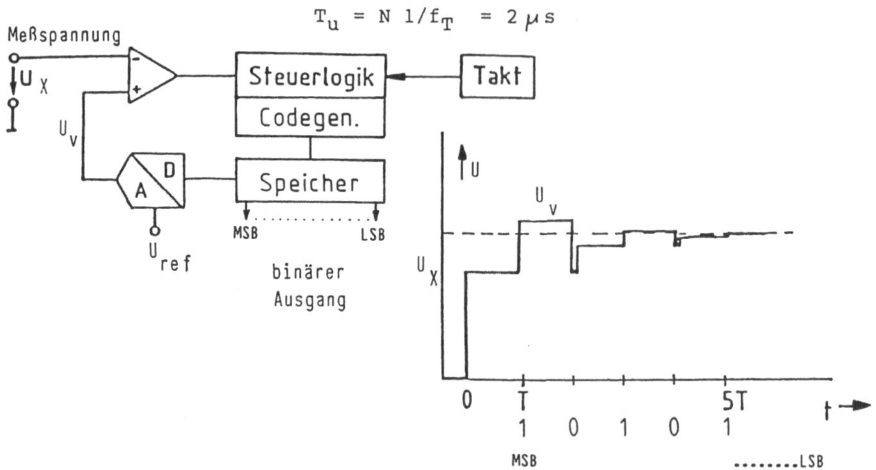

Bild 5.5 A/D-Umsetzer nach dem Wägeverfahren

wird als erstes das Bit mit der höchsten Wertigkeit (MSB) gesetzt, um rückgewandelt mit der Eingangsspannung verglichen zu werden. Je nach dem Ergebnis des Vergleichs erfolgt ein Rücksetzen oder ein Setzen des darauffolgenden Bits. Dieser Vorgang wiederholt sich, bis das Bit mit der niedrigsten Wertigkeit (LSB) bearbeitet wurde. Die Anzahl der Bits und die Taktfrequenz bestimmen die Umsetzdauer für einen Meßwert; dabei wird eine Taktperiode für die Bearbeitung eines Bit benötigt.

> *Beispiel*: Auflösung des Meßwertes N = 12 bit, Taktfrequenz f_T = 6 MHz. Für die Umsetzzeit T_u ergibt sich
>
> $$T_u = N \cdot 1 / f_T = 2\ \mu\text{s}$$

Die Meßspannung U_x muß während der gesamten Dauer der Umsetzzeit konstant bleiben, anderenfalls wird die sukzessive Approximation fehlerhaft. Für die Erfassung dynamisch veränderlicher Meßsignale ist daher ein *Abtast/Halteverstärker* am Eingang des ADU erforderlich (siehe Abschn. 5.4).

5.2.3 Integrierende Mehr-Rampen-Verfahren (Beispiel Dual-Slope-ADU)

Die A/D-Umsetzer in den gebräuchlichsten Digitalmultimetern arbeiten nach diesem Prinzip. Das Verfahren ermöglicht eine hohe Auflösung (bis 16 bit), eine für den erforderlichen Aufwand sehr gute Stabilität und einfachen automatischen *Offsetabgleich*. Das Verfahren beruht auf der Messung von Integrationszeiten eines Kondensators, der z.B. durch die Meßspannung U_x aufgeladen und durch eine Referenzspannung entladen wird. **Bild 5.6** zeigt das Schaltungsprinzip eines *Dual-Slope-Umsetzers*.

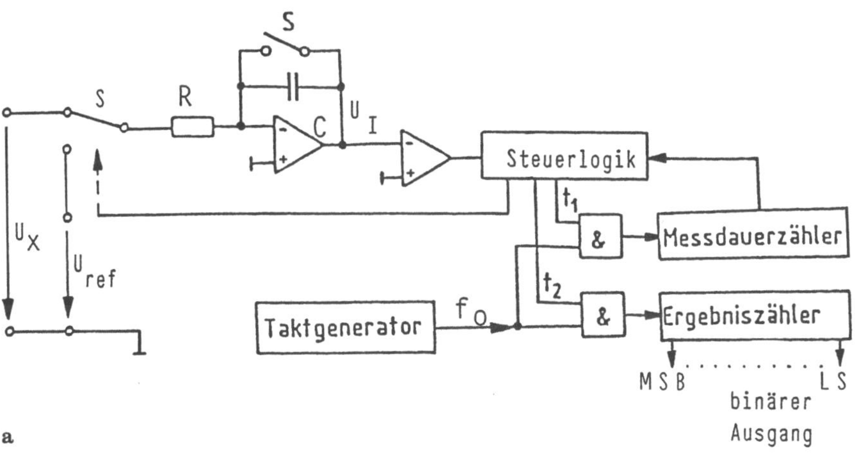

a

Bild 5.6a A/D-Umsetzer nach dem Dual-Slope-Verfahren

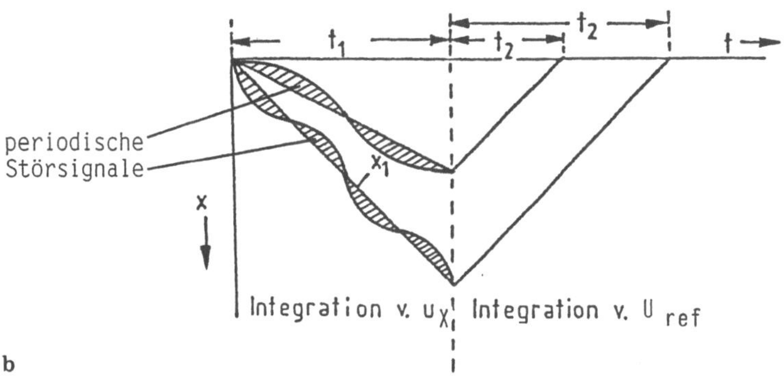

b

Bild 5.6b Zeitlicher Ablauf zum Dual-Slope-Verfahren

Die Langzeitstabilität der Bauelemente des Integrators (R und C) und der Taktfrequenz f_0 gehen nicht in die Meßunsicherheit das ADU ein. Wird die Integrationszeit t_1 für das Meßsignal so gewählt, daß sie ein ganzzahliges Vielfaches der Periodendauer eines überlagerten Störsignals (Netzbrummen) beträgt, wird der Fehler herausgemittelt. Durch die Integrationen von Meß- und Referenzspannung ist das Verfahren langsam (3 bis 30 Umsetzungen pro Sekunde) aber störsicher. Da die Abintegrierzeit vom Meßwert abhängt, ist die Umsetzzeit nicht konstant, sondern auch meßwertabhängig.

5.3 Fehler von A/D-Umsetzern

Analog-Digital-Umsetzer sind keine "Meßgeräte" mit vernachlässigbarem Fehler, wenn die Auflösung, angegeben durch die Anzahl der Bits, nur hoch genug ist. Einige Fehlereinflüsse sollen hier behandelt werden.

5.3.1 Quantisierungs-Fehler

Bild 5.7 zeigt die Kennlinie eines idealen 3-Bit-ADU. Dargestellt sind die digitalen Ausgangswerte über der analogen Eingangsspannung. Man erkennt, daß jedem digitalen Ausgangscode ein Bereich (*Code-Weite*) um den "Sollwert" der Eingangs-

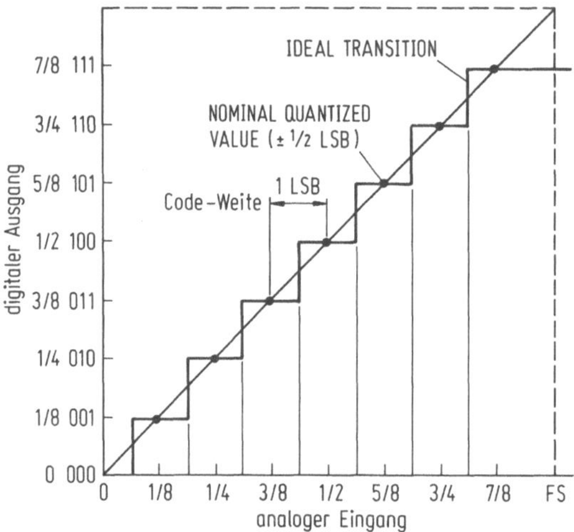

Bild 5.7 Übertragungskennlinie eines idealen 3-Bit-ADU

spannung zugeordnet ist. Die Code-Weite entspricht (ausgenommen an den Meßbereichsgrenzen) dem Spannungswert eines LSB (*Least Significant Bit*). Die zu einem Digitalwert gehörenden analogen Spannungswerte liegen im Bereich des entsprechenden Analogwertes ± ½ LSB.

> *Schon ein idealer ADU digitalisiert eine analoge Eingangsspannung mit einem Quantisierungsfehler von ± ½ LSB.*

5.3.2 Offset-Fehler

Der *Offset-Fehler* äußert sich als Parallelverschiebung der ADU-Kennlinie (**Bild 5.8**). Die Ursache sind Offset-Spannungen interner Operationsverstärker und u.U.

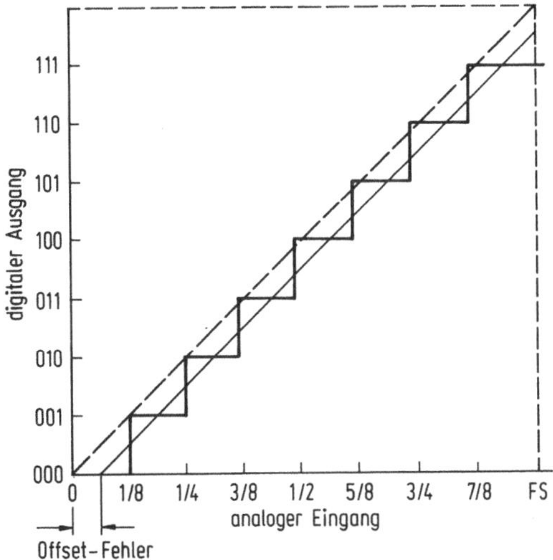

Bild 5.8 Übertragungskennlinie eines 3-Bit-ADU mit Offset-Fehler

auch der Referenzspannungsquelle. Für den Abgleich des Offset-Fehlers sind zusätzliche Beschaltungen des ADU mit Potentiometern von den Herstellern angegeben. Es ist aber zu beachten, daß durch *Drift* bedingte Änderungen der Offset-Spannung nicht abgleichbar sind.

5.3.3 Verstärkungs-Fehler

Eine Abweichung von der "Sollsteigung" der Kennlinie wird als Verstärkungs-Fehler (*gain error*) bezeichnet (**Bild 5.9**). Die Ursache sind Toleranzen in den ver-

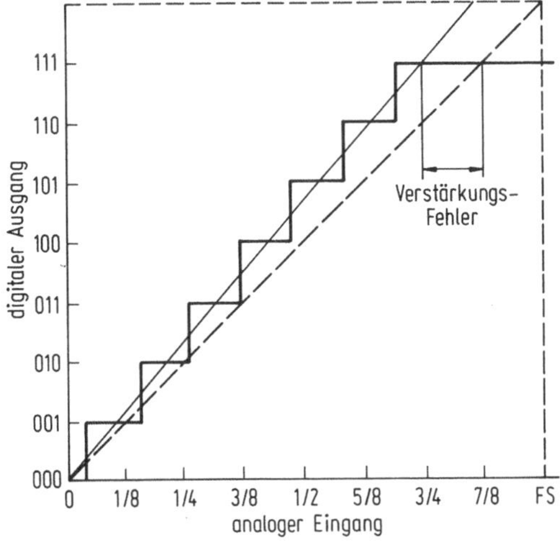

Bild 5.9 Übertragungskennlinie eines 3-Bit-ADU mit Verstärkungs-Fehler

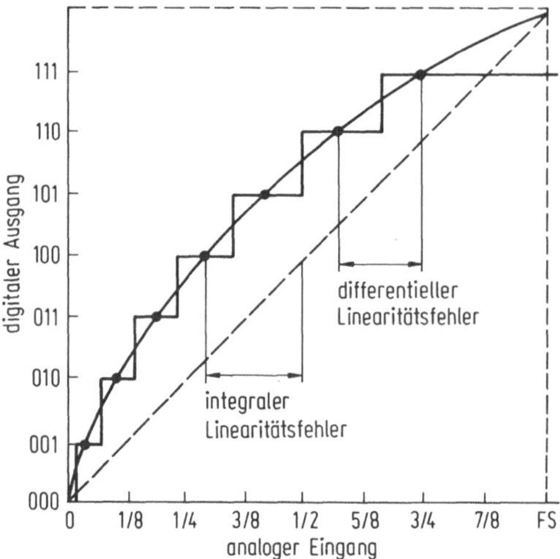

Bild 5.10 Übertragungskennlinie eines 3-Bit-ADU mit Linearitäts-Fehler

stärkungsbestimmenden Widerständen und u.U. in der Referenzspannung. Auch für den Abgleich dieses Fehlers werden Zusatzbeschaltungen mit Potentiometern angegeben, driftbedingte Verstärkungsänderungen sind ebenfalls nicht abgleichbar.

5.3.4 Linearitäts-Fehler

Eine Krümmung der ADU-Kennlinie führt zu Linearitätsfehlern; dabei beträgt die *Code-Weite* zwischen den Inkrementen nicht mehr genau 1 LSB (**Bild 5.10**).

> Als *integralen Linearitätsfehler* bezeichnet man die maximale Abweichung der gekrümmten Kennlinie von der Geraden.
>
> Der *differentielle Linearitätsfehler* gibt die Abweichungen zwischen zwei benachbarten Codes an. Wird der differentielle Linearitätsfehler größer als ein LSB, dann entsteht eine Code-Lücke (*missing code*).

Fehler dieser Art treten vorwiegend bei ADUs auf, die nach dem Prinzip der sukzessiven Approximation arbeiten. Sie haben ihre Ursache in Ungenauigkeiten des Widerstandsnetzwerks im DAU. Diese Fehler sind nicht abgleichbar, sie lassen sich nur nachträglich korrigieren, wenn eine gespeicherte Kennlinie vorliegt.

5.4 Wie schnell ist "schnell" - oder die Notwendigkeit von Abtast/Halte-Verstärkern (Sample and Hold)

Als "schnell" bezeichnet man einen ADU, der in 2 µs ein analoges Eingangssignal mit 12 bit digitalisiert. Er schafft 500.000 Abtastungen pro Sekunde - jedoch nur wenn ihm das Eingangssignal als konstante Spannung angeboten wird. Wie schnell sich die Eingangsspannung ändern darf, damit die Auflösung von 12 bit noch erreicht wird, zeigt die folgende *Beispielrechnung*:

Der Meßbereich des o.g. ADU betrage ± 10 V. Das Eingangssignal ist eine sinusförmige Wechselspannung mit dem Scheitelwert $\hat{u}$ = 10 V und der Frequenz $\omega = 2\pi f$. Wie groß darf die Frequenz f höchsten sein, damit des Signal noch mit N = 12 bit aufgelöst wird?

Die größte Änderungsgeschwindigkeit hat das Eingangssignal im Spannungsnulldurchgang; die läßt sich aus dem Differential berechnen:

$$\mathrm{d}u/\mathrm{d}t = \hat{u} \cdot \omega \cdot \cos(\omega\, t)$$
$$(\mathrm{d}u/\mathrm{d}t)_{\mathrm{max}} = \hat{u} \cdot \omega \ = \hat{u} \cdot 2\pi f$$

Die Änderung, die sich bei dieser Geschwindigkeit pro Umsetzzeit ergibt, muß kleiner sein als ½ LSB. Daraus ergibt sich

$$\hat{u} \cdot 2\pi f \cdot T_{\mathrm{u}} \leq ½ \,(\hat{u} \,/\, 2^N)$$

$$=> \qquad f \leq 2^{-N} / \,(4\pi T_{\mathrm{u}})$$

Mit den Zahlenwerten ergibt sich: $\boldsymbol{f \leq}$ **10 Hz.**

Dieses Beispiel zeigt anschaulich, daß auch einem schnellen ADU beim direkten Anschluß an ein dynamisch veränderliches Meßsignal enge Grenzen gesetzt sind. Zur Erhöhung der Arbeitsgeschwindigkeit werden daher Abtast- und Halteschaltungen (*Sample and Hold*, kurz S&H) eingesetzt.

Die in **Bild 5.11** dargestellte Abtast/Halteschaltung ist im Prinzip ein auf zwei Betriebsarten digital umschaltbarer, schneller Verstärker. Liegt an dem Steuereingang S/H ein logisches "L"-Signal an, dann arbeitet die Schaltung als normaler Verstärker, und das Ausgangssignal folgt (üblicherweise mit dem Verstärkungsfaktor 1) exakt dem zeitlichen Verlauf des Meßsignals.

Legt man an den Steuereingang S/H ein logisches "H"-Signal, dann hält die Schaltung denjenigen Augenblickswert der Eingangsspannung fest, welcher unmittelbar nach Eintreffen dieses Kommandos anlag. Der Spannungswert wird in dem Kondensator C_h gespeichert. Obwohl sich das Meßsignal anschließend ändern kann, stellt die Abtast-Halteschaltung dem nachfolgenden ADU eine während der Umsetzzeit konstante Eingangsspannung zur Verfügung.

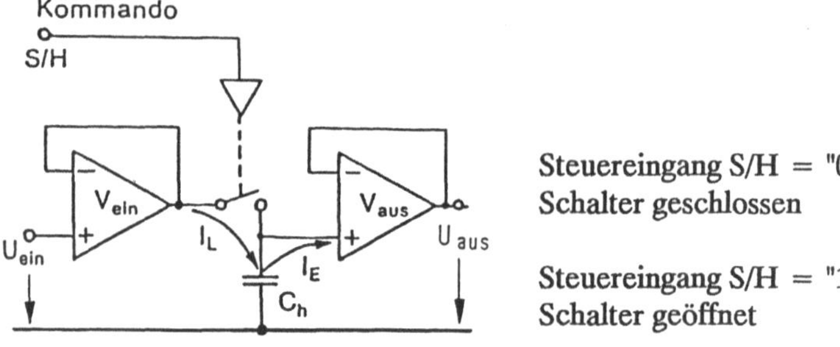

Bild 5.11 Aufbau einer Abtast- und Halteschaltung (S&H) mit Eingangs- und Ausgangsverstärker ($v = 1$)

Die wichtigsten Kriterien für die Beurteilung und Auswahl von Abtast/Halteschaltungen sind:

Öffnungszeit (*aperture time*) T_a, das ist die Zeit, welche die Schaltung benötigt, um ein Eingangssignal festzuhalten. Typische Werte für T_a liegen im Bereich von 10...100 ns.

Meßwerterfassungszeit (*acquisition time*) T_{aq}, das ist die Zeit, welche erforderlich ist, um das Meßsignal mit der geforderten Genauigkeit zu erfassen. Es ist üblich, diese Zeit zu spezifizieren, wenn die Schaltung vom Halte- in den Nachlaufbetrieb übergeht. Typische Werte für T_{aq} liegen im Bereich von 100 ns bis 10 µs.

Die **Driftrate** (*droop rate*) spezifiziert den Abfall der Ausgangsspannung im Haltezustand. Die Ursache liegt in der Entladung des Speicherkondensators C_h. Je größer die Kapazität dieses Kondensators ist, um so geringer ist die Driftrate, um so größer wird aber auch die Meßwerterfassungszeit T_{aq}. Die Haltekapazität C_h ist so zu dimensionieren, daß die Driftrate während der Umsetzzeit des ADU ½ LSB nicht überschreitet. Die Driftrate wird in mV/ms oder in V/s angegeben.

Weitere Merkmale sind Offsetspannung, Nichtlinearität, Anstiegsgeschwindigkeit (slew rate), Übersprechen (feedthrough).

In **Bild 5.12** sind die o.g. Parameter für den Abtast- und Haltezustand dargestellt.

Unter Berücksichtigung der o.g. Zeiten berechnet sich für eine Reihenschaltung aus ADU und S&H die minimale Zeit zwischen zwei A/D-Umsetzungen nach der folgenden Formel:

$$T_{u(min)} = T_u + T_a + T_{aq}$$

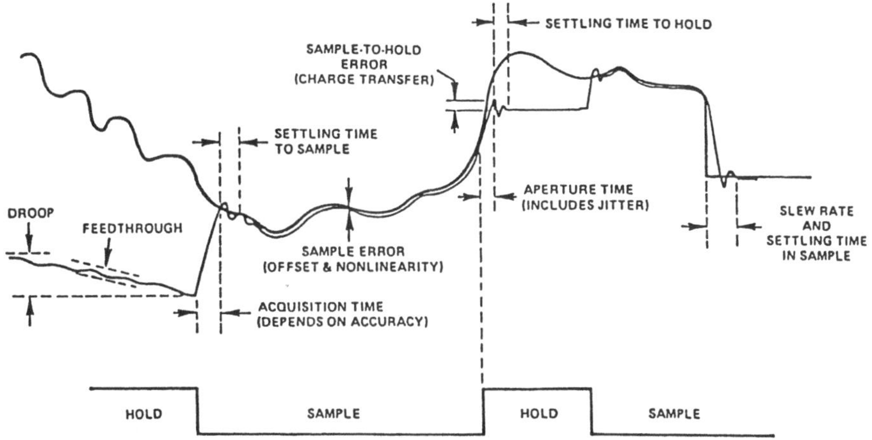

Bild 5.12 Zeit- und Fehlerdiagramm der Abtast- und Halteschaltung

Beispiel: Vor den schon oben verwendeten 12-Bit-ADU mit 2 µs Umsetzzeit wird ein monolithischer S&H-Baustein mit folgenden Daten geschaltet: T_a = 20 ns, T_{aq} = 1,5 µs (AD 585). Welche minimale Umsetzzeit ergibt sich für diese Anordnung?

$$T_{u(min)} = 2\ \mu s + 20\ ns + 1{,}5\ \mu s = 3{,}520\ \mu s$$

Es ergibt sich eine maximale Abtastfrequenz $f_{ab(max)} \leq 284\ kHz$.

In vielen praktischen Fällen ist die Zeit T_a sehr klein gegenüber den anderen Zeiten und kann daher vernachlässigt werden.

5.5 Mehrkanalige Meßdatenerfassung; Meßdaten-Erfassungssystem (Data Acquisition System DAS)

In fast allen praktischen Anwendungsfällen im Labor oder Versuchs- und Prüffeld ist die digitale Erfassung nur eines Meßsignals für die Versuchsauswertung nicht ausreichend. Daher ist es notwendig, die bisher besprochene Reihenschaltung aus S&H und ADU mit einem Meßverstärker (*instrumentation amplifier*) und einem Meßstellenumschalter (*multiplexer*) zu einem vollständigen Meßdatenerfassungssystem (DAS) zu erweitern.

Bild 5.13 zeigt die Schaltung eines solchen Systems, das als Baustein monolithisch als IC oder in Hybridtechnik aufgebaut sein kann. Auf PC-Einsteckkarten zur Meßdatenerfassung ist die dargestellte Meßkette häufig aus Einzelkomponenten aufgebaut; dies hat z.B. den Vorteil, daß auch die Verstärkung des Meßverstärkers vom Anwenderprogramm eingestellt werden kann.

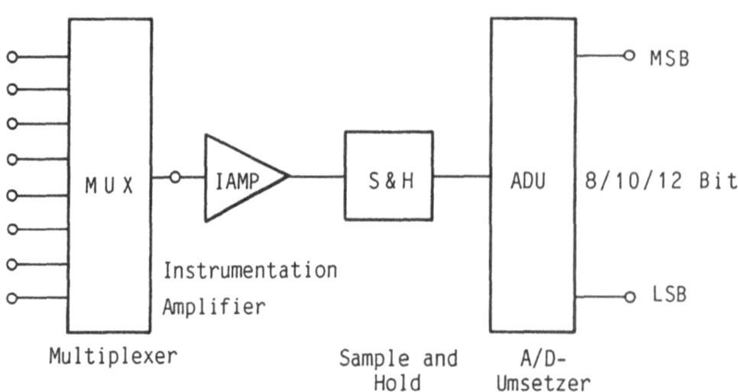

Bild 5.13 Mehrkanal Meßdatenerfassungssystem mit Multiplexer (DAS)

In diesem so erweiterten System wird die minimale Umsetzzeit durch die Schaltzeit des Multiplexers T_{mux} und die Einstellzeit des Meßverstärkers T_s (*settling time*) weiter erhöht. Während die Schaltzeiten des Multiplexers im Bereich weniger ns liegen und damit in vielen Fällen vernachlässigbar sind, sind die Einstellzeiten des Meßverstärkers verstärkungsabhängig und liegen im Bereich von µs bis zu 1 ms bei Verstärkungsfaktoren ≥ 1000. Damit kann die Einstellzeit des Meßverstärkers zum bestimmenden Parameter für die minimale Umsetzzeit des gesamten Systems werden.

Umsetzzeit eines DAS: $$T_{u(min)} = T_u + T_a + T_{aq} + T_s + T_{mux}$$

Als *Multiplexer* werden monolithisch integrierte Analogschalter mit 8 oder 16 Signaleingängen verwendet. Diese lassen sich so beschalten, daß 8 bzw. 16 Meßsignale mit einem gemeinsamen Bezugspotential (*ground*) anschließbar sind, oder aber 4 bzw. 8 Meßsignale auf Differenzeingänge geschaltet werden können. Die Multiplexer müssen einen geringen Durchgangswiderstand (R_{on}) haben, da der Spannungsabfall an R_{on} das Meßergebnis verfälschen kann. Weitere Anforderungen sind geringes Übersprechen und Schutz vor Überspannungen.

Über den Multiplexer werden die Meßsignale zeitlich nacheinander im minimalen Zeitabstand $T_{u(min)}$ abgetastet und digitalisiert. Dieser zeitliche Versatz der digitalen Meßwerte kann dann zu Problemen führen, wenn beispielsweise bei einer Korrelationsanalyse eine simultane Erfassung mehrerer Signalkanäle erforderlich ist. Dieser zeitliche Versatz ist nur dann vernachlässigbar, wenn er klein ist gegenüber der Periodendauer des Abtastintervalls, mit dem die periodische Abtastung der Meßsignale erfolgt. Bei Einhaltung dieser Bedingung kann die Abtastung der Meßsignale zumindest als *quasisimultan* bezeichnet werden.

Kann die o.g. Bedingung nicht eingehalten werden oder ist eine simultane Signalerfassung durch die Versuchs- und Auswertebedingungen zwingend erforderlich, dann muß der in Bild 5.13 dargestellte Signalflußplan des DAS so geändert werden, daß für jeden Signalkanal ein Meßverstärker und ein S&H zur Verfügung

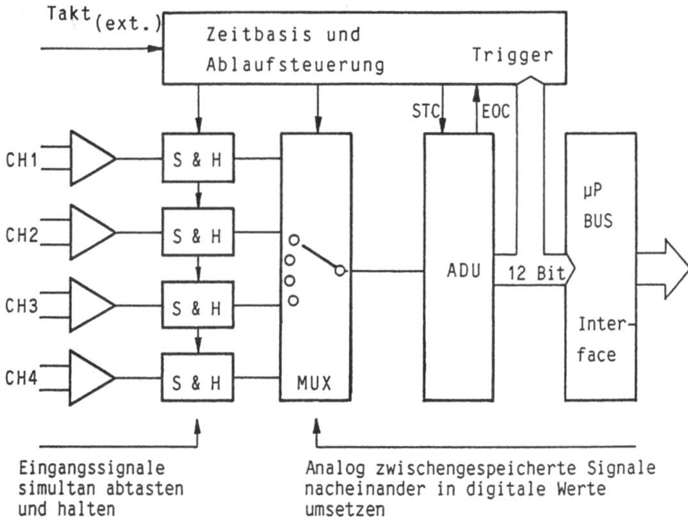

Bild 5.14 Meßdatenerfassungssystem mit simultaner Signalabtastung und digitaler Triggerung

stehen. **Bild 5.14** zeigt das so geänderte DAS, bei dem die Abtastung der Meßsignale simultan erfolgt. Die Umsetzung in digitale Werte geschieht dann wieder sequentiell, wobei der minimale Zeitabstand hierbei nur durch die Umsetzzeit des ADU und des Multiplexers bestimmt wird.

5.6 Das Abtasttheorem - Die Notwendigkeit von Antialiasingfiltern

Die Abtastung eines analogen (d.h. zeit- und wertkontinuierlichen) Signals $u(t)$ durch ein periodisches, impulsförmiges Taktsignal mit der Periodendauer T_{ab} läßt sich als *Amplitudenmodulation* dieses Taktsignals mit dem Signal $u(t)$ darstellen. **Bild 5.15** zeigt das bekannte Frequenzspektrum der Amplitudenmodulation eines sinusförmigen Trägersignals mit einem bandbegrenzten Signal. Symmetrisch zur Trägerfrequenz entstehen dabei das obere und das untere Seitenband.

Besteht das Trägersignal selbst aus einem Frequenzgemisch, so treten bei jeder seiner Frequenzen ω_k die entsprechenden Seitenbänder auf.

Die Abtastung analoger Signale mit dem o.g. Taktsignal kann als Amplitudenmodulation periodischer *Dirac-Pulse* aufgefaßt werden, wenn die Impulsdauer sehr klein gegenüber der Periodendauer ist. Eine periodische Folge von *Dirac*-Pulsen

$$\delta(t - kT_{ab}) \quad \text{mit}\ k = 0, \pm 1, \pm 2, \pm 3, ...$$

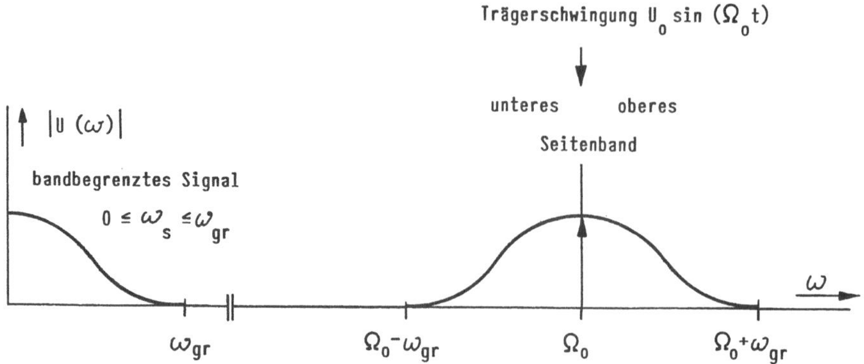

Bild 5.15 Frequenzspektrum der Amplitudenmodulation bei sinusförmigem Träger und bandbegrenztem Signal

hat ein Linienspektrum, das konstante Amplituden für alle Frequenzen

$$\omega_k = k\,\Omega_0 = k2\pi / T_{ab} \quad \text{mit } k = 0, \pm 1, \pm 2, \pm 3, \ldots$$

aufweist. Eine Modulation des Dirac-Pulses mit einem bandbegrenzten Meßsignal $u(t)$ erzeugt also eine periodische Fortsetzung der komplexen Spektralfunktion $\underline{U}(\omega)$ (Amplituden und Phasenspektrum). Ist nun die obere Grenzfrequenz f_{gr} des Meßsignals größer als ½ Ω_0

$$\text{oder} \quad \omega_{gr} > \pi / T_{ab}$$

dann kommt es bei der periodischen Fortsetzung der Spektralfunktion $\underline{U}(\omega)$ zu Überschneidungen der unteren und oberen Seitenbänder. Eine exakte mathematische Rekonstruktion des zeitlichen Signalverlaufes $u(t)$ aus den mit Hilfe der Abtastwerte berechenbaren Fourier-Koeffizienten ist dann nicht mehr möglich.

Dieser Effekt der Spektrumsüberdeckung wird als *Aliasingfehler* (**Bild 5.16**) bezeichnet. Zur Vermeidung dieses Fehlers muß das von *Shannon* formulierte **Abtasttheorem**

$$T_{ab} \le 1 / 2f_{gr} = \pi / \omega_{gr}$$

eingehalten werden. Hierzu ist bei bekannter Signalbandbreite die Abtastfrequenz richtig zu wählen oder bei vorgegebener Abtastfrequenz durch sogenannte *Antialiasingfilter* die notwendige Bandbegrenzung der Signale zu erzeugen.

Antialiasingfilter sind nicht Bestandteil der Meßdatenerfassungssysteme (DAS), sondern gehören zum Bereich der analogen Signalaufbereitung. Diese Tiefpaßfilter sind bezüglich ihrer Grenzfrequenz und ihres Dämpfungsverlaufs auf die je-

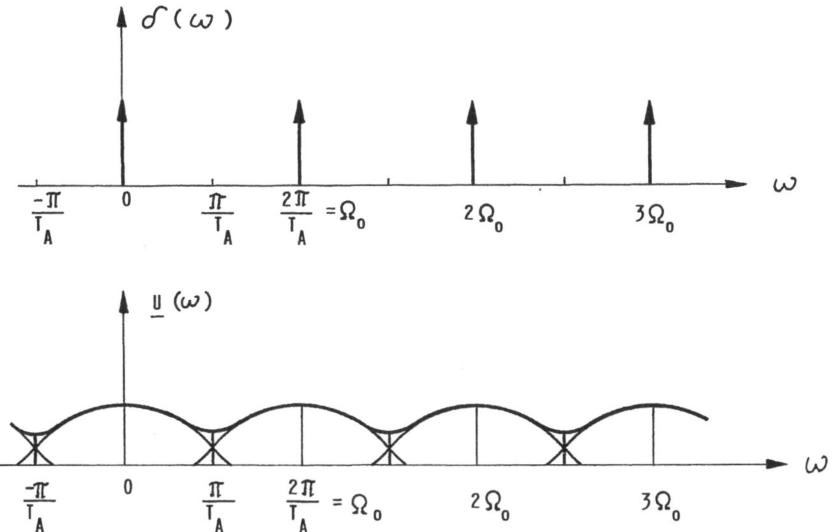

Bild 5.16 Aliasingfehler durch Überschneidungen der periodischen Frequenzspektren

weilige Meßaufgabe anzupassen. Einsetzbar sind durchstimmbare (umschaltbare) Universalfilter, die von verschiedenen Herstellern angeboten werden, oder aber die Filter sind Bestandteil der Meßelektronik, die von der Verstärkung eines Sensorsignals bis zur Bandbegrenzung alle Baugruppen enthält. Ein *Beispiel* dafür ist der Baustein 2B31, dessen Schaltung in **Bild 5.17** dargestellt ist.

5.7 Digitale System- und Signalanalyse

Üblicherweise wird ein Übertragungssystem, das mindestens einen Signaleingang und -ausgang besitzen muß, als Funktionsblock dargestellt, dessen charakteristisches Verhalten im Zeitbereich durch seine Impuls- bzw. Stoßantwort $h(t)$ und im Frequenzbereich durch seine komplexe Übertragungsfunktion $\underline{H}(\omega)$ beschrieben werden kann.

Je nach physikalischem Existenzbereich können Systeme sehr unterschiedlicher Natur sein. Mathematisch mit überschaubarem Aufwand beschreibbar und meßtechnisch erfaßbar sind im allgemeinen jene Systeme, die ein lineares und zeitinvariantes Verhalten aufweisen. Ein sehr einfaches Beispiel für ein solches System ist ein Tiefpaß erster Ordnung in Form eines RC-Gliedes, mit der Impulsantwort $h(t)$ und seiner Übertragungsfunktion $\underline{H}(\omega)$, s. **Bild 5.18**.

Das Ausgangssignal $s_y(t)$ berechnet sich aus der Faltungsoperation der Impulsantwort $h(t)$ und dem Eingangssignal $s_x(t)$ (* ist der *Faltungsoperator*). Die

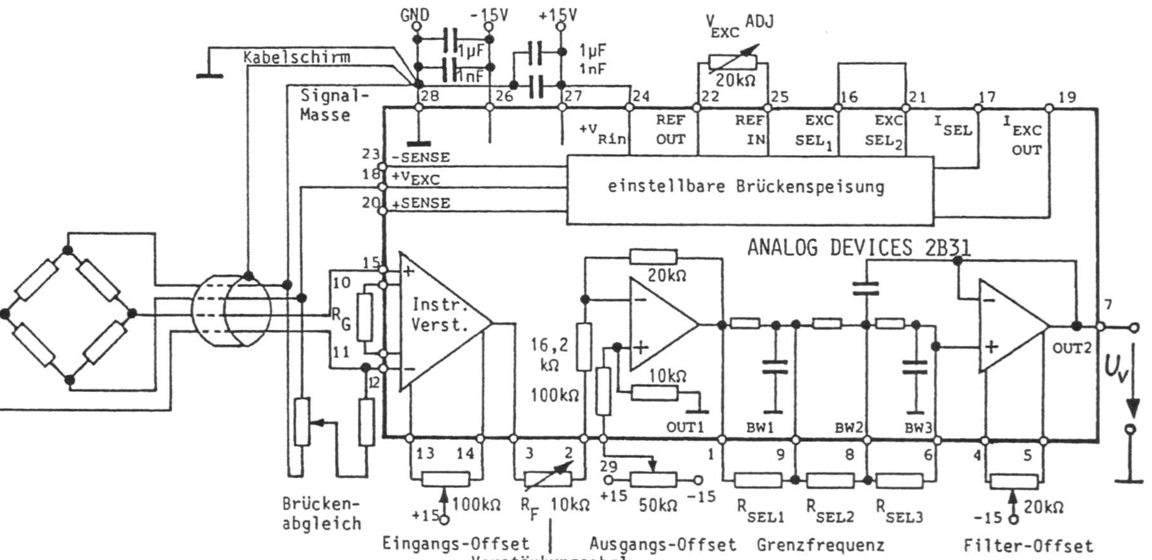

Bild 5.17 Schaltung des Bausteins für Meßaufnehmer in Brückenschaltung 2B31 von Analog Devices

$h(t) = \frac{1}{RC} e^{-t/RC}$ $\underline{H}(\omega) = \frac{1}{1 + j\omega RC}$

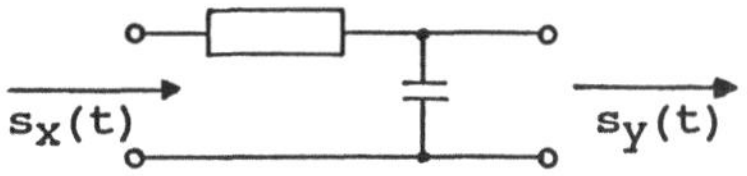

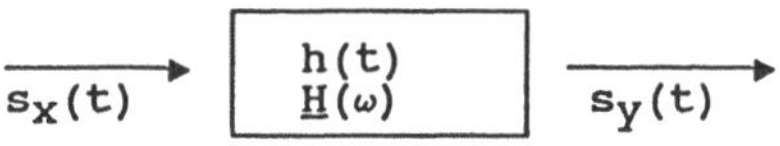

$s_y(t) = h(t) * s_x(t)$

$\underline{S}_y(\omega) = \underline{H}(\omega) \cdot \underline{S}_x(\omega)$

Bild 5.18 Darstellung eines Übertragungssystems mit seinen Ein- und Ausgangssignalen und seinen Systemfunktionen

Impulsantwort $h(t)$ und Übertragungsfunktion $\underline{H}(\omega)$ sind über die Fouriertransformation miteinander verknüpft:

$$s_y(t) = s_x(t) * h(t)$$

$$\underline{H}(\omega) = \int_{-\infty}^{+\infty} h(t)\, e^{-j\omega t}\, dt$$

Aus der Faltungsoperation im Zeitbereich wird eine multiplikative Verknüpfung im Frequenzbereich der Signal- bzw. Systemfunktionen und umgekehrt.

5.7.1 Definition der Laplace-Transformation

Bei der System- und Signalanalyse interessieren fast immer nur Zeitfunktionen von einem Zeitpunkt $t = 0$ an (z.B. dem Einschaltzeitpunkt eines Systems), bis z.B. ein stationärer Zustand erreicht ist. Auch wenn die Anfangsbedingungen des Systems zum Zeitpunkt $t = 0$ ihre Ursache in der Vergangenheit des Systemzustands haben, werden bei der System- und Signalanalyse mit der *Laplace-Transformation* nur Zeitfunktionen $f(t)$ betrachtet, deren Funktionswerte für $t < 0$ verschwinden. Zeitfunktionen mit der Eigenschaft

$$f(t) \equiv 0 \quad \text{für} \quad t < 0$$

heißen *kausale Zeitfunktionen*. Betrachtet man also nur kausale Zeitfunktionen, dann läßt sich folgende Definition der einseitigen Laplace-Transformation geben, bei der die untere Integrationsgrenze über den Zeitbereich bei $t = 0$ beginnt:

Unter der *Laplace-Transformierten* $L\{f(t)\}$ der Zeitfunktion $f(t)$ versteht man die durch die Funktionaltransformation

$$L\{f(t)\} = F(s) = \int_0^\infty f(t)\, e^{-st}\, dt$$

definierte Funktion F(s). Dabei ist $s = \sigma + j\,\omega$ eine komplexe Variable, durch die Konvergenz für alle praktisch vorkommenden Zeitfunktionen erreicht werden kann.

Mit der Laplace-Transformation und den zahlreichen in der Literatur angegebenen Korrespondenzen zwischen der Originalfunktion im Zeitbereich und der transformierten Bildfunktion in der komplexen s-Ebene läßt sich das Verhalten linearer, zeitinvarianter Systeme berechnen.

5.7.2 Definition der diskreten *z*-Transformation

Sollen die o.g. Übertragungssysteme durch digitale Rechner (*Microcontroller, Signalprozessoren*) realisiert werden, dann ist eine Transformation erforderlich, mit der die abgetasteten Zeitfunktionen der Signale und die Übertragungsfunktion des kontinuierlichen Systems in den Bereich der diskreten Systeme abgebildet wird. Diese sogenannte z-Transformation ist für die Beschreibung von zeitdiskreten Systemen von großer praktischer Bedeutung.

Durch die periodische Abtastung mit dem Zeitintervall T und die Digitalisierung einer Zeitfunktion $f(t)$ entsteht eine Folge von diskreten Werten f_n ($n = 0,1,2,...$). Um eine solche Folge f_n mit der Laplace-Transformation, die sich ja auf Funktionen und nicht auf Folgen bezieht, behandeln zu können, wird der Folge f_n eine Treppenfunktion $f_0(t)$ mit stückweise konstanten Funktionswerten zugeordnet (**Bild 5.19**).

Weil $f_0(t)$ stückweise konstant ist, läßt sich die Laplace-Transformation folgendermaßen durchführen:

$$L\{f_0(t)\} = \sum_{n=0}^{\infty} \int_n^{n+1} e^{-st} f_n\, dt = \sum_{n=0}^{\infty} f_n \cdot \frac{e^{-ns} - e^{-(n+1)s}}{s}$$

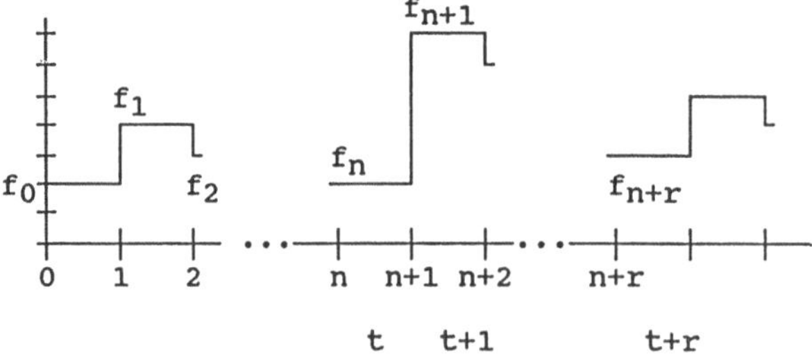

Bild 5.19 Die einer Folge f_n zugeordnete Treppenfunktion $f_0(t)$.

$$L\{f_0(t)\} = \frac{1 - e^{-s}}{s} \sum_{n=0}^{\infty} f_n \cdot e^{-ns} = F(s)$$

Der vor der Summe stehende Term tritt wegen der stückweise konstanten Funktionswerte der Treppenfunktion auf. Man kann ihn weglassen und erhält dann eine unmittelbar für die zeitdiskreten Funktionswerte an den Abtaststellen gültige Transformation, in der man es zusätzlich noch durch eine neue Variable z substituiert. Dadurch entsteht eine Reihe mit absteigenden Potenzen von z, und die Transformation nimmt die Form an:

$$Z\{f_n\} = \sum_{n=0}^{\infty} f_n \cdot z^{-n} = F(z)$$

Die z-Transformation führt die Originalfolge f_n in die Bildfunktion F(z) über. Diese Transformation hat folgende wichtige Eigenschaften:

1. F(z) ist ein Polynom in z, das durch den vollständige Wertesatz f_n bestimmt ist.
2. F(z) ist in formaler Hinsicht unabhängig vom Abtastintervall T, aber
3. der Faktor z^{-n} korrespondiert, wenn man ihn zusammen mit f_n betrachtet, mit der Zeit nT, und in diesem Sinn beinhaltet z^{-n} eine Verzögerung von nT Sekunden von der Zeit $t = 0$ an.

Mit der z-Transformation und den zahlreichen in der Literatur angegebenen Korrespondenzen zwischen der Originalfolge f_n im Zeitbereich und der transformierten Bildfunktion in der komplexen z-Ebene läßt sich das Verhalten linearer, zeitinvarianter Systeme mit digitalen Algorithmen berechnen.

Bild 5.20 zeigt die allgemeine Darstellung eines Übertragungssystems mit seinen Ein- und Ausgangsfolgen und seiner Übertragungsfunktion H(z).

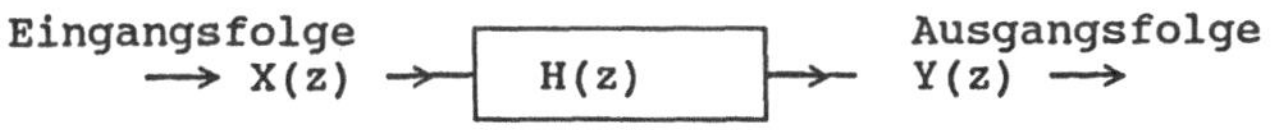

```
Eingangsfolge                            Ausgangsfolge
   --> X(z) -->[    H(z)    ]-->         Y(z) -->

                                                Y(z)
           Y(z) = H(z) · X(z)          H(z) = ------
                                                X(z)
```

Bild 5.20 Darstellung eines Übertragungssystems mit seinen Ein- und Ausgangsfolgen und seiner Übertragungsfunktion H(z).

Tabelle 5.1 enthält nur einige häufig benötigte Transformationen, weitere Beispiele sind der Literatur zu entnehmen [Doetsch85;Paul82;Lacroix80].

Tabelle 5.1 Korrespondenztabelle zur Laplace- und z-Transformation

f(t) für t≥0	F(s)	F(z)
Impuls $\delta(t)$ $f_m = 1/T$ bei $m = 0$	1	$\frac{1}{T}$
Sprung $u(t)$ $f_m = 1$ für $m \geq 0$	$\frac{1}{s}$	$\frac{z}{1 - z}$
Rampe t	$\frac{1}{s^2}$	$\frac{Tz}{(1 - z)^2}$
$a^{t/T}$	$\frac{1}{s - (1/T)\ln a}$	$\frac{z}{z - a}$
e^{-at}	$\frac{1}{s + a}$	$\frac{z}{z - e^{-aT}}$
$1 - e^{-at}$	$\frac{1}{s(s + a)}$	$\frac{(1 - e^{-aT})z}{(1 - z)(z - e^{-aT})}$
$\sin(\omega t)$	$\frac{\omega}{s^2 + \omega^2}$	$\frac{z \sin(\omega T)}{z^2 - 2z\cos(\omega T) + 1}$
$e^{-at}\sin(\omega t)$	$\frac{\omega}{(s + a)^2 + \omega^2}$	$\frac{z\, e^{-aT} \sin(\omega T)}{z^2 - 2ze^{-aT}\cos(\omega T) + e^{-2aT}}$

5.8 Strukturen digitaler Filter

Die allgemeine Gleichung für die Zahlenfolge des digitalen Ausgangssignals lautet:

$$\begin{aligned} Y_i = {} & E_0 \cdot X_i + E_1 \cdot X_{i-1} + E_2 \cdot X_{i-2} + \ldots + E_{n-1} \cdot X_{i-n-1} + E_n \cdot X_{i-n} \\ & + A_1 \cdot Y_{i-1} + A_2 \cdot Y_{i-2} + \ldots + A_{n-1} \cdot Y_{i-n-1} + A_n \cdot X_{i-n} \end{aligned}$$

In Abhängigkeit vom Filtertyp (*Hochpaß/Tiefpaß* oder *Bandfilter/Bandsperre*) und vom Grad des Filters können die Koeffizienten positiv, negativ oder auch gleich null sein. Werden nur die Koeffizienten A_i gleich null gesetzt, dann wird aus der mit **Bild 5.21** angegebenen rekursiven Struktur, bei der die zeitlich zurückliegenden Ausgangswerte zur Bildung eines neuen Ausgangswertes mit herangezogen werden, eine sogenannte transversale Struktur, bei der nur Eingangswerte und deren Vergangenheit neue Ausgangswerte bestimmen (**Bild 5.22**).

Die Filterkoeffizienten eines digitalen Filters werden berechnet, indem man eine bekannte Übertragungsfunktion $H(j\omega)$ mit Hilfe der z-Transformation in den Bildbereich für zeitdiskrete Systeme überführt.

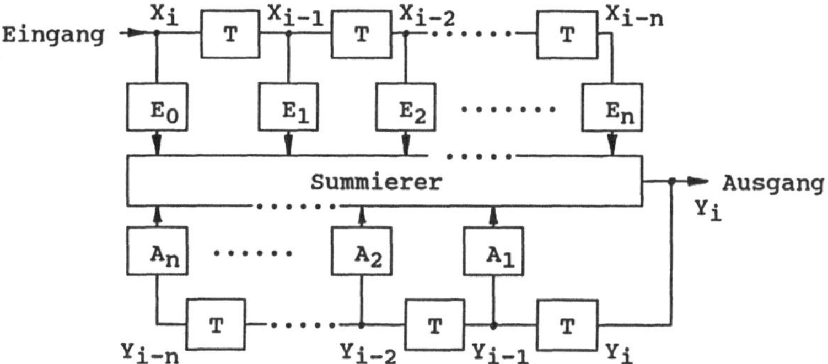

Bild 5.21 Allgemeine Struktur eines rekursiven digitalen Filters

E_i sind die Gewichtungskoeffizienten für das Eingangssignal
A_i sind die Gewichtungskoeffizienten für das rückgekoppelte Ausgangssignal

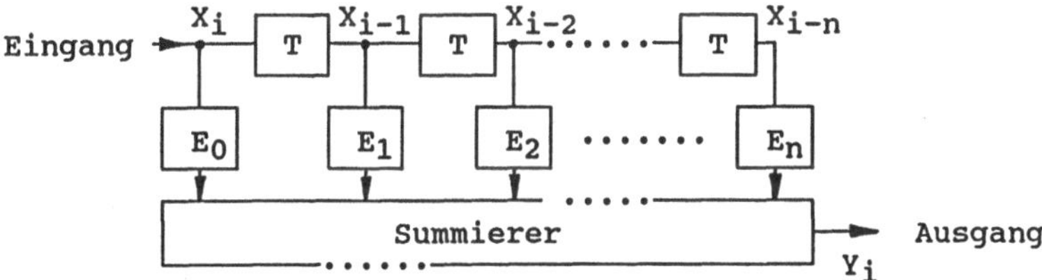

Bild 5.22 Allgemeine Struktur eines transversalen digitalen Filters

Von den vielen Entwurfsverfahren für digitale Filter sei hier nur die Berechnung der Filterkoeffizienten unter Anwendung der bilinearen z-Transformation genannt. Dabei lautet die Transformationsbedingung:

$$j\omega = s = \frac{2}{T} \cdot \frac{z-1}{z+1}$$

Zwischen der Frequenzvariablen ω_a des analogen Systems und der Frequenzvariablen ω_d des zeitdiskreten Systems besteht dabei der folgende Zusammenhang:

$$\omega_a = 2 / T \cdot \tan(\tfrac{1}{2}\, \omega_d T)$$

(T = Abtastintervall (Periodendauer des Abtastsignals f_{ab}))

In den o.g. Gleichungen entfällt der Faktor $2 / T$, wenn das Verhältnis s / ω_a zu berechnen ist.

Im zweiten Schritt des Filterentwurfs wird die gefundene Übertragungsfunktion H(z) als Differenzengleichung umgeschrieben, deren Umformung und Auflösung nach y_i dann direkt den gesuchten Filteralgorithmus liefert. Das folgende *Beispiel* zeigt die Berechnung für einen Tiefpaß 1. Ordnung.

$$H(s) = \frac{Y(s)}{X(s)} = \frac{1}{1 + s/\omega_g}$$

mit $s = \dfrac{z-1}{z+1}$ erhält man die z-Transformierte

$$H(z) = \frac{Y(z)}{X(z)} = \frac{1}{1 + \frac{z-1}{z+1} \cdot \frac{1}{\omega_g}}$$

mit $\omega_g = \tan(\frac{1}{2}\, \omega_d T)$

ω_g Grenzfrequenz des Tiefpasses

Die weitere Umformung liefert:

$$H(z) = \frac{Y(z)}{X(z)} = A\, \frac{z+1}{z+B}$$

darin sind die Koeffizienten A und B:

$$A = \frac{1}{1 + 1/\omega_g} = \frac{1}{1 + \cot \pi f_d T} \qquad B = \frac{1 - 1/\omega_g}{1 + 1/\omega_g} = \frac{1 - \cot \pi f_d T}{1 + \cot \pi f_d T}$$

Die z-Transformierte kann mit z^{-1} erweitert und in einem zweiten Schritt nach dem Filterausgang aufgelöst werden:

$$H(z) = \frac{Y(z)}{X(z)} = A\, \frac{1 + z^{-1}}{1 + Bz^{-1}} \qquad Y(z) + BY(z)z^{-1} = AX(z) + AX(z)z^{-1}$$

Nach dem Verschiebungssatz der z-Transformation verzögert der Operator z^{-1} das Signal um eine Abtastperiode T, damit ergibt sich als Endergebnis für den Filteralgorithmus:

$$y_i = Ax_i + Ax_{i-1} - By_{i-1}$$

In den folgenden Beispielen sind diese Berechnungen für Tief-, Hoch- und Bandpässe durchgeführt worden.

5.8.1 Differenzengleichungen für Tiefpässe

Tiefpaßfilter 1. Ordnung (Bild 5.23)

$$Y_i = E_0 \cdot X_i + E_1 \cdot X_{i-1} - A_1 \cdot Y_{i-1}$$

Tiefpaßfilter 2. Ordnung (Bild 5.24)

$$Y_i = E_0 \cdot X_i + E_1 \cdot X_{i-1} + E_2 \cdot X_{i-2} - A_1 \cdot Y_{i-1} - A_2 \cdot Y_{i-2}$$

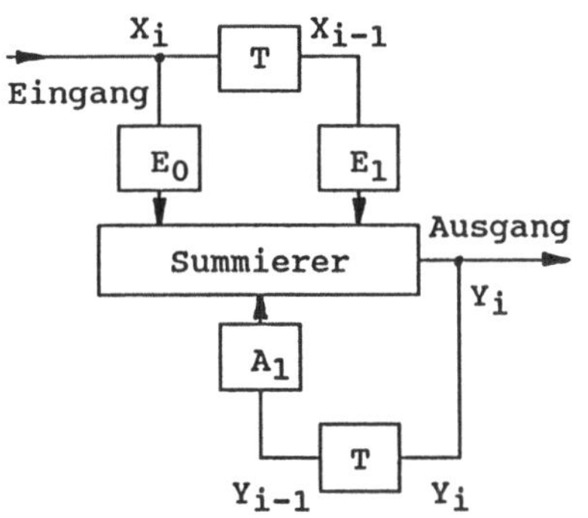

Bild 5.23 Tiefpaßfilter 1.Ordnung

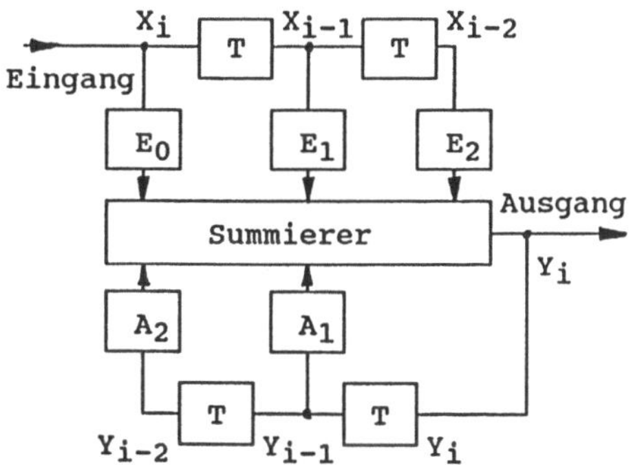

Bild 5.24 Tiefpaßfilter 2. Ordnung

Werden die Subtraktionen als negative Vorzeichen bei den Koeffizienten berücksichtigt, dann entstehen einfache Summen:

$$Y_i = E_0 \cdot X_i + E_1 \cdot X_{i-1} + A_1 \cdot Y_{i-1}$$

$$Y_i = E_0 \cdot X_i + E_1 \cdot X_{i-1} + E_2 \cdot X_{i-2} + A_1 \cdot Y_{i-1} + A_2 \cdot Y_{i-2}$$

Bestimmungsgleichungen für die Koeffizienten E_i und A_i:

(f_d = Grenzfrequenz des digitalen Filters, T = Abtastintervall)

Tiefpaßfilter 1. Ordnung	Tiefpaßfilter 2. Ordnung
$E_1 = E_0$	$E_1 = 2 \cdot E_0 \qquad E_2 = E_0$
$E_0 = \dfrac{1}{1 + \cot(\pi f_d T)}$	$E_0 = \dfrac{1}{1 + \sqrt{2} \cdot \cot(\pi f_d T) + (\cot(\pi f_d T))^2}$
$A_1 = -\dfrac{1 - \cot(\pi f_d T)}{1 + \cot(\pi f_d T)}$	$A_1 = -\dfrac{2 \cdot ((\tan(\pi f_d T))^2 - 1)}{1 + \sqrt{2} \cdot \tan(\pi f_d T) + (\tan(\pi f_d T))^2}$
	$A_2 = -\dfrac{1 - \sqrt{2} \cdot \tan(\pi f_d T) + (\tan(\pi f_d T))^2}{1 + \sqrt{2} \cdot \tan(\pi f_d T) + (\tan(\pi f_d T))^2}$

5.8.2 Differenzengleichungen für Hochpässe

Hochpaßfilter 1. Ordnung (Bild 5.25)

$$Y_i = E_0 \cdot X_i - E_1 \cdot X_{i-1} - A_1 \cdot Y_{i-1}$$

Hochpaßfilter 2. Ordnung (Bild 5.26)

$$Y_i = E_0 \cdot X_i - E_1 \cdot X_{i-1} + E_2 \cdot X_{i-2} - A_1 \cdot Y_{i-1} - A_2 \cdot Y_{i-2}$$

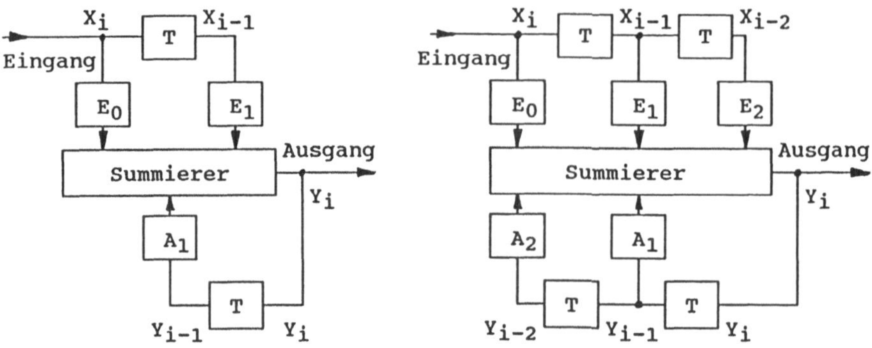

Bild 5.25 Hochpaßfilter 1.Ordnung **Bild 5.26** Hochpaßfilter 2. Ordnung

Werden die Subtraktionen als negative Vorzeichen bei den Koeffizienten berücksichtigt, dann entstehen einfache Summen:

$$Y_i = E_0 \cdot X_i + E_1 \cdot X_{i-1} + A_1 \cdot Y_{i-1}$$

$$Y_i = E_0 \cdot X_i + E_1 \cdot X_{i-1} + E_2 \cdot X_{i-2} + A_1 \cdot Y_{i-1} + A_2 \cdot Y_{i-2}$$

Bestimmungsgleichungen für die Koeffizienten E_i und A_i:

(f_d = Grenzfrequenz des digitalen Filters, T = Abtastintervall)

Hochpaßfilter 1. Ordnung	Hochpaßfilter 2. Ordnung
$E_1 = -E_0$	$E_1 = -2 \cdot E_0 \qquad E_2 = E_0$
$E_0 = \dfrac{1}{1 + \tan(\pi f_d T)}$	$E_0 = \dfrac{1}{1 + \sqrt{2} \cdot \tan(\pi f_d T) + (\tan(\pi f_d T))^2}$
$A_1 = -\dfrac{\tan(\pi f_d T) - 1}{\tan(\pi f_d T) + 1}$	$A_1 = -\dfrac{2 \cdot ((\tan(\pi f_d T))^2 - 1)}{1 + \sqrt{2} \cdot \tan(\pi f_d T) + (\tan(\pi f_d T))^2}$
	$A_2 = -\dfrac{1 - \sqrt{2} \cdot \tan(\pi f_d T) + (\tan(\pi f_d T))^2}{1 + \sqrt{2} \cdot \tan(\pi f_d T) + (\tan(\pi f_d T))^2}$

5.8.3 Differenzengleichungen für Bandpässe

Bandpaßfilter 1. Ordnung

$$Y_i = E_0 \cdot X_i - E_2 \cdot X_{i-2} + A_1 \cdot Y_{i-1} - A_2 \cdot Y_{i-2}$$

Bandpaßfilter 2. Ordnung

$$Y_i = E_0 \cdot (X_i - 2 \cdot X_{i-2} + X_{i-4}) + A_1 \cdot Y_{i-1} - A_2 \cdot Y_{i-2} - A_3 \cdot Y_{i-3} - A_4 \cdot Y_{i-4}$$

Es fällt auf, daß in diesen Gleichungen die Anteile des Eingangssignals X_{i-1} und X_{i-3} nicht mit berücksichtigt werden. Die Gewichtungskoeffizienten E_1 und E_3 sind = 0.

Werden die Subtraktionen als negative Vorzeichen bei den Koeffizienten berücksichtigt, dann entstehen einfache Summen:

Bandpaßfilter 1. Ordnung

$$Y_i = E_0 \cdot X_i + E_2 \cdot X_{i-2} + A_1 \cdot Y_{i-1} + A_2 \cdot Y_{i-2}$$

Bandpaßfilter 2. Ordnung

$$Y_i = E_0 \cdot (X_i + 2 \cdot X_{i-2} + X_{i-4}) + A_1 \cdot Y_{i-1} + A_2 \cdot Y_{i-2} + A_3 \cdot Y_{i-3} + A_4 \cdot Y_{i-4}$$

Bestimmungsgleichungen für die Koeffizienten E_i und A_i:

f_u = untere Grenzfrequenz des digitalen Filters
f_o = obere Grenzfrequenz des digitalen Filters
f_m = Bandmittenfrequenz des digitalen Filters
T = Abtastintervall

Bandpaßfilter 1. Ordnung	Bandpaßfilter 2. Ordnung
Abkürzungen: $\alpha = \cos(2\pi f_m T)$;	$\beta = \tan(\pi T \cdot (f_o - f_u))$
$E_1 = 0 \qquad E_2 = -E_0$	$E_1 = 0 \qquad E_2 = -2E_0$
$E_0 = \dfrac{\beta}{1 + \beta}$	$E_3 = 0 \qquad E_4 = E_0$
	Abkürzung: $Q = 1/(\beta^2 + \sqrt{2} \cdot \beta + 1)$
	$E_0 = \beta^2 \cdot Q$
$A1 = \dfrac{2\alpha}{1 + \beta}$	$A_1 = (\sqrt{2} \cdot 2\beta\alpha + 4\alpha) \cdot Q$
	$A_2 = -(4\alpha^2 + 2 - 2\beta^2) \cdot Q$
$A2 = \dfrac{1 - \beta}{1 + \beta}$	$A_3 = -(\sqrt{2} \cdot 2\beta\alpha - 4\alpha) \cdot Q$
	$A_4 = -(\beta^2 + \sqrt{2} \cdot \beta + 1) \cdot Q$

5.8.4 Differenzengleichungen für Bandsperrfilter

Bandsperrfilter 1. Ordnung

$$Y_i = E_0 \cdot X_i - E_1 \cdot X_{i-1} + E_2 \cdot X_{i-2} + A_1 \cdot Y_{i-1} - A_2 \cdot Y_{i-2}$$

Bandsperrfilter 2. Ordnung

$$Y_i = E_0 \cdot X_i - E_1 \cdot X_{i-1} + E_2 \cdot X_{i-2} - E_3 \cdot X_{i-3} + E_4 \cdot X_{i-4} \\ + A_1 \cdot Y_{i-1} - A_2 \cdot Y_{i-2} - A_3 \cdot Y_{i-3} - A_4 \cdot Y_{i-4}$$

Werden die Subtraktionen als negative Vorzeichen bei den Koeffizienten berücksichtigt, dann entstehen einfache Summen:

Bandsperrfilter 1. Ordnung

$$Y_i = E_0 \cdot X_i + E_1 \cdot X_{i-1} + E_2 \cdot X_{i-2} + A_1 \cdot Y_{i-1} + A_2 \cdot Y_{i-2}$$

Bandsperrfilter 2. Ordnung

$$Y_i = E_0 \cdot X_i + E_1 \cdot X_{i-1} + E_2 \cdot X_{i-2} + E_3 \cdot X_{i-3} + E_4 \cdot X_{i-4} \\ + A_1 \cdot Y_{i-1} + A_2 \cdot Y_{i-2} + A_3 \cdot Y_{i-3} + A_4 \cdot Y_{i-4}$$

Bestimmungsgleichungen für die Koeffizienten E_i und A_i:

f_u = untere Grenzfrequenz des digitalen Filters
f_o = obere Grenzfrequenz des digitalen Filters
f_m = Bandmittenfrequenz des digitalen Filters
T = Abtastintervall

Bandsperrfilter 1. Ordnung	Bandsperrfilter 2. Ordnung
Abkürzungen: $\alpha = \cos(2\pi f_m T)$;	$\beta = \cot(\pi T \cdot (f_o - f_u))$
$E_2 = E_0$	$E_1 = E_3$ $\quad E_4 = E_0$
$E_0 = \dfrac{1}{1 + 1/\beta}$	Abkürzung: $Q = 1/(\beta^2 + \sqrt{2} \cdot \beta + 1)$ $E_0 = \beta^2 \cdot Q$ $E_1 = -(4\beta^2\alpha) \cdot Q$ $E_2 = (2\beta^2 + 4\beta^2\alpha^2) \cdot Q$
$A_1 = \dfrac{2\alpha\beta}{1 + \beta}$	
$A_2 = \dfrac{\beta - 1}{\beta + 1}$	$A_1 = (4\beta^2\alpha + \sqrt{2} \cdot 2\beta\alpha) \cdot Q$ $A_2 = -(2\beta^2 + 4\beta^2\alpha^2 - 2) \cdot Q$ $A_3 = -(\sqrt{2} \cdot 2\beta\alpha - 4\beta^2\alpha) \cdot Q$ $A_4 = -(\beta^2 + \sqrt{2} \cdot \beta + 1) \cdot Q$

PASCAL-Programm zur Berechnung digitaler Filter

```
program demofilt;                              (* Simulation digitaler Filter *)
(*-----------------------------------------------------------------------------
   Autor   : J.U. Varchmin    Stand: 05.01.1989    Version: 1.3
   Rechner : IBM-PC XT/AT mit DOS 3.0 und TURBO-PASCAL 4.0
-----------------------------------------------------------------------------*)
uses Crt, Graph;                        (* Verwendung der UNITs Crt und Graph *)
(*---------------------------------------------------------------------------*)
type Filtertyp  = record   (* Koeffizienten und Signalspeicher als RECORD    *)
        AnzParE : integer; (* Anzahl der Koeffizienten für Eingangsgewichtung*)
        AnzParA : integer; (* Anzahl der Koeffizienten für Ausgangsgewichtung*)
        FilParE : array[1..50] of real;(* Koeffizienten der Eingangsbewertung*)
        FilParA : array[1..50] of real;(* Koeffizienten der Ausgangsbewertung*)
        FilSigE : array[1..50] of real;(* durchlaufendes Eingangssignal      *)
        FilSigA : array[1..50] of real;(* durchlaufendes Ausgangssignal      *)
        end;

     Signaltyp  = record          (*      Signalspeicher als RECORD vereinbart *)
        AnzParS : integer;        (* Anzahl der diskreten Abtastwerte max. 200 *)
        SigPar  : array[0..200] of real;             (* diskrete Signalwerte *)
        end;
(* var  Alle weiteren Variablenvereinbarungen sind hier fortgelassen worden! *)
(* procedure  ebenso wurden alle Prozeduren für die Ein- und Ausgabe von     *)
(*            Filter- und Signalparametern weggelassen!                      *)
(* Das gesamte Programm mit allen Funktionen, Prozeduren, Grafiken und       *)
(* Menüsteuerungen umfaßt ca. 18 Seiten Quelltext.                           *)
(*---------------------------------------------------------------------------*)
procedure FilterReset;                    (* Anfangswerte des Filters = 0 setzen *)
var i : integer;
begin
  with Filter do begin
    for i := 1 to AnzParE do FilSigE[i] := 0;
    for i := 1 to AnzParA do FilSigA[i] := 0;
  end;
end;
(*---------------------------------------------------------------------------*)
procedure FilterRun(ein:real; var aus:real);          (* Antwort des Filters *)
var i: integer;
begin
  with Filter do begin
     for i:= AnzParE downto 2 do FilSigE[i] := FilSigE[i-1];
     FilSigE[1] := ein;
     for i:= AnzParA downto 2 do FilSigA[i] := FilSigA[i-1];
     FilSigA[1] := aus; aus := 0;
     for i := 1 to AnzParE do aus := aus + FilParE[i]*FilSigE[i];
     for i := 1 to AnzParA do aus := aus + FilParA[i]*FilSigA[i];
  end;
end;
begin (*------------------------------------------------------ HAUPTPROGRAMM *)
 Bild;              (* Bildaufbau für grafische Signaldarstellung auf Monitor *)
  MoveTo(xanf,ymaxhalb);       (*  Grafikcusor auf Koordinatenursprung setzen *)
  FilterReset; FiltAusg := 0;             (* Signalspeicher im Filter löschen *)
  with Signal do begin         (*   Schleife zur Berechnung der Systemantwort *)
    for i := 1 to AnzParS do   (* Das Filtereingangssignal ist eine Folge von *)
     begin                     (* AnzPaRS Abtastwerten.                       *)
      x1 := AnzPix * i;       (* AnzPix = Anzahl der Bildpunkte pro Abtastwert*)
      FilterRun (SigPar[i],FiltAusg);         (* Filter-Ausgangswert berechnen *)
      Normierung(FiltAusg,ymaxhalb,y1); LineTO(x1 + xanf, y1);    (* Graphik *)
     end;
   end;
(*---------------------------------------------------------------------------*)
end.
```

6 Meßdatenauswertung und Meßunsicherheit

von Klaus Weise

Auswertung von Messungen einer einzelnen direkt gemessenen physikalischen Größe nach DIN 1319 Teil 3: Zufällige und systematische Meßabweichungen. Statistische Grundbegriffe: Mittelwert, Varianz, Standardabweichung, Vertrauensintervall, Student-Faktor. Korrektion. Begriff und Berechnung der Meßunsicherheit. Angabe des Meßergebnisses mit Meßunsicherheit. Programmbeispiel.

Allgemeine Auswertung von Messungen bei mehreren, auch simultan gemessenen Größen und Behandlung von Meßunsicherheiten nach DIN 1319 Teil 4: Begriffe: Eingangs- und Ergebnisgrößen, Modell für die Auswertung, Kovarianz- und Korrelationsmatrizen. Gauß-Verfahren zur allgemeinen Berechnung der Fortpflanzung von Meßunsicherheiten. Angabe der Meßergebnisse mit Meßunsicherheit. Ausgleichsrechnung und Kurvenanpassung. Methode der kleinsten Quadrate. Chi-Quadrat-Test. Programmbeispiele zur Fortpflanzung von Meßunsicherheiten und zur Kurvenanpassung.

6.1 Einige Grundbegriffe des Messens

Meßgrößen sind *physikalische Größen*, denen eine Messung gilt (z.B. Länge, Arbeit, Temperatur, elektrischer Widerstand, Halbwertzeit; auch Zählgröße: Molekülanzahl; oder Komponente einer mehrdimensionalen Größe: Drehimpuls, magnetische Induktion, Spannungstensor). Ziel der Messung ist es, aus *Meßwerten* das *Meßergebnis*, d.h. einen *Schätzwert* für den gesuchten *wahren Wert* einer Meßgröße zu ermitteln und gleichzeitig ein Maß für die *Unsicherheit* dieser Schätzung anzugeben. Ein *Wert* ist dabei ein Produkt aus einer reellen Zahl und der Einheit der physikalischen Größe (z.B. 1,7 km; 0,3 s). *Meßwert* wird ein aus der *Ausgabe* eines Meßgerätes (z.B. Skalen- oder Ziffernanzeige oder elektronische Signale) gewonnener Wert der Meßgröße genannt.

Wird eine Meßgröße mehrfach gemessen, sei es unter gleichen physikalischen Bedingungen an derselben oder an einer gleichartigen Meßanordnung, sei es auch nach unterschiedlichen Meßverfahren, so werden die dabei beobachteten Meßwerte im allgemeinen voneinander und damit auch von dem unbekannten wahren Wert der Meßgröße abweichen. Wie unterschiedlich die Ursachen für die Meßabweichungen auch sein mögen, sie lassen sich nach der Art ihrer Auswirkung auf den Meßwert doch in zwei große Gruppen einteilen:

Zufällige oder *statistische Abweichungen* führen zu einer vom Zufall abhängigen Streuung der einzelnen Meßwerte. Das Meßergebnis wird dadurch unsicher, jedoch in einer nach statistischen Methoden im allgemeinen quantitativ angebbaren Weise.

Zufällige Abweichungen werden dadurch hervorgerufen, daß sich die Maßverkörperungen, die einzelne Werte einer Meßgröße darstellen (z.B. Endmaße, Meßkolben, Gewichtstücke, Widerstandsnormale), die Meßgeräte, das Meßobjekt, die Umweltbedingungen und die persönlichen Beobachtungsverhältnisse in nicht näher erfaßbarer und nicht beeinflußbarer Weise während der mehrfachen Messung ändern.

Ursachen für zufällige Abweichungen können z. B. das endliche Auflösungsvermögen der Meßanordnung, die Reibung in einem Meßinstrument, das begrenzte Unterscheidungsvermögen der menschlichen Sinnesorgane oder statistische Schwankungen der Meßgröße selbst sein, wie bei der Zerfallsrate eines radioaktiven Stoffes.

Systematische Abweichung heißt eine bestimmte gemeinsame Abweichung aller einzelnen Meßwerte oder des Meßergebnisses von dem unbekannten wahren Wert der physikalischen Größe. Abweichungen dieser Art werden überwiegend hervorgerufen durch Unvollkommenheiten des Meß- und Auswertungsverfahrens, der Maßverkörperungen, der Meßgeräte und des Meßobjektes sowie durch nicht erfaßte Umwelteinflüsse und persönliche Fehler des Beobachters.

Ihre Ursachen sind z. B. falsche Kalibrierung, mangelhafte Justierung oder Konstruktionsfehler der Meßanordnung, mangelhafte Konstanz der Versuchsbedingungen, Ablesefehler durch Parallaxe, nicht sicher oder noch nicht bekannte gesetzmäßige Einwirkung von Parametern. Es ist eine wichtige Aufgabe des Messenden, systematische Abweichungen zu erkennen, sie wenn möglich auszuschalten oder zumindest ihre Auswirkung auf das Meßergebnis quantitativ abzuschätzen und durch *Korrektion* zu berücksichtigen.

In Abschn. 6.2 bis 6.4 wird die Auswertung der Meßdaten bei der wiederholten direkten Messung einer einzelnen Meßgröße nach DIN 1319 Teil 3 [DIN83] beschrieben. Ein Programmbeispiel im Anhang 6.1 dient der näheren Erläuterung. Kommen mehrere, auch indirekt zu bestimmende Meßgrößen ins Spiel, so ist die Auswertung der Meßdaten komplizierter. Sie ist dann nach DIN 1319 Teil 4 [DIN85] vorzunehmen. Davon handeln Abschn. 6.5 bis 6.11 und ein Programmbeispiel im Anhang 6.2.

6.2 Ermittlung des Meßergebnisses

Bei der wiederholten direkten Messung einer einzelnen Meßgröße X werden die Meßdaten von einem Rechner im allgemeinen als digitale Rohwerte erfaßt. Sie sind zunächst mit einem Kalibrierfaktor zu multiplizieren, um aus ihnen die Meßwerte x_i als reelle Zahlen in der Einheit der Meßgröße zu gewinnen.

Aus den Meßwerten x_i (n Anzahl der wiederholten Messungen) sind dann der *Mittelwert*

$$\bar{x} = \frac{1}{n} \sum_{i=1}^{n} x_i \tag{1}$$

und die *Standardabweichung* des Mittelwertes

$$s_{\bar{x}} = \sqrt{\frac{1}{n(n-1)} \sum_{i=1}^{n} (x_i - \bar{x})^2} \tag{2}$$

zu berechnen. $(s_{\bar{x}})^2$ heißt *Varianz* des Mittelwertes. $s = \sqrt{n}\, s_{\bar{x}}$ ist die empirische Standardabweichung der Verteilung der Meßwerte, ein Maß für die Streuung der Meßwerte aufgrund ihrer zufälligen Abweichungen.

Das *Meßergebnis* $\bar{x}_E$ ist schließlich der durch die *Korrektion* K berichtigte Mittelwert

$$\bar{x}_E = \bar{x} + K. \tag{3}$$

Durch die Korrektion werden die bekannten systematischen Abweichungen berücksichtigt. Das Meßergebnis ist der Schätzwert für den gesuchten wahren Wert der Meßgröße. Dazu gehört noch eine Angabe über seine *Meßunsicherheit*. Die Standardabweichung $s_{\bar{x}}$ des Meßergebnisses ist bereits ein Maß dafür; die Standardabweichung oder die Varianz werden außerdem bei einer eventuellen späteren Verwertung des Meßergebnisses z.B. bei der Berechnung der Fortpflanzung von Unsicherheiten [DIN85] benötigt. Deshalb sind als Ergenis der Messung unbedingt anzugeben:

$$\bar{x}_E,\ s_{\bar{x}},\ n. \tag{4}$$

6.3 Angabe der Meßunsicherheit

Über die Angaben (4) hinaus wird oft gewünscht, die Meßunsicherheit in die Form einer Wahrscheinlichkeitsaussage zu fassen. Dahingehend ist die Meßunsicherheit u definiert als halbe Weite eines *Vertrauensintervalls* (Vertrauensbereich), das von den *Vertrauensgrenzen* $\bar{x}_E - u$ und $\bar{x}_E + u$ eingeschlossen ist. Das Vertrauensintervall realisiert ein Zufallsintervall, das den wahren Wert der Meßgröße X mit einer vorgegebenen Wahrscheinlichkeit $p = 1 - \alpha$, dem *Vertrauensniveau*, überdeckt.

Unter Voraussetzung normalverteilter Meßwerte ist die *statistische Unsicherheit* u gegeben durch

$$u = t * s_{\bar{x}} \tag{5}$$

t heißt *Student-Faktor*, hängt von n und $1 - \alpha$ ab und ist in [DIN83] tabelliert. Bei einer großen Anzahl n von Messungen ist $t \approx 1$ für $1 - \alpha = 68{,}27\ \%$ und $t \approx 2$ bei $1 - \alpha = 95\ \%$. Das sind Werte, die meist benutzt werden.

Zusätzlich zum Ergebnis der Messung nach (4) können also angegeben werden:

$$u, 1 - \alpha, (\bar{x}_E - u, \bar{x}_E + u) \qquad (6)$$

Das Vertrauensniveau gehört immer zur Unsicherheit dazu. Die Angabe der Vertrauensgrenzen ist nicht in allen Fällen nötig. Die Angaben (6) ergeben sich bei Vorgabe des Vertrauensniveaus leicht aus denen in (4), deshalb sind diese obligatorisch, während jene in (6) der Ergänzung dienen. Die Unsicherheit kann auch als $u / |x_E|$ in Prozent ausgedrückt werden.

6.4 Programmbeispiel

Das selbsterklärend geschriebene Programm DIN1319T3 im Anhang 6.1 wertet die Meßdaten einer direkten Messung der Länge eines Stabes entsprechend (1) bis (6) aus und erstellt das Meß- und Ergebnisprotokoll in **Tabelle 6.1.** Die Messung selbst ist simuliert, die schon kalibrierten Meßwerte werden aus DATA-Anweisungen gelesen (Zeilen 180 bis 210). Bei einer realen Messung wären die Meßdaten in Zeile 210 zu erfassen und dann zu kalibrieren. Auch die Korrektion und der der Tabelle in [DIN83] entnommene Student-Faktor sind in einer DATA-Anweisung vorgegeben (Zeile 80).

Tabelle 6.1 Ausgabe des Programms DIN1319T3 im Anhang 6.1

```
Beispiel für die Auswertung bei wiederholten direkten
Messungen einer einzelnen physikalischen Größe nach
DIN 1319 Teil 3

Meßgröße: Länge X eines Stabes

Meßwerte

   250.8  cm   250.9  cm   250.1  cm   249.9  cm   250.2  cm
   250.7  cm   250.5  cm   249.8  cm   249.7  cm   250.7  cm
   250.6  cm   250.0  cm   250.1  cm

Mittelwert                     250.31 cm
Korrektion                      -0.15 cm

Meßergebnis                X = 250.16 cm
                           -------------
Standardabweichung
   des Meßergebnisses            0.11 cm
Anzahl der Messungen           13
Vertrauensniveau               5  %
statistische Unsicherheit        0.31 cm      0.12 %
Vertrauensgrenzen              249.85 cm    250.47 cm
```

6.5 Zweck eines allgemeinen Auswertungsverfahrens

In der Regel können eine oder mehrere interessierende physikalische Größen einer Meßaufgabe im Experiment nicht direkt gemessen werden, sondern müssen aus anderen Größen, die der Messung besser zugänglich sind oder über die Informationen z.B. aus der Literatur herangezogen werden können, nach mathematischen Beziehungen errechnet werden. Auch bei einer direkt gemessenen Größe sind die ausgegebenen Werte eines Meßgerätes oft noch zu korrigieren.

Die Frage, wie die Unsicherheiten der Meßwerte und die Unsicherheiten der anderen Informationen anzusetzen sind und wie sie sich zu den Unsicherheiten der Meßergebnisse, d.h. der Werte der letztlich interessierenden Größen kombinieren, ist dabei von besonderer Bedeutung. Im Hinblick auf die Verwertung der Meßergebnisse ist es wünschenswert, die Unsicherheiten in einheitlicher Weise zu behandeln. Ein allgemeines Verfahren für diesen Zweck. z.B. für die Meßdatenauswertung bei der simultanen Messung mehrerer Größen, ist Gegenstand von DIN 1319 Teil 4 [DIN85] und der folgenden Abschnitte. Es wird *Gauß-Verfahren* genannt und stellt eine Verallgemeinerung des bekannten "Fehlerfortpflanzungsgesetzes" dar.

Moderne Meßsysteme messen häufig mehrere Größen gleichzeitig, z. B. den Wirk- und Blindwiderstand eines elektrischen Gerätes. Solche Meßsysteme sind z. B. ein Transientenrecorder, der eine Zeitfunktion aufnimmt, oder ein Vielkanalanalysator, mit dem in der nuklearen Meßtechnik die Energieverteilung von Kernstrahlungsteilchen gemessen wird. Die Meßergebnisse der interessierenden Größen, z.B. die Parameter einer gemessenen Funktion, hängen dann in gewisser Weise voneinander ab, z.B. durch systematische Abweichungen derselben Ursache. In solchen Fällen ist das Gauß-Verfahren anzuwenden. Die notwendigen Rechenoperationen lassen sich mit Hilfe von Matrizen einfach und klar formulieren und mit einem Rechner leicht durchführen.

6.6 Begriffe

Zusätzlich zu den Begriffen, die in Abschn. 6.2 und 6.3 bereits erklärt sind, werden für die allgemeine Meßdatenauswertung nach dem Gauß-Verfahren noch einige weitere Begriffe benötigt.

Alle physikalischen Größen, die in einer Auswertungsaufgabe vorkommen, werden in zwei Klassen eingeteilt:

1) n_X *Eingangsgrößen* X_i. Diese umfassen die direkt gemessenen Größen, die Einflußgrößen, die die systematischen Abweichungen bewirken, nebst den Korrektionsgrößen; weiterhin Größen, deren Werte bei den Messungen eingestellt oder für welche Daten aus früheren Auswertungen oder aus der Literatur herangezogen werden.

2) n_Y *Ergebnisgrößen* Y_i. Diese sind die letztlich interessierenden Größen, für die Schätzwerte ihrer wahren Werte, die *Meßergebnisse*, durch die Auswertung zu ermitteln sind.

Zusätzlich zum Ergebnis der Messung nach (4) können also angegeben werden:

$$u,\ 1 - \alpha,\ (\bar{x}_E - u, \bar{x}_E + u) \qquad (6)$$

Das Vertrauensniveau gehört immer zur Unsicherheit dazu. Die Angabe der Vertrauensgrenzen ist nicht in allen Fällen nötig. Die Angaben (6) ergeben sich bei Vorgabe des Vertrauensniveaus leicht aus denen in (4), deshalb sind diese obligatorisch, während jene in (6) der Ergänzung dienen. Die Unsicherheit kann auch als $u / |x_E|$ in Prozent ausgedrückt werden.

6.4 Programmbeispiel

Das selbsterklärend geschriebene Programm DIN1319T3 im Anhang 6.1 wertet die Meßdaten einer direkten Messung der Länge eines Stabes entsprechend (1) bis (6) aus und erstellt das Meß- und Ergebnisprotokoll in **Tabelle 6.1**. Die Messung selbst ist simuliert, die schon kalibrierten Meßwerte werden aus DATA-Anweisungen gelesen (Zeilen 180 bis 210). Bei einer realen Messung wären die Meßdaten in Zeile 210 zu erfassen und dann zu kalibrieren. Auch die Korrektion und der der Tabelle in [DIN83] entnommene Student-Faktor sind in einer DATA-Anweisung vorgegeben (Zeile 80).

Tabelle 6.1 Ausgabe des Programms DIN1319T3 im Anhang 6.1

```
Beispiel für die Auswertung bei wiederholten direkten
Messungen einer einzelnen physikalischen Größe nach
DIN 1319 Teil 3

Meßgröße: Länge X eines Stabes

Meßwerte

   250.8  cm   250.9  cm   250.1  cm   249.9  cm   250.2  cm
   250.7  cm   250.5  cm   249.8  cm   249.7  cm   250.7  cm
   250.6  cm   250.0  cm   250.1  cm

Mittelwert                 250.31 cm
Korrektion                  -0.15 cm

Meßergebnis              X = 250.16 cm
                         -------------
Standardabweichung
   des Meßergebnisses        0.11 cm
Anzahl der Messungen        13
Vertrauensniveau            5  %
statistische Unsicherheit    0.31 cm      0.12 %
Vertrauensgrenzen          249.85 cm    250.47 cm
```

6.5 Zweck eines allgemeinen Auswertungsverfahrens

In der Regel können eine oder mehrere interessierende physikalische Größen einer Meßaufgabe im Experiment nicht direkt gemessen werden, sondern müssen aus anderen Größen, die der Messung besser zugänglich sind oder über die Infor-

$$s_{x,ii} = \frac{1}{12}\,(a_{o,i} - a_{u,i})^2 . \tag{10}$$

Diese Ausdrücke sind ebenso zu verwenden für Einflußgrößen, die während der Messung in ihren Grenzen variieren, solange nichts weiteres über die Art dieser Schwankung bekannt ist.

Numerische Werte $s_{x,ik} = 0$ $(i \neq k)$ sind einzusetzen als Nichtdiagonalelemente (Kovarianzen) der Kovarianzmatrix S_x, wenn

1) die Größen X_i und X_k *unkorreliert* sind, z. B. wiederholt, aber nicht gemeinsam in *verschiedenen* unabhängigen Versuchen gemessen wurden, oder
2) die Größen X_i und X_k näherungsweise als unkorreliert angesehen werden können oder sollen - z. B. zur Verminderung des Rechenaufwandes - oder
3) nichts über die Korrelation der Größen X_i und X_k bekannt ist.

6.8 Fortpflanzung von Unsicherheiten

Sind die Matrizen x und S_x der Eingangsdaten bzw. ihrer Unsicherheiten gegeben und wird die Matrix y der Meßergebnisse durch Lösen der Modellgleichung $F(x,y) = 0$ berechnet, so bestimmt das Gauß-Verfahren die Fortpflanzung der Unsicherheiten mittels der Gleichung

$$S_y = Q\,S_x\,Q^T \tag{11}$$

oder

$$s_{y,ik} = \sum_{j,l=1}^{n_x} q_{ij}\,s_{x,jl}\,q_{kl}; \quad (i, k = 1, \ldots, n_Y) \tag{12}$$

$Q = (q_{ik}) = (-\partial Y_i / \partial X_k|_{x,y})$ nach (13) ist eine Transformationsmatrix, die von allen partiellen Ableitungen von F nach X oder Y mit eingesezten Werten x und y abhängt. Q^T ist die transponierte Matrix Q. Die Kovarianzmatrix S_y drückt die Unsicherheiten von y aus und ist aus (11) oder (12) zu berechnen.

In dem speziellen Fall nur einer einzelnen Ergebnisgröße Y $(n_Y = 1)$ und einer Diagonalmatrix S_x bei unkorrelierten Eingangsgrößen X_i ist (11) das bekannte, einfache "Fehlerfortpflanzungsgesetz".

Das Programm DIN1319T4 im Anhang 6.2 enthält ein universell verwendbares Unterprogramm für das Gauß-Verfahren (ab Zeile 760), das die Matrizen y, S_y (Feld SY), Q und R_y (Feld RY) aus den Matrizen x und S_x (Feld SX) nach (11) und (13) berechnet. Es stützt sich dabei auf ein beizufügendes Unterprogramm zur Lösung der Modellgleichung $F(x,y) = 0$ (z. B. Zeilen 720 bis 740).

Zur Bestimmung des Matrixelementes q_{ik} werden das Element x_k von x um (1/2) $\sqrt{s_{x,kk}}$ verkleinert und vergrößert und jedesmal die zugehörigen veränderten Werte $y_a^{(k)} = (y_{a,i}^{(k)})$ bzw. $y_b^{(k)} = (y_{b,i}^{(k)})$ für y aus dem Modell $F(x,y) = 0$ ermittelt. Dann gilt in meist genügender Näherung

$$q_{ik} = (y_{a,i}^{(k)} - y_{b,i}^{(k)}) / \sqrt{s_{x,kk}}; \quad (i = 1, \ldots, n_Y;\ k = 1, \ldots, n_X). \tag{13}$$

Als Resultate der Auswertung sind die Matrizen y und S_y der Meßergebnisse bzw. ihrer Unsicherheiten anzugeben oder statt S_y die Standardabweichungen $\sqrt{s_{y,ii}}$ der Meßergebnisse und die Matrix R_y der Korrelationskoeffizienten $r_{y,ik}$.

6.9 Programmbeispiel zum Gauß-Verfahren

Der Demonstration des Gauß-Verfahrens zur Meßdatenauswertung dient das weitgehend selbstklärend geschriebene BASIC-Programm DIN1319T4 im Anhang 6.2, das das in **Tabelle 6.2** dargestellte Meß- und Ergebnisprotokoll ausgibt. Wie in dem Programmbeispiel DIN1319T3 in Anhang 6.1 ist die eigentliche Messung simuliert; die Meßdaten werden aus einer DATA-Anweisung gelesen (Zeilen 120 bis 180).

Danach werden die Mittelwerte x und ihre Kovarianzmatrix S_x (Feld SX) und Korrelationsmatrix R_x (Feld RX) gebildet und anschließend mit Hilfe des bereits erwähnten universellen Unterprogramms die Matrizen y, S_y, Q und R_y errechnet sowie die Resultate ausgegeben.

Tabelle 6.2 Ausgabe des Programms DIN1319T4 im Anhang 6.2

```
Beispiel für die Auswertung bei wiederholten simultanen indirekten
Messungen mehrerer physikalischer Größen nach DIN 1319 Teil 4

Ergebnisgrößen (interessierende Meßgrößen der Meßaufgabe)
   Y(1)  Wirkwiderstand und
   Y(2)  Blindwiderstand eines elektrischen Leiters

Eingangsgrößen (am Leiter gemessene Größen)
   X(1)  Scheitelspannung einer angelegten sinusförmigen Wechselspannung
   X(2)  Scheitelstromstärke des hindurchfließenden Wechselstromes
   X(3)  Phasenverschiebungswinkel zwischen Wechselspannung und -strom

Meßwerte       Versuch   X(1)      X(2)      X(3)
                 Nr.     in V      in mA     in rad

                  1      5.07      19.63      1.056
                  2      4.94      19.39      1.038
                  3      5.05      19.40      1.068
                  4      4.90      19.85      1.028
                  5      4.99      19.78      1.033

Mittelwerte              4.990     19.610     1.0446
Standardabweichungen     0.032      0.095     0.0075

Korrelationsmatrix       1.00      -0.36      0.86
                        -0.36       1.00     -0.64
                         0.86      -0.64      1.00

Meßergebnisse              Y(1) = 127.80 Ohm   Y(2) = 220.04 Ohm
                           -----------------   -----------------
Standardabweichungen
   der Meßergebnisse              0.71 Ohm               2.96 Ohm
Korrelationskoeffizient          -0.58
Anzahl der Messungen              5
```

Das Programm soll zeigen, daß auch eine schon recht komplizierte allgemeine Meßdatenauswertung durchaus auf einfache Weise mit einem Personal-Computer erledigt werden kann.

6.10 Ausgleichsrechnung

Häufig sind die Werte y_i von nur einigen interessierenden Meßgrößen Y_i aus vielen Eingangsdaten x_i zu gewinnen, aber es ist im Rahmen des Modells $F(x,y) = 0$ nicht möglich, Werte y_i zu finden, die diese Gleichung erfüllen. Dann sind sie so zu bestimmen, daß sie mit den Eingangsdaten wenigstens möglichst gut verträglich sind, zwischen ihnen vermitteln und sie ausgleichen. Dies ist der Fall der Überbestimmtheit ($n_Y < n_F$) beim Gauß-Verfahren. Er kann so behandelt werden: In $F(x,y)$ werde der Argumentwert x durch eine Spaltenmatrix z mit ebenfalls n_X Elementen z_i ersetzt, die die ausgeglichenen Werte zu den x_i darstellen. Dann sind y und z so zu bestimmen, daß

$$\xi_0 = (z - x)^T S_x^{-1} (z - x) = \min \tag{14}$$

wird mit der Nebenbedingung

$$F(z, y) = 0. \tag{15}$$

Dies ist die *Methode der kleinsten Quadrate*.

In [DIN85] werden Formeln für die Ergebnisse der Minimierung angegeben, d.h. für ein modifiziertes Modell zur Berechnung von y, für die Matrizen z, S_y und S_z sowie für das minimale ξ_0.

Als Ausweis dafür, daß das Modell mit den Eingangsdaten verträglich ist, sollte der minimale Wert ξ_0 nach (14) die Bedingung

$$(\xi_0 - \nu)^2 \lesssim 2\nu; \quad (\nu = n_F - n_Y) \tag{16}$$

erfüllen. Dies ist das *Chi-Quadrat-Kriterium*.

6.11 Programmbeispiel zur Ausgleichsrechnung

Als Beispiel für eine Ausgleichung dient das weitgehend selbsterklärend geschriebene BASIC-Programm AUSGLEICHUNG im Anhang 6.3, das **Bild 6.1** ausgibt. Die Messung eines Neutronen-Energiespektrums ist wieder simuliert; die Meßdaten werden mit ihren Varianzen aus einer Datei eingelesen (Zeilen 70 bis 130) und als Meßpunkte mit ihren Standardabweichungen in Bild 6.1 dargestellt.

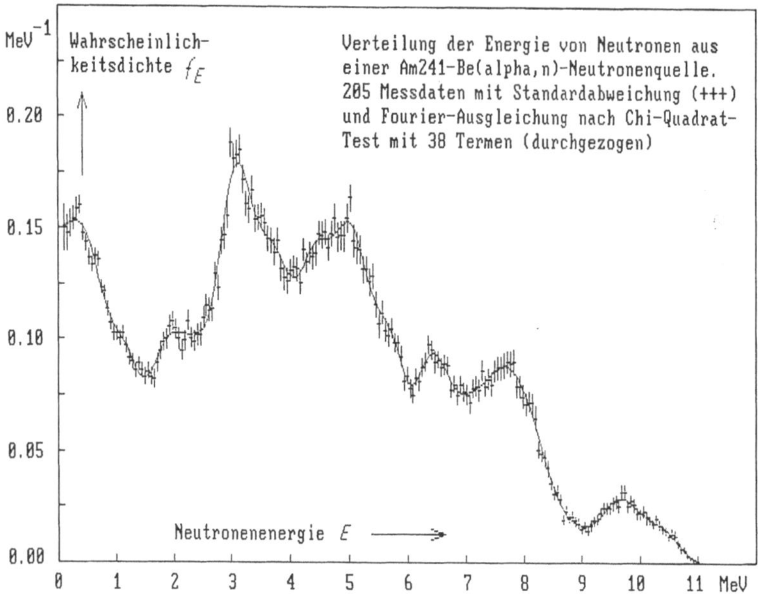

Bild 6.1 Graphische Darstellung von Meßergebnissen mit Unsicherheiten und Ausgleichskurve. Ausgabe des Programms AUSGLEICHUNG im Anhang 6.3.

An das gemessene Spektrum wird eine Fourier-Ausgleichskurve mit einer wachsenden Anzahl von Entwicklungstermen nach (14) und (15) angepaßt, bis das Chi-Quadrat-Kriterium (16) erfüllt ist. Hierzu dient ein universell verwendbares Unterprogramm (ab Zeile 940). Die Ergebnisgrößen sind die Koeffizienten der Fourier-Entwicklung. Ihre Unsicherheiten werden nicht berechnet. Das Unterprogramm gestattet auch eine Anpassung nach weiteren Tests aus [DIN85].

Die Programme in den Anhängen sind auch in FORTRAN verfügbar.

Anhang 6.1 Programm DIN1319T3

```
10 REM DIN1319T3 : Auswertung bei wiederholten direkten          16.01.1986
20 REM ---------   Messungen einer einzelnen physikalischen     WEISE-BAS01
30 REM             Größe nach DIN 1319 Teil 3
40 REM (Rechner IBM-PC AT mit DOS 3.00 und COBASIC)      \BASIC\ D1319T3.BAS
50 REM
60 REM G Ausgabegerät (0=SCRN:, 1=LPT1:), K Korrektion
70 REM N Anzahl der Messungen, P Vertrauensniveau, T Student-Faktor
80 DATA 1,-0.15,13,95,2.18
90 DEFINT I,N: RESTORE 80: READ G,K,N,P,T: L$=CHR$(13)
100 OPEN MID$("SCRN:LPT1:",5*G+1,5) FOR OUTPUT AS #1
110 IF G=0 THEN SCREEN 0,0,0: CLS
120 PRINT #1,"Beispiel für die Auswertung bei wiederholten direkten"
130 PRINT #1,"Messungen einer einzelnen physikalischen Größe nach"
140 PRINT #1,"DIN 1319 Teil 3"+L$
150 PRINT #1,"Meßgröße: Länge X eines Stabes"+L$
160 PRINT #1,"Meßwerte"+L$
170 REM         Simulierte Messung und Ausgabe der Meßwerte V
180 DATA 250.8,250.9,250.1,249.9,250.2,250.7,250.5
190 DATA 249.8,249.7,250.7,250.6,250,250.1
200 RESTORE 180: X=0: S=0
210 FOR I=1 TO N: READ V
220 PRINT #1,USING "######.#&";V," cm";
230 IF I MOD 5 =0 THEN PRINT #1,""
240 X=X+V: S=S+V*V: NEXT: PRINT #1,L$
250 REM         Auswertung und Ausgabe der Ergebnisse
260 X=X/N: Y=X+K: S=SQR((S/N-X*X)/(N-1)): U=T*S
270 A$="\                        \####.## cm": B$=A$+"  ####.##&"
280 PRINT #1,USING A$;"Mittelwert",X
290 PRINT #1,USING A$;"Korrektion",K: PRINT #1,""
300 PRINT #1,USING A$;"Meßergebnis                  X =",Y
310 PRINT #1,SPC(23) "-------------"
320 PRINT #1,"Standardabweichung"
330 PRINT #1,USING A$;"   des Meßergebnisses",S
340 PRINT #1,"Anzahl der Messungen          ";N
350 PRINT #1,"Vertrauensniveau              ";P;" %"
360 PRINT #1,USING B$;"statistische Unsicherheit",U,100*U/Y," %"
370 PRINT #1,USING B$;"Vertrauensgrenzen",Y-U,Y+U," cm"+L$
380 CLOSE: END
```

Anhang 6.2 Programm DIN1319T4

```
10 REM DIN1319T4 : Auswertung bei wiederholten simultanen          16.01.1986
20 REM ---------   indirekten Messungen mehrerer physika-         WEISE-BAS01
30 REM             lischer Größen nach DIN 1319 Teil 4
40 REM (Rechner IBM-PC AT mit DOS 3.00 und COBASIC)      \BASIC\ D1319T4.BAS
50 REM
60 REM G Ausgabegerät (0=SCRN:, 1=LPT1:); NX, NY Anzahl der Eingangs- bzw.
70 REM Ergebnisgrößen, N Anzahl der Versuche
80 DATA 1,3,2,5
90 DEFINT G,I-N: OPTION BASE 1: RESTORE 80: READ G,NX,NY,N: L$=CHR$(13)
100 OPEN MID$("SCRN:LPT1:",5*G+1,5) FOR OUTPUT AS #1
110 IF G=0 THEN SCREEN 0,0,0: CLS
120 REM             Simulierte Messung
130 DIM V(NX,N),X(NX),S(NX),SX(NX,NX),RX(NX,NX)
140 DATA 5.07,4.94,5.05,4.9,4.99
150 DATA 19.63,19.39,19.4,19.85,19.78
160 DATA 1.056,1.038,1.068,1.028,1.033
170 RESTORE 140
180 FOR I=1 TO NX: FOR K=1 TO N: READ V(I,K): NEXT K,I
190 PRINT #1,"Beispiel für die Auswertung bei wiederholten simultanen ";
200 PRINT #1,"indirekten" L$ "Messungen mehrerer physikalischer ";
210 PRINT #1,"Größen nach DIN 1319 Teil 4"+L$
220 PRINT #1,"Ergebnisgrößen (interessierende Meßgrößen der Meßaufgabe)"
230 PRINT #1,"   Y(1)  Wirkwiderstand und"
240 PRINT #1,"   Y(2)  Blindwiderstand eines elektrischen Leiters"+L$
250 PRINT #1,"Eingangsgrößen (am Leiter gemessene Größen)"
260 PRINT #1,"   X(1)  Scheitelspannung einer angelegten sinusförmigen";
270 PRINT #1," Wechselspannung"
280 PRINT #1,"   X(2)  Scheitelstromstärke des hindurchfließenden";
```

```
290 PRINT #1," Wechselstromes"
300 PRINT #1,"   X(3)  Phasenverschiebungswinkel zwischen";
310 PRINT #1," Wechselspannung und -strom"+L$
320 PRINT #1,"Meßwerte      Versuch   X(1)       X(2)       X(3)"
330 PRINT #1,"                  Nr.     in V      in mA      in rad"+L$
340 A$="              #### ######.## ######.## ######.###"
350 B$="\                   \####.### #####.### #####.####"
360 FOR J=1 TO N: PRINT #1,USING A$;J,V(1,J),V(2,J),V(3,J): NEXT: PRINT #1,""
370 REM             Mittelwerte X (Eingangsdaten)
380 FOR I=1 TO NX: X(I)=0
390 FOR J=1 TO N:  X(I)=X(I)+V(I,J): NEXT J
400 X(I)=X(I)/N:   NEXT I
410 PRINT #1,USING B$;"Mittelwerte",X(1),X(2),X(3)
420 REM             Kovarianzmatrix SX und Korrelationsmatrix RX zu X
430 FOR I=1 TO NX
440 FOR K=I TO 1 STEP -1
450 H1=-N*X(I)*X(K)
460 FOR J=1 TO N
470 H1=H1+V(I,J)*V(K,J): NEXT J
480 H1=H1/N/(N-1)
490 SX(I,K)=H1: SX(K,I)=H1
500 H1=H1/SQR(SX(I,I)*SX(K,K))
510 RX(I,K)=H1: RX(K,I)=H1
520 NEXT K,I
530 FOR I=1 TO NX: S(I)=SQR(SX(I,I)): NEXT
540 PRINT #1,USING B$;"Standardabweichungen",S(1),S(2),S(3)
550 PRINT #1,L$+"Korrelationsmatrix  ";
560 FOR I=1 TO NX
570 PRINT #1,USING "####.##   ";RX(I,1),RX(I,2),RX(I,3)
580 PRINT #1,SPC(20);: NEXT: PRINT #1,""
590 REM             Meßergebnisse Y und ihre Kovarianzmatrix SY und
600 REM             Korrelationsmatrix RX
610 GOSUB 800
620 A$="Meßergebnisse            Y(1) =####.## Ohm   Y(2) =####.## Ohm"
630 B$="                         -----------------   -----------------&"
640 C$="   der Meßergebnisse            ####.## Ohm          ####.## Ohm"
650 PRINT #1,USING A$;Y(1)*1000,Y(2)*1000
660 PRINT #1,USING B$;L$+"Standardabweichungen"
670 PRINT #1,USING C$;SQR(SY(1,1))*1000,SQR(SY(2,2))*1000
680 PRINT #1,USING "Korrelationskoeffizient       ####.##";RY(1,2)
690 PRINT #1,USING "Anzahl der Messungen          ####&";N,L$
700 CLOSE: END
710 REM
720 REM  ----  Modell  X --> Y  Ohmsches Gesetz
730 Y(1)=X(1)/X(2)*COS(X(3))
740 Y(2)=X(1)/X(2)*SIN(X(3)):   RETURN
750 REM
760 REM  ----  Gauß-Verfahren  X, SX --> Y, SY, (Q, RY)
770 REM             Eingang NX,NY,X(NX),SX(NX,NX)
780 REM             Ausgang Y(NY),Q(NY,NX),SY(NY,NY),RY(NY,NY)
790 REM             lokal   D,H1,H2,I,J,K,L,YA(NY)
800 DIM Y(NY),YA(NY),Q(NY,NX),SY(NY,NY),RY(NY,NY)
810 REM             Q berechnen
820 FOR K=1 TO NX
830 D=SQR(SX(K,K)): X(K)=X(K)-D/2
840 GOSUB 730                   ' Aufruf Modell
850 FOR I=1 TO NY: YA(I)=Y(I): NEXT I
860 X(K)=X(K)+D
870 GOSUB 730                   ' Aufruf Modell
880 X(K)=X(K)-D/2
890 FOR I=1 TO NY: Q(I,K)=(YA(I)-Y(I))/D: NEXT I,K
900 REM         Y berechnen
910 GOSUB 730                   ' Aufruf Modell
920 REM         SY und RY berechnen
930 REM         Fortpflanzung der Unsicherheiten
940 FOR I=1 TO NY
950 FOR K=I TO 1 STEP -1: H1=0
960 FOR J=1 TO NX: H2=0
970 FOR L=1 TO NX: H2=H2+SX(J,L)*Q(K,L): NEXT L
980 H1=H1+Q(I,J)*H2: NEXT J
990 SY(I,K)=H1: SY(K,I)=H1
1000 H1=H1/SQR(SY(I,I)*SY(K,K))
1010 RY(I,K)=H1: RY(K,I)=H1
1020 NEXT K,I: RETURN
```

Anhang 6.3 Programm AUSGLEICHUNG

```
10 REM AUSGLEICHUNG : Fourier-Ausgleichung einer gemessenen       20.01.1986
20 REM ------------   Funktion und Modell fuer die Erstellung   WEISE-BAS01
30 REM                einer Zeichnung
40 REM (Rechner IBM-PC AT mit DOS 3.00 und COBASIC)     \BASIC\ AUSGLEI.BAS
50 REM
60 DEFINT I-N: OPTION BASE 1
70 REM     Simulierte Messung einer Funktion
80 REM        Datei suchen und Etikett lesen
90 OPEN "C:\TEKTRANS\WEI22005.TEK" FOR INPUT AS #1
100 INPUT #1,S1$,S2$,S3$,N,H0,D0,T0
110 DIM A(N),B(N),S(N),X(N),Y(N),Z(N),D(N),NC(176)
120 REM       Messdaten mit Varianzen lesen, Standardabw. bilden
130 FOR I=1 TO N: INPUT #1,X(I),S(I): S(I)=SQR(S(I)): NEXT: CLOSE #1
140 REM    Zeichnung aufbauen
150 REM       Bildschirm loeschen, Guckloch und Zahlenebene festlegen
160 KEY OFF: SCREEN 2: CLS
170 VIEW (50,0)-(719,317): WINDOW (0,0)-(12,.25)
180 REM       Achsen und Umrandung zeichnen
190 LINE (0,0)-(12,.25),,B
200 FOR I=1 TO 11: LINE (I,0)-(I,.003): LINE (0,.025*I)-(.1,.025*I): NEXT
210 REM       Beschriften
220 LOCATE 2,37: PRINT "Verteilung der Energie von Neutronen aus"
230 LOCATE 3,37: PRINT "einer Am241-Be(alpha,n)-Neutronenquelle."
240 LOCATE 4,37: PRINT USING "###&";N," Messdaten mit Standardabweichung (+++)"
250 LOCATE 5,37: PRINT "und Fourier-Ausgleichung nach Chi-Quadrat-"
260 LOCATE 6,37: PRINT "Test mit    Termen (durchgezogen)"
270 LOCATE 22,19: PRINT "Neutronenenergie";
280 VIEW (50,0)-(719,335): WINDOW (0,0)-(12,.25)
290 LOCATE 24,5: PRINT 0;: LOCATE 24,77: PRINT "MeV";
300 FOR I=1 TO 11: LOCATE 2,8: PRINT USING "##";I: GET (.1,.23)-(.7,.239),NC
310 PUT (I-.35,0),NC: NEXT: PUT (.1,.23),NC
320 VIEW (0,0)-(719,317): WINDOW (0,0)-(12,.25)
330 LOCATE 23,1: PRINT USING "#.##";0;
340 FOR I=1 TO 4: V=.05*I
350 LOCATE 1,1: PRINT USING "#.##";V;: GET (0,.24)-(.8,.249),NC
360 PUT (0,V-.0055),NC: NEXT
370 LOCATE 1,1: PRINT "  -1";: GET (0,.24)-(.8,.249),NC
380 PUT (0,.234),NC: PUT (0,.24),NC
390 LOCATE 2,1: PRINT "MeV"
400 LOCATE 2,8: PRINT "Wahrscheinlich-"
410 LOCATE 3,8: PRINT "keitsdichte"
420 REM       Funktion mit Kreuzen zeichnen
430 VIEW (50,0)-(719,317): WINDOW (0,0)-(12,.25)
440 FOR I=1 TO N
450 H1=H0+(I-1)*D0: D(I)=H1
460 LINE (H1,X(I)-S(I))-STEP(0,2*S(I))
470 LINE (H1-D0/2,X(I))-STEP(D0,0): NEXT
480 REM    Fourier-Ausgleichung bilden. Die Anzahl M der Terme
490 REM       wird automatisch mittels Chi-Quadrat-Test ermittelt
500 Q=0: GOSUB 1230
510 REM       M ausgeben und Anpassung durchgezogen zeichnen
520 LOCATE 6,46: PRINT USING "##";M
530 PRESET (D(1),Z(1))
540 FOR I=2 TO N: LINE -(D(I),Z(I)): NEXT
550 REM    Sonderzeichen
560 REM       Zeichen E kursiv
570 DATA 7,6,0,0,0,2,5,7,5,2,5,4,10,10,10
580 REM       Zeichen f kursiv
590 DATA 9,0,0,2,5,0,5,4,5,2,5,2.5,7,3.5,8.5,5,9.5,8,10
600 REM       liegender Pfeil
610 DATA 5,0,5,10,5,8,10,10,5,8,0
620 REM       stehender Pfeil
630 DATA 5,5,0,5,10,0,8,5,10,10,8
640 WINDOW (0,0)-(10,10)
650 REM    Sonderzeichen auswaehlen, positionieren, skalieren, zeichnen
660 RESTORE 570: VIEW (321,296)-(330,304): GOSUB 760
670 RESTORE 570: VIEW (183,36)-(192,44):   GOSUB 760
680 RESTORE 590: VIEW (175,30)-(185,42):   GOSUB 760
690 RESTORE 610: VIEW (350,298)-(421,304): GOSUB 760
700 RESTORE 630: VIEW (70,50)-(78,97):     GOSUB 760
710 REM    Zeichnung ausgeben
720 GOSUB 800
730 END
740 REM  ----  Polygon zeichnen
750 REM        N0, U0, V0 Anzahl und Koordinaten der Eckpunkte
760 READ N0,U0,V0: PRESET (U0,V0)
770 FOR I=2 TO N0: READ U0,V0: LINE -(U0,V0): NEXT I: RETURN
780 REM
790 REM  ----  Bild drucken (Drucker STAR SR-10 im IBM-Modus)
800 VIEW (0,0)-(719,347)
810 WINDOW SCREEN (0,0)-(719,347)
820 OPEN "LPT1:" AS #1: WIDTH #1,255
830 PRINT #1,CHR$(27) "A" CHR$(8) CHR$(27) "2";
840 B$=CHR$(13)+CHR$(10)+CHR$(27)+"*"+CHR$(6)+CHR$(184)+CHR$(2)
850 FOR J=0 TO 712 STEP 8
860 GET (J,0)-(J+7,347),NC: PRINT #1,B$;
870 FOR I=176 TO 3 STEP -1
880 M=NC(I): D$=CHR$((M AND &H7FFF)\256-128*(M<0))
```

```
890 PRINT #1,D$+D$+CHR$(M AND 255)+CHR$(M AND 255);: NEXT I,J
900 PRINT #1,CHR$(27) "A" CHR$(12) CHR$(27) "2": CLOSE
910 RETURN
920 REM ----------
930 REM
940 REM Unterprogramm fuer die Fourier-Ausgleichung           27.05.1982
950 REM aequidistanter Messergebnisse X(I) durch
960 REM
970 REM Z(I) = A(1) + A(2)*cos(U) + Summe(K=3,...,M) A(K)*sin((K-2)*U);
980 REM        (U = (I-1)*pi/(N-1))
990 REM
1000 REM Eingangswerte:
1010 REM   Q = 0, 1, 2      waehlt Testgroesse X0, X1 bzw. X2
1020 REM   N                Anzahl der aequidistanten Stuetzstellen > 3
1030 REM   X(1),...,X(N)    auszugleichende Messergebnisse
1040 REM   S(1),...,S(N)    ihre Standardabweichungen (erforderlich,
1050 REM                    wenn Q = 0, sonst beliebig > 0)
1060 REM Ausgangswerte:
1070 REM   Z(1),...,Z(N)    ausgeglichene Werte
1080 REM   M                Anzahl der Fourier-Koeffizienten
1090 REM   A(1),...,A(M)    Fourier-Koeffizienten
1100 REM   S0               globale Standardabweichung
1110 REM   X0, X1, X2       Testgroessen xi0, xi1, xi2 nach DIN 1319 Teil 4
1120 REM                    X0 Chi-Quadrat-Test, X1 Korrelationstest,
1130 REM                    X2 Vorzeichen-Korrelations-Test
1140 REM
1150 REM Je nach Q werden (X0-N+M)^2, X1*X1 oder X2*X2 minimiert.
1160 REM Abbruch der Suche, wenn X0 < N-M-sqr(2*(N-M)), X1 < -sqr(N-M)
1170 REM bzw. X2 < -sqr(N-1).
1180 REM
1190 REM Weitere benutzte Variablen und Felder: H,I,K,P,R,S1,V,W,
1200 REM Y0,Y1,Y2,B(N),Y(N). Die Felder A,B,S,X,Y,Z muessen mit
1210 REM N Elementen im Hauptprogramm dimensioniert werden.
1220 REM
1230 A(1)=(X(1)+X(N))/2: A(2)=(X(1)-X(N))/2
1240 H=3.141593/(N-1)
1250 FOR I=1 TO N
1260 Y(I)=A(1)+A(2)*COS((I-1)*H): B(I)=X(I)-Y(I): NEXT I
1270 FOR K=3 TO N-1
1280 V=0: W=(K-2)*H
1290 FOR I=2 TO N-1: V=V+B(I)*SIN((I-1)*W): NEXT I
1300 V=2*V/(N-1): A(K)=V: Y0=K-N: Y1=0: Y2=0: S1=0
1310 FOR I=2 TO N-1
1320 Y(I)=Y(I)+V*SIN((I-1)*W)
1330 P=X(I)-Y(I): R=(X(I-1)-Y(I-1))*P
1340 Y0=Y0+P*P/S(I)/S(I)
1350 Y1=Y1+R: Y2=Y2+SGN(R): S1=S1+P*P: NEXT I
1360 S1=S1/(N-K): Y1=Y1/S1
1370 IF K=3 THEN 1450
1380 ON Q GOTO 1410,1430
1390 IF Y0*Y0<X0*X0  THEN 1450
1400 IF Y0<-SQR(2*(N-K))  THEN 1480 ELSE GOTO 1470
1410 IF Y1*Y1<X1*X1  THEN 1450
1420 IF Y1<-SQR(N-K) THEN 1480 ELSE GOTO 1470
1430 IF Y2*Y2<X2*X2  THEN 1450
1440 IF Y2<-SQR(N-1) THEN 1480 ELSE GOTO 1470
1450 X0=Y0: X1=Y1: X2=Y2: S0=S1: M=K
1460 FOR I=1 TO N: Z(I)=Y(I): NEXT I
1470 NEXT K
1480 S0=SQR(S0): X0=X0+N-M
1490 FOR I=M+1 TO N: A(I)=0: NEXT I
1500 RETURN
```

Teil III Praktische Instrumentierung und Anwendungen

7 Meßtechnische Instrumentierung von PCs

von J.-Uwe Varchmin

7.1 Möglichkeiten zur meßtechnischen Instrumentierung von PCs

Die Haupteinsatzgebiete des Personalcomputers im kommerziellen Bereich sind: Textverarbeitung, Graphik-Präsentation, Kommunikation, Projektplanung und -kontrolle (**Bild 7.1**). Spezielle Zusatz-Hardware ist in diesem Aufgabenbereich nur bei der Kommunikation über Lokale Netze (LAN) erforderlich.

Soll der PC im technisch-wissenschaftlichen Bereich der Meß-, Steuer- und Regelungstechnik (*MSR-Technik*) eingesetzt werden, dann ist in nahezu allen Fällen eine für die Aufgabe geeignete Zusatz-Hardware in den PC einzubauen. Diese meßtechnische Instrumentierung des PCs (auch als *Personal Instrumentation* bezeichnet) läßt sich auf zwei Arten realisieren:

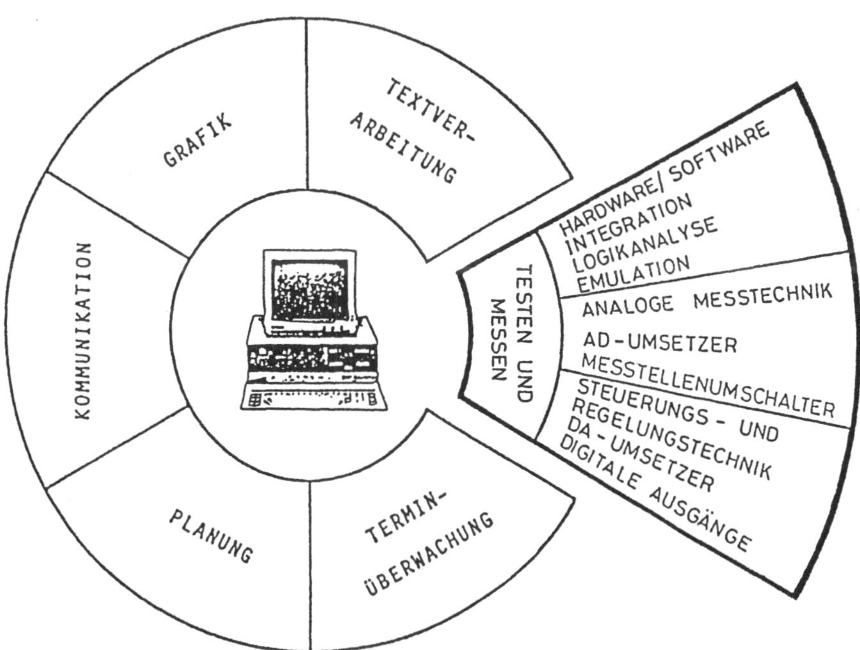

Bild 7.1 Die wichtigsten Aufgaben der Personalcomputer im kommerziellen und technisch-wissenschaftlichen Bereich

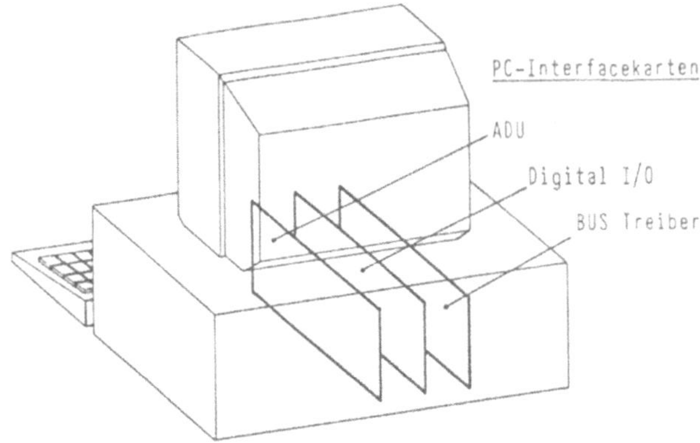

Bild 7.2 PC-Instrumentierung mit Steckkarten für die freien "Slots"

(a) Die freien Steckplätze eines PCs, die für Speichererweiterungen, zusätzliche Schnittstellen oder erweiterte Graphik vorgesehen sind, nehmen die Baugruppen mit den Meß- und Steuerfunktionen auf. Nachteilig an diesem Konzept ist, daß die Meßelektronik galvanisch mit dem Rechner verbunden ist und dadurch Störungen aus den digitalen Schaltungsteilen auf die analoge Meßelektronik einkoppeln können (**Bild 7.2**). Von vielen Herstellern werden PC-Einsteckkarten für die Meßdatenerfassung mit unterschiedlicher Geschwindigkeit und Kanalzahl angeboten.

(b) Die Baugruppen mit der Meßelektronik werden von einem eigenen Baugruppenträger - einer *Personal-Instrumentation-Box* (PIB) - aufgenommen (**Bild 7.3**). Die PIB kann mehr Steckplätze zur Verfügung stellen als der PC. Sie besitzt eine eigene Stromversorgung, die besser auf analoge Meß-

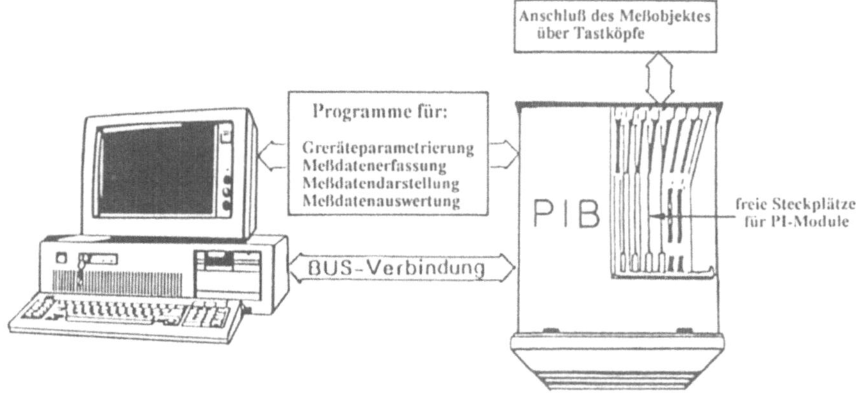

Bild 7.3 PC-Instrumentierung mit Personal-Instrumentation-Box (PIB)

elektronik angepaßt ist als das PC-Netzteil; es kann eine vollständige galvanische Trennung zwischen Meßelektronik und PC erreicht werden. Im PC wird nur ein Steckplatz für die Ankopplung der Meßelektronik an den Prozessor-Bus benötigt. Einige Meßsysteme mit vom PC abgesetzter PIB verwenden zur Kommunikation die vorhandenen parallelen oder seriellen Schnittstellen. Diese Systeme sind z.T. mit eigener Intelligenz ausgestattet, die den PC z.B. von der Steuerung des Versuchsablaufs entlastet.

Im Zuge der weiteren Beiträge werden Hardware und Software verschiedener Hersteller für die beiden o.g. Realisierungsmöglichkeiten von Meßdatenerfassungssystemen vorgestellt. Ergänzend dazu folgen in diesem Beitrag ein paar weitere Beispiele.

7.2 Personal Instrumentation mit Zusatzkarten im PC

7.2.1 Vier-Kanal-Transientenrecorder

Mit einer Zusatzkarte der Fa. *Bakker Electronics* kann jeder IBM-PC/XT/AT oder kompatible Rechner zu einem *Transientenrecorder* erweitert werden. Der Signalflußplan der Karte entspricht der Darstellung in Bild 5.14. Die Karte besitzt zusätzlich einen eigenen Speicher mit einer Kapazität von 16 Kbyte x 16 bit. Die programmgesteuerte Konfiguration der Karte ermöglicht folgende Aufteilungen des Meßsignalspeichers:

Kanäle	**Speichertiefe pro Kanal**	**max. Abtastfrequenz pro Kanal**
4	4 Kbyte x 16 bit	50 kHz
2	8 Kbyte x 16 bit	100 kHz
1	16 Kbyte x 16 bit	200 kHz

In 4 Kanälen können Meßsignale simultan mit einer maximalen Abtastfrequenz von 50 kHz bei einer Auflösung von 12 bit erfaßt und mit einer Kapazität von 4000 Abtastwerten gespeichert werden. Die Zeitbasis für die Abtastfrequenz wird von einem hochstabilen Quarzoszillator abgeleitet und ist von 5 µs bis ca. 32 ms in Schritten von 0,5 µs programmierbar.

Über einen zusätzlichen Eingang für ein externes Taktsignal kann die Transientenrecorder-Karte von einer fremden Zeitbasis getaktet oder mit externen Abläufen synchronisiert werden. Durch die vielseitige digitale Triggerung sowie die Möglichkeiten der variablen Pre-/Post-Aufzeichnungen wird eine gezielte Speicherung des interessierenden Signalausschnitts möglich.

Die zu dieser Karte gehörende Software ist für die Programmiersprachen BASIC und Pascal verfügbar. Logisch aufgebaute Menüführungen ermöglichen ein interaktives Arbeiten von der Parametereinstellung des Systems über die graphische Ausgabe der Meßsignale bis hin zur Meßdatenanalyse.

7.2.2 PC als digitales Speicheroszilloskop: Computerscope

Abtastfrequenzen bis zu 1 MHz und 12 bit Auflösung werden mit dem "Computerscope" der Fa. *RC-Electronics* erreicht. Der Signalflußplan dieses DAS entspricht der Darstellung in Bild 5.13. Die gesamte Hardware besteht aus der PC-kompatiblen Steckkarte, auf der ein 16-Kanal-Multiplexer, der schnelle A/D-Umsetzer sowie ein Wechselpuffer mit einer Kapazität für 64 Kbyte Abtastwerte untergebracht sind. Außerdem befinden sich auf der Karte ein Triggerdetektor und ein programmierbarer Timer.

Für den Anschluß der Meßsignale sowie externer *Clock*- und Triggersignale ist die Steckkarte mit einem *Stecker-Paneel* mit BNC-Buchsen verbunden.

Mit Hilfe des Softwarepaketes "Computerscope" ist der direkte Einsatz des Rechners als schnelles 16-Kanal-Meßwerterfassungssystem oder *Speicherscope* möglich. Per Menü ist die Definition aller Parameter wie Abtastrate, Triggerparameter (Kanal, Pegel, Pre-/Post-Verhältnis), Kanalbezeichnung und deren Auswahl möglich. Darüber hinaus wird die Darstellung auf Bildschirm (Auswahl der Kanäle, Zoomen beliebiger Signalabschnitte, Texteingabe, Cursor-Funktion, Hardcopy) und die Abspeicherung auf Floppy- oder Harddisk organisiert.

In Abhängigkeit von der Zugriffszeit des verwendeten Massenspeichers ergeben sich für eine kontinuierliche Meßdatenerfassung unterschiedliche maximale Abtastraten:

Speichermedium	**max. Abtastfrequenz**	**Speicherkapazität**
Wechselpuffer	1 MHz	64 000 Meßwerte
PC-RAM	100 kHz	256 000 Meßwerte
Hard-Disk (10 Mbyte)	30 kHz	3 100 000 Meßwerte
Floppy (360 Kbyte)	5 kHz	180 000 Meßwerte

Aufbauend auf der Grundsoftware "Computerscope", die zum Lieferumfang gehört, stehen 5 weitere applikationsorientierte Softwaremodule zur Signalaufbereitung und -analyse zur Verfügung:

Mass-Storage, Signal-Conditioning, Averaging, Histogramm, Statistik.

7.2.3 Digitale Bildverarbeitung

Sehr schnelle AD-Umsetzer (Parallelumsetzer nach Bild 5.4) und große Kapazitäten schneller Speicher erfordert die digitale Bildverarbeitung.

Mit dem System OCULUS der Fa. *Coreco* wird dem PC dieses Gebiet der digitalen Signalverarbeitung erschlossen (**Bild 7.4**). Das OCULUS-System benötigt einen freien Steckplatz in einem IBM-PC oder kompatiblen Rechner. Ein Standard-Videosignal (CCIR) wird durch einen schnellen A/D-Umsetzer digitalisiert und im eigenen Speicher von 512 x 512 x 8 bit abgespeichert.

Die Verarbeitungsgeschwindigkeit beträgt max. 30 Bilder pro Sekunde mit einer Grauauflösung von 128 Stufen und optionell wahlfreier Zuordnung von 256 Farben zu einzelnen Graustufen. Das im Videospeicher abgelegte Bild wird über einen Videoausgang auf einem externen Monitor in einem Raster von 512 x 480 Bildpunkten (*Pixels*) dargestellt.

Zwischen dem A/D-Umsetzer und dem 256 Kbyte großen Bildspeicher befinden sich acht *Input-Look-Up-Tabellen*, die bereits für eine Bild-Manipulation während der Speicherung herangezogen werden können. Der Bildspeicher ist so aufgebaut, daß er gleichzeitig eine Erfassung, Verarbeitung und Darstellung der Videoinformation erlaubt.

Jeder *Pixel* kann durch seine X-Y-Koordinaten angesprochen werden, indem die Koordinaten in zwei Adreßregister geschrieben werden. Darüber hinaus kann das X- und Y-Register im *Auto-Counter-Modus* automatisch bei jedem Schreib-/Lesezugriff erhöht oder verringert werden. Diese Eigenschaft beschleunigt erheblich alle auf nachbarschaftliche *Pixel* bezogenen Algorithmen, wie Gradientenberechnung, Konturverfolgung, Faltung zur Bildrestauration u.a.

Die Standard-Software für das OCULUS-System beinhaltet eine Reihe von Unterprogrammen für die wichtigsten Funktionen zur Bilderfassung, Darstellung, Auswertung und Speicherung. Diese Maschinenroutinen können als Module in Anwenderprogramme (BASIC, Pascal oder FORTRAN) eingebunden und aufgerufen werden. Ein mitgeliefertes Menü-Programm, das sich auf einfache Weise bedienen läßt, ermöglicht eine schnelle Einarbeitung in die Komplexität der digitalen Bildverarbeitung.

7.3 Personal Instrumentation mit externen Zusatzgeräten (PIB)

7.3.1 Keithley DAS Serie 500

Für die Realisierung eines modularen und flexiblen Meßdatenerfassungsystems wurde von *Keithley* das eingangs erläuterte Prinzip der *Personal-Instrumentation-Box* gewählt. Das System DAS Serie 500 belegt im PC einen freien Steckplatz für

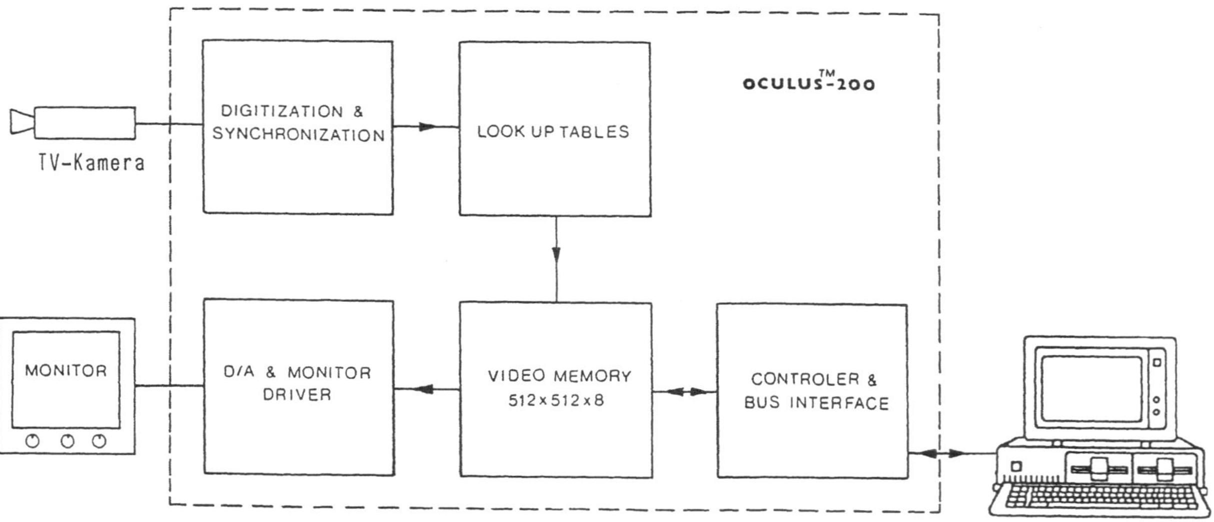

Bild 7.4 Signalflußplan der OCULUS-Leiterkarte für digitale Bildverarbeitung

```
10 PRINT "Sampling from electrode"
Basic Befehl zum Anzeigen einer Mitteilung

20 CALL INIT
System initialisieren

30 CALL IONAME' ("electrode", 1,0,12)
identifiziert den zu lesenden Kanal (Einschub 1 Kanal 0,12 bit Auflösung)

40 CALL ANINQ' ("rawdata%", 10000., "electrode", 0)
bestimmt, daß 10 000 Messungen durchgeführt und gespeichert werden

50 SCREEN 1
Basic Befehl für mittlere Auflösung am Bildschirm

60 CALL GRAPH' ("rawdata%", 1,2, "scroll", 0.,4095.)
Stellt die Daten fortlaufend farbig auf dem Bildschirm dar
```

Bild 7.5 Ausschnitt aus einem Meßprogramm mit Soft 500

eine *Interfacekarte*, mit der die Meßelektronik in der PIB über ein 1,5 m langes Kabel an den PC-Bus gekoppelt wird. Die PIB bietet Platz für 10 Einsteckkarten. Als Module für die Meßdatenerfassung werden Anpassungsverstärker, AD-Umsetzer mit 12 und 14 bit Auflösung, DA-Umsetzer von 10 - 16 bit, digitale Ein- und Ausgänge, 16-Bit-Zähler und Leistungsschalter angeboten.

Zur Bedienung und Programmierung des Systems wird Soft 500 mitgeliefert. Menügeführte Programme erleichtern die Parametereingabe für die Einstellung der Meßmodule (z.B. Verstärkungsfaktoren, Abtastfrequenzen, Meßbereiche). Für die Programmierung von automatischen Meß- und Versuchsabläufen steht ein mit über 40 Befehlen erweitertes BASIC zur Verfügung. Damit läßt sich nicht nur die Hardware konfigurieren, sondern auch die graphische Darstellung der Meßergebnisse programmieren. **Bild 7.5** zeigt einen Auschnitt aus einem Programm.

Eine Besonderheit von Soft 500 ist die *Interruptsteuerung*, die einen Vorder- und Hintergrundbetrieb zuläßt. Während im Vordergrund die Meßdatenauswertung und -darstellung läuft, werden im Hintergrund die Meßsignale abgetastet, digitalisiert und gespeichert (maximale Abtastrate dabei 1 kHz).

7.3.2 Logikanalysator

Logikanalysatoren sind Test- und Meßgeräte für die Hardware-Software-Integration. Die Entwicklung dieser Geräte verlief von der simplen binären Darstellung der Logikzustände mit LED-Displays hin zu komplexen, computerähnlichen Geräten. Dabei wurden die Logikanalysatoren:

schneller ->	Taktraten .... >	100 MHz
breiter ->	analysierbare Wortbreiten ... >	64 Kanäle
und tiefer ->	Speichertiefe .... >	4 Kbit/Kanal

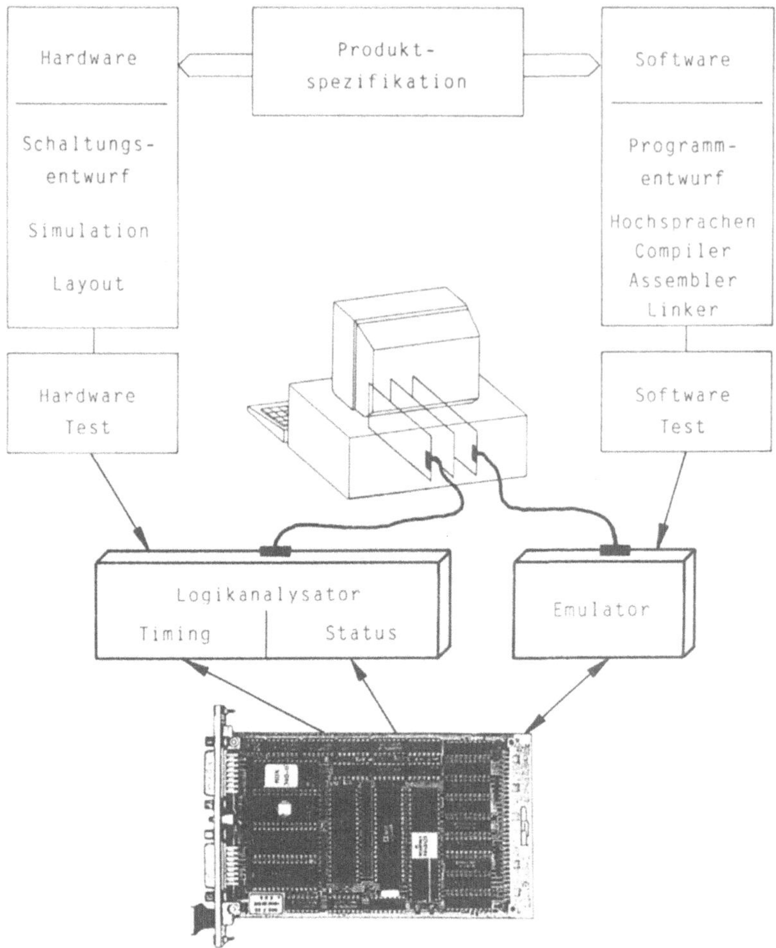

Bild 7.6 Der Logikanalysator im Entwurfszyklus bei der Hardware-/Softwareintegration

Die Logikanalysatoren blieben unabhängige Geräte, sie wurden nicht integraler Bestandteil von Mikrorechner-Entwicklungssystemen.

In den Anfangsjahren der Mikroprozessortechnik lieferte jeder Halbleiterhersteller für seinen Prozessor auch ein spezielles Entwicklungssystem. Heute ist praktisch für alle gängigen Mikroprozessoren auf PC lauffähige Entwicklungssoftware verfügbar. Durch den Anschluß eines *Emulators* und Logikanalysators (**Bild 7.6**) wird der PC zum zentralen Arbeitsplatzwerkzeug vom Programmentwurf bis hin zur Hardware-Software-Integration.

Der Logikanlysator µAnalyst 2000 der Fa. *Northwest-Instruments* ist ein vollständig PC-gesteuertes, digitales Meßgerät ohne eigene Bedienungselemente, außer den Tastköpfen zum Meßobjekt. Der Logikanalysator ist über ein PC-*Interface*, das einen Steckplatz im PC erfordert, an den PC-Bus angeschlossen. Sämtliche Parametereinstellungen und Geräteaktionen erfolgen über den PC durch Menüführung und graphische Darstellungen. Der µAnalyst 2000 enthält einen Status- und einen *Timing-Analysator*. Der maximale Ausbau ermöglicht 80 Kanäle mit je 4 Kbit Speichertiefe.

Der *Statusanalysator* dient der Softwareanalyse. Aus den vom Daten- und Adreßbus eines Mikroprozessors abgetasteten Signalen wird mit einem in den PC geladenen *Disassembler* der ablaufende Programmcode decodiert und angezeigt. Die Einstellung von Triggerbedingungen mit logischen Verknüpfungen beschränkt die Aufzeichnung auf den Bereich, in dem Fehler gesucht oder vermutet werden. Der Statusanalysator arbeitet mit einer Abtastfrequenz von 10 MHz.

Der *Timing-Analysator* ist das Werkzeug zur Untersuchung von zeitkritischen Teilen der Hardware. Seine Funktion ist die eines schnellen, digitalen Speicheroszilloskops. Der µAnalyst 2000 hat 16 Kanäle, die die Eingangssignale mit 100 MHz abtasten. Die Speichertiefe beträgt 4 Kbit pro Kanal. Zur Unterscheidung des logischen "L-" bzw. "H-"Zustands kann für jeden Eingangskanal die Erkennungsschwelle getrennt programmiert werden.

Damit auch bei hoher Abtastfrequenz große Zeitintervalle in dem relativ kleinen Speicher untergebracht werden können, wird bei diesem Gerät die Technik des *Transitional-Timings* verwendet. Dabei werden nur die Datenwechsel und die dazwischen liegenden Zeiten gespeichert. Man erhält ein hochauflösendes, genaues *Timing-Diagramm* über einen langen Zeitraum bei nur geringer Speichertiefe.

Ein wichtiges Bindeglied zwischen den beiden Funktionsgruppen des Logikanalysators ist die sogenannte *Cross-Link-Leitung*. Diese Leitung ermöglicht ein gegenseitiges Triggern der Analysatorteile. In einer besonderen Betriebsart werden Status- und Timing-Analyse gleichzeitig auf dem Monitor angezeigt, so daß Programmcode und Impulsdiagramme in zeitkorrelierten Fenstern betrachtet werden können.

Liste der zitierten Systeme

Die angegebenen Quellen stellen keine repräsentative Auswahl dar.

Hersteller - Vertrieb	Karte - Gerät - System
1. RC Electronic Inc. Vertrieb Ziegler 4050 Mönchengladbach	Computer Scope ISC-16
2. Bakker Electronics Vertrieb Ziegler 4050 Mönchengladbach	Transientenrecorder BE 485
3. Coreco Vertrieb DATALOG 4050 Mönchengladbach	Bildverarbeitungssystem OCULUS
4. Keithley 8000 München 70	DAS-500 PC-Meßgeräte/Software
5. North-West-Instruments 8000 München	µAnalyst 2000 Logikanlysator
6. Analog Devices 8000 München	AD-Umsetzer Meßumformer

8 Erfassung und Verarbeitung dynamischer Meßwerte mit dem PC

von Hendrik Immel

8.1 Problemstellung

Bereits seit vielen Jahren ist der Einsatz von Personalcomputern zur Meßwerterfassung und Auswertung bei Versuchen und in der Anlagenüberwachung weit verbreitet, wenn die Ereignisse langsam ablaufen. Aufgrund der geringen Datenmengen pro Zeiteinheit ist die Hardware leistungsfähig genug.

Im Bereich der Erfassung schneller dynamischer Signalverläufe konnten Personalcomputer bis vor einigen Jahren jedoch nur begrenzt eingesetzt werden. Typische Problemstellungen mit solch hohen Anforderungen an das Meßwerterfassungssystem sind z.B.:

- Erfassung von Schwingungen im Automobilbau
- Impulskräfte bei Schocktests
- Transiente Störungen in elektrischen Netzen
- Zerstörungsfreie Materialprüfung
- Maschinenüberwachung

Durch neue Konzepte bei den Erfassungssystemen, jedoch auch durch den Einsatz schneller Arithmetikprozessoren und erheblich verbesserter Softwareleistungen konnten im Laufe der Jahre Einsatzgebiete erschlossen werden, die bisher weit größeren und teueren Rechnersystemen vorbehalten waren. Der Einsatz von Personalcomputern einschließlich der erforderlichen Zusatz-Hardware hilft somit, kostensparend zu arbeiten und z.B. die Entwicklungskosten eines Produkts zu senken.

Berücksichtigt man die Tatsache, daß es sich bei den oben erwähnten Beispielen um Versuchsabläufe handelt, bei denen bis zu 1 Million und mehr Daten pro Sekunde aufgenommen werden müssen, gibt es bei der dynamischen Meßwerterfassung verschiedene Problemstellungen zu beachten, die z.B. bei langsamen Temperaturmessungen in chemischen Verfahrensabläufen nicht vorkommen.

Die Grenzen der üblichen Meßwerterfassungssysteme werden weniger durch die Geschwindigkeit ihrer Einzelbausteine wie Multiplexer oder Analog-Digital-Wandler bestimmt, als vielmehr durch die wirklich realisierbaren Transfergeschwindigkeiten bei der Übergabe der Daten in den Rechner. Dies trifft sowohl für externe Meßwerterfassungssysteme zu, die meist über IEC-Bus oder V.24-

Schnittstellen an den PC angeschlossen werden, als auch für Lösungen mit rechnerinternen Einsteckkarten, die einen direkten Zugriff auf den Bus des Rechners besitzen.

8.2 Meßwerterfassung

8.2.1 Grundlagen

• *Signalarten:* Grundsätzlich lassen sich die vorkommenden analogen Signale in verschiedener Hinsicht unterteilen. So unterscheidet man zunächst

nicht-deterministische und *deterministische Signale.*

Dafür lassen sich die Funktionswerte für jeden beliebigen Zeitpunkt berechnen. Innerhalb der deterministischen Signale wiederum gliedern sich diese in periodische und nicht-periodische auf (**Bild 8.1**). Dabei sind es die periodischen Signale bzw. die harmonischen Schwingungen, mit deren Hilfe man die nicht-deterministischen Signale so aufbereiten kann, daß man zusätzliche Informationen daraus erhält.

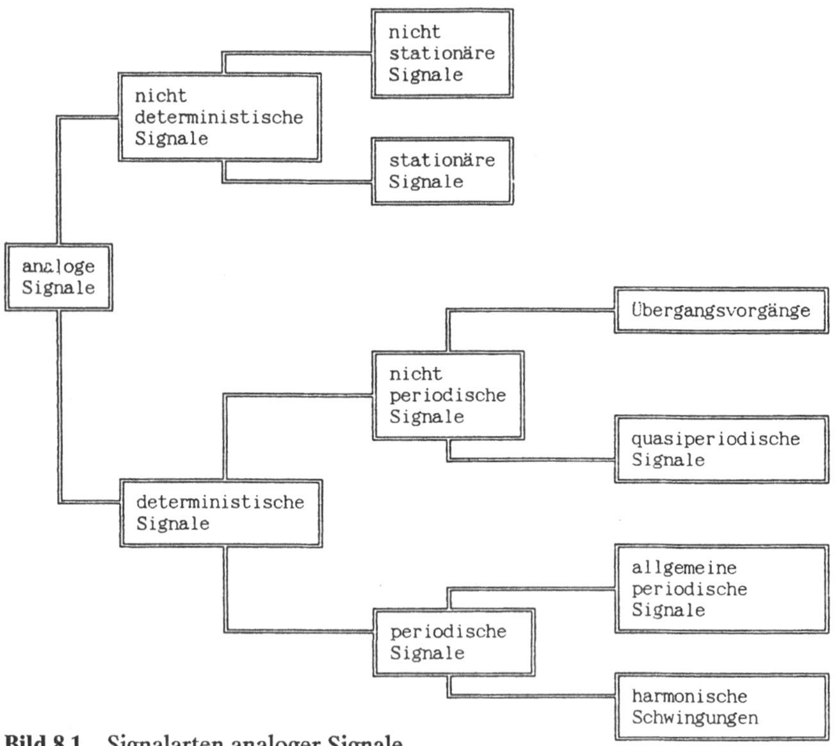

Bild 8.1 Signalarten analoger Signale

Von meßtechnisch besonders großem Interesse sind also gerade die nicht-deterministischen Signale, und da wiederum die nicht-stationären, denn ihren Verlauf kann man auf theoretisch-rechnerischem Wege nicht erhalten.

Die stationären Signale enthalten zeitunabhängige statistische Kenngößen wie Mittelwert, Standardweichung, Varianz etc.

Analog-Digital-Wandler

Anders als die analog arbeitenden Geräte benötigt der Rechner für ihn aufbereitete Daten, so daß theoretisch alle ankommenden Meßwerte zunächst digitalisiert werden müssen.

Dieser Vorgang ist in dem Meßwerterfassungssystem von zentraler Bedeutung. Es gibt eine ganze Reihe von Verfahren, analoge Daten in digitale umzuwandeln:

• ***Parallelverfahren:*** Das Parallelverfahren (*Flash-Converter*) ist zwar theoretisch das einfachste, praktisch jedoch das aufwendigste Verfahren und damit das teuerste. Es wird bei hochwertigen Transientenrecordern und für Video-Signale angewendet. Die derzeitigen Grenzen liegen bei 8 Bits und 150 MHz.

Allen Komparatoren des Analog-Digital-Wandlers wird parallel die Meßspannung zugeführt. Dort, wo die Meßspannung über der Referenzspannung liegt, erhält der Ausgang den Wert 1, die übrigen erhalten den Wert 0. Die Einzelwerte werden dann zu einem Binärcode zusammengefaßt.

• ***Integrierendes Mehrrampenverfahren:*** Dieses Verfahren wird aufgrund seiner geringen Geschwindigkeit bei guter Stabilität insbesondere bei den Digitalmultimetern eingesetzt. Es kann eine Auflösung von 16 bit erreicht werden.

Durch die Meßspannung wird ein Kondensator aufgeladen und dann durch eine Vergleichsspannung entladen, wobei die Integrationszeiten gemessen werden. Durch geeignete Wahl der Integrationszeit kann man erreichen, daß Fehler wie z.B. das Netzbrummen ausgemittelt werden.

• ***Wägeverfahren:*** Bei diesem Verfahren ist das Verhältnis von Aufwand und Ergebnis günstig, so daß es besonders häufig in der Merwerterfassung eingesetzt wird. Umsetzzeiten von 1 - 2 µs und bis zu 16 bit Auflösung sind erreichbar. Das auch als *sukzessive Approximation* bezeichnete Verfahren beruht auf einem Komparator, einem Digital-Analog-Wandler einem Codewort-Generator und einem Taktgeber.

Dem *Komparator* wird die Meßspannung zugeleitet und zunächst das Bit mit der höchsten Wertigkeit gesetzt. Anschließend wandelt der Digital-Analog-Wandler diesen Wert wieder um, damit er mit der Meßspannung verglichen werden kann. Je nach Ergebnis wird das Setzen dieses Bits beibehalten oder rückgängig gemacht und das nächst geringere gesetzt, bis alle Bits berücksichtigt wurden.

Die Meßspannung muß während des gesamten Vorgangs konstant bleiben, da sich sonst Fehler einschleichen. Aus diesem Grund sind die *Sample/Hold-Bausteine* für einen solchen Analog-Digital-Wandler unerläßlich.

Bei der Digitalisierung können unabhängig vom Verfahren eine ganze Reihe von Fehlern vorkommen: Quantisierungsfehler, Offsetfehler, Verstärkungsfehler und Linearitätsfehler.

• *"Sample and Hold"-Bausteine:* Schnelle Meßwerterfassungssysteme arbeiten heute im Bereich von 1 MHz Abtastrate. Alle diese Systeme besitzen notwendigerweise die bereits erwähnten Sample/Hold-Bausteine, die die Meßspannung für die Dauer der Digitalisierung konstant halten. Ohne diese Bausteine dürfte sich das Eingangssignal nicht öfter als 10 Mal pro Sekunde ändern.

Sample/Hold-Bausteine basieren im wesentlichen auf einem digital umschaltbaren, schnellen Verstärker. Solange der Verstärker auf "L" steht, durchläuft die Meßspannung das Bauteil entprechend dem Meßsignal. Ist die Schalterstellung für den Verstärker jedoch auf "H", so wird die Eingangssspannung festgehalten, die unmittelbar vor diesem Kommando anlag. Dieser Spannungswert wird dann in einem Kondensator gespeichert. Das in der Zeit der Digitalisierung ankommende Meßsignal wird somit konstant gehalten.

Wichtige Merkmale eines Sample/Hold-Bausteins sind die Öffnungszeit, die Meßwerterfassungszeit und die Driftrate.

• *Meßsignale beim Durchlaufen des Systems:* Betrachtet man das ankommende Meßsignal beim Durchlaufen eines Meßwerterfassungssystems und einer angeschlossenen Ausgabeeinheit, so unterliegt dieses Signal entscheidenden Veränderungen.

Am Anfang der ganzen Kette ist das Signal sowohl zeit- als auch wertkontinuierlich. Durch die Funktionsweise des Sample/Hold-Bausteins wird daraus ein wertkontinuierliches aber zeitdiskretes Signal und infolge der Digitalisierung ein zeit- und wertdiskretes Signal (**Bild 8.2**).

Die am Ende des Systems befindliche Ausgabeeinheit kann daraus nur noch ein zeitkontinierliches, aber wertdiskretes Signal erzeugen. Insgesamt gehen also viele Informationen verloren. Damit nicht gerade die interessanten Punkte verschwinden, muß man sich besonders bei schnell verlaufenden Vorgängen, die man erfassen möchte, mit besonderer Sorgfalt der Abtastrate und der Auflösung des Meßwerterfassungsystems zuwenden.

• *On-line/Off-line-Erfassungssysteme:* Um die zu erörternde Problematik so einzuschränken, daß der Rahmen dieses Beitrags nicht gesprengt wird, sollen zunächst die Begriffe *On-line-* und *Off-line*-Meßwerterfassung voneinander abgegrenzt werden. Als *on-line* bezeichnet man diejenigen Systeme, bei denen die digitalisierten Signale direkt in den Rechner transferiert und dort verarbeitet werden (**Bild 8.3**).

Eine solche Verfahrensweise ist nur dort möglich, wo das Betriebssystem *Multitasking*, d.h. eine gleichzeitige Verarbeitung mehrerer Programme, zuläßt. Datenverarbeitung, wie z.B. die Berechnung eines Fourier-Spektrums, und die Datenabspeicherung müssen parallel laufen können, damit es nicht zum Verlust von Versuchsergebnissen kommt. Reine On-line-Systeme sind für den Betrieb mit dem Personalcomputer nur bedingt geeignet. Dies gilt insbesondere dort, wo das Betriebssystem MS-DOS verwendet wird, das nicht Multitasking-fähig ist. Wie unten näher ausgeführt, werden durch die technische Weiterentwicklung von Zusatz-Hardware doch gewisse On-line-Möglichkeiten für den PC geschaffen.

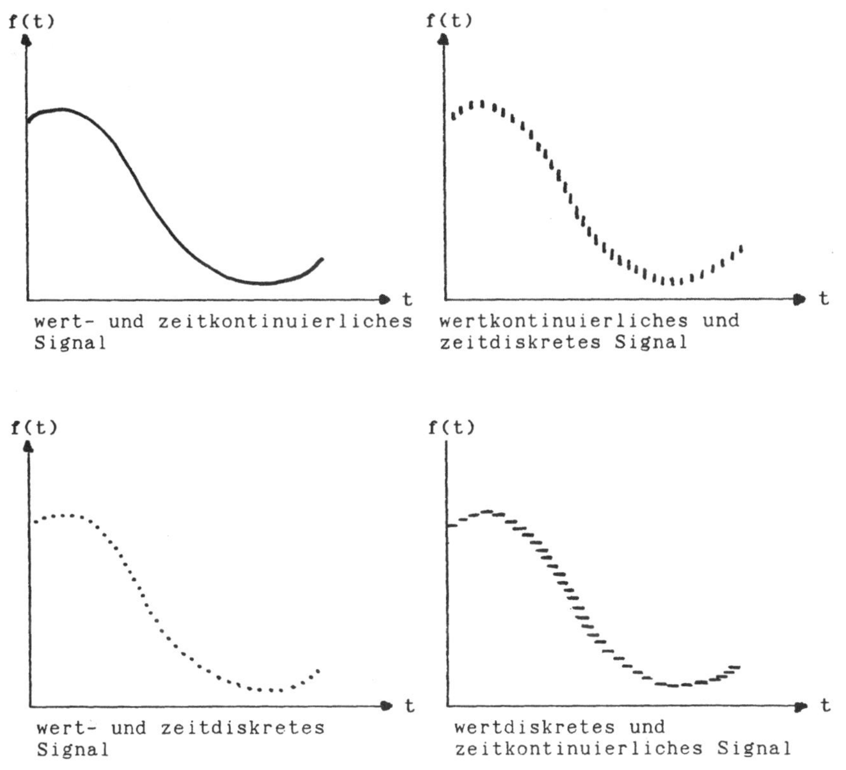

Bild 8.2 Übergänge der Signalverläufe

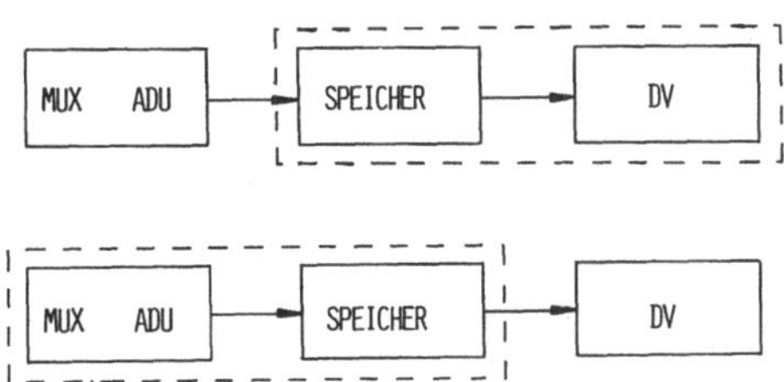

Bild 8.3 Erfassungskonzeptionen On-line/Off-line

Werden hingegen die Daten zunächst in einem Speichermedium (RAM, Festplatte, Diskette, Magnetband) vor der Auswertung gespeichert, so spricht man von *Off-line-Systemen*. Für die Auswertung erfolgt eine Übertragung in den Rechner manuell, d.h. per Disketten oder Magnetbandaustausch, oder automatisch über eine Schnittstelle. Der Begriff *off-line* schließt auch die Anlagen mit ein, bei denen der Rechner zur Definition der Meßparameter (z.B. Speicherbereich, Abtastrate, Triggermodus usw.) benötigt wird.

Sollen Personalcomputer zur Erfassung und Verarbeitung von dynamischen Meßsignalen verwendet werden, ist vor allem bei Mehrkanalanwendungen ein Off-line-System unerläßlich. Systeme dieser Art kann man auch zur Gruppe der *Transientenrecorder* rechnen. Da im PC-Bereich der Schwerpunkt in der Erfassung schneller Meßwerte bei den Off-line-Systemen liegt, soll diese Thematik eine besondere Gewichtung erfahren.

8.2.2 Architektur von Off-line-Meßwerterfassungssystemen

Nach der bereits erfolgten Betrachtung der einzelnen Bausteine der Meßwerterfassung soll nun der besondere Aspekt im Aufbau der Systeme liegen.

Analysiert man das Transientenrecorderprinzip genauer, kann man zwei verschiedene Architekturen unterscheiden:

a) Jeder Kanal besitzt einen eigenen Analog-Digital-Converter (ADC, auch ADU: AD-Umsetzer) und einen eigenen Speicher (**Bild 8.4**). Die Vorteile liegen in der möglichen Geschwindigkeit von 50 MHz und in der großen Speichertiefe von 16 Mbyte pro Meßkanal. Nachteil ist vor allem der hohe Preis einer solchen Anlage.

Derartige Systeme bestehen aus leistungsfähigen *Stand-alone*-Transientenrecordern, deren Bedienung mit Hilfe eines Personalcomputers erfolgt.

b) Kernstück der anderen Architekturmöglichkeit ist ein *Multiplexer*, der die einzelnen Kanäle nacheinander abtastet und einen Datentransfer in die nachfolgenden Bausteine ermöglicht (**Bild 8.5**).

Der enorme Vorteil dieser Bauweise liegt darin, daß alle Kanäle einen ADC und einen Speicher benutzen können. Ein Unterschied der beiden folgenden Lösungen besteht im weiteren Aufbau.

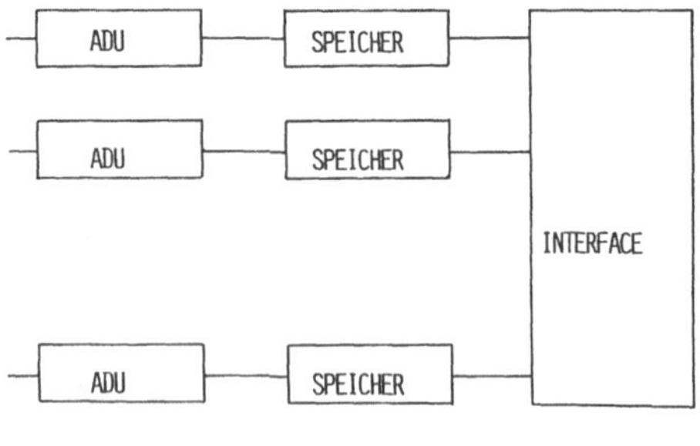

Bild 8.4
Architektur eines Transientenrecorders

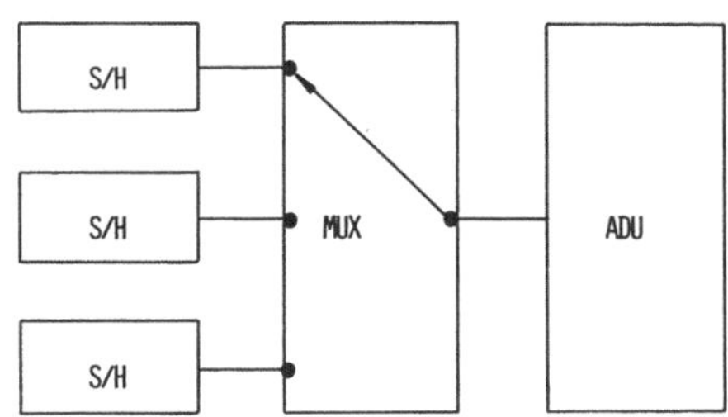

Bild 8.5
Architektur mit Sample/Hold-Baustein (S/H), Multiplexer (MUX) und Analog-Digital-Umsetzer (ADU)

Wie in Bild 8.5 gezeigt, besitzt jeder Kanal einen eigenen Sample/Hold-Baustein, der für die Dauer der Analog-Digital-Wandlung den Meßwert konstant hält. Dies hat zur Folge, daß das Signal in allen Kanälen zeitgleich erfaßt und digitalisiert wird. Ein spezielles Beispiel dazu zeigt **Bild 8.6.**

Eine andere, noch kostensparendere Möglichkeit besteht darin, Multiplexer und Sample/Hold-Baustein zu vertauschen. Dann werden die ankommenden Meßsignale der Reihe nach abgetastet und digitalisiert. Dabei entsteht allerdings ein *Zeitversatz* zwischen den Meßkanälen, der proportional zur Abtastrate ist. Werden z.B. vier Kanäle mit 1 kHz Abtastrate abgetastet, beträgt der Zeitversatz zwischen zwei benachbarten Kanälen eine viertausendstel Sekunde (**Bild 8.7**).

Bei einer ganzen Reihe von Anwendungen ist jedoch ein solcher Zeitversatz nicht tolerierbar, da ein hoher Interpolationsaufwand betrieben werden muß, um die entstandenen Fehler zu korrigieren, sofern dies überhaupt möglich ist.

Möchte man dieses Problem des Zeitversatzes unter Beibehaltung einer kostengünstigen Bauweise lösen, so gelangt man zu folgender Alternative:

Es gibt zwar keine vorgeschalteten Sample/Hold-Bausteine, doch erfolgt die Abtastung mehrerer Meßkanäle mit Hilfe eines Multiplexers (MUX in **Bild 8.8**), der eine Taktrate von 1 MHz aufweist, die unabhängig von der Abtastrate des Versuchs beibehalten wird. Bis zum nächsten *Burst* Meßwerte wird dann die entsprechende Zeit gewartet. Der verursachte Zeitversatz zwischen zwei Kanälen beträgt somit immer nur eine Mikrosekunde. Die Erfassung ist quasi synchron unter Beibehaltung einer preisgünstigen Bauweise (**Bild 8.9**). Ein Beispiel zu dieser Architekturmöglichkeit ist die Computerscopekarte von RC-Electronics.

Die maximale Abtastrate eines solchen Systems, das auf einer Einsteckkarte für den PC basieren kann, ist die Durchlaufrate des Multiplexers. In diesem Fall, also bei einer Abtastrate von 1 MHz, fällt der Zeitversatz von einer Mikrosekunde um so höher ins Gewicht: Tastet man nämlich zwei Kanäle mit 500 kHz ab, so liegt zwischen den Daten ein Zeitversatz, der der Abtastrate entspricht. In solchen Fällen sollte man auf ein leistungsfähigeres System umsteigen.

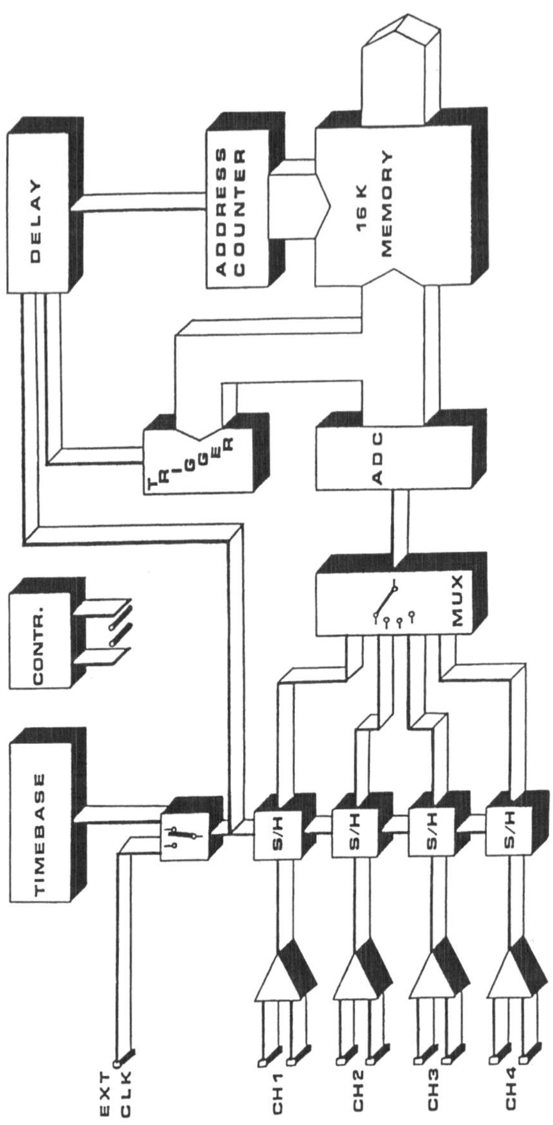

Bild 8.6 Meßwerterfassungssystem mit 4 Kanälen und Sample/Hold-Baustein für jeden Kanal

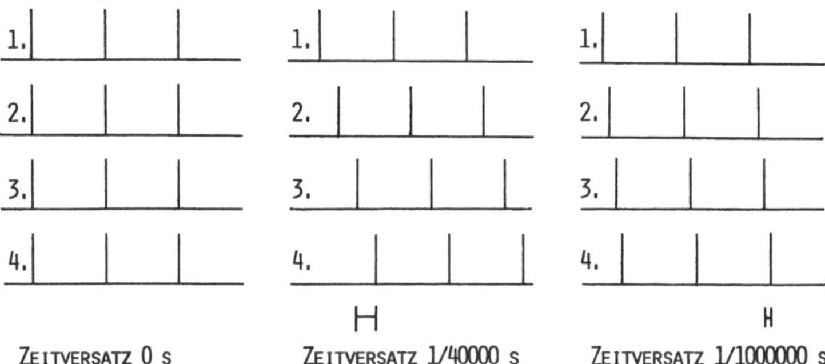

Bild 8.7 Zum Zeitversatz

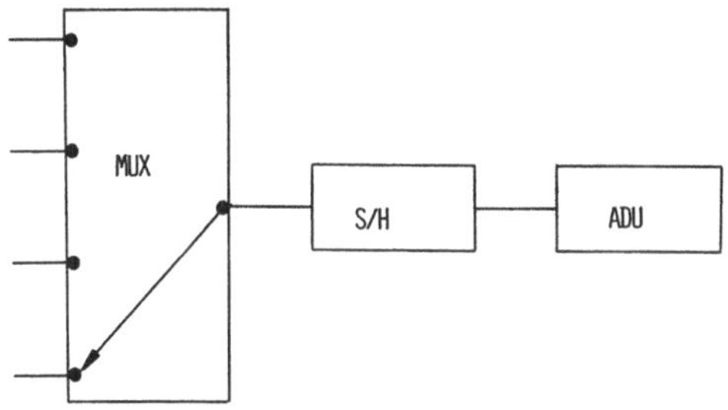

Bild 8.8 Architektur mit gemeinsamem Sample/Hold-Baustein (S/H) und vorgeschaltetem Multiplexer (MUX)

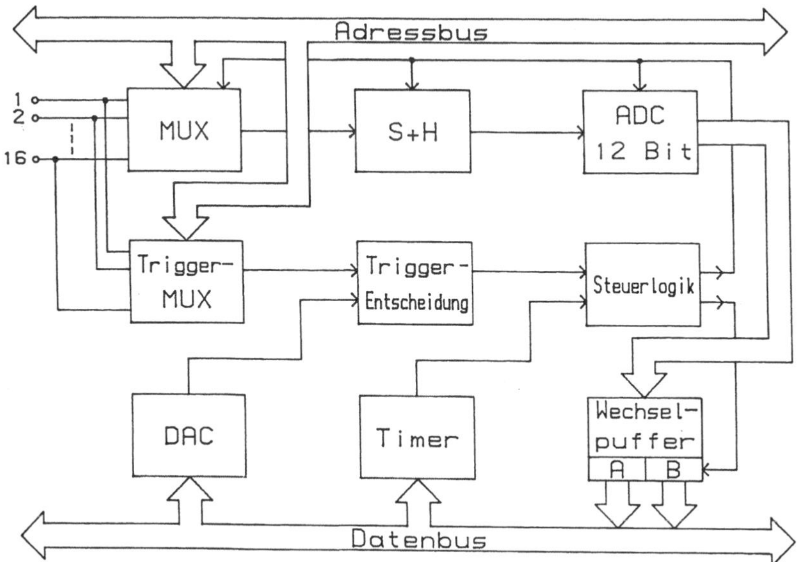

Bild 8.9 Erfassungssystem mit 16 Kanälen und Multiplexer mit Taktrate 1 MHz

8.2.3 Triggerverfahren

Wie das folgende Beispiel zeigt, ist eine effiziente Triggerung ein weiteres wichtiges Detail bei der Erfassung dynamischer Meßwerte: In einem Testverfahren sollen zwei Kanäle mit je 8 kHz Aufnahmerate über drei Minuten erfaßt werden, als Auswertung ist eine Multiplikation zeitgleicher Funktionswerte vorzunehmen.

Bereits in dieser Anordnung fallen 2,9 Mbyte Daten. Das entspricht bei einer Auflösung von 12 bit einem Speicherplatzbedarf von 5,8 Mbyte nur für die Rohdaten. Für die Auswertung kämen dann nochmals 5,8 Mbyte hinzu. Eine Analyse solcher Mengen gerät auch mit einem leistungsfähigen PC zum zeitraubenden Unterfangen. Es hat daher keinen Sinn, möglichst viele Daten aufzunehmen, um auf der sicheren Seite zu sein. Rationell zu bearbeitende Datenmengen sind nur durch eine gezielt arbeitende *Triggerung* zu erreichen.

Bestanden Triggerkreise früher aus analogen Komparatoren, die normalerweise pegel- und vielleicht noch flankenabhängige Triggerung erlaubten, so geschieht die Triggerung in modernen Systemen auf der digitalen Seite. Der AD-Wandler arbeitet kontinuierlich, während eine Triggerlogik die einlaufenden Daten überwacht und das Erfüllen der Triggerkonditionen erkennt.

Durch diese digitale Überwachung können die Bedingungen komplexer sein als bisher, da man die Intelligenz der Einsteckkarte oder des Rechners ausnutzen kann. Es wird somit möglich, zwei Pegel logisch miteinander zu verknüpfen (**Bild 8.10**).

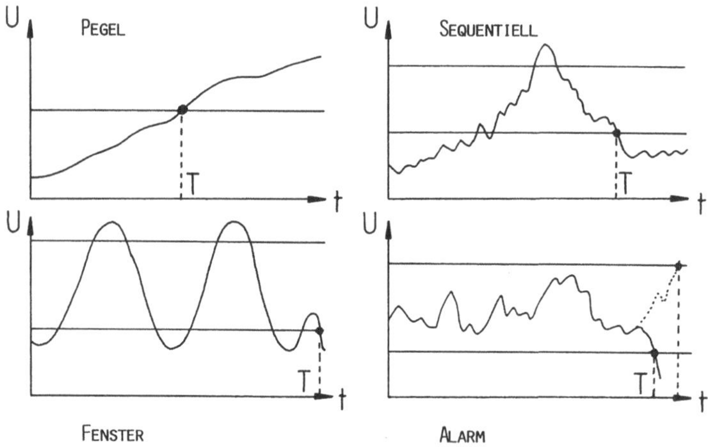

Bild 8.10 Verschiedene Triggerarten

Zu den wichtigsten Triggerarten außer Pegel- und Flankentriggerung gehören:

• *Sequentielle Triggerung:* Nach Überschreiten einer oberen Grenze wird getriggert, wenn der niedrigere Pegel unterschritten wird. Der in Bild 8.10 dargestellte Anlaufeffekt wird nicht mit aufgezeichnet.

• *Fenstertriggerung:* Es wird getriggert, wenn das Fenster nach unten verlassen wird, ohne daß unmittelbar vorher ein Überschreiten des oberen Pegels auftrat.

• *Alarmtriggerung:* Es wird getriggert, wenn das Intervall zwischen den beiden Pegeln verlassen wird.

Diese Triggerarten gestatten die gezielte Aufnahme des wirklich interessierenden Signalabschnittes und helfen somit, die Datenflut bereits vor der Aufzeichnung zu reduzieren.

Da oftmals gar nicht die Ereignisse nach dem Trigger interessieren, sondern beispielsweise untersucht werden soll, was vor der Auslösung geschah, bringt eine *Pretrigger-Zeitvorgabe* große Vorteile. Dabei wird angegeben, wie viele Meßpunkte vor dem entscheidenden Ereignis aufzuzeichnen sind. Überall da, wo man nach den Ursachen bestimmter transienter Vorgänge auf die Spur kommen will, ist diese Option unabdingbar.

8.2.4 Kontinuierliche Meßwerterfassung

Wie bereits am Anfang des vorigen Abschnitts gezeigt wurde, fallen sehr schnell große Datenmengen an, die auf knappem Speicherplatz verarbeitet werden müssen. Denn auch wenn die Festplatten der Personalcomputer heute 80 Mbyte und mehr aufweisen, ergibt sich die Frage einer optimalen Ausnutzung des Speichermediums.

Viele Versuche bestehen aus einer Reihe von zu erfassenden Einzelereignissen. Dazu sollte es möglich sein, den Speicher in einzelne Blöcke aufzuteilen, die dann schrittweise vollgeschrieben werden. Es würden dann pro Triggerauslösung z.B. 2 Kbyte Daten transferiert, wobei die Aufzeichnung nach Erreichen dieser Datenmenge endet und für erneute Ereignisauslösung zur Verfügung steht.

Wünschenswert wäre eine ebenfalls getriggerte Aufzeichnungsbeendung, die jedoch für Personalcomputer bei höheren Datenraten aufgrund der fehlenden *Multitasking-Eigenschaft* nicht zu realisieren ist. Um diese Forderung zu gewährleisten, müßten gleichzeitig die ankommenden Meßwerte mit dem vorgegebenen Level verglichen und abgespeichert werden. Da dies nicht möglich ist, wird pro Triggerauslösung ein fester Block benutzt (**Bild 8.11**). Dadurch kann man mehr als ein Ereignis pro Kanal in einem Datenfall erfassen und abspeichern, bevor der Rechner mit der Auswertung beginnt.

Im Gegensatz zur variablen Blocklänge ist es jedoch heute möglich, die Echtzeit des Blockanfangs mit abzuspeichern. Dadurch geht der zeitliche Bezug zwischen den Ereignissen eines Versuchs nicht verloren.

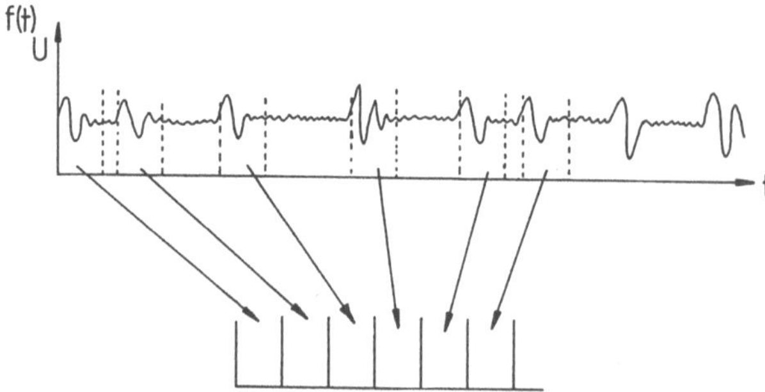

Bild 8.11 Rationelle Datenaufzeichnung in Blöcken

Gegenüber der festen Speichereinteilung besteht bei einigen Systemen, teilweise sogar zusätzlich, die Möglichkeit, den Speicher als Endlosspeicher zur Verfügung zu haben, so daß jeweils die letzten *n* Ereignisse aufgezeichnet bleiben.

Bei allen Angaben über die Speichergröße in Meßwerterfassungssystemen ist das Augenmerk auf die Dimensionierung zu legen. Oft wird z.B. eine Kapazität von 128 Kbyte angegeben. Bei einer heute meist üblichen Auflösung infolge der Digitalisierung mit 12 bit können mit diesem Speicher aber nur 64 Kbyte Daten aufgezeichnet werden, da jedes Meßdatenwort 2 byte Speicherplatz beansprucht.

Entsprechend reduziert sich eine 80 Mbyte Festplatte auf 40 Mbyte zuspeichernde Meßdaten. Für die Ablage von Ergebnissen oder Programmen wäre dann kein Platz mehr vorhanden.

Viele Einsteckkarten werden heute mit der Option der Speichererweiterung angeboten. Die Möglickeiten gehen dabei bis in den Megabyte-Bereich.

Gerade bei der Erfassung schneller Meßsignale über eine längere Zeit - z.B. 50 000 Messungen pro Sekunde über den Zeitraum einer Minute - fallen jedoch sehr große Datenmengen an, in diesem Beispiel drei Millionen Meßwerte, für die der Speicherraum von 64 Kbyte aber auch 1 Mbyte Daten auf einer PC-Einsteckkarte nicht ausreicht.

Es ergibt sich damit die Frage nach einem Ausweg aus dieser begrenzten Speicherplatzsituation. Große Reserven sind normalerweise auf der Festplatte vorhanden. Könnte man diese entsprechend aktivieren, ließe sich in einer Vielzahl von Anwendungen das Speicherproblem lösen.

Transferiert man aus einem karteninternen Speicher Daten in den Rechner, so ist der Computer mit dem Auslesen bei der Übertragung und dem Abspeichern auf der Festplatte beschäftigt. Bei zu verarbeitenden 64 Kbyte Meßwerten von je 2 byte dauert der Aus- und Einlesevorgang bei einer Geschwindigkeit von 200 Kbyte pro Sekunde eine zweidrittel Sekunde. Während dieser Zeit können aber keine neuen Werte erfaßt werden, so daß eine *Totzeit* entsteht (**Bild 8.12**).

Bei der genannten Abtastrate von 50 kHz bedeutet dies den Verlust von knapp 17 000 Meßwerten, in denen gerade das Ereignis stattgefunden haben könnte, auf das man schon lange gewartet hat. Es muß daher das Problem gelöst werden, wie man diese Totzeiten vermeidet.

Die Lösung besteht in der Anwendung eines *Wechselspeichers* (**Bild 8.13**). Die digitalisierten Daten werden dabei in einen Speicher geschrieben, der in zwei gleich große Bereiche aufgeteilt ist. Ist der Bereich A des Wechselpuffers (Puffer 1) mit Meßdaten gefüllt, erfolgt von der Intelligenz der Einsteckkarte automatisch eine Umschaltung auf den Bereich B des Speichers (Puffer 2). Während dieser nun mit Daten besetzt wird, kann der Rechner den Sektor A auslesen, so daß dieser Teil wieder benutzt werden kann, wenn B voll ist und zum Transfer ansteht. Diese Prozedur wiederholt sich so lange, bis der Meßvorgang abgeschlossen ist. Das Verfahren gewährleistet eine verlustfreie Datenübertragung, wenn der Speicher der Erfassungs-Hardware ausgereizt ist. Man kann sich leicht vorstellen, daß die maximal erreichbare Datenrate bei kontinuierlichem, unterbrechungsfreiem Betrieb von der Aufnahmegeschwindigkeit des Speichermediums beeinflußt wird.

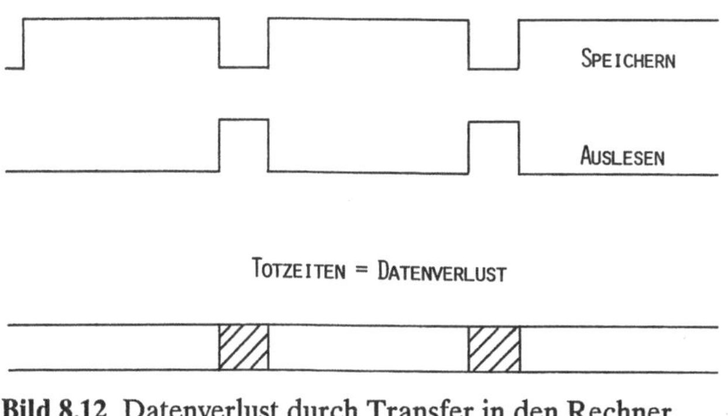

Bild 8.12 Datenverlust durch Transfer in den Rechner

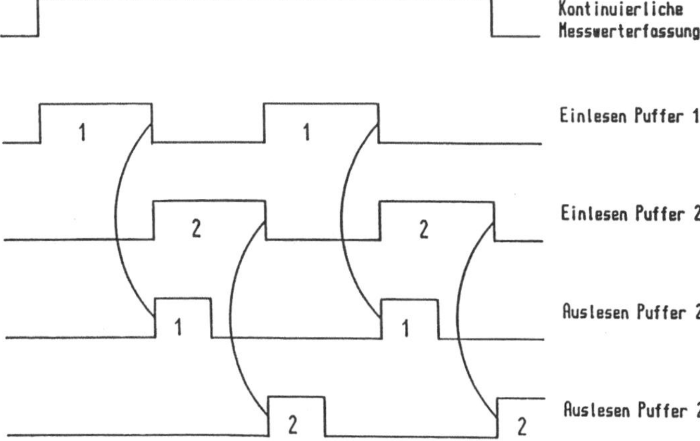

Bild 8.13 Arbeitsweise des Wechselspeichers

Realisierbare Transfergeschwindigkeiten liegen zwischen 40 und 200 Kbyte pro Sekunde. Diese enormen Unterschiede liegen darin begründet, daß für die Übertragung einerseits die Zugriffszeit der Festplatte wichtig ist, andererseits aber auch die Aufgliederung der bereits vorhandenen Datenbestände von Bedeutung ist. Während die mittlere Zugriffszeit der Festplatte unter dem Richtwert von 30 ms liegen sollte, ist außerdem darauf zu achten, daß die noch freien Sektoren der Festplatte nicht von Daten zerstückelt sind. Ist man auf das Erreichen von Höchstraten angewiesen, so empfiehlt es sich, mit Hilfe von Optimierungsprogrammen lückenhafte Bereiche in kompakte umzuspeichern. Unter Einsatz einer üblichen Festplatte mit einer Kapazität von 80 Mbyte lassen sich die in **Tabelle 8.1** genannten Meßzeiten erreichen.

Tabelle 8.1 Theoretisch erreichbare Aufzeichnungsdauer bei einer 80 Mbyte Festplatte

Abtastrate	*Aufzeichnungsdauer*
1 kHz	11 h 6,7 min
10 kHz	1 h 6,7 min
20 kHz	33,3 min
50 kHz	13,3 min
100 kHz	6,7 min

Grundlage dieser Angaben ist die volle Ausnutzung der Festplatte ohne Speicherreserve für die Auswertungsergebnisse und permanent abgelegte Programme. Wie bereits oben erwähnt, ist das Transferieren solch großer Datenmengen zwar technisch möglich, aber in der Praxis nicht sinnvoll.

Wichtige Voraussetzung zum Erreichen der hier genannten Aufzeichnungsraten und Speicherkapazitäten ist naturgemäß eine einwandfreie Abstimmung zwischen Hardware und Software.

Bei bestimmten Systemen ist diese Abstimmung mittlerweile so gut, daß man zur Kommunikation zwischen Einsteckkarte und Rechner direkt die CPU anpricht und auf diese Weise Übertragungsraten von 800 kHz erreicht. Außerdem werden durch die zugehörige Software auch Leistungspotentiale der Prozessoren 80x86 etc. ausgeschöpft, die das Betriebssystem nicht zu nutzen vermag.

Vorgenannte Übertragungsraten können nur mit solchen meßtechnischen Systemen geleistet werden, die auf Einsteckkarten mit Plazierung in einem freien *Slot* des Computers basieren und Zugang zum rechnerinternen Bus besitzen. Diese Vorteile werden jedoch dadurch erkauft, daß z.B. eine *Potentialtrennung* zwischen Meßgerät und Personalcomputer unmöglich ist.

Meßtechnisch können je nach Problemstellung PC-Meßgeräte in separaten Gehäusen mit eigener Stromversorgung nützlich sein. Man erreicht dadurch die bereits erwähnte Potentialtrennung zwischen den Geräten, wechselseitige Einstreuung und Beeinflussung werden vermieden. Je nach vorliegenden Betriebsbedingungen ist eine saubere *Schirmung* und zentrale *Erdung* ohne die gefürchteten Erdschleifen erreichbar.

8.2.5 Der Speicheroszillograph im PC

Eine sehr nützliche Möglichkeit, die ein System zur schnellen Meßwerterfassung mit einschließen sollte, ist die, den PC als Speicheroszillograph verwenden zu können (**Bild 8.14**). Das bedeutet, daß die erfaßten Werte im *Echtzeit-Betrieb* auf dem Display dargestellt werden und so, insbesondere bei leicht wiederholbaren Versuchen, eine erste Einschätzung und Ausmessung der Daten vorgenommen werden kann. Werden sie gleichzeitig im karteninternen Endlosspeicher abgelegt, so stehen sie für eine separate Auswertung zur Verfügung.

Schnelle Einstecksysteme leisten heute bei 12 bit Auflösung Erfassungsgeschwindigkeiten bis zu 1 MHz, bei 8 bit Auflösung sind 20 MHz möglich. Da die gewählten Einstellungen nicht wie gewohnt beim Oszillographen an den Knöpfen abgelesen werden können, sollten auf dem Bildschirm die *Informationen über die wesentlichen Meßparameter* enthalten sein. Eine visuelle Darstellung der Einstelknöpfe erscheint jedoch durchaus verzichtbar zu sein. Zu den wichtigsten Einstellparametern gehören: Aktivierte Meßkanäle, Abtastfrequenz, Triggerung, Skalierung usw. Standard sind heute außerdem Cursor und Referenzcursor für die Erstauswertung. Alle Parameter sollten verändert werden können, ohne die Programmebene verlassen zu müssen.

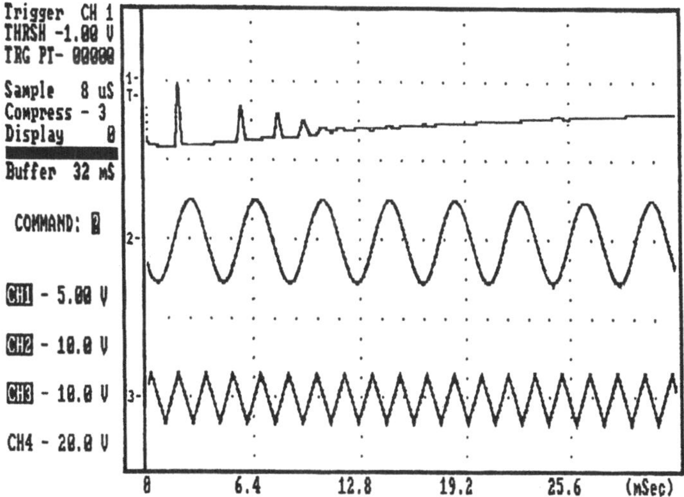

Bild 8.14 Der Speicheroszillograph im Personalcomputer

8.2.6 Auswahl des optimalen Systems

Angesichts des mittlerweile unübersichtlichen Marktes an Einsteckkarten und anderen Lösungen für die Meßwerterfassung im PC ergeben sich immer wieder zwei zentrale Fragen:

- Wie finde ich die für mich optimale Lösung?
- Welche Kriterien können mir meine Entscheidungsfindung erleichtern?

Die wichtigsten Merkmale sollen daher an dieser Stelle betrachtet werden.

• ***Kanalzahl***

Die Kanalzahl ist naturgemäß aus den Versuchsbedingungen vorgegeben. Dabei ist es jedoch wichtig, an zukünftige Anwendungen, die höhere Anforderungen stellen könnten, im voraus zu denken. Braucht man z.B. im Moment nur vier Kanäle, so reicht eine Einsteckkarte mit diesen Möglichkeiten. In einem Jahr werden vielleicht sechs Eingänge benötigt. Besitzt die dann angeschaffte Lösung keine Erweiterungsmöglichkeiten, ist eine komplette Neuinvestition erforderlich, die hätte vermieden werden können. Dabei ist nicht nur an den Anschaffungsbetrag zu denken, sondern auch an die eventuell erforderliche Einarbeitung in neue Software, Inkompatibilität bereits aufgezeichneter Versuchsdaten usw.

• ***Abtastrate***

Diese ist sowohl mit der Problemstellung als auch mit der Anzahl der Meßkanäle verbunden. Dazu muß man sich ein wenig mit der Theorie beschäftigen:

Das *Abtasttheorem von Shannon* (**Bild 8.15**) besagt, daß die erforderliche Abtastrate mindestens doppelt so hoch sein muß wie die höchste im Signal vorhandene Frequenz. Möchte man also z.B. ein Rechtecksignal von 10 kHz so abtasten und digitalisieren, daß man in seinen Versuchsergebnissen auch ein Rechtecksignal wiederfindet, so muß man dieses Signal erstaunlicherweise mit einer Abtastfrequenz von 180 kHz bearbeiten. Der Grund liegt darin, daß die 5. Harmonische noch einen erheblichen Anteil an der Bildung des Rechtecksignals hat.

Zu beachten ist weiterhin, daß die maximale Erfassungsrate in allen Prospekten als *Summenabtastrate* ausgelegt ist, d.h. bei 16 Kanälen und 1 MHz Gesamtrate kann jeder Kanal noch mit 62,5 kHz abgetastet werden, bei 16 Kanälen und 70 kHz Summenabtastrate sind es pro Kanal noch gerade 4375 Hz. Das würde theoretisch noch für Signale mit ca. 2200 Hz ausreichen, praktisch aber nur bis max. 850 Hz Signalfrequenz. Der Unterschied rührt daher, daß man in der Praxis die 5- bis 10fache Signalfrequenz als Mindestabtastrate nimmt.

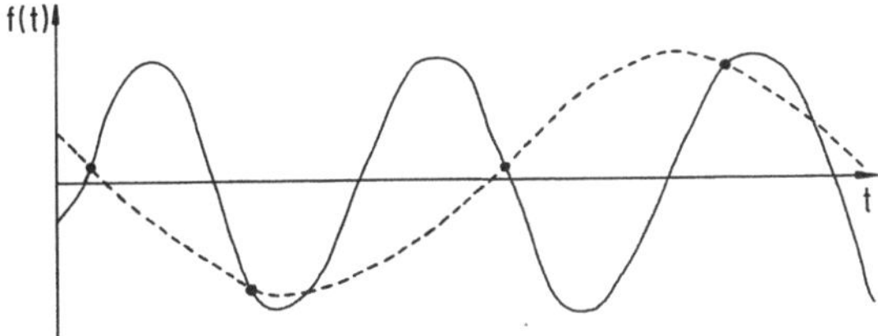

Bild 8.15 Zum Abtasttheorem von Shannon

Hält man sich nicht an das *Theorem von Shannon*, d.h. tastet man das Eingangssignal weniger als zweimal pro Periode ab, so kommt es zu einer Faltung des Signals im Frequenzbereich. In der Realität erhält man dadurch ein verfälschtes Signal. Um bei dem Beispiel des Rechtecksignals zu bleiben: Im Versuchsergebnis würde man zwar wieder eine periodische Funktion wiederfinden, die aber zumindest stark in Richtung Sinusfunktion aussähe, sofern die Abtastrate über 20 kHz liegt. Sinkt diese gar darunter, so ergibt sich eine Funktion, die nichts mehr mit dem Meßsignal zu tun hat.

Für das in Bild 8.15 dargestellte Signal ergibt sich als verfälschtes Ergebnis ebenfalls wieder ein Sinus, dessen Frequenz aber mit den ursprünglichen Daten nur wenig zu tun hat. Den Effekt dieser Signalverfälschung nennt man *Aliasing*.

Steht aufgrund der Hardwareausstattung die erforderliche Abtastrate nicht zur Verfügung, kann diesem Fehler auch mittels eines geeignet gewählten *Tiefpaßfilters* entgegengewirkt werden. Ein nachträgliches Filtern der Daten per Software hilft jedoch nicht mehr, da bereits ein verfälschtes Signal abgespeichert wurde.

Ein zuverlässiges Bestimmen der geeigneten Abtastrate kann nur mit Hilfe einer *Fourieranalyse* des zu untersuchenden Signals erfolgen. Um unnütze Datenaufzeichnung zu vermeiden, ist die Abtastrate stets nur so hoch zu wählen wie unbedingt notwendig.

Ein *optischer Aliasingeffekt* ergibt sich, wenn bei der Darstellung von z.B. 3000 Abtastpunkten durch begrenzte Bildschirmauflösung von 640 *Pixel* in der Breite nur ca. jeder 5. Punkt gezeigt wird. Dieser Effekt kann jedoch dadurch vermieden werden, indem das dargestellte Signal mindestens soweit gezoomt wird, daß jedem Bildpunkt ein Meßpunkt zugrunde liegt.

• ***Speicherkapazität***

Es stellt sich hier die Frage, ob die vorhandene Speicherkapazität sowohl auf der Zusatz-Hardware als auch beim PC ausreicht. Bei großen Datenmengen ist außerdem grundsätzlich zu prüfen, ob der PC den gestellten Aufgaben überhaupt gewachsen ist. Außerdem sollte gewährleistet sein, daß eine kontinuierliche Meßwerterfassung ohne jeden Datenverlust ablaufen kann.

• ***Auflösung***

Welche Auflösung wird bei der Digitalisierung der angestrebten Hardware erreicht? Als Erfahrungswerte können folgende *Mindestforderungen* an die Auflösung beim Einsatz schneller Meßwerterfassungssysteme genannt werden:

- Mechanische Untersuchungen 8 - 10 bit
- Vibrations- und Freqenzanalysen 12 bit
- Audio-Applikationen, Sprachaufzeichnung, Spracherkennung 16 bit

Standard der meisten Einstecksysteme ist heute 12 bit

Ein reiner Vergleich der angegebenen Bit-Zahlen der verschiedenen Systeme reicht jedoch nicht aus. Von gleicher Bedeutung ist der vorgegebene *Eingangsbereich*, auf den sich die Auflösung verteilt. Bei 12 bit ergeben sich 4096 Schritte, d.h. bei einem Eingangsbereich +/- 10 V ist die Genauigkeit des letzten Bits 4,8 mV. Lastet man diesen Gesamtbereich jedoch nur mit Amplituden z.B. um 300 mV aus, so bleiben von den ursprünglichen 12 bit nur noch 6 bit für die Digitalisierung zur Verfügung, die Genauigkeit sinkt drastisch. Bei einem Eingangsbereich von +/- 1 Volt ergibt sich dagegen: Das letzte Bit wird bei 0,48 mV gesetzt, bei 300 mV fehlt nur die höchste Stufe, so daß die Genauigkeit 11 bit beträgt. Gefordert werden muß also eine flexible Konfiguration des Eingangsbereiches.

Tabelle 8.2 Zusammenhang zwischen Auflösung, Quantisierungsschritten und Genauigkeit

Auflösung in Bit	*Anzahl der Quantisierungsstufen*	*Genauigkeit in Prozent*
6	64	1,56
8	256	0,39
10	1.024	0,098
12	4.096	0,024
14	16.384	0,0061
16	65.536	0,0015

• ***Triggerung***

Bezüglich der Triggerung ist die Beantwortung der folgenden Fragen nützlich:

- Welche Triggerart kann am besten helfen, nicht benötigte Daten unaufgezeichnetzu lassen?
- Bietet die angestrebte Lösung diese Triggermöglichkeit?
- Können die Daten, nach Ereignissen getriggert, blockweise abgespeichert werden?

• ***Bedienungsfreundlichkeit***

Die Bedienungsfreundlichkeit sollte sicherlich einer der wichtigsten Punkte einer Kaufentscheidung sein. Bedingt durch die Verwendung des PCs wurden die Einstellknöpfe des Oszillographen mit der Tastatur vertauscht - ob dies ein guter Tausch war zeigt sich bei der Benutzerführung.

Meßwerterfassungssysteme für den PC werden mit verschiedenen Benutzeroberflächen geliefert, die wie folgt unterschieden werden können:

a) Systeme, deren Bedienung erst noch in eine *Hochsprache* programmiert werden muß. Der Vorteil liegt in sehr hoher Flexibilität, da die Programmierung ganz auf die Problemstellung abgestimmt werden kann. Dies wird erkauft durch eine hohe Einstiegsschwelle, nämlich die erforderlichen Programmierkenntnisse. Da selbst erstellte Programme meist einer ausführlichen Dokumentation entbehren, liegt hier in Abhängigkeit vom Benutzer zumindest ein potentieller Nachteil.

b) Systeme, deren Bedienung auf der *Eingabe von Kommandos* beruht. Auch hier muß noch programmiert werden, wenn auch auf einer einfacheren Ebene als bei a. Der Benutzer wird kaum geführt, eine Benutzung nach mehreren Monaten anderer Arbeiten ist zum Teil etwas mühsam.

c) Systeme, deren Bedienung auf *Menüführung* beruht. Es brauchen keinerlei Programmierkenntnisse vorhanden zu sein. Bei einem guten Programm wird der Benutzer von Entscheidung zu Entscheidung unter Angabe der Möglichkeiten geführt. Bei diesem *Dialogbetrieb* ist die Einstiegsschwelle niedrig, was dabei helfen kann, evtl. Aversionen gegen die Arbeit mit dem PC auszuräumen. Bedingt durch die Starrheit der Menüführung kann der Eindruck der Unflexibilität in der Bedienung auftreten. Dieser Nachteil läßt sich jedoch durch geschickte Programmierung weitgehend ausräumen.

Während der Bediener bei a und b weitgehend selbst für die Übersichtlichkeit seiner Displaydarstellung verantwortlich zeichnet, hat man bei Menüführung diese Möglichkeit nicht. Daher ist es notwendig, stets über alle wichtigen Meßparameter auf dem Bildschirm informiert zu werden. Eine Vereinfachung menügeführter Systeme besteht bekanntlich in der Maus, deren Gebrauch auch bei meßtechnischer Software zunehmend Einzug hält.

Besonders komfortabel sind natürlich solche Systeme, die sowohl menügesteuert sind, als auch die Möglichkeit besitzen, die Meßwerterfassung direkt über Hochsprache und Ansteuerung einzelner Hardware-Ports in ein komplettes Programm einzubinden, um so bei fortgeschrittenen Benutzerkenntnissen die Handling-Dauer abzukürzen. Damit wird die Möglichkeit gegeben, die Meßwerterfassung zunächst auf das spezielle Problem per Direktprogrammierung abzustimmen und dann eine solche Benutzerführung darüber zu legen, daß die Datenerfassung auch von Personen geringerer EDV-Qualifikation durchgeführt werden kann.

Für alle Arten der Bedienung ist ein leicht verständliches *Manual* (Handbuch) unabdingbar. Dabei ist die These "Handbuch in jedem Fall auf deutsch" nicht immer richtig. Ein gut strukturiertes Manual in englisch hilft mehr als eine Wort-zu-Wort-Übersetzung.

8.3 Meßwertverarbeitung

8.3.1 On-line-Verarbeitung

On-line-Verarbeitung bedeutet eine Ergebnisberechnung im *Realtime-Betrieb* ohne entstehende Verzögerungen. Es leuchtet ein, daß ein Personalcomputer aufgrund seiner Leistungsfähigkeit dazu nicht in der Lage ist. Es wurde oben bereits das Problem angesprochen, daß das Betriebssystem *MS-DOS nicht Multitasking-fähig* ist. Andererseits gibt es eine ganze Reihe von komplexen Aufgabenstellungen wie z.B. die folgende:

Zwei verrauschte Kanäle sollen mit 8 kHz abgetastet und für die Dauer von 10 Minuten auf Spannungsspitzen untersucht werden. Vor der Erkennung der Maxima ist eine Rauschunterdrückung per *Averaging* durchzuführen. Dabei wird aus Datenabschnitten ein *Ensemblemittelwert* bestimmt. Die statistisch gleichverteilten Rauschanteile werden zu Null, ein in den Daten enthaltenes Signal bleibt erhalten. Das Verhältnis Signal zu Rauschen wird deutlich erhöht. Nicht die gesamten Signale, sondern lediglich die Spannungsspitzen sind mit zugehörender Zeit zu speichern und auf dem Bildschirm anzuzeigen.

Eine *Off-line-Meßwerterfassung* müßte also zunächst 106 Millionen Daten erfassen, was mit dem PC unmöglich ist. Dennoch ist diese Aufgabenstellung dadurch lösbar, daß eine Einsteckkarte verwendet wird, die über einen eigenen Rechenprozessor bereits die Auswertung vornimmt, während der PC sich auf Datenspeicherung und Bildschirmgraphik in wesentlich geringerer Menge konzentrieren kann.

Mittlerweile sind sowohl solche Einsteckkarten erhältlich, deren Prozessor vom Anwender noch programmiert werden kann (*polyfunktional*), als auch solche, die bereits vom Hersteller auf bestimmte Auswertungsarten festgelegt sind (*monofunktional*), z.B. Fourieranalysekarten. Dabei werden zwar nicht die Geschwindigkeiten erreicht, die hochwertige Analysatoren leisten, doch sind beispielsweise bei eine Fourieranalyse - basierend auf 128 Stützstellen - Echtzeitfrequenzen von 10 kHz möglich.

8.3.2 Off-line-Verarbeitung

Grundsätzlich müssen und können die Daten, die bei dynamischer Meßwerterfassung anfallen, den gleichen Auswertungsprozeduren unterzogen werden wie die Ergebnisse langsamerer Messungen. Daher soll auf die üblichen Verfahren nur kurz eingegangen werden, die Fourieranalyse aber, die für die schnelle Erfassung von Daten besonders wichtig ist, etwas näher erläutert werden.

Hinsichtlich der Bedienungsoberfläche, die ein anzuschaffendes Auswertesystem beinhalten sollte, gilt im wesentlichen das Gleiche wie bereits bei der Meßwerterfassung gesagt. Es ist ein enormer Vorteil des Personalcomputers, bei vielen Hard- und Software-Konzeptionen für Erfassung und Verarbeitung eine einheitliche Benutzeroberfläche zur Verfügung zu haben.

• ***Meßdatenaufbereitung***

Häufig liegen Meßdaten in einer Form vor, die wenig aussagekräftig ist. Sie müssen in entsprechender Weise aufbereitet werden. Es gibt eine ganze Reihe von Möglichkeiten:

a) mathematische Aufbereitung: Glättung, Differentiation, Integration, additive und multiplikative Verknüpfung von Meßsignalen;

b) softwaremäßige elektronische Aufbereitung: Gleichrichtung, Invertierung, De-Meaning, DC-Offset, Filterung etc.

Wichtig bei einer Kaufentscheidung ist, daß die angestrebte Software einerseits die gewünschte Modifikation leisten kann, andererseits die so aufgearbeiteten Daten weiteren Analysen unterzogen werden können. Dazu muß das benutzte Datenformat von Versuchsergebnissen und Auswertungen kompatibel sein.

Da die Datenfiles bei der schnellen Meßwertwerfassung oft sehr lang sind, ist es nützlich, wenn die Möglichkeit besteht, Zeit zu sparen, indem man zunächst nur jeden zweiten oder dritten Wert betrachtet. Dies entspricht einer softwaremäßigen Reduzierung der Abtastrate, Vorsicht vor nachträglichem *Aliasing* ist also geboten.

Es gibt kaum ein Programm, das alle Benutzerwünsche erfüllt, dazu sind zu viele Spezialfälle möglich. Daher ist es von nicht zu unterschätzender Bedeutung, wenn Datenfiles in einem Format ablegbar sind, das aus eigenen Programmen über BASIC, FORTRAN, dBASE usw. aufrufbar ist. Ein solches wäre beispielsweise das ASCII-Format. Dadurch wird es möglich, Standardprogramme benutzerspezifisch zu ergänzen.

• ***Meßwertanalyseverfahren***

Es würde an dieser Stelle zu weit führen, wollte man alle bewährten Analyseverfahren hier näher beschreiben. Wichtig sind vor allem:

a) *Klassierungsmöglichkeiten:* Amplituden- oder zeitbezogen zur Erstellung von Histogrammen. Klassierungsbreite sowie -kriterium sollten vom Benutzer vorgegeben werden können.

b) *Statistische Auswertungen:* Arithmetisches Mittel, Medianwert, Standardabweichung, Rangkorrelationsverfahren, Linerare Regression usw. Diese Mittel sind besonders bei der Analyse von Ungenauigkeiten der Meßergebnisse nützlich. Näheres dazu enthält DIN 1319 (vgl. auch Kap. 6).

c) *Averaging:* Ensemble-Mittelwertbildung zur Aufdeckung latenter Periodizität in verrauschten Signalen

d) *Interpolation:* Lineare, quadratische, kubische sowie Splineinterpolation gehören zum Standard, wenn funktionale Zusammenhänge erkannt werden sollen.

• ***Fourieranalyse***

Der Grundgedanke dieses für die dynamische Meßwerterfassung fundamentalen Verfahrens geht auf eine 1822 erschienene Veröffentlichung von *Joseph de Fourier* zurück. Basierend auf einer vom Benutzer zu bestimmenden Anzahl von Stützstellen ist es mit Hilfe moderner Algorithmen wie beispielsweise von *Cooley* und *Tukey* möglich, zeitabhängige Funktionsverläufe in die zugrunde liegenden Frequenzanteile zu verwandeln.

Der Rechenaufwand für Fourieranalysen ist auch heute noch enorm: Waren früher bei n Stützstellen n x n Multiplikationen erforderlich, bei 1024 Stützstellen also über 1 Million Rechenoperationen, so hat sich durch die angesprochenen Algorithmen die Zahl der Multiplikationen in diesem Fall auf ca. 10 000 verringert. Ein PC benötigt dazu unter Zuhilfenahme eines installierten Arithmetik-Koprozessors je nach Programm 2 bis 6 Sekunden.

Für die dynamische Meßwerterfassung ist die Zerlegung eines Zeitsignals in seine Frequenzanteile deswegen wichtig, weil anhand der Fourieranalyse erkannt werden kann, ob die gewählte Abtastrate ausreicht bzw. evtl. reduziert werden kann, ohne Aliasingeffekte zu produzieren. Besonders bei Abtastraten von vielen Kilohertz bewirkt jede vertretbare Verringerung der Taktrate eine erhebliche Verminderung der Datenflut und damit Senkung des Auswerteaufwands.

9 PP2 - Eine typische Prozeßperipherie

von Hans-Joachim Schuster

Es wird der Aufbau, die Rechneranschaltung und die Systemsteuerung der Prozeßperipherie PP2 beschrieben. PP2 ist eine in der *Physikalisch-Technischen Bundesanstalt* (PTB) in Braunschweig entwickelte modulare, universelle Prozeßperipherie für Kleinrechner (PCs) zum Messen, Steuern und Regeln physikalischer Prozesse.

9.1 Einleitung

Prozeßperipherie ist nach DIN 66 201 der Sammelbegriff für rechnergesteuerte Geräte, die dem Informationsaustausch zwischen dem Rechner und einem damit zu steuernden oder zu regelnden physikalischen Prozeß dienen. Typische Funktionselemente der Prozeßperipherie sind z.B.: Digitale und analoge Multiplexer, Analog-Digital- und Digital-Analog-Wandler, Sensoren, Stellglieder, Zeitgeber, Zähler, Signalformer, Signalverstärker.

In der PTB wurde zur Automatisierung der Meß- und Prüfprozesse mittels Kleinrechner (PC) eine modulare universelle Prozeßperipherie PP2 entwickelt. Hauptziele dieser Entwicklung waren:

- *Bereitstellung* preiswerter und effektiver Module für alle Standardfunktionen der Prozeßperipherie. Der große Bedarf in der PTB rechtfertigt diese Eigenentwicklung.

- *Schaffung* einer breiten und leicht erweiterbaren Ausgangsbasis für die Entwicklung kommerziell nicht erhältlicher Spezialgeräte.

- *Vereinheitlichung* der Meß- und Prüfeinrichtungen hinsichtlich ihrer Konfigurierung, Betreibung und Wartung. Außerdem sollte Austauschbarkeit und Kompatibilität zu anderen in der PTB benutzten Rechnern gewährleistet sein.

Die Entwicklung wurde ständig - über viele Jahre - erweitert, verbessert und modernisiert, so daß heute ein ausgereiftes System mit einem besonders reichhaltigen Angebot an Prozeßfunktionen zur Verfügung steht.

Durch viele neue Komponenten und gegenüber anderen Systemen verbesserte Eigenschaften werden effektivere Wege der Prozeßautomatisierung erschlossen. So können z.B. die digitalen und analogen Ein- und Ausgänge im DMA- oder "REP INS"-Mode mit beliebigen Adreßfolgen und Synchronisationsschemen gelesen oder beschrieben werden. Dadurch können auch komplexe Datenübertragungsprogramme mit sehr hoher Rate (über 1 Mbyte/s) oder auch quasisimultan zu anderen Programmen (im Hintergrund) ausgeführt werden. Zur Aufnahme großer Datenmengen stehen 8-Mbyte-Zusatzspeicher zur Verfügung, die unterbrechungsfrei mit dieser hohen Rate beschrieben werden können.

PP2 zeichnet sich gegenüber anderen Systemen auch durch besonders hochauflösende *Analogfunktionen* aus (maximale Meßabweichung kleiner 1 μV), die für Präzisionsmessungen mit Widerstandsthermometern, Thermoelementen oder Dehnungsmeßstreifen geeignet sind. Für die *Laserinterferometrie* werden neuartige Vor-/Rückwärts-Zähler mit gegenüber konventionellen Zählern 8fach höherer maximaler Zählfrequenz angeboten.

Durch die Software werden die Funktionseinheiten der PP2 wie Speichermodule durch einfache Ein-/Ausgabebefehle (IN, OUT) angesteuert. Durch den Verzicht auf komplexe Portbausteine ist die Adressierung und Parametrisierung dabei funktionsorientiert, transparent und einfach vorzunehmen. Für die Meßwertbearbeitung steht eine Datenschnittstelle zum Auswerteprogramm ASYSTANT sowie eine umfangreiche Programmbibliothek (ASSEMBLER- und QuickBASIC-Module) zur Verfügung.

9.2 Allgemeiner Aufbau

Die Prozeßperipherie PP2 ist als systembusgesteuertes, vom Rechner abgesetztes *Steckkartengerät* ausgeführt. Der Gerätebus ist im Standardfall über eine Systembusanschaltung (s. 9.3) mit dem Systembus eines Rechners verbunden und stellt funktionell eine Verlängerung dieses Busses dar. Entsprechend werden auch die Steckkarten, die die Prozeßfunktionen (s.u.) realisieren und auf den Gerätebus gesteckt werden, wie die Speicher- und Kontrollereinheiten des Rechners angesteuert.

Der *Gerätebus* enthält die Signale: D0 - D15 (bidirektionale Daten), S0 - S7 (Selektsignale, die die Steckkarten auswählen), A0 - A2 (Adreßsignale, die auf den Steckkarten decodiert werden und dort 8 Subadressen zur Verfügung stellen), Φ_2 (Taktsignal mit dessen Rückflanke die Daten vom Rechner bzw. von der PP2 übernommen werden), R/W (Richtungssignal), IRQ0 - IRQ3 (Alarmsignale).

PP2 kann auch über eine IEC-Bus- oder DMA-Schnittstelle angesteuert werden, wenn z.B. für einen Rechner keine Systembusanschaltung verfügbar ist oder besonders hohe Datenübertragungsraten realisiert werden müssen. In diesen Fällen werden die Gerätebussignale mittels spezieller Anschaltungen aus den IEC-Bus- bzw. DMA-Signalen erzeugt (s. 9.4 und 9.5).

Die *Steckkarten* (Europa-Format; 64polige Siemensstecker als Busverbinder) enthalten die Elektronik für die vielfältigen Prozeßfunktionen der PP2. So gibt es z.B. digitale und analoge Ein-/Ausgabe-, Multiplexer-, Zähler-, Timer-, Relais-, V.24-, Optokopplerkarten sehr unterschiedlicher Spezifikationen und Eigenschaften.

Die prozeßseitige Beschaltung dieser Steckkarten erfolgt über weitgehend frei wählbare Stecker und Buchsen (z.B. BNC-, Bananen-, 25polige D-Stecker), die auf der universell konzipierten Frontplatte des Gerätes installiert und meist über Bandkabel mit den Steckkarten verbunden sind.

Auf dem vorderen Rand der Steckkarten befinden sich *Kommunikationsstecker*, die alle Signale zur Verfügung stellen, die für eine Kommunikation der Steckkarten untereinander wichtig sind. Die Kommunikationsstecker aller Steckkarten bilden das interne Programmfeld der PP2, auf dem die Funktionseinheiten durch Steckleitungen beliebig verbunden und so verschiedenartige Hardwarekonfigurationen realisiert werden können.

Für das System steht auch eine Rechnerkarte (*Einplatinenrechner*) zur Verfügung, die den vorgeschalteten Steuerrechner ersetzt und PP2 zu einem eigenständigen und autarken Meß-, Steuer- oder Regelgerät ergänzt. Zur Vernetzung mit anderen Rechnern sind dann RS-232- bzw. RS-485-Schnittstellen vorgesehen.

9.3 Systembusanschaltung

Im Standardfall wird PP2 mittels einer Systembusanschaltung, die sich im Rechner befindet und meist als "*Slotplatine*" ausgeführt ist, an den Systembus des Rechners angeschlossen. Die Anschaltung übernimmt im wesentlichen folgende Funktionen:

- Übersetzung der Systembussignale in funktionell entsprechende Gerätebussignale und umgekehrt.
- Treiben und Empfangen der Signale zur bzw. von der PP2.
- Erzeugung der Selektsignale S0 - S7 des Gerätebus' durch Decodierung der Adreßsignale A_i ($i > 2$) des Rechners.
- Sperrung aller Gerätebussignale, wenn kein Datenaustausch mit der PP2 stattfindet. Dadurch wird die Einsetzung der Rechnersignale während der Ausführung hochauflösender analoger Meßvorgänge vermieden.

9.3.1 Software

Für den Prozessor stellt sich die PP2 als eine Schar *Ports* (Ein-/Ausgabe-Kanäle) dar, die über die Assembler-Ein-/Ausgabebefehle (beim PC XT/AT)

IN ac, (DX) und OUT (DX), ac

oder entsprechende *Hochsprachebefehle* gelesen bzw. beschrieben werden können.

DX enthält die PP2-Adresse (*Portadresse*), die gelesen oder beschrieben werden soll, ac beschreibt das Register in das der Wert geladen bzw. aus dem er entnommen wird. Die PP2-Adresse (ADR) ergibt sich aus der Beziehung:

$$ADR = B + 8 \cdot i + j$$

Darin sind:

- B die *Basisadresse* der PP2, die im Falle der Anschaltung an einen PC XT/AT 640 beträgt;
- i (0 bis 7) die *Steckplatznummer* der Steckkarte;
- $B + 8 \cdot i$ die *Selektadresse* der Steckkarte;
- j (0 bis 7) die *Subadresse* (auf jeder Steckkarte stehen 8 Subadressen zur Verfügung).

Die Bedeutung der PP2-Adressen und der darüber zu übertragenden Informationen ist der Beschreibung der Steckkarten zu entnehmen (s. 9.6).

9.3.2 Hardware

Der Schaltplan der Systembusanschaltung an einen PC XT/AT ist in **Bild 9.1** dargestellt.

Mittels des Bausteins IC1 werden die Selektsignale S0 bis S5 der Platinen durch Adreßdecodierung gebildet. IC2 dient der Erzeugung von Φ_2 und R/W (PP2-Bus) aus IOR und IOW (Rechnerbus). IC3 und IC8 realisieren ein Alarm-Flip-Flop, das über die Adresse $B + 56$ gelesen und über $B + 48$ gelöscht werden kann. IC4, IC5 und IC6 sind Signaltreiber.

9.4 IEC-Bus-Anschaltung

Mittels der IEC-Bus-Anschaltung läßt sich die prinzipiell Systembus-orientierte PP2 (s. 9.3) auch über eine IEC-Bus-Schnittstelle ansteuern. Jeder PP2-Port kann über eine IEC-Bus-Adressierung und die Übertragung eines Bytes gelesen oder beschrieben werden. Die Portadresse wird dabei durch die Sekundäradresse und ein Bit der Primäradresse (es werden 6 Bits benötigt) übergeben.

Darüber hinaus verfügt die Anschaltung über neuartige Funktionen zur Datenfeldübertragung. Damit können mit einem einzigen Adressierungsbefehl beliebig viele Ein- oder Ausgänge der PP2 in frei wählbarer Folge der Adressen - auch periodisch wiederholend - gelesen bzw. beschrieben werden. Diese Datenübertragung kann auch zur Synchronisation bei beliebigen Adressen gestoppt und durch ein externes Signal fortgesetzt werden. Die Adreß- und Synchronisationsinformation wird dabei in einem ROM auf der Anschaltung gespeichert und wieder über die Sekundäradresse und ein Bit der Primäradresse aufgerufen. Durch diese Datenfeldübertragung wird die maximale Datenrate (ohne Synchronisation) um einen

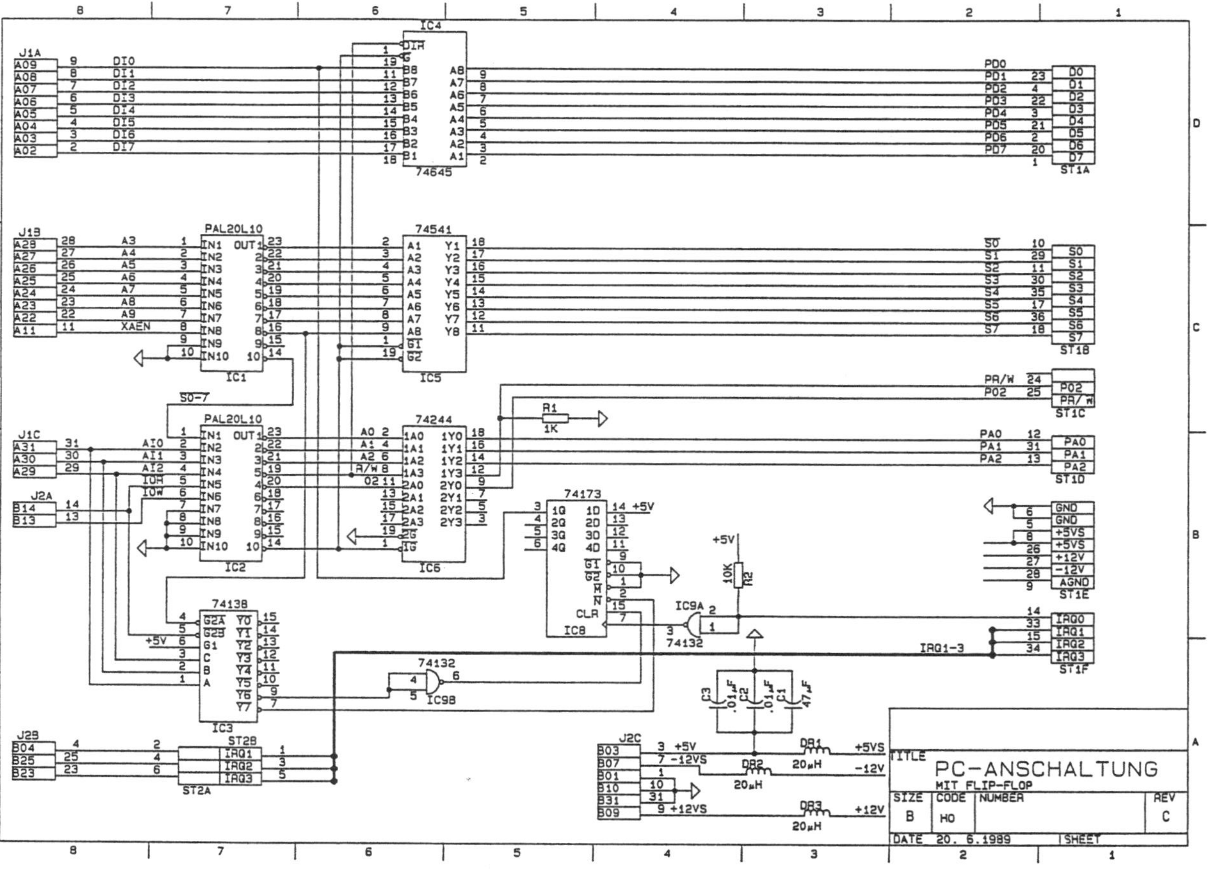

Bild 9.1 Systembusanschaltung

Faktor von etwa 100 gegenüber der Ein-Byte-Übertragung auf etwa 30.000 byte/s erhöht.

9.4.1 Software

Zur Initiierung einer Datenübertragung (Ein-Byte- oder Feldübertragung) ist durch die Sekundäradresse *i* (0...32) und das niedrigstwertige Bit A_0 (0 oder 1) der Primäradresse die indirekte Startadresse $IADR_1 = i + A_0 \cdot 32$ der PP2 festzulegen.

Dadurch, daß ein Bit der Primäradresse für die PP2-Adressierung benötigt wird, belegt die PP2 zwei Geräteadressen und zwar (binär codiert):

$$GADR = G_5\, G_4\, G_3\, G_2\, 0 \quad \text{und} \quad GADR + 1 = G_5\, G_4\, G_3\, G_2\, 1,$$

wobei die Werte der Bits G_5 bis G_2 durch Schalter auf der Anschaltungsplatine festgelegt werden.

Die indirekte Startadresse $IADR_1$ ist die indirekte Adresse der PP2, aus der oder in die das erste zu übertragende Byte gelesen bzw. geschrieben wird. Die nachfolgenden Bytes (bei Feldübertragung) bekommmen automatisch durch Hardware-gesteuerte *Inkrementierung* die indirekten Adressen $IADR_2 = IADR_1 + 1$, $IADR_3 = IADR_2 + 1$, ... zugeordnet, solange das *Periodizitätsbit P* (s.u.) Null beträgt. Beträgt es für eine Adresse Eins, wird als nächste Adresse wieder die Startadresse $IADR_1$ eingeschaltet (Adreßrücksprung).

Die tatsächlichen zu lesenden bzw. zu beschreibenden direkten PP2-Adressen ergeben sich aus den Inhalten der durch die indirekten Adressen adressierten Zellen des ROMs auf der Anschaltung. Diese Zellen enthalten auch das *Periodizitätsbit P* (s.o.) und ein Synchronisationsbit. Die Anordnung der Bits ist: Bit 0 (niedrigste Bewertung) bis Bit 5 sind die Binärziffern der direkten PP2-Adresse, Bit 6 ist das Periodizitätsbit *P* und Bit 7 das Synchronisationsbit *S*.

S dient der Synchronisation. Das Byte mit der indirekten PP2-Adresse $IADR_i$ wird sofort oder erst nach der Aktivierung des IRQ-Signals übertragen, je nachdem ob *S* in der Zelle $IADR_i$ null oder eins beträgt.

Die Anzahl der zu übertragenden Bytes, ihre Arbeitsspeicheradressen und die Übertragungsrichtung (Lesen oder Schreiben) werden durch den IEC-Bus-Befehl festgelegt.

Im Standardfall sind die ersten 48 Zellen des PROMs mit ihren eigenen Adressen geladen. Dadurch entsprechen die direkten PP2-Adressen 0 bis 47 den indirekten PP2-Adressen (Adressenübertragung 1:1). Die mit der IEC-Bus-Adressierung übergebenen Adressen entsprechen dann in diesem Adreßbereich den direkten PP2-Adressen. Dadurch können grundsätzlich alle PP2-Adressen (PP2 benutzt in der Standardversion nur die Adressen 0 bis 47) durch einfache IEC-Bus-Befehle

(Übertragung eines Bytes) angesprochen und gelesen oder beschrieben werden. Die indirekten Adressen oberhalb 47 können zur Festlegung von PP2-Adreßfolgen und Synchronisationsschemen für die Datenfeldübertragung benutzt werden (s.o.).

Abschließend sei die Realisierung einer *Datenfeldübertragung* an einem *Beispiel* verdeutlicht. Die Adressen 50 bis 53 des PROMs der Anschaltung seien mit folgenden Inhalten geladen:

IADR (dez).	Inhalt (bin.)	Bemerkungen
50	10 000000	$S=1$: warten auf nächsten Synchronisationsimpuls
51	00 000010	
52	00 000100	
53	01 000110	$P=1$: Rücksprung zu $IADR_1 = 50$

Die Geräteadresse GADR der Anschaltung sei auf 10 (dezimal) eingestellt und der IRQ-Eingang (s. Bild 9.2) mit Rechteckimpulsen der Frequenz 1 kHz beschaltet.

Die HP-IB-Instruktionen in GW-BASIC lauteten:

```
1100  DEV = 71118
1110  MAX.LENGTH = 100
1120  INFO$ = SPACE$(MAX.LENGTH)
1130  CALL IOENTERS(DEV, INFOS, MAX.LENGTH, ACTUAL.LENGTH)
```

In Zeile 1100 wird als Primäradresse 11 (dezimal), als Sekundäradresse 18 und damit als indirekte PP2-Startadresse $IADR_1 = 18 + 32 = 50$ festgelegt. Die Anzahl der zu übertragenden Bytes wird in Zeile 1110 mit 100 spezifiziert.

Zur Ausführung des Feldbefehls entsprechend Zeile 1130 werden 25mal, jeweils mit dem nächsten 1-kHz-Impuls beginnend, die PP2-Adressen 0, 2, 4, 6 mit einer Rate von ca. 30 kHz (durch den Rechner vorgegeben) gelesen und die Werte im Feld INFO$ im Arbeitsspeicher abgelegt.

9.4.2 Hardware

Der Schaltplan der IEC-Bus-Ausschaltung bzw. des IEC-Bus-Systembus-Übersetzers ist in **Bild 9.2** dargestellt. Im GPIBC (*General Purpose Interface Bus Circuit*) 96 LS 488 werden im wesentlichen die IEC-Bus-Signale soweit verarbeitet, daß die Datenübertragung über ein einfaches "2-Draht-Handshake-System" erfolgen kann, wobei TXST (*Transmit Strobe Output*), TXRDY (*Transmit Ready Input*) die Handshake-Signale für den Lesevorgang und RXST (*Receiver Strobe Output*), RXRDY (*Receiver Ready Input*) die für den Schreibvorgang sind. Der Baustein übernimmt

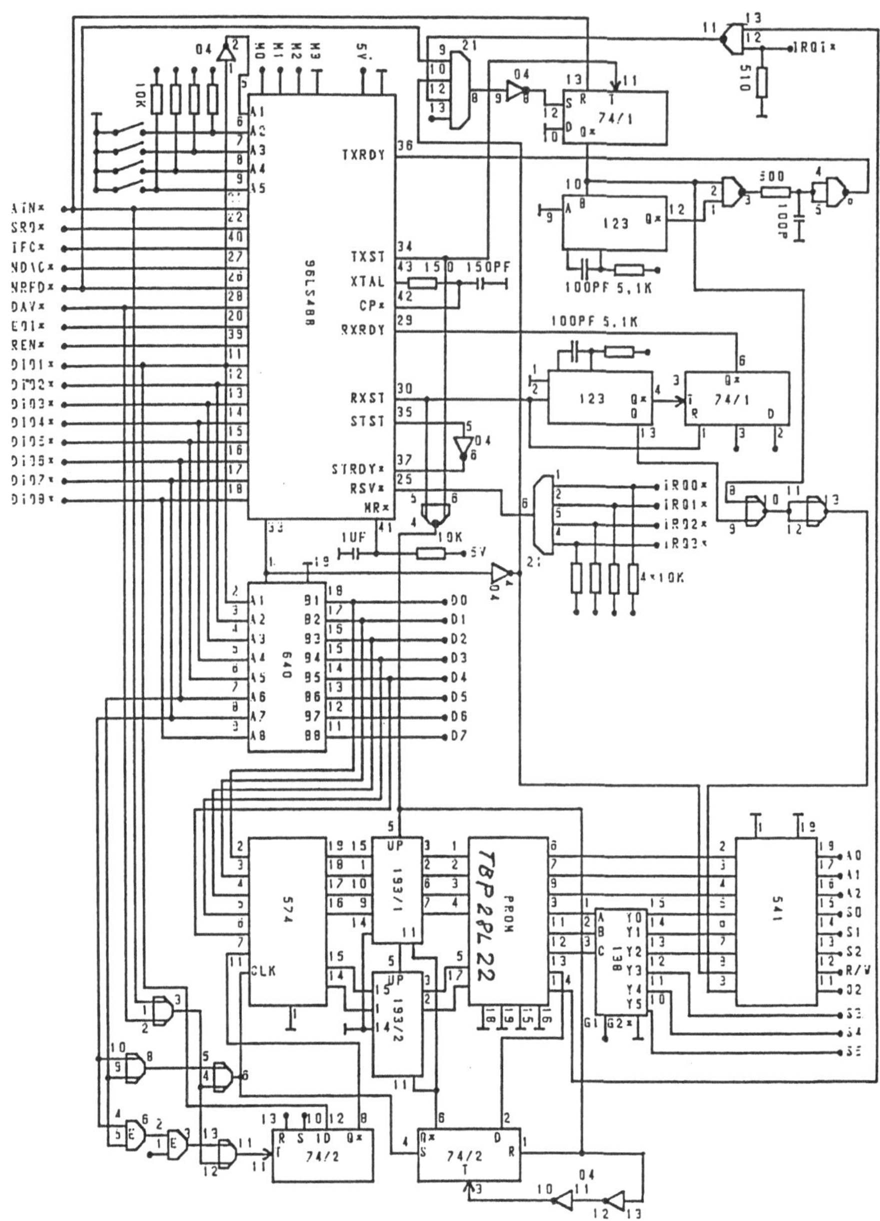

Bild 9.2 IEC-Bus-Anschaltung

also z.B. die Adressierungsbearbeitung (Einschalten des "Listener"- bzw. "Talker"-Zustands) und die Überführung des "3-Draht-Handshake-Systems" in ein 2-Draht-Handshake-System. Detaillierte Informationen über seine Funktionsweise sind seinem Datenblatt zu entnehmen.

Die indirekte Startadresse $IADR_1$ wird bei der Adressierung in den Speicherbaustein 574 geladen. Das niedrigstwertige Bit der Primäradresse wird dabei im Flip-Flop 74/2 zwischengespeichert. Bei der Adressierung und immer dann, wenn das Periodizitätsbit *P* am Ausgang des PROMs null beträgt, wird der Inhalt des Speicherbausteins (ADR_1) in den ladbaren Vorwärtszähler (193) übertragen, der die Inkrementierung der indirekten PP2-Adressen übernimmt. Das PROM übersetzt die indirekten in die direkten PP2-Adressen. Der Baustein 138 dient der Umcodierung der Adreßinformation (binär zu 1 aus 6). IC 541 und 640 sind Treiberbausteine.

Eine Anforderung zur Byte-Übertragung (TXRDY = 5 V) wird immer dann gestellt, wenn das Synchronisationsbit *S* am Ausgang des PROM oder der Alarmeingang IRQ1 null Volt beträgt und keine Adressierung stattfindet (Bausteine 21 und 00).

9.5 DMA-Anschaltung

Die DMA-Anschaltung (*Direct Memory Access*) stellt eine durch DMA-Komponenten erweiterte Systembusanschaltung dar. Sie gestattet sowohl die programmgesteuerte Datenübertragung zwischen Rechner und PP2 (s. 9.3) als auch eine autonome, vom DMA-Baustein des Rechners gesteuerte Datenübertragung besonders hoher Rate.

Mit einem *DMA-Befehl* (Initialisierung des DMA-Bausteins des PC XT/AT) kann die gleiche komplexe Datenfeld-Übertragungsfunktion, die für einen IEC-Bus-Befehl in Abschn. 9.4.1 beschrieben ist, jedoch mit wesentlich höherer Datenrate, ausgeführt werden. Die Adreß- und Synchronisationsinformation wird in der gleichen Weise in einem PROM der DMA-Anschaltplatine gespeichert.

Die Datenübertragung erfolgt dabei im *Single-Mode* des DMA-Bausteins mit einer maximalen (ohne Synchronisation) Rate von ca. 350 000 byte/s. In diesem Modus erhält der Prozessor nach der Übertragung eines jeden Bytes den Systembus vom DMA-Baustein zurück bis zur nächsten Übertragung. Dadurch können quasi simultan zur Datenfeldübertragung auch noch Programme ablaufen - eine für verschiedene Anwendungen wichtige Eigenschaft.

Noch wesentlich höhere Datenraten können in *Blockmode* des DMA-Bausteins erreicht werden, bei dem jedoch der DMA-Baustein den Systembus während der gesamten Datenfeldübertragung behält und den Programmablauf unterbricht. Auf die Implementierung dieses Modes wurde aber wegen zu hoher Störanfälligkeit (Konstruktionsfehler des Rechners) verzichtet.

Statt dessen wurde die Datenfeldübertragung für extrem hohe Datenraten (bis über 1 Million byte/s) mittels der Stringübertragungsbefehle REP INS und REP OUT (nur bei den Prozessoren 80x86 vorhanden) realisiert. Diese Befehle bieten funktionell ähnliche Möglichkeiten wie die DMA-Steuerung im Blockmode.

9.5.1 Software

Zur Initiierung einer Datenfeldübertragung im DMA-Mode ist die indirekte Startadresse $IADR_1$ für das erste zu übertragende Byte durch eine normale programmgesteuerte Ausgabeoperation (OUT-Befehl mit der Adresse $B + 58$) in das Adreßregister der Anschaltung zu laden. Die ab dieser Adresse im PROM der DMA-Anschaltung hinterlegte Information bestimmt automatisch die Folge der zu lesenden oder zu beschreibenden PP2-Adressen sowie die Art der Synchronisation durch externe Signale in der gleichen Weise, wie dies in Abschn. 9.4 für die IEC-Bus-Anschaltung beschrieben ist.

Weiterhin ist der DMA-Baustein zu initialisieren. Dazu sind durch normale programmgesteuerte Ausgaben (OUT-Befehle) der Baustein mit der Anfangsadresse des Arbeitsspeicherbereichs, der beschrieben oder gelesen werden soll, der Anzahl der zu übertragenden Bytes, der Übertragungsrichtung und einigen Zustandsparametern zu versorgen (siehe Bausteinbeschreibung oder Programmierbeispiel). Die Datenübertragung kann programmgesteuert durch das Setzen des Maskenbits des DMA-Kanals oder bei externer Synchronisation durch das Anlegen der Synchronisationsimpulse eingeleitet werden.

Das im Abschn. 9.4.1 dargestellte Datenübertragungsbeispiel läßt sich für den DMA-Mode in QuickBASIC so programmieren:

```
100 OUT 640+58,50
110 DIM INFO%(100)
120 ADR = VARPTR(INFO%(0))
130 SADR = VARSEG(INFO%(0))
140 A = 16*SADR+ADR:PG = INT(A/65536!): RE = A-PG*65536!
150 RH% = INT(RE/256)
160 RL% = RE-RH% * 256
170 OUT DMA+2, RL%:OUT DMA+2,RH%
180 OUT 131,PG
190 OUT DMA+3,100:OUT DMA+3,0
200 OUT DMA+8,0
210 OUT DMA+11,69
220 OUT DMA+10,1
```

In Zeile 100 wird die indirekte PP2-Startadresse (50) in das Adreßregister der Anschaltung geladen. In 110 wird der Speicherbereich für die Daten definiert, in 120 bis 160 seine absolute Anfangsadresse ermittelt und in 170, 180 in den DMA-Baustein bzw. das "Pageregister" übertragen. In 190 wird die Anzahl (100) der zu übertragenden Bytes festgelegt. In 200 wird das "Commandregister" initialisiert und in 210 die Art der Übertragung (*Single Mode*, ohne Autoinitialisierung, Übertragungsrichtung: Lesen, Kanalnummer Eins) bestimmt. In 220 wird das Maskenbit des DMA-Kanals 1 gesetzt, wodurch die Datenübertragung mit dem Erscheinen des nächsten 1-kHz-Synchronisationsimpulses am IRQ-Eingang der Anschaltung (s. 9.5.2) beginnt.

Unter der Voraussetzung, daß die Inhalte der Adressen 50 bis 54 des PROMs der DMA-Anschaltung denen des PROMs der IEC-Bus-Anschaltung entsprechen, wird nun das in Abschn. 9.4.1 beschriebene Datenübertragungsbeispiel funktionsgleich ausgeführt. Lediglich die PP2-Adressen 0, 2, 4, 6 werden mit höherer Rate (ca. 350 000 byte/s) gelesen.

Zur Initiierung einer Datenfeldübertragung mittels des Befehls REP INS wird, wie bei der DMA-Übertragung, die indirekte PP2-Startadresse durch eine normale Ausgabeoperation in das Adreßregister geladen. Danach wird auf ein externes Startsignal gewartet (z. B. durch die Abfrage des Start-Flip-Flops, das durch das Startsignal gesetzt wird) und nach dessen Erscheinen der "REP INS"-Befehl ausgeführt.

Zur externen zeitlichen Synchronisation wird die Ausführung des Befehls hardwaremäßig durch die Inaktivierung des Signals IOCHRDY (s. Bild 9.3) unterbrochen.

Das für die IEC-Bus- und die DMA-Schnittstelle implementierte Datenübertragungsbeispiel läßt sich mittels des "REP INS"-Befehls so programmieren:

```
    .
    .
    .
100 OUT 640+58,50
110 DIM INFO (1 TO 100) AS INTEGER
120 IF (698 AND 1) = 0 THEN GOTO 120
150 CALL REPINS(INFO(0))
    .
    .
    .

REPINS ASM
286
MODEL MEDIUM
REPINS    PROC FAR
          PUSH  BP
          MOV   BP, SP
          PUSH  ES
          PUSH  DI
          PUSH  DS
          POP   ES
          CLI
```

```
          MOV    DX,696       ;PORTADR
          MOV    DI,[BP+6]    ;FELDANFADR.
          MOV    CX,100       ;ANZAHL BYTES
          REP    INSB
          POP    DI
          POP    ES
          POP    BP
          RET    2
REPINS    ENDP
          END
```

Die beiden in QuickBASIC bzw. Assembler geschriebenen Module werden übersetzt und gebunden. In Zeile 100 des BASIC-Moduls wird die indirekte PP2-Startadresse (50) in das Adreßregister geladen und in 110 der Speicherbereich für die Daten definiert. In 120 wird das Startregister abgefragt und, wenn es eine Eins enthält, das Assembler-Programm aufgerufen. Als Parameter wird dabei die Anfangsadresse des Datenfeldes übergeben.

Im Assembler-Programm wird die Feldanfangsadresse in das Indexregister DI, die Anzahl (100) der zu übertragenden Bytes in das CX-Register und die I/O-Adresse (696) in das DX-Register geladen und der Befehl REP INSB aufgerufen. Zur Ausführung des Befehls werden dann hintereinander 100 Bytes immer mit der gleichen I/O-Adresse (696) gelesen. Anhand dieser I/O-Adresse erkennt die Anschaltung den "REP INSB"-Mode und steuert die Datenübertragung entsprechend der im PROM hinterlegten Adreß- und Synchronisationsinformation.

Unter der Voraussetzung, daß die Inhalte der Adressen 50 bis 54 des PROMs der DMA-Anschaltung denen des PROMs der IEC-Bus-Anschaltung entsprechen und der IRQ-Eingang der Anschaltungsplatine (s. Bild 9.3) mit 1-kHz-Zeitimpulsen beschaltet ist, wird das im Abschn. 9.3.1 beschriebene Datenübertragungsbeispiel funktionsgleich ausgeführt. Lediglich werden die PP2-Adressen 0, 2, 4, 6 mit höherer Rate (ca. 1,2 Millionen byte/s) gelesen.

9.5.2 Hardware

Die DMA-Anschaltung (**Bild 9.3**) läßt sich in 3 Funktionsteile gliedern. Der erste stellt eine komplette Systembus-Anschaltung dar, die in Abschn. 9.3.2 beschrieben ist. Der zweite Funktionsteil dient der Generierung der PP2-Adressen im Falle der Datenübertragung im DMA- oder "REP INS"-Mode. Er entspricht der Adreßgenerierungsschaltung der IEC-Bus-Anschaltung, die in Abschn. 9.4.2 beschrieben ist. Mittels des dritten Funktionsteils wird die Datenübertragung im DMA- oder "REP INS"-Mode zeitlich gesteuert bzw. mit externen Impulsen synchronisiert.

Im DMA-Mode wird jeweils eine Anforderung zur Übertragung des nächsten Bytes gestellt (DREQ1 = 1), wenn die Übertragung des letzten Bytes abgeschlossen ist (DAC1 = 0) und entweder das Synchronisationsbit Null ist oder das Synchronisations-Flip-Flop (IC1B) durch ein externes Triggersignal (IRQ) gesetzt wurde.

Bei der Datenfeldübertragung mittels des "REP INS"-Befehls wird das jeweils nächste Byte im Rahmen der Ausführung des Befehls sofort übertragen, solange sich der Prozessor nicht im Wartezustand befindet. Er wird zur Synchronisation in den Wartezusand (IOCRDY = 0) versetzt, wenn das Synchronisationsbit *S* am Ausgang des PROMs Eins beträgt und das Synchronisations-Flip-Flop IC1B durch ein externes Triggersignal IRQ noch nicht gesetzt wurde. Der Univibrator IC7B begrenzt die Wartezeit des Prozessors auf maximal 10 µs, um den Refresh-Zyklus für den dynamischen Speicher nicht unzulässig lange zu unterbrechen.

9.5.3 Anwendungsbeispiele

a) Transientenrecorder

Zur Messung von Explosionsdruckverläufen müssen die Ausgangsspannungen von 6 Drucksensoren mit hoher *Sample-Rate* digitalisiert und im Arbeitsspeicher eines PC AT abgelegt werden. Dazu werden drei zweikanalige Analogeingabeplatinen der PP2 mit *Flashkonvertern* als Analog-Digital-Wandler-Bausteine (20 ns Konversionszeit) mit den Sensorspannungen beschaltet (jeweils ein Kanal mit einer Spannung) und über eine DMA-Anschaltungsplatine mit dem Rechner gekoppelt. Die Sensorspannungen werden parallel digitalisiert und die Digitalwerte hintereinander im "REP INS"-Mode in den Rechner übertragen. Die Digitalisierungsrate kann über eine rechnergesteuerte Timerplatine bis zu einem Maximum von 200 000 Werten pro Kanal und Sekunde vorgegeben werden.

In diesem typischen Anwendungsbeispiel werden speziell die hohe Datenübertragungsrate (bis ca. 1,2 Mbyte/s) des "REP INS"-Mode sowie die flexible, durch Hardware gesteuerte Adressierung und Synchronisation genutzt. Es müssen jeweils synchron zu einem Digitalisierungs-Endesignal 6 Analog-Digital-Wandler-Bausteine, deren Adressen im PROM der Anschaltung hinterlegt sind, mit maximaler Rate gelesen werden.

b) Unterbrechungsfreie Übertragung periodischer Daten mit hoher Frequenz zur Festplatte eines PC

Bei der Messung der spezifischen Wärmekapazität von Werkstoffen müssen die Meßwerte eines Temperatur-Leistungsaufnehmers mittels eines PC AT gespeichert und ausgewertet werden. Zur Speicherung sind dabei etwa 80 Millionen Bytes, die periodisch mit einer Rate von etwa 80 kHz anfallen, auf die Festplatte des Rechners zu übertragen (es darf kein Byte verloren gehen, da die Reihenfolge der Bytes die Zeitinformation enthält).

Dazu werden die Daten (16 Bits parallel) an eine Digital-Ein-/Ausgabeplatine der PP2, die über die DMA-Anschaltung mit dem Rechner verbunden ist, angelegt

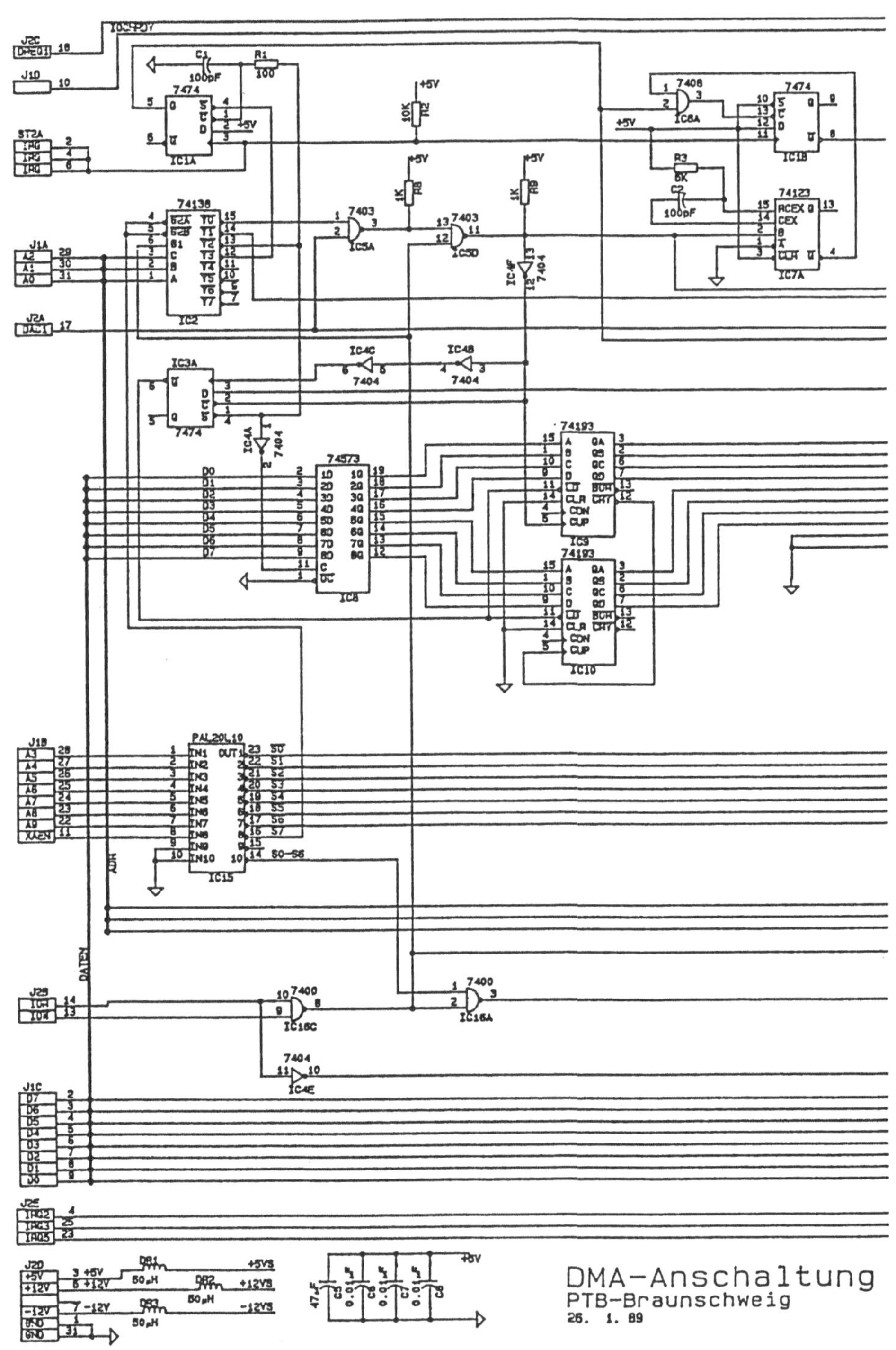

Bild 9.3 DMA-Anschaltung

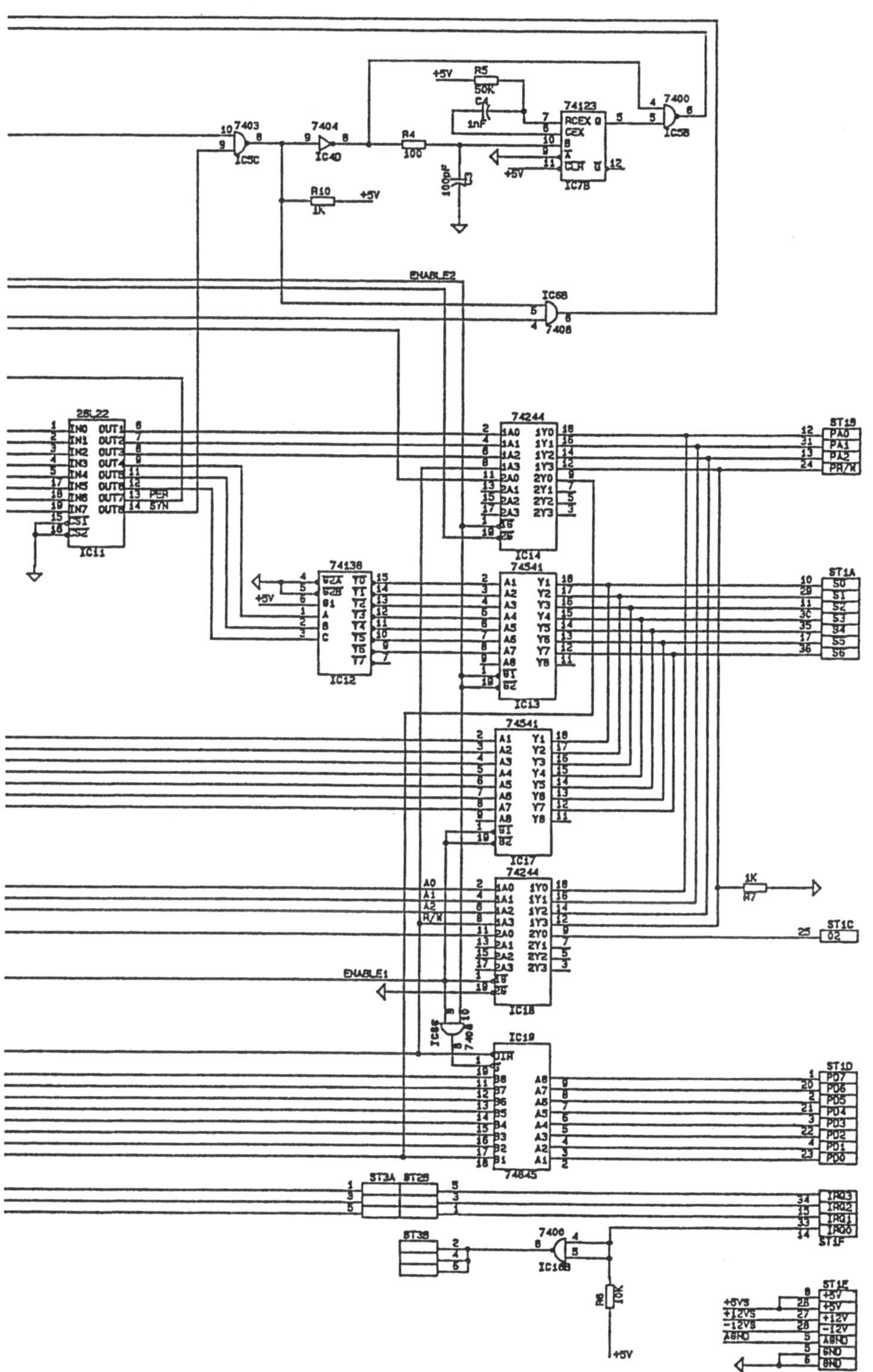

und nach dem Wechselpufferprinzip in DMA-Modus auf die Platte übertragen. D.h. zwei Puffer im Arbeitsspeicher werden abwechselnd mit den Meßwerten beschrieben, wobei der jeweils andere quasi simultan dazu durch einen Plattentransfer entleert wird, so daß ohne Unterbrechung Daten aufgenommen werden können. Das Programm übernimmt dabei die Koordinierung (Parametrisierung des DMA-Bausteins, Anstoß des Plattentransfers), während die Datenübertragung vom DMA-Baustein des Rechners gesteuert wird. Maximal können auf diese Weise bis zu etwa 100 000 byte/s periodisch ohne Unterbrechung auf die Platte übertragen werden. Bei diesem typischen Anwendungsbeispiel wird speziell die durch die DMA-Anschaltung gegebene Möglichkeit der autonomen Datenübertragung in DMA-Modus (ohne Mitwirkung des Prozessors) genutzt. Auch die Hardware-gesteuerte Adressierung und Synchronisation kommen zur Anwendung, da jeweils zwei Adressen der Digital-Ein-/Ausgabeplatine periodisch mit 20 kHz gelesen werden müssen.

9.6 Funktionen

PP2 besitzt ein reiches Angebot an Prozeßfunktionen (*Funktionsplatinen*), das auch ständig erweitert, verbessert und modernisiert wird. Im folgenden werden einige wichtige Platinen, geordnet nach Funktionen, vorgestellt.

9.6.1 Digitale Ein-/Ausgabefunktionen

Digitale Ein-/Ausgabeplatine

Sie bietet 64 Bits, die wählbar für die Dateienein- oder -ausgabe benutzt werden können, sowie Alarmfunktionen für Handshake-Steuerungen. Alle Bits sind mit Ein- bzw. Ausgaberegistern und Treibern versehen.

Optokopplerplatine

Sie enthält 32 Optokopplerstrecken, die zum Zwecke der galvanischen Entkopplung digitalen Ein- oder Ausgängen vor- bzw. nachgeschaltet werden können. Jeweils zwei dieser Optokopplerstrecken lassen sich zu einer bidirektionalen Optokopplerstrecke kombinieren. Die auf diese Weise gewonnenen 16 Stück bidirektionalen Optokopplerstrecken können zur Entkopplung der 16 IEC-Bus-Signale benutzt werden. Dadurch läßt sich PP2 im Falle der IEC-Bus-Anschaltung mit allen ihren Funktionen auf einem beliebigen Grundpotential betreiben.

Relaisplatine

Sie enthält 16 Reed-Relais mit jeweils einem Ein-/Ausschaltkontakt.

9.6.2 Analogfunktionen

Analogeingabeplatinen

Wegen der vielfältigen Anforderungen in der Praxis stehen zur Zeit 5 unterschiedliche Analogeingabeplatinen mit folgenden Eigenschaften zur Verfügung:

- 2 parallele Kanäle mit je einem Flash-Konverter, 8 bit, 50 ns Konversionszeit
- 2 parallele Kanäle mit je einem integrierenden ADW und 4 Differenzeingängen, 12 bit, 20 ms Konversionszeit
- 12 bit, 20 ms Konversionszeit, integrierend, 8 Differenz- oder 16 asymmetrische Eingänge, 8 Verstärkungsstufen.
- 12 bit, 10 ms Konversionszeit, Sample und Hold, 8 Differenz- oder 16 asymmetrische Eingänge, 8 Verstärkungsstufen
- 16 bit, 10 ms Konversionszeit, Sample und Hold, 4 Differenz- oder 8 asymmetrische Eingänge, 8 Verstärkungsstufen.

Multiplexerplatine

Den Analogeingabeplatinen können bis zu 5 Multiplexerplatinen vorgeschaltet werden. Sie enthält: 48 asymmetrische oder 24 symmetrische Eingänge oder 16 Vierdrahtanschlüsse für zu messende Widerstände (z.B. Pt 100), eine gemultiplexte Konstantstromquelle, eine in Hardware realisierte Nullpunktsunterdrückung.

Analogausgabeplatinen

Zwei Analogausgabeplatinen mit folgenden Eigenschaften stehen zur Auswahl:

- 4 Analogausgänge, 12 bit, 10 µs Konversionszeit
- 2 Analogausgänge, 16 bit, 10 µs Konversionszeit

9.6.3 Zähler-Timer-Funktionen

Zählerplatinen

Die zur Verfügung stehenden Zählerplatinen besitzen folgende Spezifikationen:

- 3 Vorwärtszähler, 24 bit, Gate-Löschfunktionen, Ausgaberegister mit Lese-Zähl-Synchronisation und Haltefunktionen.
- Vor-/Rückwärtszähler, 100 MHz, 32 bit, Ausgaberegister mit Lese-Zähl-Synchronisation, Gate-Löschfunktion
- 3 universelle Vor-/Rückwärtszähler, 10 MHz, 32 bit, Richtungsdiskriminator für inkrementale Wegmessung, Ausgaberegister mit Lese-Zähl-Synchronisation.

Timerplatine

Sie enthält 2 ladbare 16-Bit-Vorwärtszähler mit Eingaberegister und Überlaufdetektoren sowie einen Zeitimpulsgeber. Sie dient der Uhrzeitbestimmung, der Generierung von Meßzeiten definierter Dauer sowie der Erzeugung periodischer Signale beliebiger Frequenzen und Tastverhältnisse.

9.7 Meß- und Datenverarbeitungssoftware

9.7.1 Befehle

Die Funktionseinheiten (Platinen) der PP2 lassen sich allein mit den Assembler-Ein-/Ausgabebefehlen (beim PC AT)

IN ac, (DX) und OUT (DX), ac

oder entsprechenden Hochsprachebefehlen ansteuern. DX enthält die PP2-Adresse (Portadresse), die gelesen oder beschrieben werden soll, ac beschreibt das Register in das der Wert geladen bzw. aus dem er entnommen wird.

Für jede Platine stehen 8 Adressen (Subadressen), nämlich $B + S_i + 0$ bis $B + S_i + 7$ zur Verfügung (s. 9.3). B ist die Basisadresse der PP2; S_i ist die Selektadresse der Platine, die der Steckplatznummer entspricht. Die Bedeutung der Subadressen und der darüber zu übertragenden Informationen ist der Beschreibung der Platinen zu entnehmen.

Zur Erleichterung der Programmierung wurde auf eine anwendungsorientierte, direkte und transparente Struktur der Ein- und Ausgaben besonderer Wert gelegt. Auf die Verwendung komplexer multifunktionaler Portbausteine mit komplizierten und unübersichtlichen Initialisierungs- und Parametrisierungsroutinen wurde zu Gunsten einfacher Registerbausteine mit festen Adressen verzichtet. Dadurch ist die Programmierung der PP2, auch ohne vorgefertigte Softwaremodule, die auch immer eine Einschränkung der Universalität bedeuten, besonders einfach, transparent und anwenderfreundlich vorzunehmen, wie ein *Beispiel* zeigen soll.

Zur Messung einer Spannung mittels einer Analogeingabeplatine (s. 9.6) sind z.B. in GW-BASIC folgende Befehle erforderlich:

```
1 OUT B+2,(I*8+J)
2 OUT B+4,0
3 IF INP(B+3) = 0 THEN GOTO 3
4 WERT = 256*INP(B+1) + INP(B)
```

Durch eine Ausgabe mit der Adresse $B+2$ wird die Kanalnummer i und die Verstärkungsstufe j festgelegt (Zeile 1). Eine Ausgabe mit der Adresse $B+4$ (Information irrelevant) bewirkt den Start der Konversion (Zeile 2). Nach Beendigung der Konversion, die durch Lesen des Eingangs mit der Adresse $B+3$ festgestellt werden kann (1 bedeutet Ende und 0 kein Ende), wird der digitale Ergebniswert des ADC über die Adressen B und $B+1$ gelesen und in die Variable "Wert" geladen (Zeilen 3 und 4).

Ähnlich problemorientiert und direkt - ohne komplexe Initialisierungsroutinen - lassen sich auch andere Platinen wie Multiplexer, Zähler, Timer usw. sowie Systeme aus mehreren Platinen programmieren.

9.7.2 Softwaremodule

Die verfügbaren, in BASIC, Pascal und Assembler geschriebenen Softwaremodule beziehen sich im wesentlichen auf die Aufgabenbereiche:

- Test- und Prüfroutinen
- Routinen zur schnelleren Datenerfasung (DMA-, "REP INS"-Mode)
- Datenkonvertier- und Transferroutinen
- ASYSTANT und Bibliothekselemente
  zur Meßwertverarbeitung (Graphik, FFT, Ausgleichsrechnungen usw.)

Mittels der Test- und Prüfroutinen können die Funktionen aller Platinen der PP2 menügeführt aktiviert und durch Bildschirmausgaben kontrolliert werden.

Die Datenerfassungsroutinen steuern vorwiegend schnelle Datenübertragungen im DMA- und "REP INS"-Mode. Sie sind im allgemeinen Assembler-Bibliothekselemente, die über ihren Namen aufgerufen und durch Parameter spezifiziert werden. Typische Parameter sind: die Anzahl der zu messenden Kanäle, Verstärkung, Meßfrequenz, Meßzeit, Datenfeldadresse.

Mittels der Datenkonvertier- und Transferroutinen können z.B. die von einer Datenerfassungsroutine im Arbeitsspeicher abgelegten Meßdaten in verschiedenen Formaten (z.B. ASCII, ASY, DIF) zur Platte übertragen werden. Von dort können sie dann von einem Auswertungsprogramm, wie ASYSTANT, gelesen und weiterverarbeitet werden, was an einem *Beispiel* demonstriert werden soll.

Zur Untersuchung der Lagestabilität eines hochauflösenden Positioniertisches zur Maskenvermessung sind die xy-Positionen des Tisches, die mit Laserinterferometern gemessen werden, abhängig von der Zeit zu erfassen und auszuwerten. Die Datenerfassung hierzu läßt sich z.B. in QuickBASIC so programmieren:

```
        .
        .
DIM  XY_werte(1 TO 5000) AS INTEGER
CALL DMA_transfer (ROM_adr, XY_werte(1), f, n)
CALL Safe(XYWERTE,XY_werte(1), n, Asys)
        .
        .
```

Für die Aufnahme der zu messenden xy-Positionswerte ist ein Feld (XY_werte) zu definieren (Zeile 1). In Zeile 2 wird die Routine DMA_transfer aufgerufen, die 2500 xy-Positionswerte DMA-gesteuert liest und im Feld ablegt. Parameter sind dabei: ROM_adr (ab dieser Adresse stehen im ROM der Anschaltung die zu lesenden PP2-Adressen), XY_werte(1) (Feldanfangsadresse), *f* (Frequenz, mit der die xy-Werte zu lesen sind), *n* (Anzahl der Werte).

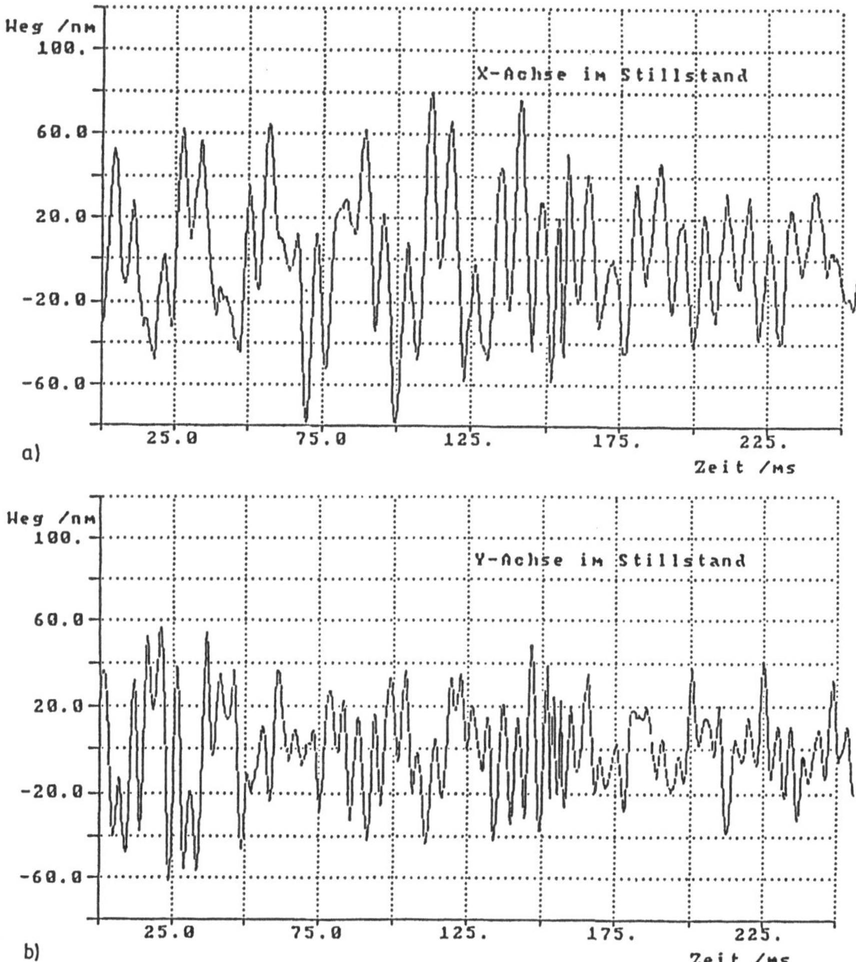

Bild 9.4 Bewegung des Positioniertisches in x-Richtung (a) und y-Richtung (b) bei Stillstand des Antriebsmotors

Mittels der Routine *Safe*, die in Zeile 3 aufgerufen wird, werden die xy-Werte formatiert und zur Platte transferiert. Parameter sind: XYWERTE (Dateiname), XY_werte(1) (s.o.), *n* (Anzahl der Bytes), Asys (Datenformat, vom Auswerteprogramm ASYSTANT direkt lesbar).

Die Auswertung der Daten erfolgt mit ASYSTANT durch folgende Eingaben:

Laden der xy-Werte in die Variable R:

- Untermenü File I/0
  File Name: XYWERTE (Doppelinteger 2 x 1024)
  I/0 Variable (R-Z): R

*Graphische Darstellung: R Reihe 1 (x Werte - **Bild 9.4a**):*

- Untermenü Graphics
- y Auto
  Variable: R Reihe: 1
- Display Graph
- Setup > xy Axis > y Plot
- Label (Beschriftung)
- Hardcopy

*Graphische Darstellung: R Reihe 2 (y Werte - **Bild 9.4b**):*

wie oben

Fourier-Transformation:

```
R FFT STORE T (zweireihig)
Z > r a (Befehl)
STORE V (Phase) STORE U (Betrag)
```

*Graphische Darstellung: U Reihe 1 (Spektrum der X-Werte - **Bild 9.5a**) und U Reihe 2 (Spektrum der Y-Werte - **Bild 9.5b**):*

wie oben

Kreuzkorrelation:

```
R[1] R[2]  Crosscorr  STORE Z
```

*Graphische Darstellung: Z (**Bild 9.6a**):*

wie oben

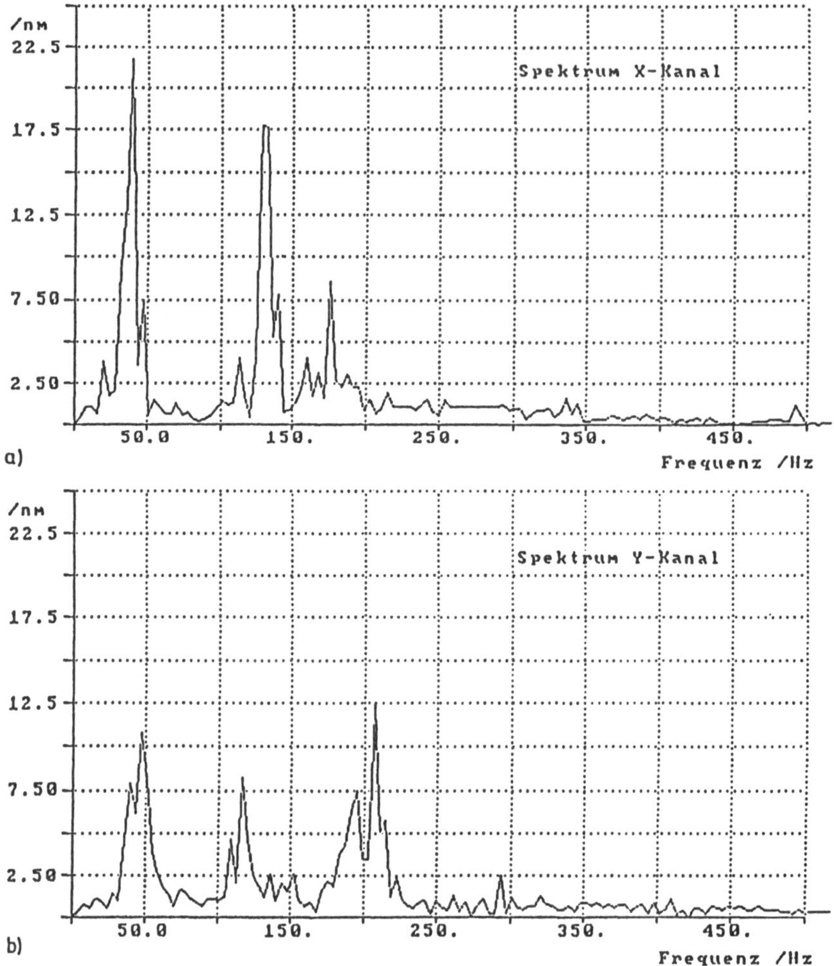

Bild 9.5 Spektrum der Bewegung des Positioniertisches in x-Richtung (a) und y-Richtung (b) bei Stillstand des Antriebsmotors

*Fouriertransformation von Z und graphische Darstellung (**Bild 9.6b**):*

wie oben

9.7.3 Anwenderprogramme

Für verschiedene Anwendungen der PP2 wurden vollständige, komfortable Programme erstellt. Beispiele hierzu sind: Ein Temperaturmeßsystem für die Ferti-

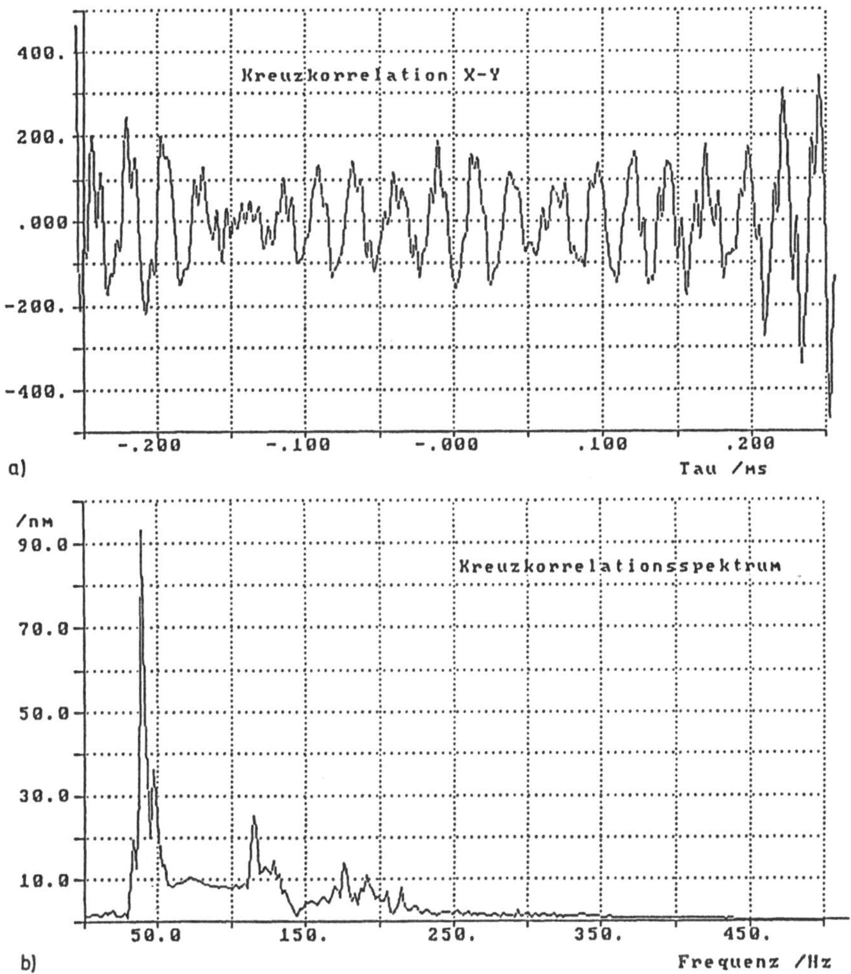

Bild 9.6 Kreuzkorrelation der x- und y-Bewegungen des Positioniertisches bei Stillstand des Antriebsmotors (a) und das Spektrum dazu (b)

gungsmeßtechnik (bis zu 50 Meßstellen, maximale Meßabweichung 1/100 K), ein Vielkanalanalysatorsystem für die Kernspektroskopie, ein Meßwerterfassungssystem für die Wetterkunde, Prüfstände für Wärmezähler, Explosionsdruckbehälter, Kraftwerkskondensatoren usw.

10 Die neue Generation von Meßdateninterfaces

Gezeigt an den Unterschieden zwischen Datenlogger, Datenakquisition und Prozeßkontroller

von Harry Reimer

10.1 Einleitung

Die fortschreitende Verbreitung von Personal-, Mikro- und Minicomputern in der Meßwerterfassung und Prozeßkontrolle hat in den letzten Jahren zu einem Innovationsschub in der Technologie der *Meßdateninterfaces* geführt. War der klassische Datenlogger früher meist ein eigenständiges, autonomes Meßsystem mit wenig Intelligenz und eigener Rechenleistung, so steht heute im Mittelpunkt vieler Meß-, Steuer- und Regelaufgaben der Mikro- oder Personalcomputer.

In zunehmendem Maße werden Meßdaten nicht nur einfach erfaßt - wie bei klassischen Datenloggern -, sondern auch verarbeitet, untereinander logisch verknüpft, ausgewertet und zur unmittelbaren Versuchs- und Prozeßkontrolle herangezogen. Dies erfordert den Einsatz des Rechners und stellt große Anforderungen an die Flexibilität der angeschlossenen Meßwerterfassungssysteme.

Der Trend vom *Off-line-System* zum *On-line-System* setzt sich fort.

10.1.1 Trend Off-line / On-line

Noch vor einigen Jahren wurden ein- oder mehrkanalige Schreiber aufgestellt, um z.B. die Parameter einer Umweltsituation, wie Temperaturen, Konzentrationen, Immissionswerte usw. aufzuzeichnen. Anschließend erfolgte die Auswertung - meist über das menschliche Auge als *Qantisierer* -, um bedeutsame Abweichungen aus dem "Papierwust" herauszufiltern.

Eine nachträgliche Digitalisierung der analogen Meßdaten war aufwendig und teuer. Sie wurde entweder unterlassen oder stark reduziert. Zwischen der Aufzeichnung und der Auswertung der Meßdaten lagen im Mittel ca. zwei bis sechs Tage. Eine Entscheidung über notwendige Versuchswiederholungen oder die Trendanalyse und Anpassung der Anlagenparameter konnte mit meist erheblichem Aufwand erst mit genannter Zeitverzögerung durchgeführt werden.

Anders ist das heute: Ein modernes Datenerfassungssystem zeichnet bereits die Meßwerte digital auf, gibt sie direkt an einen Rechner weiter oder verarbeitet sie selbst -, wie es bei den herkömmlichen Datenloggern der Fall ist. Alle Arten von Meßwertaufnehmern und Signalwandlern sind direkt anzuschließen. Die analogen Signale werden digitalisiert, digitale Daten oder Zustände übernommen, Pulse oder Frequenzen gezählt.

Durch das Hinzufügen von Steuerausgängen - sowohl digital als auch analog - wurde der Regelkreis geschlossen und der Übergang vom reinen Beobachten (Messen und Registrieren) zum aktiven Steuern von Versuchen und Prozessen geschaffen.

10.2 Systemunterschiede

Welche Anforderungen sind an ein modernes Meßwerterfassungs- und Steuersystem zu stellen? Welche Unterschiede bestehen zwischen Datenlogger, Datenakquisition (*Frontend*) und Prozeßkontroller? In der Gegenüberstellung (**Tabelle 10.1**) sind die Gemeinsamkeiten ebenso wie die Unterschiede aufgeführt.

10.2.1 Unterschiede Laborbetrieb / Industriebetrieb

Daß an *Meßdateninterfaces* für den Laborbetrieb meist gänzlich andere Anforderungen gestellt werden als an *Interfaces* für den rauhen Industrieeinsatz, verdeutlicht in kurzen Stichpunkten der Vergleich **Tabelle 10.2**. Diese Tabelle zeigt die Problematik der Systemauswahl:

> Wer z.B. hohe Meßraten benötigt (> 100 Messungen/s) und gleichzeitig zwischen den analogen Eingängen unterschiedliches Potential von etwa 200 V anliegen hat, wird nicht leicht ein passsendes System finden.

Der Grund hierfür: Die Analogeingänge der Meßdateninterfaces werden über einen Multiplexer dem Analog-Digital-Wandler zugeführt. Hohe Störspannungen, unterschiedliche Massepotentiale und Masseschleifen sowie lange und unsymmetrische Zuleitungen müssen als typische Erscheinungen in industriellen Anwendungen in Kauf genommen werden.

10.2.2 Multiplexer

Ein wesentliches Element der Meßdatenerfassungssysteme ist der Meßstellenumschalter (*Multiplexer*). Er ist zuständig für die Durchschaltung der Meßspannung zum Instrumenten-Vorverstärker. Als Multiplexer werden Halbleiterschalter (ICs) oder Relais (mit geringen Thermodriften) eingesetzt.

Halbleiter-Multiplexer können zwar sehr schnell von einem Kanal zum nächsten Kanal schalten (bis zu einigen hundert kHz), vertragen aber nur sehr geringe Spannungsunterschiede (Gleichtaktspannungen zwischen den einzelnen Eingängen 10 - 50 Volt). Halbleiter-Multiplexer arbeiten mit Feldeffekt-Transistoren (FETs) als Schaltelement. Als Fehlerquelle treten einmal der Spannungsabfall an der

Tabelle 10.1 Systemunterschiede. Anforderungen und Eigenschaften von Datenlogger, Datenakquisition (*Frontend*) und Prozeßkontroller

Eigenschaft	Daten-logger	Daten-akquisition (Frontend)	Prozeß-kontroller
Erfassung analoger Meßsignale	X	X	X
Erfassung digitaler Daten, Zustände	O	X	X
Zählen von Pulsen	O	X	X
Messen von Freqenzen, Zeitintervallen	O	X	X
Konvertierung,Aufbereitung der Rohdaten	X	X	X
Grenzwertkontrolle	X	X	X
Datenspeicherung	O	X	O
Direkte Datenausgabe z.B Drucker	X	O	X
Autonomer Betrieb (OFF-LINE)	X	-	-
Vor-Ort-Programmierbarkeit	X	O	-
Netzunabhängigkeit	O	-	-
Begrenzte Programmier-flexibilität	X	-	-
Freier Datenzugriff	O	X	X
Datenausgabe analog	-	X	X
Datenausgabe digital	O	O	X
Regelkreise zwischen Eingang/Ausgang	-	O	X
Hohe Verarbeitungs-geschwindigkeit	-	O	X

X notwendig,vorhanden
O teilweise vorhanden
- nicht vorhanden

Drain/Source-Strecke zum anderen die durch Restströme verursachte *Offset*-Spannung auf. FET-Schalter sind daher wenig geeignet zum Schalten von geringen Spannungen (z.B. Thermoelement-Signale ect.).

Ein Nachteil der Halbleiter-Multiplexer ist Ihr geringes Schaltvermögen für größere Spannungen und das Durchbruchsverhalten bei Spannungen oberhalb von 10 - 50 Volt. Dieser Aspekt spricht gegen Ihren Einsatz in rauhen Industrie-Anwendungen.

Tabelle 10.2 Unterschiede Laborbetrieb / Industriebetrieb

Laborbetrieb	Industriebetrieb
kleine Gleichtaktspannungen	hohe Gleichtaktspannungen (Masseschleifen ect.)
kleine Störspannungen	große Störspannungen
galvanische Trennung meist nicht notwendig	galvanische Trennung not- wendig
hohe Abfragezyklen	Abfragezyklen meist - 30/sec (integrierender Wandler)
kurze Verbindung Rechner / Interface (zentrale Messung)	lange Verbindung Rechner / Interface (dezentrale Messung)
kurze Zuleitungen zu den Messwertgebern	lange Zuleitungen
Tischgehäuse	robuste Standardgehäuse 19-Zoll oder IP54 / IP65
fexible Anschlussmöglichkeit	vorgegebener Standardan- schluss
häufig wechselnde Anwendungen	standard / feste Anwendung

Bei Relais-Multiplexern dürfen diese Gleichtaktspannungen, nicht zu verwechseln mit den eigentlichen Meßsignalen, wesentlich größer sein. Gängige zuverlässige Werte liegen zwischen 200 und 400 Volt. Bei industriellen Anwendungen wird fast immer die Forderung nach vollkommener galvanischer Trennung des Meßsignals sowie der Prozeßausgänge vom *Interface* oder zumindest vom angeschlossenen *Computer* erhoben.

Meßdateninterface mit Relais-Multiplexer

Hier unterscheidet man hinsichtlich der Signal-Anschlußarten, 1-, 2-, 3-, 4- oder 5polig schaltende Relais.

Signalanschluß bei 2polig geschalteten Relais

Der Systemschirm ist mit dem digitalen *Ground* (GND) verbunden, daher haben alle Schirmanschlüsse dauernd elektrische Verbindung untereinander (Erdschleifenbildung!!; **Bild 10.1**).

Signalanschluß bei 3polig geschalteten Relais

Die Schirmanschlüsse eines jeden Kanals sind isoliert voneinander. Nur der Schirm des zu messenden Kanals wird zusammen mit dem Signal durchgeschaltet (**Bild 10.2**).

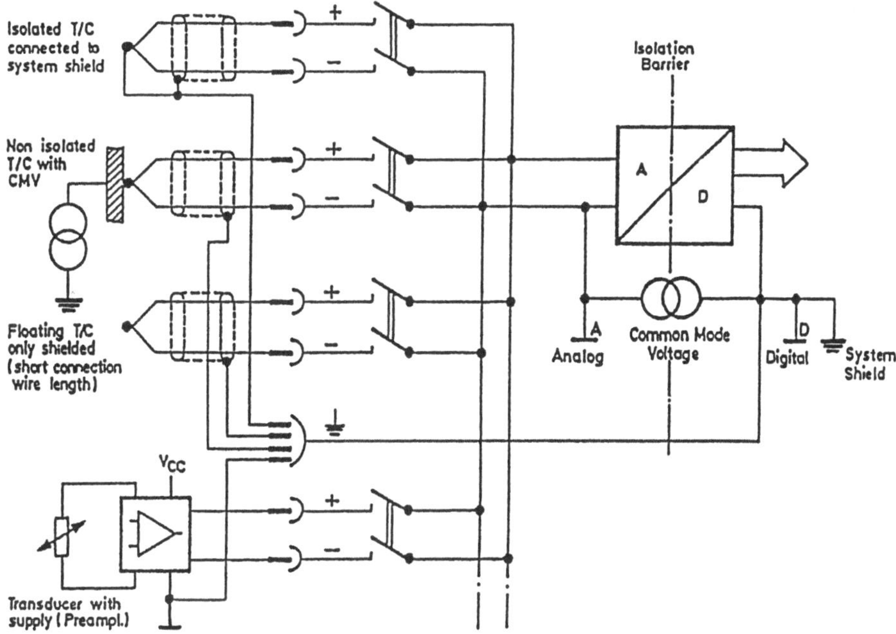

Bild 10.1 Signalanschluß bei 2polig schaltenden Relais. Der System-Schirm ist mit dem digitalen GND verbunden, daher haben alle Schirmanschlüsse dauernde elektrische Verbindung untereinander (Erdschleifenbildung !)

Signal- und Konstantstromquellen-Anschluß für Widerstandsgeber usw. bei 4- oder 5polig geschalteten Relais (Bild 10.3).

Meßdateninterface mit Halbleiter-Multiplexer

Hier wird der schematische Aufbau eines Halbleiter-Multiplexers gezeigt. Zwischen *Ground* A und dem Kanalsignal kann eine Gleichtaktspannung bis zu max. 10 V liegen. **Bild 10.4** verdeutlicht die möglichen alternativen Anschlußarten der Meßsignalquellen.

10.3 Anforderungen an moderne Systeme

Um eine Meßaufgabe optimal und äußerst kostengünstig zu lösen, empfiehlt es sich, spezielle für den Anwendungsfall geschaffene Ein-/Ausgabemodule mit einem hervorragenden Kosten-/Leistungsverhältnis einzusetzen. Üblicher *Overhead* universeller Datenerfassungsanlagen kann und wird nur in sehr wenigen Fällen genutzt (**Bild 10.5**).

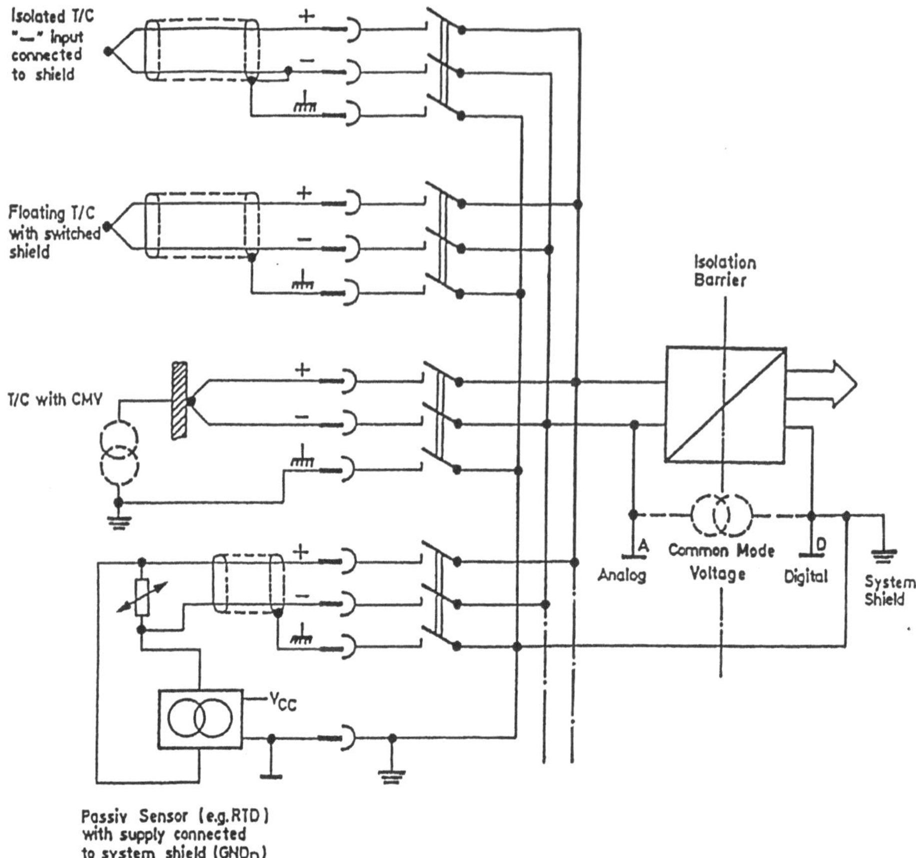

Bild 10.2 Signalanschluß bei 3polig schaltenden Relais. Die Schirmanschlüsse jedes Kanals sind isoliert voneinander. Nur der Schirm des zu messenden Kanals wird zusammen mit dem Signal durchgeschaltet

Entsprechend der sehr unterschiedlichen Anwendungsbedingungen in Industrie, Labor und Forschung werden heute von den Anbietern verschiedene Gehäusevarianten angeboten, die den jeweiligen Anforderungen optimal entsprechen. Die Standardgehäuse, meistens in Tischform ausgeführt, eignen sich besonders für die flexiblen Anwendungen in Labors, Entwicklungsbereichen und in der Forschung.

Diese Geräte haben eine normale Netzstrom-Versorgung für den Anschluß an das 220-V-Netz. Für den industriellen Einsatz werden häufig Gehäuse in 19"-Einschubtechnik gewählt. Für den rauhen industriellen Einsatz, wo die Messung vor Ort geschehen muß, empfiehlt es sich, Gehäuse in einer spritzwasserdichten Ausführung einzusetzen. Bei solchen Gehäusevarianten werden oft neben der reinen 220-Volt-Stromversorgung Netzteilvarianten für 12- bzw. 24-V-Gleichspannung angeboten. Weitere Anforderung an ein modernes *Interface* sind auf Seite 295 oben stichwortartig aufgeführt.

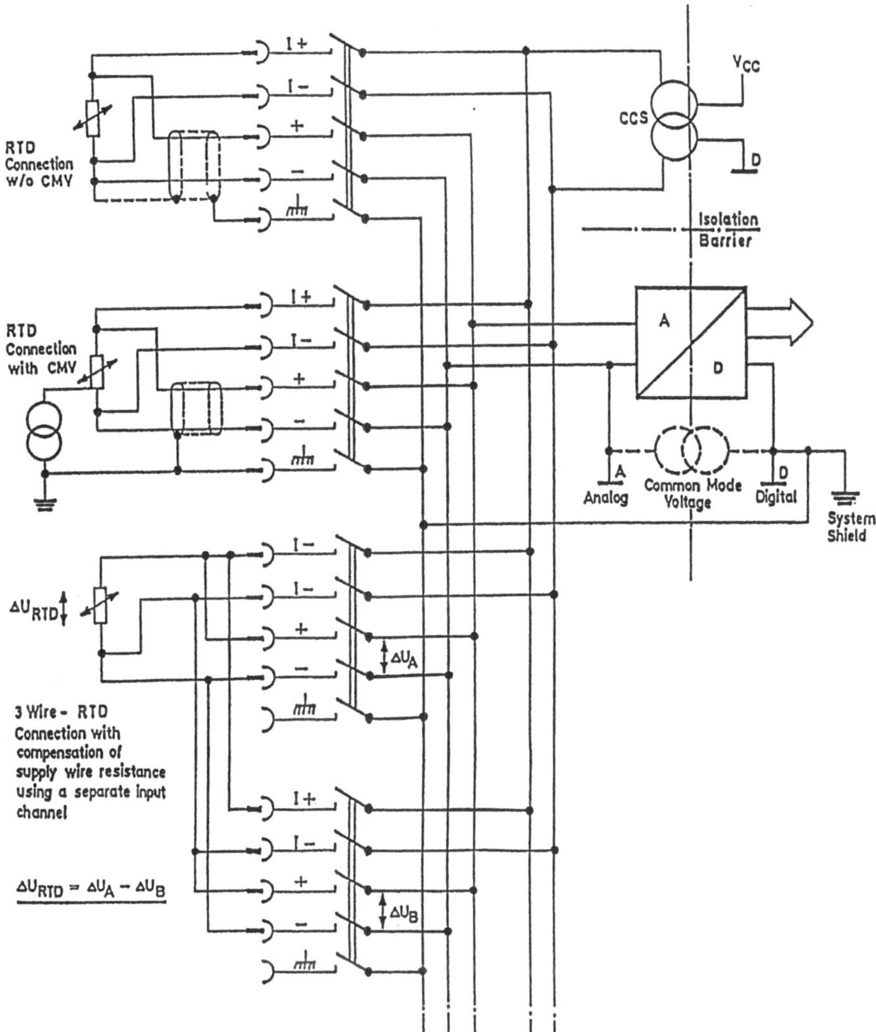

Bild 10.3 Signal- und Konstantstromquellen-Anschluß für Widerstandsgeber etc. bei 4- oder 5polig schaltenden Relais

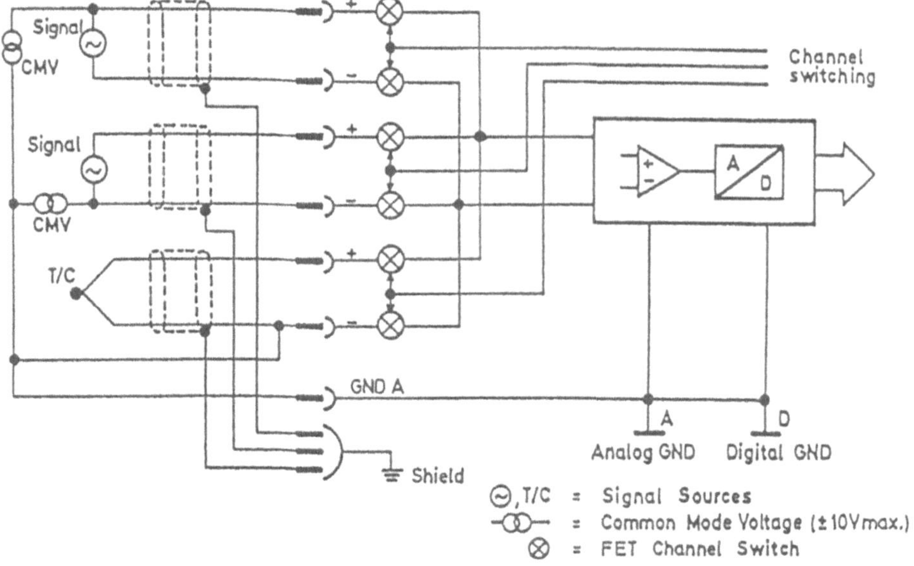

Bild 10.4 Meßdateninterface mit Halbleiter-Multiplexer. Alternative Anschlußarten der Meßsignalquellen

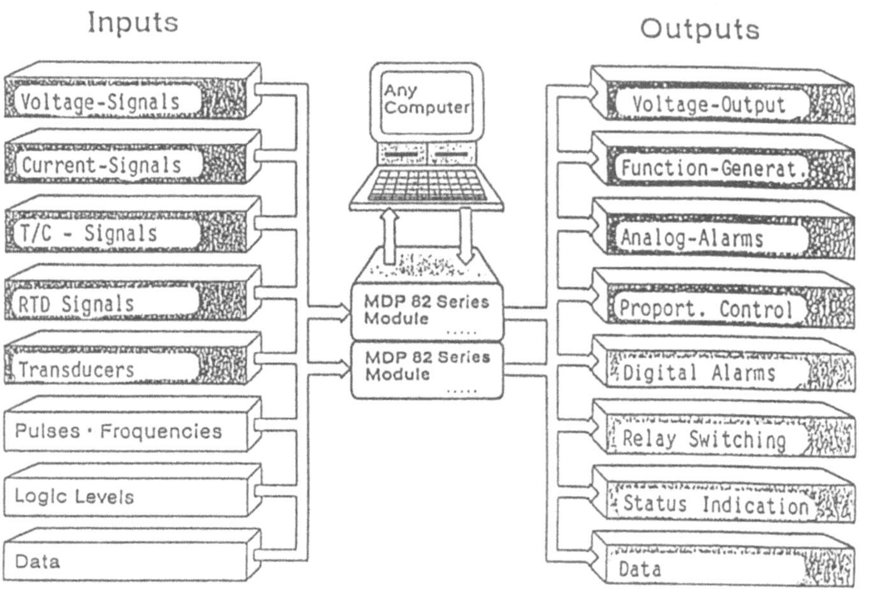

Bild 10.5 Umfassende Darstellung eines Datenerfassungssystems

- **Differenzeingänge;**
- **Gleichtaktunterdrückungen** von mindestens 110 dB, besser 160 dB (100.000.000fach);
- **Auflösung** mindestens 12 bit (1 in 2000), besser jedoch 16 bit (1 in 32000);
- **Meßbereiche** softwaremäßig wählbar, in dekadischer Unterteilung;
- **Integrierender Analog-/Digital-Wandler** für langsame, oder alternativ schnelle sukzessiv arbeitende Wandler für zeitkritische Vorgänge/Anwendungen;
- **Geringe Thermo- und Langzeitdriften** der Eingangsverstärker und des Analog-Digital-Wandlers;
- **Eingangs-/Ausgangsflexibilität** hinsichtlich der Signaladaptierung und Anpassung wie oben aufgeführt

10.3.1 Befehlssyntax, Systemintelligenz

Noch heute findet man *Meßdateninterfaces*, die jeden Schritt vom Rechner mitgeteilt bekommen müssen (... setze Multiplexer auf Kanal 1, warte bis Multiplexer geschaltet hat, starte Analog-Digital-Wandler usw. ...). Diese recht unkomfortablen und umständlich zu programmierenden *Interfaces* erhalten neuerdings jedoch Konkurrenz durch "intelligente Systeme der neuen Generation". Bei diesen Systemen genügt ein Kurzbefehl vom Rechner, um den kompletten Meßablauf zu starten und die Ergebnisse für den Rechner bereitzustellen. Ein *Beispiel* hierfür:

> "G0,I1,I4". Dieser Befehl bewirkt, daß im Spannungs-Meßbereich G = G0 (z.B. +/- 10 V) die Eingänge I = Input 1 und 4 gemessen werden, und das Ergebnis im Ausgangspuffer bereitgestellt wird.

Oft erübrigt sich sogar die Angabe des Bereichs, da der Analog-Digital-Wandler selbst den optimalen Meßbereich beim sogenannten *Autoranging* bestimmt. Andere leistungsstarke Befehle ermöglichen eine Grenzwertüberwachung und -reaktion durch Setzen eines Alarmrelais allein durch das *Interface*. Zusätzliche Reaktionen auf Grenzwertüberschreitung können sein, Start eines anderen (vorher) eingegebenen Meßzyklus, Alarmmeldungen an den Rechner, Analogwertausgabe usw.

Die heutigen Spitzensysteme gestatten, eine Programmierung in mehreren Ebenen durchzuführen und somit eine Trennung zwischen *vorbereitenden Befehlen* - etwa um die später abzufragenden Analogkanäle bezüglich Meßbereich, A/D-Wandler-Auflösung, Datenkonvertierung, Alarmgrenzen zu definieren - und *veranlassenden Befehlen* - etwa um die aktive Kanalabfrage oder die Übertragung der Daten zum Rechner zu starten.

Dies führt zu einer erheblichen Vereinfachung und gesteigerten Übersichtlichkeit der Kommandos (gleichbleibende Programmierbefehle müssen nicht wiederholt werden) und zu einer Steigerung der Systemgeschwindigkeit, da der Interpreter im jeweiligen Meßwerterfassungssystem nur kurze Ausführungsbefehle erhält.

10.3.2 Anschluß an den Computer

Für den Aufbau komplexer Meßapparaturen zur Erfassung, Verarbeitung und ggf. Regelung mehrerer Meßgrößen reichen manuell bedienbare Einzelgeräte sehr oft nicht mehr aus. Offene, automatisch arbeitende Meßsysteme lassen sich sinnvoll nur mit einem genormten Bus-System realisieren.

Busstrukturen für den Aufbau automatischer Meßsysteme sind in ihren Mindestanforderungen erst seit Ende der siebziger Jahre genormt (vgl. Kap. 2). Die beiden bekanntesten und wohl auch am weitesten verbreiteten Schnittstellen im Bereich der Meßdatenerfassung sind die nach RS-232-C und der IEC-Bus.

> Je nach Einsatzgebiet wird für die *Verbindung Interface - Computer* die entsprechende Schnittstelle gewählt.

IEEE-488-Interface (IEC-Bus)

In den Bereichen Forschung, Qualitätskontrolle und in Labors hat sich die intelligente IEEE-488-Schnittstelle (*IEC-Bus*) weitgehend durchgesetzt. Der IEEE-488-Bus ist *das* standardisierte *Interface-System* zur Verbindung von Peripheriegeräten (Meßgeräte, Drucker, Plotter, modulare I/O-Systeme usw.) und Computern zu automatischen Meß- und Steuerungssystemen (s. Kap. 3).

Die IEC-625-Norm entspricht bis auf den Stecker dem amerikanischen IEEE-488-Standard. Für die Kopplung beider Typen sind Übergangsstecker erhältlich. An den IEEE-488-Bus können, einschließlich *Cotroller*, bis zu 15 Geräte angeschlossen werden.

In einem abgeschlossenen IEEE-Bus-System darf wegen des Impedanzverhaltens der Kabel unter Berücksichtigung der Signallaufzeiten eine maximale Buslänge von 20 m nicht überschritten werden. Der Abstand von Gerät zu Gerät darf 2 m nicht überschreiten.

> Diese Einschränkungen bei den Kabellängen und die doch recht große Störempfindlichkeit in rauher Umgebung lassen eine Entscheidung zugunsten des IEEE-488-Bus bei industriellen Anwendungen trotz der großen Datenübertragungsgeschwindigkeit nur selten zu.

Serielle Schnittstellen

Für industrielle Anwendungen der Meßdatenerfassung, Prozeßsteuerung oder Prozeßüberwachung, besonders bei großen Entfernungen zwischen den einzelnen Meßdaten-*Interfaces* und dem steuernden Rechner, empfiehlt sich eine serielle Schnittstelle. Man unterscheidet zwischen der **Stromschnittstelle** (*Current Loop*, 20-mA-Stromschleife) und der **Spannungsschnittstelle**.

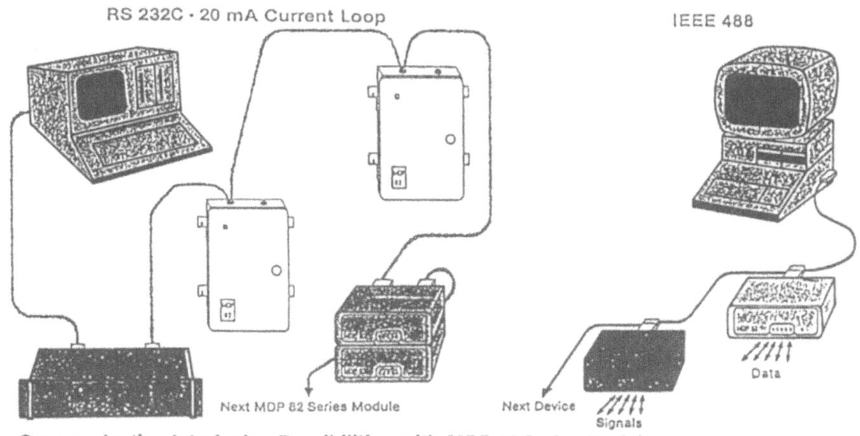

Bild 10.6 Kettenförmiges Aneinanderschalten

Bei der Stromschnittstelle wird eine Eins durch einen unterbrochenen Stromkreis, eine Null durch einen Strom von 20 mA charakterisiert. Bei der Spannungsschnittstelle (CCITT-Empfehlung V.24/V.28, US-Norm RS-232-C, DIN-Norm 66 020) wird ein *High*-Pegel durch eine Spannung zwischen + 3 V und + 15 V dargestellt, ein *Low*-Pegel durch eine Spannung zwischen - 3 V und - 15 V. Daten werden in negativer Logik übertragen, Steuersignale in positiver Logik.

Wie in **Bild 10.6** gezeigt, erlauben einige Systeme ein kettenförmiges Aneinanderschalten von mehreren Systemen an einer seriellen Rechnerschnittstelle. Dies erfordert jedoch, daß jedes System eine serielle Ein- und Ausgabeschnittstelle besitzt, wobei die 20-mA-Stromschleife zwischen Ein- und Ausgang galvanisch getrennt sein sollte, wodurch jede Störungsmöglichkeit durch Erdschleifen oder Gleichtaktspannungspotentiale unterbunden wird und Entfernungen bis zu 1000 m zwischen zwei Systemen bzw. zwischen System und Rechner möglich sind.

Weiterhin sollte bei der RS-232-C-Schnittstelle darauf geachtet werden, daß hohe Übertragungsraten bis 19200 Baud, jedoch mindestens bis 9600 Baud gewährleistet sind.

10.3.3 Ausblicke

Der Trend geht heute zu immer höheren Datenübertragungsgeschwindigkeiten bei gleichzeitiger Steigerung der Datensicherheit. Hinsichtlich der Schlagworte CIM (*Computer Integrated Manufacturing*) und LAN (*Local Area Network*) ist der Bereich der Entwicklung neuer Hochleistungsschnittstellen wieder in Fluß geraten. Es sind neue Schnittstellen wie V.11 (DIN 66 258 Teil 2) und RS-485 (DIN 66 258 Teil 3) entwickelt worden.

Im Bereich der industriellen LANs spricht man vom neuen Standard MAP (*Manufacturing Automation Protocol*). Noch ist diese Entwicklung nicht abgeschlossen, doch die relevanten Firmen diskutieren und definieren diesen neuen Standard zur Zeit.

Noch immer sind die V.24-Schnittstelle und der IEC-Bus die am häufigsten verwendeten *Interfacesysteme*, doch in Zukunft werden zwangsläufig, durch die Weiterentwicklung der Glasfaser und anderer *Breitbandübertragungsmedien*, neue Bussysteme ihren Einzug in die Gerätetechnik halten.

In der letzten Zeit ist ein weiterer Quasi-Standard hinzugekommen, die PC-Bus-Schnittstelle. Diese Schnittstelle ist der interne Rechnerbus der IBM- bzw. der kompatiblen PCs. Genutzt wird sie durch sog. *Add-on-Karten* zum direkten Betrieb im PC. Man kann diese Kartentechnik, die überwiegend im Labor bzw. im Entwicklungsbereich eingesetz wird, zwar nicht direkt mit den herkömmlichen Systemen vergleichen, doch ihr Marktanteil hat sich stabilisiert.

10.4 Auswahl des Computertyps

Die heutige Generation von *Meßdateninterfaces* ist so ausgelegt, daß sie an jeden Computer vom PC bis zum zentralen Großrechner anzuschließen sind. Der zunehmende Einsatz von Microcomputern und Personalcomputern in Anwendungsbereichen der Datenerfassung und Datenkontrolle verzeichnet ein stetiges Wachstum. Selektionskriterien für den richtigen Rechnertyp sind:

- **Programmspeicherbedarf** (Größe des Arbeitsspeichers)
- **Programmiersprache** z.B. Standard-Interpretersprache BASIC, andere Hochsprachen, z.B. FORTRAN, Pascal, C, Prolog, Modula, etc.
- **Geschwindigkeit** (d.h. interne Rechengeschwindigkeit bei der jeweiligen Programmiersprache)
- **Graphikfähigkeit** des Rechners (z.B EGA, CGA, Hercules)
- **Rechnerschnittstellen** und Peripherie wie Drucker, Plotter, Platten, Diskettenstationen
- **Multiuser/Multitaskingfähigkeit**
- **Service und Händlernetz**
- **Preis-/Leistungsverhältnis**

10.5 Standard-Programmiersprachen BASIC, Pascal

Um sich mittels PC Zugang zu einem Meßdatenerfassungssystem zu schaffen, bedarf es im Regelfall einer höheren Programmiersprache. Verfolgt man die Entwicklung der PCs, so wird BASIC und Pascal favorisiert. Nicht nur die allgemeine Verbreitung dieser Sprachen, sondern auch ihre leichte Erlernbarkeit wird als Vorteil angesehen.

In den letzten Jahren geht der Trend auch in Richtung Pascal, was eindeutig mit der Verbreitung, der Leistungs- und Preisentwicklung im Marktsegment der IBM- und kompatiblen PCs, aber auch mit den wohl mittlerweile allgemein anerkannten Vorteilen und der Entwicklung von Pascal, hier besonders des Turbo-Pascal, zusammenhängt.

Um aber Aufgaben in der Meßdatenverarbeitung zu lösen, bedarf es leistungsfähiger Erweiterungen der Befehlssätze, um Anweisungen an direkt oder indirekt gekoppelte Ein-/Ausgabeeinheiten zu geben. Dieser Forderung folgend, werden, wie bereits in 10.3.1 aufgezeigt, moderne leistungsstarke Systeme mit einem eigenen Befehlsvorrat und einem eigenen *Interpreter* ausgestattet. Diese geräteeigenen Befehle werden nur noch mittels *Stringanweisung* an das *Interface* abgeschickt und dort eigenständig abgearbeitet.

Die Grenzen eines herkömmlichen rechnergesteuerten Meßwert-Erfassungssystems sind schnell zu erkennen. Die Tatsache, daß im Bereich der Mikrocomputer der Prozessor grundsätzlich nicht mehrere Funktionen gleichzeitig durchführen kann, äußert sich besonders bei schnellen Erfassungs- und Überwachungs-Vorgängen als nur schwer zu überwindende "Hürde". Um bislang diese Hürde mit Rechnern zu überwinden, mußte statt in einer Standardsprache in Maschinensprache (*Assembler*) programmiert werden.

Die optimale Lösung für schnelle Vorgänge liegt jedoch in einer verteilten Intelligenz, d.h., daß das Meßdatenerfassungs- und Steuerinterface eine Menge von Aufgaben eigenständig ohne Rechnersteuerung übernimmt. Ein *Beispiel* hierfür:

Um schnelle Vorgänge zu erfassen, erhält das Meßdateninterface lediglich den Steuerbefehl "Miß Kanäle 1, 3 und 5, z.B. in einem Zyklus von 20 ms, 1000mal und lege die Meßdaten im internen Speicher ab".

Der angeschlossene Rechner muß lediglich den Status überwachen, um nach Ende der Messung die Daten aus dem Speicher des Meßdatenerfassungssystems in den Rechnerspeicher zu übernehmen. Die Anweisungslisten sollen verdeutlichen, wie in BASIC (**Bild 10.7**) und Pascal (**Bild 10.8**) der grundsätzliche Programmierablauf mit autonomen Prozeßmodulen auf einfachste Weise realisiert werden kann.

Anzumerken ist, daß das System über die V.24-Schnittstelle COM1 eines IBM-PC angesprochen wird, das *Interface* mittels der Variablen BE$ aktiviert wird und eigenständig die Meßaufgabe ausführt. Die Synchronisation mit dem Programm erfolgt durch die Statusabfrage.

10.5.1 Maschinenprogrammierung

Die Notwendigkeit, auf Maschinenebene zu arbeiten ist, außer bei speziell konzipierten oder aber unintelligenten Systemen, nur dann erforderlich, wenn in Echtzeit große Datenmengen zu bearbeiten oder zeitkritische Regelungen auszuführen

```
204 FOR X=1 TO 79: PRINT"-";: NEXT: PRINT
205 C$=CHR$(27): D$=CHR$(39): B$=CHR$(1)
210 OPEN "COM1:9600,N,8,2,LF" AS #1               : REM 9600 BAUD
213        PRINT#1,C$;"-": FOR I=1 TO 3000: NEXT  : REM ADP CLEAR
219        PRINT#1,C$;"SET SEO M2 T" ;D$;B$;D$    : GOSUB 500
220        PRINT#1,C$;"SET TI Y85"                : GOSUB 500
246        :
250        PRINT#1,CHR$(19);
251        INPUT"BEFEHLSSTRING EINGEBEN";BE$
252        :
253        PRINT#1,C$;BE$
254        GOSUB 500
255        :
256        GOTO 250
260 CLOSE#1
262 END
270 :
280 :
290 :
500 REM      SBR-STATUS
501 IF LOC(1)>0 THEN GOSUB 700
503 PRINT#1,CHR$(19)
504 PRINT#1,C$;"#";:                            REM STATUS INIT
505 S=ASC(INPUT$91,#1): PRINT S:                REM STATUS IN S
506    IF S=31 THEN FOR I=1 TO 50: NEXT: GOTO 500 REM BUSY
508    IF S=65 OR S=1 THEN PRINT: GOTO 550:     REM READY
510    IF S=68 OR S=4 THEN GOSUB 700: GOTO 500  REM WANT TO TALK
511    IF S<70 THEN 500
512    PRINT "FEHLER ADP...NR";S: GOTO 500
550 RETURN
560 :
570 :
580 :
700 REM DATEN HOLEN                             REM XON
701    PRINT#1,CHR$(17);:                       REM DATEN VON ADP
703       INPUT#1,A$:PRINT A$:
704       IF LOC(1)>1 THEN 703
706    PRINT#1,CHR(19)
710 RETURN
```

Bild 10.7 Beispielhaftes BASIC-Programm für ein Meßsystem mit autonomem Prozeßkontroller

sind. Die Maschinenprogrammierung jedoch kann nur sinnvoll von Systemspezialisten angewendet werden. Sie ist Rechner- und System-spezifisch verschieden und stellt sehr hohe Anforderungen an den Benutzer.

Die angesprochenen Datenerfassungsgeräte werden alle mittels Stringanweisung programmiert, d.h., sie sind *unabhängig* von

a) Programmiersprache und b) Rechnertyp.

Beispielsweise der Befehlsstring ---- "AI 0-99 T1 EOA1" ----, der in jeder Programmiersprache (ob BASIC, Pascal, FORTRAN usw.) vom Rechner gesendet werden kann, bedeutet im einzelnen:

"Miß Kanäle 0 - 99, miß die Kaltlötstellenkompensation und linearisiere die Meßwerte nach der Thermoelement-Linearisierungsfunktion NiCr-Ni, stelle die Ergebnisse im Ausgangspuffer bereit und übersende sie nach Anforderung über die IEC-Schnittstelle im technisch-wissenschaftlichen Format zum Rechner."

```
const
   ESC  = #27;
   Xon  = #17;
   XOFF = #19;
   D    = #39;
   B    = #1;
var
   x,    i  : integer;
   be,   a  : string-80-;
   s        : char;

-$i v24_init.lib-

procedure daten_holen;
begin
   write(aux,XON);
   read(aux,a);
   writeln(a);
   write(aux,XOFF);
end;

procedure status;
begin
   repeat
      write(aux,XOFF);
      write(aux,ESC + '#');                          (* STATUS INIT *)
      read(aux,s);                                   (* STATUS IN S *)
      writeln(s);
      case ord(s) of
         31   : for i := 1 to 50 do begin end;       (* BUSY *)
         65,1 : begin writeln; exit; end;            (* READY *)
         68,4 : daten_holen;                         (* WANT TO TALK *)
      else
         if ord(s) >= 70 then writeln('FEHLER ADP...NR ',s);
   until false;
end;

begin
   for x := 1 to 79 do write('-');
   writeln;
   write(aux,ESC + '-');                             (* ADP CLEAR *)
   for i := 1 to 3000 do begin end;
   write(aux,ESC + 'SET SEO M2 T' + D + B + D);
   status;
   write(aux,ESC + 'SET TI Y85');
   status;
   repeat
      write(aux,XOFF);
      write('BEFEHLSSTRING EINGEBEN');
      readln(be);
      write(aux,ESC + be);
      status;
   until false;
end.
```

Bild 10.8 Beispielhaftes Turbo-Pascal-Programm für ein Meßsystem mit autonomem Prozeßkontroller

Der Trend bei den Herstellern von Systemen, die auf Maschinenebene programmiert werden (vorwiegend OEM-Produkte (*Original Equipment Manufacturers*) auf Multi-Bus-, ECB-Bus- oder VME-Bus-Basis und den populären IBM-kompatiblen *Add-on-Karten*), geht ganz klar zur Zusammenfassung von Befehlssequenzen und der Ausstattung mit eigenen Interpretern, somit also zur eigenen Intelligenz und der direkten Hochsprachenunterstützung sowie der Rechner- bzw. Programmentlastung.

10.5.2 Software

Auf dem Markt sind mittlerweile eine Vielzahl von Standard-Softwarepaketen erhältlich. Damit kann zwar ein großer Bereich der Anwendungsfälle abgedeckt werden. Für spezielle Meßaufgaben ist es jedoch unumgänglich, eigene, kundenspezifische Programme zu schreiben, oder diese Programme von Systemhäusern erstellen zu lassen, um den eigenen Anwendungsfall zu lösen.

Eine sinnvolle Kombination zwischen kundenspezifischer und *Standard-Software* liegt darin, daß die Meßaufgabe kundenspezifisch gelöst wird (bis hin zur Abspeicherung der Daten auf Diskette oder Harddisk) und über Standard-Software-Programme z.B.: **SOFTGRAPH, LOTUS 1-2-3, SYMPHONY, RS1, MS-CHART, SUPERCALC, MULTIPLAN,...** die weitere Auswertung und Analyse der jeweiligen Meßwerte *Off-line* durchgeführt wird.

10.5.3 Tendenzen

Die Geräteentwicklung im Bereich der rechnergestützten Meßdatenerfassung ist wie noch nie zuvor in Bewegung geraten. Das große Problem war und ist heute um so mehr die **Software** zur Lösung der aktuellen Aufgabe. Sicherlich ist die gesteigerte Systemintelligenz der Hardware ein großes Plus, sie erlaubt im Einzelfall dem mehr oder weniger geübten Programmierer die Lösung seiner Aufgabenstellung mit Hilfe von BASIC, Pascal usw.

Bei der überwiegenden Anzahl von Anwendern findet man jedoch den *hochspezialisierten "Nebenbei-Programmierer"*, den Chemiker, Techniker, Betriebsingenieur, den Anwender also, der den komplexen Bereich der rechnergestützten Meßdatenerfassung neben seinen Hauptaufgaben zu betreuen hat.

Exakt an diesem Punkt müssen die Anbieter der Hardware ansetzen, um vernünftige Werkzeuge zur Lösung einer Meßaufgabe anzubieten. Diese Lösung heißt nach wie vor, eine *Dienstleistung* zu erbringen und dem Kunden ein Komplettsystem oder aber die geschlossene Anbindung sowohl an Hardware- als auch an Software-Schnittstellen zu geben.

Die Versuche, auch von nahmhaften Herstellern, das *universelle Datenerfassungssystem*, vor allem aber die *universelle Software* für den Bereich XYZ zu schaffen, scheitern immer im Detail der Anwendungen. Die Lösung kann nur die sorgfältige

Auswahl aus dem großen Angebot von Systemen an der konkreten Aufgabenstellung sein. Dazu benötigt man einen zuverlässigen, kompetenten Partner beim System-Anbieter, der nicht nur verkaufen kann, sondern auch bis in das Detail der Anwendung hinein eine wirkungsvolle Hilfestellung gibt.

10.6 Erläuterungen anhand eines modernen Meßwerterfassungssystems

Das Meßwerterfassungs- und Prozeßsteuerungssystem **65 ADP** ist eine optimale und kostengünstige Lösung für die aktuelle Aufgabe:

Erfassen von analogen Signalen und digitalen Daten sowie Ausgabe von analogen und digitalen Steuergrößen durch Kommunikation mit freiprogrammierbaren Rechnern.

Die Blockschaltung **Bild 10.9** zeigt einen solchen "Datenprozessor", bei dem der Hersteller konsequent den aufgezeigten Weg beschritten hat. Vorbedingung für die notwendige Kompatibilität mit jedem Rechner sind intelligente und leistungsstarke Schnittstellen zum Rechner hin und eine programmsprachenunabhängige Kommandostruktur.

Kernstück des Datenprozessors ist der Systemkontroller, basierend auf einem Z80-Mikroprozessor mit bis zu 40 Kbyte *Firmware* und 24 Kbyte Programm- und Datenspeicher. Die Kommunikation mit dem Rechner erfolgt wahlweise über eine serielle Schnittstelle (RS-232-C/V.24) mit komfortablen Soft- und Hardware-*Handshake-Modi* oder über die IEC-Bus-Schnittstelle (IEEE-488).

Neben einer Vielzahl unterschiedlicher Ein- und Ausgabekarten für analoge Signale oder digitale Daten und Zustände können die Systeme mit einem Protokolldrucker und auch mit einem digitalen Kassettenlaufwerk (ECMA-34-kompatibel) ausgerüstet werden. Dieses kann sowohl zur Datenabspeicherung als auch zum Ablegen und Wiederladen von Anwenderprogrammen verwendet werden.

Die Systemanpassung an die jeweilige Aufgabe erfolgt durch die Auswahl geeigneter Eingabe- bzw. Ausgabekarten. Besonders für industrielle Anwendungen in "rauher" Umgebung, wo mit Einstreuungen und Gleichtaktspannungen, Erdschleifen und Störsignalen gerechnet werden muß, sind isolierte Eingänge genauso wichtig wie isolierte Steuerausgänge. So ist hier der gesamte analoge Eingangsbereich von Kanal zu Kanal und ebenfalls zum System hin isoliert.

Verschiedene integrierende ADCs mit Abfragegeschwindigkeiten von 100 Kanälen/s und Multiplexer-Karten mit wahlweise 2-, 3-, 4-, 5- oder 6poliger Kanaldurchschaltung verarbeiten automatisch Eingangssignale bis zu 100 V, wobei Auflösungen bis zu 0,5 µV erreicht werden. Ein Thermoelementsignal mit einer Gleichtaktspannung, z.B. durch Netzkontakt erzeugt (350 Vp), versursacht einen Meßfehler von < 10 µV, entsprechend 0,2 ^{o}C bis 0,3 ^{o}C!

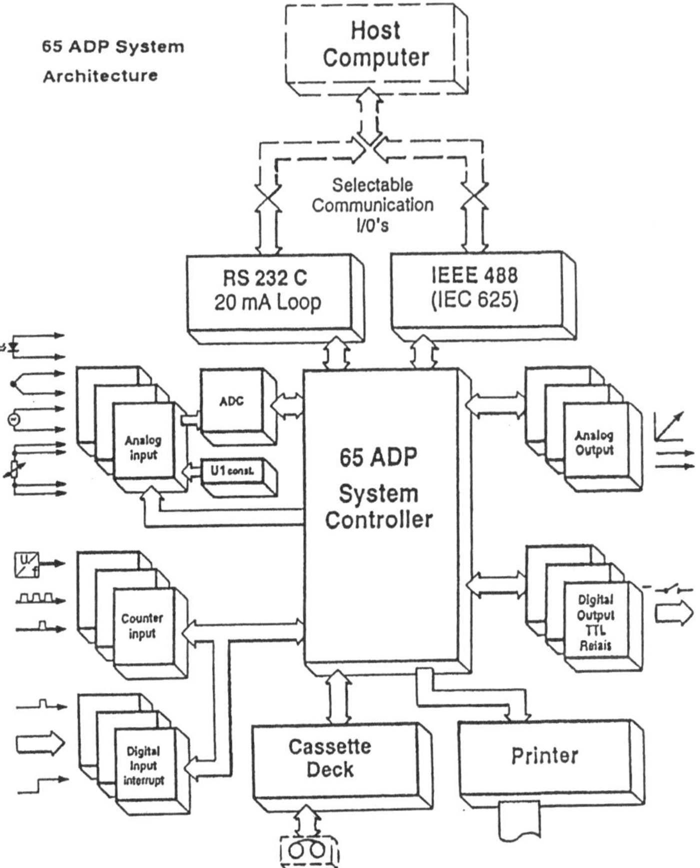

Bild 10.9 Blockschaltbild des Datenprozessors

Natürlich lassen sich alle gebräuchlichen passiven und aktiven Signalwandler direkt anschließen. Ein breites Spektrum von isolierten und nichtisolierten digitalen Eingabekarten steht für die unterschiedlichsten Aufgaben bereit. Der zunehmenden Tendenz, Signale als Frequenzen zu messen, wurde durch Entwicklung von Zählereinschüben mit bis zu 20 unabhängigen vierstelligen Zählern pro Einschub Rechnung getragen.

Neben analogen Spannungsausgängen (+/- 10 V) stehen isolierte 4- bis 20 mA-Steuerausgänge für die Prozeßregelung zur Verfügung. Digitale Daten und Steuerbefehle lassen sich über Relaisausgänge ebenfalls isoliert ausgeben.

Die Systemprogrammierung erfolgt über einfache *Statements*, die in das Rechnerprogramm eingebaut und zum Datenprozessor gesendet werden. Wichtig ist hierbei, daß der Rechner nicht unnötig zusätzlich durch die Kontrolle des Meßdatenerfassungs- und Ausgabe-Systems belastet wird. Er sollte sogar entscheidend entlastet werden, indem Aufgaben wie Datenkonvertierung, Grenzwertkontrollen, Mittelwertbildungen, logische Verknüpfungen, zeitliche Zuordnungen, Zeittriggerungen, digitale Datenformatkonvertierungen und vieles mehr aus dem Rechner in den Datenprozessor verlagert werden. Dies ist hier geschehen.

Durch eine Software-Erweiterung wächst die *System-Firmware* bis auf 44 Kbyte Assembler-Routinen. Hiermit können im System bis zu acht unabhängige Arbeitssequenzen (*Tasks*) im Systemhintergrund laufen. Durch den eingebauten Zeitgeber gesteuert, werden die vorprogrammierten Aufgaben zu den vorgesehenen Zeiten abgearbeitet. Hiermit kann der Übergang vom *On-line-System* zum *Off-line-Datenlogger* vollzogen werden.

Durch die Möglichkeit, das Anwenderprogramm für den Datenprozessor auf der Magnetbandkassette abzuspeichern und von dort zu laden, ist eine vollständige Rechnerabkopplung gewährleistet. Die gesamte Programmierung kann von einem gewöhnlichen und überall verfügbaren Terminal aus erfolgen.

Das Anwenderprogramm bleibt auch beim Abschalten im System-RAM erhalten. Eine Abspeicherung auf die Digitalkassette gewährleistet jederzeit ein schnelles Laden des Programms auch vor Ort. Der Batteriebetrieb aus 12 V oder 24 V garantiert die Einsatzmöglichkeit auch im "Feld", wobei die eingebaute Kassettenstation das "Datensammeln" übernimmt.

Die Einsatzmöglichkeit und Flexibilität des beschriebenen Systems soll noch an einem kleinen Beispiel verdeutlicht werden und zeigen, daß nicht immer ein großer "*System-Overhead*" notwendig ist.

Aufgabenstellung:

- Ein Hersteller von Stromversorgungen suchte für den Bereich der Qualitätskontrolle ein Datenerfassungssystem, um die Daten eines Temperaturtests zu erfassen und unbrauchbare Module auszuselektieren.
- 240 Spannungsausgänge der Module sollten alle fünf Minuten erfaßt, kontrolliert und bei Überschreiten der Grenzen so protokolliert werden, daß Über- beziehungsweise Unterschreitungsdauer sowie der Temperaturbereich während dieser Zeit zusammen mit den tatsächlichen Ausgangsspannungen der Module zu ersehen waren.
- Darüber hinaus sollte das System die Ofentemperatur steuern und Steuersignale zum zyklischen Belasten der Prüflinge ausgeben.

Auswahl eines geeigneten Systems:

Ein zunächst vorgesehenes, maßgeschneidertes Prozeßsteuerungssystem konnte, aufgrund fehlender Mittel, nicht zuletzt aber aus Zeitmangel nicht eingesetzt werden. Zur Realisierung standen max. 6 Wochen zur Verfügung. Dieser Zeitraum war zur Erstellung einer Anwendersoftware nicht ausreichend. Es mußte ohne Verlust an Komfort und ohne Meßtechnische Kompromisse eine Lösung gefunden werden.

Durch den Einsatz des Datenprozessors wurde ein komplettes rechnergestütztes *On-line-System* überflüssig. Die gesamte Aufgabe konnte so im *Off-line-Betrieb* gesteuert werden. Die Datenerfassung wurde weitgehend autonom im Interface realisiert, die Meßwerte auf der Bandstation im Interface gepuffert. Die Auswertung wird auf dem PC mit dem Software-Paket *Softgraph* durchgeführt.

Teil IV Software für Erfassung und Verarbeitung

11 Software für Datenerfassung und Datenauswertung

von Harald Schumny

11.1 Standardsoftware

Die meiste Software existiert für das Betriebssystem MS-DOS. Viele Pakete stellen aufgrund ihrer Verbreitung so etwas wie Standards dar. Dazu gehören z.B. Auto-CAD, dBASE, Excel, Lotus 1-2-3, MS-WORD, Multiplan, Symphony. Viele Hardware- und Software-Entwicklungen berücksichtigen diese Tatsache und definieren ihre Datenformate beispielsweise so, daß sie "Lotus-kompatibel" sind.

Die genannten Programme sind für die Erstellung von Graphiken, Datenbanken, Texten und zur Tabellenkalkulation geeignet. Einige sind spezialisiert, andere sind sog. *integrierte Pakete*. Ein wesentlicher Unterschied liegt darin, ob die Pakete geschlossen sind, Daten und fremde Programme also nicht beliebig importiert werden können, oder ob eine offene Struktur vorliegt, die zumindest den Austausch von Daten in einem "Standardformat" erlaubt, z.B in Form von ASCII- oder Lotus-Files.

Der Begriff ***Standardsoftware*** ist dennoch nicht eindeutig definiert. Häufig versteht man darunter folgendes:

- Software ist wegen ihrer starken Verbreitung so etwas wie ein "Standard". Beispiele sind oben genannt.
- Software ist geeignet, bestimmte "Standardaufgaben" zu bewältigen, wie z.B. Datenerfassung, Kurvenglättung, Darstellung usw.
- Software ist für einen "Standard"-Computer entwickelt (z.B. für den PC).

Ob für die Erfassung, Bearbeitung und Darstellung von Meßdaten in absehbarer Zeit echte "Standards" oder gar Normen entstehen, kann noch nicht klar erkannt werden. Weiter unten werden wichtige Software-Pakete für den Einsatz in Labor, Versuchs- und Prüffeld vorgestellt. Wesentliche Kriterien zur Beurteilung aller Pakete können sein:

- *Offenheit*
- *Benutzerfreundlichkeit*
- *Unterstützung durch den Lieferanten*
- *Geräteunabhängigkeit*
- *Anpassungsfähigkeit*

Die hier angesprochenen Programme laufen unter MS-DOS auf "Industriestandard-Computern" (*Industry Standard Architecture*, ISA). Sie sind in der Regel nicht verfügbar für OS/2-PCs oder Unix-Workstations. Diese beiden letzteren Betriebssysteme sind ja im wesentlichen für die Büroautomatisierung und die "Engineering"-Unterstützung geeignet. Auf der anderen Seite gibt es für Unix-Maschinen und VMS-Rechner (DEC) eine Vielzahl technisch-wissenschaftlicher Software, die für eine Nutzung auf MS-DOS-Rechnern erst angepaßt oder umgeschrieben werden müßte. In einem anderen Beispiel ist das Datenerfassungs- und Auswertepaket LabVIEW zuerst für Apple-Macintosh-Rechner entwickelt und später als LabWindows auch für MS-DOS-Rechner verfügbar gemacht worden. Nun soll so etwas wie ein "Standard" gesetzt werden durch Vorstellung der zusätzlichen Versionen LabVIEW für Sun und LabVIEW für Windows.

Mit zunehmender Weiterentwicklung der Vernetzungsfähigkeit verschiedener Arbeitsplatzcomputer werden solche Familienzugehörigkeitsargumente an Bedeutung verlieren. Schon heute ist es möglich, z.B. MS-DOS-PCs nach Industriestandard (ISA) und VMS-Rechner vom Typ MicroVAX in einem Netzwerk gemischt zu betreiben. Ein einheitliches Betriebssystem und einheitliche Rechnerarchitektur sind dann wohl nicht mehr notwendig. Software und Hardware der Arbeitsplatzcomputer können dann dem jeweiligen Problem angemessen optimal ausgewählt werden.

11.2 Software-Spektrum

Vor wenigen Jahren gab es so gut wie keine Software für den direkten Einsatz von PCs zur Datenerfassung und -analyse. Die Situation hat sich dramatisch verändert: Heute gibt es so viele Programme und komplette Systeme, daß die Beurteilung und Auswertung eine schwierige Aufgabe geworden ist. Einige Systeme werden exklusiv vertrieben; Beratung kann dann in der Regel auch nur bei dieser Stelle eingeholt werden. Mehrere Lieferanten bieten aber auch eine ganze Palette an Software an und stellen diese durchaus als Ergänzungen oder Alternativen gegenüber. Dazu gehören z.B. *Analog Devices*, *Datalog*, *Keithley*, *Kontron*, *Meilhaus*, *Spectra*, *Stemmer*, *Ziegler*.

Das verfügbare "Software-Spektrum" wird z.B. nach den folgenden Kriterien geordnet:

einfach	<——— **Anwendbarkeit** ———>	*schwierig*
starr	<——— **Anpassungsfähigkeit** ———>	*flexibel*
gering	<——— **Ausführungsgeschwindigkeit** ———>	*hoch*

Einfache Anwendbarkeit ist natürlich von großem Interesse, wenn die Software nicht nur von gut eingearbeiteten Spezialisten benutzt werden soll. Programme mit dieser Eigenschaft arbeiten in der Regel interaktiv über Menüs oder Fenster, oft ist eine Maus benutzbar. Leider ist das Attribut "einfache Anwendbarkeit" häufig verbunden mit geringer Flexibilität und geringer Ausführungsgeschwindigkeit.

Anpassungsfähigkeit ist dann meist gut ausgeprägt, wenn eine Programmiersprache offen liegt und Eingriffe damit möglich sind. Dies ist aber zumeist begleitet von wenig einfacher Anwendbarkeit. Viele geschlossene Programmpakete sind kaum oder gar nicht flexibel, ihre Benutzung (Anwendbarkeit) ist aber oft sehr günstig ausgelegt.

Ausführungsgeschwindigkeit wird manchmal zugunsten einfacher Anwendbarkeit geopfert. Es gilt: je "narrensicherer" eine Software, desto langsamer ist sie. Auf der anderen Seite sind langsame Programme nicht notwendigerweise "narrensicher". Oft ist ein schnelles Programm aber zumindest prinzipiell flexibel, wenn es in Assembler oder C geschrieben ist und die Quellen offenliegen.

Im nächsten Abschnitt sind die in Deutschland verfügbaren PC-Programme zur Datenerfassung und Datenauswertung zusammengestellt und stichwortartig erklärt. Detaillierte Information ist bei den Lieferanten abrufbar; die Anschriften sind in einer Tabelle für diesen Zweck gesammelt. Ein Anspruch auf Vollständigkeit kann nicht erhoben werden; dennoch ist die Zusammenstellung als repräsentativ anzusehen.

11.3 Tabellarische Übersichten

In **Tabelle 11.1** sind die Lieferanten der PC-Programme zusammengestellt, die in der nachfolgenden Auflistung kurz besprochen werden. **Tabelle 11.2** ist eine Kurzübersicht. Darin ist mit der Bezeichnung "Win" angegeben, daß die Software unter MS-Windows läuft.

Soweit Erfahrungen und Unterlagen verfügbar, wurden Kurzbeschreibungen zusammengestellt. Ausführliche Unterlagen könnten gegebenenfalls bei den genannten Lieferanten angefordert werden.

Tabelle 11.1 Anschriften der genannten Software-Lieferanten

Addi-Data, Daimlerstr. 2, 7580 Bühl
ADDITIVE, Max-Planck-Straße 9, 6382 Friedrichsdorf
Analog Devices, Postfach 12 0104, 8000 München 12
Bausch-Gall, Wohlfartstr. 21b, 8000 München 45
Büro f. Techn. Software, Fuchseckstr. 25, 7334 Süßen
Burr-Brown, Weidacher Str. 26, 7024 Filderstadt
COMES, Postfach 68, 3002 Wedemark 2
Computerhansa, Eversbuschstraße 194 C, 8000 München 50
Cortex, Max-Planck-Straße 23, 6382 Friedrichsdorf
Datalog, Bahnhofstr. 26, 4050 Mönchengladbach 2
Data Translation, Stuttgarter Str. 66, 7120 Bietigheim-Bissingen
disys, Auf der Grefenfurth 1, 5064 Rösrath
Electronic Tools, Am Waldfriedhof 7, 4030 Ratingen 1
Fast ComTec, Grünwalder Weg 28, 8024 Oberhaching
GfS, Pascalstr. 17, 5100 Aachen
GIF, Jülicher Straße 499, 5100 Aachen
Graf, Postfach 1610, 8960 Kempten
Hewlett-Packard, HP-Straße, 6380 Bad Homburg
IBV Meßtechnik, Corneliusstr. 95, 4000 Düsseldorf 1
ICS, Gottfried-Keller-Str.52, 6000 Frankfurt 50
imc, Ackerstr. 71, 1000 Berlin 65
Ines, Neuenhöfer Allee, 5000 Köln 41
IOtech, 25971 Cannon Road, Cleveland, OH 44146, USA
Keithley, Landsberger Str. 65, 8034 Germering
Kontron, Freisinger Str. 21, 8057 Eching
Labtech, s. Keithley
Meilhaus, Fischerstr. 2, 8039 Puchheim
Mikrotaurus, Gustav-Meyer-Allee 25, 1000 Berlin 65
MTE, Fraunhoferstr. 14, 8033 Martinsried
National Instruments, Hans-Grässel-Weg 1, 8000 München 70
Samco, Carl-Zeiss-Ring 7a, 8045 Ismaning
Sorcus, Tullastr. 19, 6900 Heidelberg
Spectra, Karlsruher Str. 11, 7022 Echterdingen
Stemmer, Gutenbergstr. 11, 8039 Puchheim
Synotech, Franzosenberg 9, 5172 Linnich
Tektronix, Postfach 101544, 5000 Köln 1
Wavetek, Freisinger Str. 34, 8045 Ismaning
Wölfel, Otto-Hahn-Str. 2a, 8706 Höchberg bei Würzburg
Zeilinger, Siebenbrunnengasse, A-1050 Wien
Ziegler, Postfach 201465, 4050 Mönchengladbach 2

Tabelle 11.2 Tabellarische Übersicht der nachfolgend kurz besprochenen PC-Programme. "Win" bedeutet, daß die Software unter MS-Windows läuft.

Produktname	*Win*	*Hersteller/Anbieter*
ARGUS	X	IBV, Sorcus
ASYST, ASYSTANT		Keithley
DADiSP		Kontron
DAGO/DIA-PC	X	GfS
DAQ-Ware		National Instruments
DATAVIEW		Zeilinger
DigiS 2	X	GfS
disyGraph	X	disys
disyLab + +	X	disys
disyLab 2		disys
DSPlay		Burr-Brown
DT-Open Layers	X	Data Translation
EASYEST		Keithley
EasyLab		Stemmer
EL/TL-GRAPH		COMES
FAMOS, FRAME	X	imc, ADDITIVE, Ines
GLOBAL LAB	X	Data Translation
HP-IB Steuerung	X	Hewlett-Packard
HP Instr. BASIC	X	Hewlett-Packard
HP ITG II	X	Hewlett-Packard
Hypersignal		Electronic Tools
ILS		Stemmer
Lab I/O		Keithley
Labtech Acquire		Spectra
Labtech Notebook		Analog Devices, Keithley
Labtech RTA		Keithley
LabVIEW	X	National Instruments, Meilhaus
LabWindows		National Instruments, Meilhaus
MATLAB		Bausch-Gall
MEDA		Wölfel
MEDUSA		Ines
MESSANALYST		Datalog
MPA/PC		Fast ComTech
MPAWIN	X	Fast ComTech
NI-DAQ für Windows	X	National Instruments
Notebook/XE	X	Labtech, Keithley
PCI		Burr-Brown
PC-LabDAS		Spectra
PDES		GIF, Sorcus
Personal488/WIN	X	IOtech

Tabelle 11.2 Fortsetzung

Produktname	*Win*	*Hersteller/Anbieter*
PIAS		MTE
PlotIT		ICS
PowerLab		Meilhaus
Signal-Tools		Addi-Data
signalys		Ziegler
SOFTGRAPH/SOFT		Datalog
SOFT500		Keithley
SPD		Tektronix
STATGRAPHICS		Sorcus
Statistikprogramm	X	Computerhansa
TurboLab		Stemmer
Udas	X	Cortex
UNISTAT for Windows	X	ADDITIVE
UnkelScope		Spectra
VIEWDAC		Keithley
WaveTest VIP	X	Wavetek Electronics
WinADDA	X	Mikrotaurus
WinLab	X	Graf
Workbench PC		Synotech, Ziegler
ZENON	X	Samco

ARGUS ist ein System zur Meßdatenerfassung, -auswertung und Prozeßsteuerung unter Windows. ARGUS läuft mit der Multifunktionskarte MODULAR-4 von Sorcus, die die Erfassung PC-unabhängig ausführt und so den Echtzeiteinsatz ermöglicht. Das Software-System (einschließlich der integrierten Datenbank) ist offen und hat Schnittstellen zu anderen bekannten Programmen.

ASYST ist inzwischen als "Quasi-Standard" gut bekannt. Ebenso bekannt ist demzufolge, daß ASYST sehr leistungsfähig bei der Erfassung, Bearbeitung und Darstellung von Meßdaten, aber auch nur mit großem Einsatz beherrschbar ist.

ASYSTANT in den Versionen ASYSTANT(+) und ASYSTANT GPIB ist eine aus ASYST entwickelte spezielle Software, die zwar menügeführt gut bedienbar ist, aber den offenen Charakter von ASYST verloren hat.

DADiSP wird als leistungsstark und sehr einfach bedienbar gerühmt. Dieses Programm ist in der Tat weitgehend selbsterklärend gestaltet und bietet ca. 150 Funktionen zur Datenanalyse. Eine weitere Besonderheit ist noch die Möglichkeit, bis zu 64 Felder (Fenster, *windows*) festzulegen und darin graphisch dargestellte Meßdaten wie in einer Kalkulationsmatrix (*worksheet*) zu verknüpfen. Kenner weisen in diesem Zusammenhang gerne auf die Ähnlichkeit zu Lotus 1-2-3 hin.

DAGO/DIA-PC wird in Deutschland von mehreren Meßtechnikfirmen angeboten und gehört zur Spitzengruppe bezüglich Verbreitung und Qualität. Das Hauptpaket DIA bietet eine umfassende Funktionsausstattung und enthält eine Meßdatenbank und 3D-Graphik. Eine Version für Windows ist verfügbar; diese kann zusammen mit DigiS laufen. Das einbindbare Paket DAGO unterstützt viele wichtige PC-Meßkarten zur Datenerfassung.

DAQ-Ware ist ein besonderes Werkzeug von National Instruments zur menügeführten Funktionsauswahl und wird kostenlos jeder NI-Datenerfassungskarte für PC, EISA, PS/2 beigelegt.

DATAVIEW ist ein Prozeßvisualisierungspaket zur Übernahme von Daten aus SPS, Datalogger usw. Es umfaßt Echtzeitvisualisierung, Dokumentation, Datenablage, Berichtsgenerierung, Alarmverarbeitung, Programmgeberfunktion, Netzwerkanschluß und Datenübergabe an Datenbanken. Die Darstellung der Prozeßdaten erfolgt in vollgraphischen Prozeßfließbildern, als Trends oder in numerischer Form. Das Absetzen von Bedienhandlungen über Menüs ist ebenso möglich wie das Einbinden von Fremdprogrammen über die Anwenderschnittstelle.

DigiS 2 gestattet "Echtzeitmeßtechnik" unter Windows 3.0. Unterstützt werden Meßkarten aller namhaften Firmen (s. auch DAGO/DIA).

disyLab ist eine Software zur Meßdatenerfassung und Prozeßsteuerung mit Echtzeiteigenschaften. Das Paket enthält eine Vielzahl von Eingangs- und Ausgangskanälen sowie Rechenkanäle (virtuelle Echtzeitkanäle). Zur weitergehenden Datenanalyse kann spezielle Software wie z.B. signalys angeschlossen werden. Die Windows-Version heißt disyLab++, ergänzend gibt es nun disyGraph.

DT-Open Layers unterstützt die Entwicklung von Programmen für Meßtechnik und Bildverarbeitung unter MS-Windows 3.0 oder 3.1. Es werden dabei Schnittstellen definiert zwischen Anwendungsprogrammen, Funktionsbibliotheken und Hardware-naher Interface-Software.

EASYEST gehört zur ASYST-Familie und arbeitet vollständig menügeführt. Ähnlich wie bei den ASYSTANT-Versionen sind ASYST-Funktionen fest programmiert und unterstützen schnelle Datenerfassung, "Echtzeitgraphik", Regelungen usw.

EasyLab wird mit den Attributen "einfache Handhabung, starke Graphik" beschrieben. Das Programm zeichnet bis zu 64 Kanäle auf (maximal 2 kHz pro Kanal) und stellt sie in Echtzeit auf z.B. EGA- oder VGA-Bildschirm dar. Die Meßwerterfassung und Graphik ist in Assembler geschrieben.

EL/TL-GRAPH ist eine Graphiksoftware mit Fenstertechnik und Hilfsmenüs. Es gibt Schnittstellen zu EasyLab und TurboLab; Verarbeitung von selbst erstellten Binär- und ASCII-Dateien ist möglich. Beliebig viele Kurven sind auf einer Seite darstellbar.

FAMOS wurde schon recht früh für MS-Windows entwickelt, viele folgen nun nach. Diese Software wird als Signalanalysepaket für die Meßtechnik mit integriertem Meßablaufgenerator bezeichnet.

FRAME wird als Programmgenerator bezeichnet und unterstützt die Entwicklung für die Analysesoftware FAMOS unter MS-Windows. Von Ines gibt es dazu einen IEEE-488-Treiber für ISA/EISA-Bus, Micro-Channel und AT96-Bus.

GLOBAL LAB bildet eine für Windows geschriebene Serie von Anwendungsprogrammen und Bibliotheken zur Anwendung unter DT-Open Layers.

HP-IB Meßgerätesteuerung ermöglicht die Entwicklung von Meßgeräte-Steuerprogrammen mit Windows-Standardprogrammiersprachen (MS Visual BASIC, Std.-BASIC, C, Pascal). Die Meßdaten können direkt in Windows-Spreadsheets und Texte übernommen werden.

HP Instrument BASIC für Windows kommt mit erheblich weniger Programmzeilen aus als andere BASIC-Versionen. Automatische E/A-Fehlerprüfung und alle neuen BASIC-Plus-Befehle sind anthalten, die graphische Objekte für Benutzeroberflächen enthalten.

HP ITG II bietet eine interaktive graphische Umgebung unter MS-Windows. Unterstützt werden HP Instrument BASIC, C, QuickC und QuickBASIC. Über 200 Meßgerätetreiber plus Entwicklungshilfe für eigene Treiber sind enthalten.

Hypersignal ist ein integriertes Paket für die digitale Signalverarbeitung und unterstützt vor allem die Berechnung digitaler Filter (FIR, IIR) und die Signalanalyse im Zeit- und Frequenzbereich (FFT).

ILS wird als Software für wissenschaftliche Meßdatenanalyse und zur Signalauswertung bezeichnet. Einfache Bedienung, Hilfsfunktionen, und viele Standardfunktionen sind genannt. Die Weiterverarbeitung von mit EasyLab oder TurboLab erfaßten Meßdaten ist möglich.

Labtech Acquire ist ein kostengünstiges, menügeführtes Programm mit Echtzeit-Darstellung und -Speicherung auf Magnetplatte. Die Datenfiles sind kompatibel mit DADiSP, Lotus 1-2-3, Symphony und anderen.

Labtech Notebook ist eine menügeführte Programmierumgebung mit einfacher Handhabbarkeit und der Möglichkeit, Daten zu anderen Auswerteprogrammen zu transferieren. Meßwerterfassung, Darstellung, Analyse und Regelung sind integriert. Eine GPIB-Schnittstelle und STI-Steckkarten werden bedient. Schwächen liegen in der Verarbeitungsgeschwindigkeit und den Auswertemöglichkeiten.

Labtech RTA ist ein Paket, das Echtzeitzugriffe auf die Labtech-Treiber aus anderen Programmpaketen ermöglicht. Möglich ist Echtzeitdatenerfassung ohne Programmierung bei geringen Ausführungsgeschwindigkeiten.

LabVIEW ist eine vorbildliche Software mit hochentwickelter graphischer Benutzeroberfläche. Derzeit existieren die Versionen L. für Windows, L. für Sun und L. für Macintosh ("graphische Programmiersprache" für drei Betriebssysteme). Unterstützt werden diverse Einsteckkarten sowie GPIB-, RS-232- und VXI/MXIbus-Systeme.

LabWindows arbeitet mit dialogorientierter Bedienung und erlaubt die Auswahl aus verschiedenen Bibliotheken zur Entwicklung von Software für die Erfassung, Reduzierung, Auswertung und Präsentation von Meßdaten sowie für die Steuerung von Meßinstrumenten. Dies trifft insbesondere für die IEC-Bus-Nutzung zu. Die Programmierunterstützung gilt für Microsoft C und QuickBASIC. Daten verschiedener Formate können bearbeitet werden.

MATLAB besteht aus vielen Funktionsgruppen (*tool boxes*) für z.B. Signalverarbeitung, Mathematik, Steuerung.

MEDA ist eine einfach zu bedienende Meß- und Analysesoftware mit einem Schwerpunkt im Bereich der Schwingungsanalyse. Der Anwender kann sich ganz auf die Problemlösung konzentrieren und muß sich nicht mit der Datenverarbeitung auseinandersetzen.

MEDUSA wird vor allem zusammen mit der IEC-Bus-Karte ines-ieee488 angeboten. Die Benutzung erfolgt menügeführt mit Maus und Tastatur. Daten werden auf Diskette oder Festplatte gespeichert. Darstellbar sind bis zu 12 Kanäle pro Bildschirmseite.

NI-DAQ für Windows gehört zum Lieferumfang aller NI-Datenerfassungskarten für ISA und Microchannel und unterstützt die Entwicklung leistungsfähiger Meßsysteme unter MS-Windows. Dabei wird vor allem die "Windows-DMA-Bremse" im "386-Enhanced-Mode" gelöst, wodurch unter Windows auch quasi Echtzeitbedingungen erfüllbar sind.

Notebook/XE verspricht Echtzeit-Datenerfassung bis zu 1 kHz unter MS-Windows. In diesem Rahmen sollen Erfassung und Darstellung in Echtzeit stattfinden, dazu wird simultane Abspeicherung auf Festplatte sowie Ableitung von Triggerentscheidungen aus den erfaßten Daten unterstützt (vgl. auch die anderen Labtech-Produkte)

PC-LabDAS ist eine flexible, leicht nutzbare Software für Datenerfassung, Überwachung, Steuerung und Analyse. Menügeführte Hilfen ermöglichen den bequemen Aufbau von Experimentführungen. Daten können in Lotus-1-2-3-Format umgewandelt werden. Die Software ist in kompilierter Form oder als Quick-BASIC-Quellprogramm erhältlich. Im zweiten Fall können eigene Unterprogramme eingebunden werden.

PDES 3.1 ermöglicht die Verknüpfung von Datenerfassung mit komplexer Steuerung und Regelung zusammen mit MODULAR-Karten der Fa. Sorcus.

Personal488/WIN erlaubt aus MS-Windows-Anwendungen Meßgerätesteuerungen nach IEEE-488.2 mit Hilfe einer DLL (*Dynamic Link Library*). Verwendet werden Kommandos im HP-Stil. Sprachenunterstützung liegt vor für Visual BASIC, MS-C, QuickC, TurboC und Borland C++.

PIAS wird angeboten als universelles Arbeitsinstrument für die rechnergestützte, aufgabenspezifische Auswertung und Darstellung von Meß- und Versuchsdaten. Im Vordergrund steht die Graphik. Abarbeitung vorab definierter Sequenzen im Batch-Modus. Mischung von Standard- mit Applikationsmodulen.

PlotIT bietet sehr gute Möglichkeiten zur Meßdatenbearbeitung und Darstellung. Unterstützt werden 60 verschiedene Kurventypen mit 2D- und 3D-Graphiken.

PowerLab ist ein offenes und flexibles System für die Entwicklung von Meßtechnik-Programmen und -Anwendungen. Es ist menügeführt im Dialog nutzbar, dient aber gleichzeitig als Entwicklungssystem für Turbo- bzw. Borland-Pascal. Der Meßtechnik-Ingenieur wird mit umfangreichen, auch als "Toolbox" nutzbaren Bibliotheken (z.B. IEEE-488, RS-232, PC-Einsteckkarten, Mathematik, Signalverarbeitung, Graphik, Datei-I/O) unterstützt und erhält gleichzeitig alle Möglichkeiten, seine eigenen oder Fremdmodule in das Gesamtsystem und seine SAA-Oberfläche (Turbo Vision) zu integrieren. Dazu sind keinerlei Kenntnisse von Turbo Vision oder der objektorientierten Programmierung erforderlich.

Signal-Tools dient der Erfassung und Bearbeitung von Meßdaten, wobei optimal die eigenen Addi-Data-PC-Karten unterstützt werden.

signalys gehört zu den am weitesten verbreiteten Paketen zur Datenerfassung und -auswertung. Es wird als Komplettlösung angeboten und bietet in der Tat eine umfangreiche Funktionalität. Die graphischen Möglichkeiten sind von dem erfolgreichen CAD-Paket Caddy desselben Herstellers abgeleitet.

SOFTGRAPH ist einfach handhabbar und ermöglicht vor allem die graphische Darstellung von Meßdaten, die als ASCII-Files vorliegen. Bis zu 4000 Meßwerte können eingelesen und bearbeitet werden. In vier Fenstern sind bis zu vier Graphen darstellbar.

SOFT1, SOFT2 sind zwei sich ergänzende Programme zur Einstellung von Betriebsparametern (SOFT1) und zur Weiterverarbeitung, Darstellung und Analyse von Meßdaten (SOFT2). Bequeme Menüführung und Konvertierungsmöglichkeiten zu Lotus 1-2-3, Symphony, ASYST, Labtech Notebook usw. ergänzen die Programme.

SOFT500 ist eine Erweiterung von GW-BASIC oder BASICA zur Benutzung von Meßdatenerfassungs-Hardware von Keithley. Es werden Routinen geliefert für Datenerfassung, -analyse und -konvertierung. Ein Vorteil ist die einfache Handhabung, nachteilig ist die geringe Ausführgeschwindigkeit der Interpreter-Programme. Deshalb gibt es ergänzend die kompilierte Version Quick500.

STATGRAPHICS ist ein interaktives Programmpaket zur Auswertung von Meßdaten mit über 250 Programmteilen bzw. Funktionen. Mehrere zwei- oder dreidimensionale Darstellungen pro Bildschirm sind möglich. Es existieren Schnittstellen zu dBASE III, Lotus 1-2-3, Symphony, ASCII und DIF (*Data Interchange Format*).

Statistikprogramm heißt eine Software zur Meßdatenauswertung unter MS-Windows.

TurboLab dient der schnellen Meßdatenerfassung mit Data-Translation-Erfassungskarten. Die menügeführte Software arbeitet bei Abtastfrequenzen bis 250 kHz mit 12 bit Auflösung oder bei 100 kHz mit 16 bit. Daten können kontinuierlich in einen bis zu 16 Mbyte großen Speicher geschrieben werden.

Udas ist eine netzwerkfähige MS-Windows-Software für Meßdatenerfassung (Udas Capture) und Datenanalyse (Udas Analyse). Es lassen sich Meßabläufe programmieren; umfangreiche Funktionsbibliotheken stehen zur Verfügung.

UnkelScope emuliert ein digitales Speicheroszilloskop, Schreiber und XY-Plotter. Wellenformerfassung und -analyse (FFT), Spektrumanalyse, digitale Filterung und viele mathematische Funktionen werden unterstützt.

VIEWDAC vom ASYST-Hersteller ist eine Neuentwicklung für Meßwerterfassung, Steuerung und Laborautomatisierung, läuft aber nur auf PCs ab Prozessor 386. Hervorzuheben sind Multitasking, 4 Mbyte lineare Adressierung, virtuelle Speicherung, moderne Menüführung, Programmgenerator, interaktive Graphik.

WaveTest VIP (Visual Instrument Programmer) ist ein Programmgenerator (Windows 3.1) für die Steuerung von RS-232-, GPIB-, VXI- und MXI-Meßgeräten. Unterstützt werden ebenfalls die interaktive Erfassung und Zusammenstellung von Testdaten. Derzeit sind über 250 Gerätetreiber für 30 verschiedene Hersteller in einer Bibliothek enthalten, die ständig erweitert wird.

WinADDA ermöglicht die Bedienung von Data-Translation-Meßwerterfassungskarten unter MS-Windows. Es kann so konfiguriert werden, daß die aufgenommenen Daten automatisch am Ende eines Meßvorgangs an ein Analyseprogramm übergeben werden. Dafür stehen verschiedene Formate zur Verfügung (ASCII, binär, FAMOS).

WinLab ist ein weiteres Paket unter MS-Windows und unterstützt u.a. die Überwachung und Aufzeichnung von Meß- und Steuerdaten.

Workbench PC ist Maus-geführt und dient der Datenerfassung und Datenbearbeitung. Datenimport und -export ist möglich, Sprachenschnittstellen (C) sind verfügbar. Einmal erstellte Funktionsabläufe lassen sich speichern und per Paßwort vor ungewollten oder nicht authorisierten Änderungen schützen.

ZENON ist für Erfassung und Auswertung vorgesehen, läuft unter Windows 3.0.

12 Meßtechnik-Software - Anforderungen, Varianten, Lösungen

von Torsten Waldeck

12.1 Einleitung

Bei Standardsoftware wie Textverarbeitung, Datenbank oder Tabellenkalkulation reduziert sich der Markt für den professionellen Einsatz trotz einer kaum überschaubaren Angebotsvielfalt letztlich auf relativ wenige Programme einiger Marktführer. Der Leistungsumfang ist in der Regel so mächtig und zwischen den einzelnen Programmen relativ ausgeglichen, daß bei der Entscheidung für oder gegen ein Produkt inhaltliche Argumente durchaus gegenüber z.B. firmenpolitischen in den Hintergrund treten können. Außerdem würde heute wohl niemand mehr auf die Idee kommen, sich seine Textverarbeitung selbst zu programmieren.

Für Meßtechnik-Software gibt es eine solche Selektion und Konzentration dagegen noch nicht in diesem ausgeprägten Maße - zu viele Aspekte sind beim Einsatz zu beachten, zu unterschiedlich sind die Problemstellungen und möglichen Lösungen, und oft genug ist eine Eigenprogrammierung noch der einzig praktikable Lösungsweg.

Einige Gründe sind

- die Vielfalt der Hardware und mangelnde Standardisierung bei ihrer Programmierung,
- sehr spezielle Meßaufbauten und Auswertungsalgorithmen,
- sich häufig ändernde Meßaufgaben,
- und daraus resultierend die oft geringe Anzahl potentieller Anwender einer konkreten Software-Lösung.

Deshalb wird häufig noch relativ viel Aufwand in die Entwicklung spezifischer Software-Lösungen investiert, der dennoch zu letztlich unbefriedigenden Ergebnissen und hohen Kosten für den Anwender führt.

Die wichtigsten Aufgaben für Meßtechnik-Software lassen sich jedoch in der Regel in einigen wenigen Kategorien klassifizieren, und die Nutzung von Standard-Softwarelösungen oder -Entwicklungssystemen kann bei ausreichender Flexibilität und Modularität dieser Systeme Aufwand und Kosten auch für relativ spezialisierte Lösungen wesentlich verringern - und dies bei in der Regel sogar deutlich höherem Komfort und besserer Wartbarkeit.

In diesem Kapitel werden deshalb im ersten Teil (Abschnitte 12.2 und 12.3) einige wesentliche Anforderungen und Probleme beim Einsatz von Software für die Meßtechnik unter verschiedenen Aspekten diskutiert sowie verschiedene Kategorien und Erstellungs- bzw. Beschaffungsstrategien für Meßtechnik-Software verglichen. In Übersichtsform werden mögliche Probleme aufgezeigt und Vor- und Nachteile verschiedener Lösungen gegenübergestellt.

Bei der Komplexität des Themas ist natürlich keine erschöpfende Behandlung der Thematik möglich (insbesondere werden Echtzeitsysteme ausgeklammert), aber es sollen wesentliche Seiten der Problematik beleuchtet und damit potentiellen Erstellern und Nutzern von Meßtechnik-Programmen oder -Applikationen Denkanstöße und Hilfen zur Entscheidungsfindung gegeben werden. Entsprechend dem Thema des Buches werden hier nur Lösungen für die Industriestandards PC und DOS betrachtet.

Auf konkrete Produkte wird allerdings wegen der Schnellebigkeit des Marktes kaum eingegangen, und wo dies geschieht, ist die Auswahl exemplarisch und stellt keine Wertung dar. Kapitel 11 gibt eine Übersicht wichtiger Programme.

Im zweiten Teil (Abschn. 12.4) wird am konkreten Beispiel des Programmentwicklungssystems **PowerLab** dargelegt, wie durch den Einsatz von flexibler Standardsoftware effektiv Zeit bei der Entwicklung von Meßtechnik-Applikationen gespart werden kann. Dabei wird gezeigt, daß durch das offene Konzept des Entwicklungssystemes PowerLab ganz verschiedene Vorgehensweisen möglich sind, die den Wünschen und Bedürfnissen verschiedener Nutzergruppen optimal entgegenkommen.

12.2 Anforderungen und Aufgaben

12.2.1 Software-Einsatz in der Meßtechnik

Da in der Meßtechnik die möglichen Aufgabenstellungen, die potentiellen Nutzergruppen und auch die verfügbare Gerätetechnik außerordentlich vielfältig sind, wird es hier nie "die" Standardsoftware geben.

Man sollte sich deshalb vor der Entscheidung für die Beschaffung oder Erstellung von Meßtechnik-Software erst einmal Klarheit über einige grundsätzliche Kriterien verschaffen (s. nächste Seite) und daraus die Anforderungen ableiten, die an die Software z.B. im Hinblick auf die anschließend genannten Punkte zu stellen sind.

Daraus wird sich für verschiedene Anwendungen sicher schon ein ganz unterschiedliches Anforderungsprofil ergeben - die "*Quick and Dirty*"-Methode kann im Einzelfall durchaus ihre Existenzberechtigung haben, während in anderen Fällen nur die spezielle Auftragsprogrammierung bei einem erfahrenen Systemhaus zulässig sein mag.

Kriterien

- Komplexität der Aufgabe
- einzusetzende Hardware, verfügbare Gerätetreiber
- Ansprüche an Zeitverhalten (*Echtzeit*?) und Verarbeitungsgeschwindigkeit (Datenerfassung, -analyse und -darstellung)
- Einsatzort der Software, z.B.
  - Meßtechnik-Labor
  - End- oder Wareneingangsprüfung
  - Prüfmittelbau
  - medizinische Überwachungstechnik
  - Prozeßsteuerung/ -visualisierung
  - Lehre und Weiterbildung
- eigene Entwicklungskapazitäten
- Verfügbarkeit von Erfahrungsträgern
- Qualifikation der Bediener/ Endnutzer
- Häufigkeit der Benutzung der Software bzw. der damit erstellten Applikationen
- Notwendigkeit/ Häufigkeit von Programm-Modifikationen bzw. der Erstellung neuer Applikationen
- geplante Einsatzdauer/ Wiederverwendbarkeit der Software-Lösung

Anforderungen
- Erlernbarkeit/ Einarbeitungsaufwand und Handhabbarkeit - Umfang und Mächtigkeit - Anpassungsfähigkeit, Flexibilität, Offenheit - Ausführungsgeschwindigkeit - Fehler- und Ausfallsicherheit - Kostenaspekt kurzfristig (Beschaffung), aber insbesondere auch langfristig (Schulung, Wartung)

12.2.2 Spezielle (inhaltliche) Anforderungen

Die wichtigsten Aufgaben für Meßtechnik-Software lassen sich in der Regel in einigen wenigen Kategorien klassifizieren (**Bild 12.1**). Diese Kategorien sind im folgenden Abschnitt jeweils stichwortartig mit einigen Anmerkungen dargestellt.

Vor der Auswahl der einzusetzenden Software sollte man sich auch hier eine Checkliste der für die konkrete Aufgabe wichtigen Punkte erstellen. Dabei ist es nicht unbedingt wichtig, daß ein Programm möglichst viele der aufgeführten Funktionen bereitstellt, sondern man sich vielmehr vor der Entscheidung klar wird, welche Aufgaben eigentlich zu lösen sind und welche Funktionen dazu erforderlich sind.

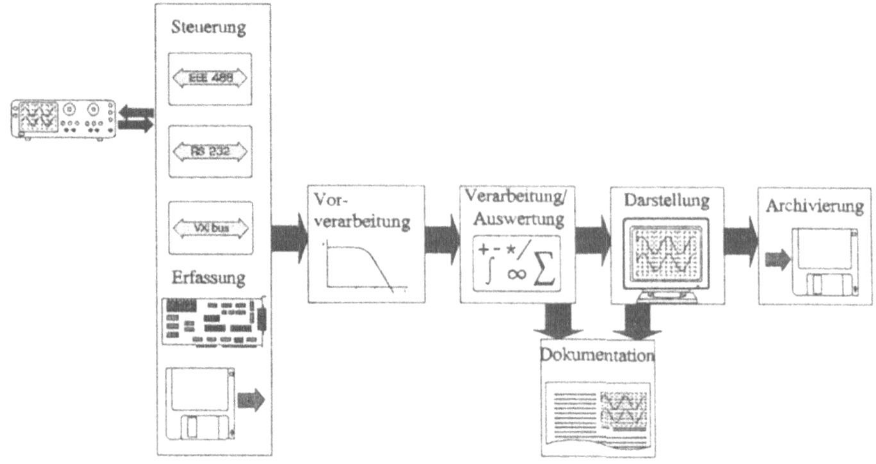

Bild 12.1 Funktionsgruppen für Meßtechnik-Software - Übersicht

Geräte- und/ oder Prozeß-Steuerung

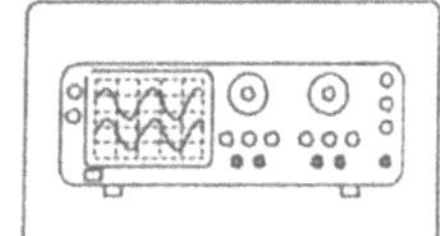

- Unterstützt die Software die Zielgeräte (was in der Mehrheit der Fälle nicht á priori gegeben sein wird) bzw. zumindest deren Hardware-Schnittstellen (IEC-Bus, RS-232 ...)?
- Offenheit des Systems, welche Software-Schnittstellen werden dem Nutzer zur Verfügung gestellt, um fehlende Treiber zu ergänzen?
- Geschwindigkeitsanforderungen, z.B. bei der Datenübertragung.
- Sollen nur "normale" Meßgeräte und Hardware eingesetzt werden, die lediglich für den Meßablauf zu programmieren sind?
  oder
- Handelt es sich um komplexe Systeme einschließlich Regelungen, Prozeßüberwachung u.ä.?

Da weder DOS noch Windows ursprünglich für Echtzeitanwendungen konzipiert sind, sind in letzterem Fall oft spezielle Betriebssysteme oder Betriebssystemzusätze erforderlich. Die Problematik der Echtzeitsysteme geht über den Rahmen dieses Artikels hinaus und wird hier nicht weiter diskutiert.

Daten-Erfassung

• ***Allgemein:***

- Sind Daten in Echtzeit *online* zu erfassen oder nicht?
- Was ist in der konkreten Anwendung unter Echtzeit zu verstehen?
- Wo liegt ggf. der "Flaschenhals" bei der Datenerfassung?

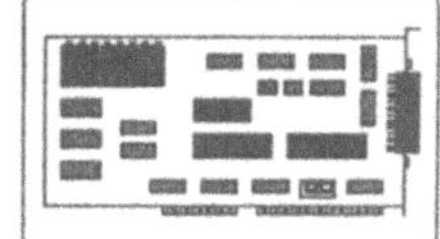

- ***PC-Einsteckkarten:*** Unterstützt die Software außer der Hardware des Software-Herstellers bzw. -Distributors auch andere Karten? (oft nicht!)
  Ist das System offen für die Ergänzung eigener Hardware-Treiber?
  Gibt es ein einheitliches Treiber-/ Software-Schnittstellenkonzept?
  Ist eine Programmierung auf Registerebene notwendig?
  Kann die Software die Daten von der Karte in ausreichender Geschwindigkeit bzw. Recordgröße übernehmen? Möglichkeit, Daten auf die Festplatte zu "streamen" und erst später *offline* auszuwerten?

- ***Serielle Schnittstelle(n):*** Gibt es einen Modul mit gut dokumentiertem Interface, der die seriellen Schnittstellen unterstützt?
  Vorteil: Keine spezielle Schnittstellenkarte erforderlich.
  Nachteile: Geringe Geschwindigkeit der Datenübertragung wirkt sich bei größeren Datenmengen stark aus (*Beispiel*: Datensätze von Digitalspeicheroszilloskopen). Begrenzte Anzahl Schnittstellen (meist ist einer der beiden Ports des PC für die Maus verwendet). Ausweg: zusätzliche Mehrfach-Schnittstellenkarten (Ansteuerung dieser Karten aus der Ziel-Software heraus problemlos möglich?).

- ***IEC-Bus (GPIB, IEEE-488):*** Werden vom Hersteller der Hardware oder der Software fertige Treiber für IEC-Bus-Geräte geliefert? Ist die Erstellung eigener Treiber möglich und ausreichend dokumentiert? Wird ein *High-Level-Interface* für die wichtigsten IEC-Bus-Funktionen bereitgestellt?

Der ursprüngliche Standard IEEE-488 (1975) beinhaltete keine Standardisierung der Kommandos, daher gibt es keine Einheitlichkeit in der Programmierung von "klassischen" IEC-Bus-Geräten. Durch die ASCII-Kommandos ist die Programmierung eines Treibers zwar in der Regel nicht kompliziert (wenn ein geeignetes Hochsprachen-Interface für die wichtigsten IEC-Bus-Funktionen verfügbar ist), aber mit einigem Fleißaufwand verbunden.

Die Norm IEEE-488.2 (1987) [ANSI87b] schuf zwar einen "kleinsten gemeinsamen Nenner" (*Common Command Set*) für allgemeine Steuerkommandos, definierte jedoch ebenfalls noch keine gerätespezifischen Kommandos. Erst der Standard SCPI ([SCPI92] und Kap. 4) definiert seit 1990 eine einheitliche Kommandosprache. Aber Vorsicht: SCPI bewirkt zwar eine Vereinheitlichung der Gerätetreiber, wegen des allgemeinen Charakters eines solchen Standards gibt es jedoch zu Beginn erst einmal keinerlei Vereinfachung der Treiberprogrammierung, eher im Gegenteil! Die Vorzüge einer solchen Standardisierung zeigen sich wegen der hohen Wiederverwendbarkeit einmal erstellter Treiber erst nach einiger Zeit, wenn man zum wiederholten Male einen Treiber erstellt.

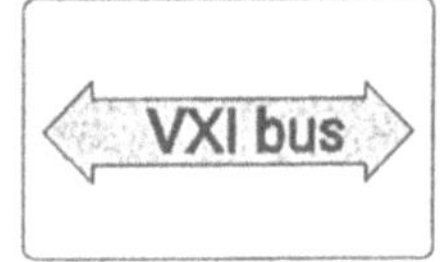

• *VXIbus:* VXI (s. Kap. 2) ist ein auf dem VMEbus basierendes, speziell auf die Belange der Meßtechnik zugeschnittenes Hochleistungs-Bussystem, das von mehreren großen Meßgeräteherstellern gemeinsam definiert wurde.

Softwareseitig können VXIbus-Geräte über das nachrichtenbasierte Protokoll meist ähnlich wie IEC-Bus-Geräte angesprochen werden, über den Steckplatz 0 wird meist auch eine Schnittstellen-Funktion zum IEC-Bus und damit zum PC bereitgestellt. Da der nur 8 bit breite IEC-Bus dabei leicht zum Flaschenhals für schnelle Datenübertragungen werden kann, hat die Firma *National Instruments* mit dem MXIbus (1989, Version 1.2: 1991 [MXI91]) eine zusätzliche schnelle Verbindungsmöglichkeit für Geräte unterschiedlicher Bussysteme definiert und propagiert. Der MXIbus ist 32 bit breit und erlaubt eine schnelle "memory-mapped" Kommunikation zwischen den angeschlossenen Geräten.

Wegen der nicht unerheblichen Kosten für die VXI-Grundausstattung und VXI-Meßgeräte (spezielle Einschub-Module für den VXIbus) spielt der VXIbus in der allgemeinen Meßtechnik noch nicht die dominierende Rolle.

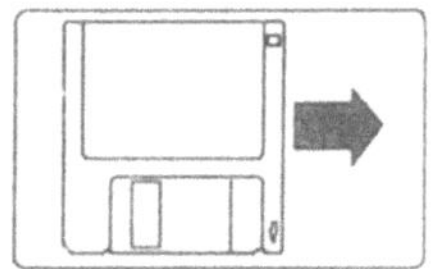

• ***Fremdformate:*** Besteht eine Notwendigkeit, Daten oder Dateien mit anderen Softwaresystemen auszutauschen? Welche allgemeinen (z.B. ASCII oder rein binär) und/oder speziellen Fremdformate (z.B. Standardsoftware) werden durch Leseroutinen unterstützt? Gibt es im Idealfall universelle Filterroutinen, mit denen man Daten aus beliebig strukturierten Dateien selektiv extrahieren kann?

Daten-Vorverarbeitung

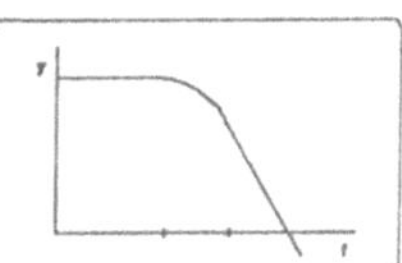

Welche Funktionen sind erforderlich und werden unterstützt?
Beispiele: Kalibrierung, Kennlinien-Linearisierung, Skalierung (Offset, Verstärkung), Datenreduktion, Filterung.

Daten-Verarbeitung/ -Auswertung

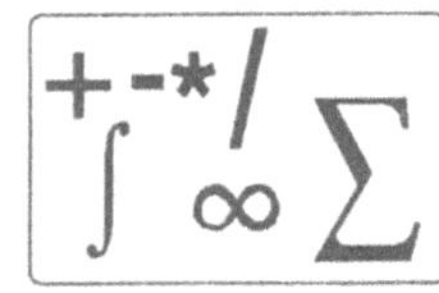

Wie mächtig sind die Funktionsbibliotheken?
Welche Funktionsklassen und Funktionen sind enthalten?
Beispiele für Funktionsklassen:
Elementare Signal-Mathematik (z.B. Signalverknüpfung), Signalanalyse im Zeitbereich (z.B. Kennwertbestimmung), Signalanalyse im bzw. über den Frequenzbereich (FFT, Spektren, Faltung, Korrelation), Regressionsanalyse, Statistik, Interpolation und Approximation.
Welche Datentypen werden unterstützt? Integer- und/ oder Floating-Point-Arithmetik?

Ist das System modular angelegt, so daß auf nicht benötigte Funktionsklassen verzichtet werden kann?
Gibt es eine dokumentierte Programmierschnittstelle, um spezielle, nicht vorhandene Routinen zu ergänzen?
Ist eine *Online*-Verarbeitung notwendig? Wenn ja, bis zu welchen Signalfrequenzen?

Zum Problem kann hier die Vielfalt der denkbaren bzw. verfügbaren mathematischen Verfahren werden. Die mitgelieferten Bibliotheken stellen oft einen sehr großen Funktionsumfang zur Verfügung, aber kein Programm kann alles beinhalten. Deshalb ist gerade hier eine Offenheit des Systems zu fordern, wenn z.B. abzusehen ist, daß sehr fachspezifische Auswerteverfahren zum Einsatz kommen sollen. Andererseits ist Modularität des Programms eine sinnvolle Forderung, um das Programm wirklich nur mit den benötigten Routinen zu konfigurieren, was einerseits der Übersichtlichkeit und Handhabbarkeit zugute kommt, andererseits auch für den Preis günstig sein kann.

Soll Echtzeit-Signalverarbeitung realisiert werden, so ist ggf. zu überprüfen, ob z.B. *DSP-Boards* (Signalprozessor-Karten) sinnvoll einsetzbar sind und - wenn ja - von der Software unterstützt werden.

Daten-Darstellung: Graphik

Allgemeine Graphikfähigkeiten: Die Vielfalt der Möglichkeiten ist auch in der Graphik wieder nahezu unendlich, deshalb können hier nur einige wesentliche Punkte aufgeführt werden:

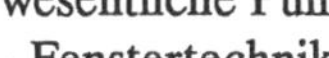

- Fenstertechnik
- Mehrfachkurven, Mehrfachachsen pro Fenster
- Zoom
- Cursormessungen
- logarithmische Achsen
- 3D-Darstellung
- verfügbare weitere Graphiktypen?
- Konfigurierbarkeit von Details (Farben, Marker, Darstellungsform ...)

Ist eine Online-Darstellung der Meßdaten möglich? Wenn ja, bis zu welchen Abtastfrequenzen?
Unterstützte Druckermodelle? Ist der Ausdruck mehr als nur eine *Hardcopy* vom Bildschirm, d.h. mit welcher maximalen Auflösung wird ausgedruckt?
Besteht die Möglichkeit der Plotterausgabe? Welche Plottermodelle werden unterstützt?
Ausgabemöglichkeit der Graphik in eine Datei, um sie später mit Textverarbeitungssystemen in Dokumente integrieren zu können? Welche Standardformate (HPGL, EPS, PCX, TIFF)?

Bei der Ausgabe von Graphiken in Dateien sollte auf jeden Fall ein vektororientiertes Format verfügbar sein, wie z.B. HPGL (*Hewlett-Packard Graphics*

Language) oder EPS (*Encapsulated PostScript*). Pixelorientierte Formate werden zwar von sehr vielen anderen Programmen eingelesen, sind aber für die Darstellung von Meßergebnissen denkbar ungeeignet, da nachträglich nicht mehr sinnvoll skalierbar. Selbst ohne bewußte zusätzliche Skalierung (Vergrößerung oder Verkleinerung) ergibt der Ausdruck pixelorientierter Graphiken z.B. aus Textverarbeitungsprogrammen heraus oft unschöne Darstellungen, da die jeweiligen Druckertreiber die Graphik in der Regel nicht 1:1 pixelweise an die Drucker weiterleiten. Unterschiedliche Linienstärken und verstümmelte Schriftwiedergabe sind die Folge.

Aus den genannten Gründen sind auch separate speicherresidente sogenannte *Snapshot-Programme*, die den aktuellen Graphikbildschirm z.B. in eine Datei sichern, keine Alternative für fehlende oder mangelhafte Graphik-Ausgabeunterstützung, da sie prinzipbedingt nur pixelorientierte Formate erzeugen können.

Daten-Archivierung

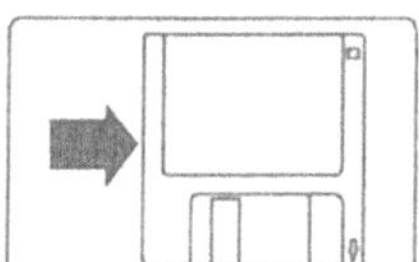

- Ist das (meist programmspezifische) Datenformat der vom Programm standardmäßig erzeugten Dateien vollständig dokumentiert?
- Wird die Sicherung von Daten in "offenen" Austausch-Formaten (ASCII, evtl. rein binär) unterstützt?
- Gibt es weitere Schnittstellen zu Datei-Formaten von Standardsoftware (z.B. dBase, Lotus als Quasi-Standards)?
- Ist Datenkomprimierung vorgesehen?

Leider verwendet nahezu jedes Meßtechnik-Programm sein eigenes Datenformat, so daß die Original-Datensätze oft nur mit erheblichem Zusatzaufwand zwischen verschiedenen Anwendungen austauschbar sind. Zwar unterstützen die meisten Programme eine Speicherung der Daten als ASCII-Datei, aber in diesem Falle werden in der Regel nur die Rohdaten ohne die sonst meist gebräuchlichen zusätzlichen *Header*-Informationen (z.B. Bezeichnung oder Einheit der Meßgröße) übertragen.

Einen ausgereiften Vorschlag für ein Meßdaten-Austauschformat macht der bereits erwähnte SCPI-Industriestandard: In Teil 3 dieses Standards wird ein universelles *Data Interchange Format* definiert. Dieses ist aus dem ADIF (*Analog DIF*) der Firma *Tektronix* hervorgegangen und darf nicht mit dem DIF-Format z.B. von *VisiCalc* verwechselt werden. Es ist speziell auf die Belange der Meßtechnik zugeschnitten, sieht nahezu alle denkbaren Fälle von Meßdaten-Strukturen vor und ist - wie der ganze SCPI-Standard - für Erweiterungen offen. Eine Datenkomprimierung ist natürlich auch vorgesehen.

Es bleibt abzuwarten, ob sich dieses Datenformat durchsetzen kann, da es - Kehrseite der Universalität - sehr komplex ist. Eine programmtechnische Umsetzung bedeutet deshalb einigen Aufwand.

Ergebnis-Dokumentation und -Präsentation

Viele Programme bieten neben der reinen Ausgabe von Meßgraphiken eine komfortable Unterstützung z.B. für das Layout von Meßprotokollen. Dies geschieht, indem zusätzliche Beschriftungen, Firmenlogos, Fremdbilder, Legenden in einer DTP-ähnlichen Weise in die Präsentation der Meßergebnisse einbezogen werden können.

Wichtig sind daneben Schnittstellen zu graphischen Standardformaten (vektororientiert: HPGL, EPS), um für die Dokumentation der Ergebnisse auf die ausgereiften und umfassenden Möglichkeiten der heutigen Textverarbeitungssysteme zurückgreifen zu können. Besonders günstig ist es, wenn die Textverarbeitung durch ein internes oder externes Graphikprogramm unterstützt wird, das eine Nachbearbeitung der Graphiken ermöglicht.

12.2.3 Allgemeine (formale) Anforderungen

Auch in der Meßtechnik sollte man inzwischen darauf achten, daß allgemeine Anforderungen an Programmstruktur und einheitliche Bedienbarkeit, wie sie sich in der PC-Standardsoftware einerseits mit dem SAA-Standard bzw. andererseits mit dem Windows-System nun endlich durchgesetzt haben, von den Programmen erfüllt werden. Einige dieser Kriterien sind im folgenden ohne weiteren Kommentar aufgelistet.

Standardoberfläche:
- alternative Maus- und Tastaturbedienbarkeit entsprechend den SAA- bzw. Windows-Konventionen

Erlernbarkeit/ Einarbeitung:
- Online-Hilfesystem; sinnvolle, logische Gliederung nach Funktionsgruppen
- deutsche Programmversion verfügbar?
- gutes Handbuch, möglichst in deutsch, Schlagwortverzeichnis
- Nutzerschulung

Bediensicherheit:
- Eingabeprüfung, Fehlertoleranz

Automatisierbarkeit oft wiederholter Abläufe (Programmierbarkeit) alternativ:
- Makros
- Interpretermodus
- "Teach-In-Modus"
- Quelltextgenerierung für Compiler

Sicherung von Voreinstellungen (*Setup*) und Programmstatus

Konfigurierbarkeit nach Nutzerbedürfnissen, Modularität, Erweiterbarkeit

Leistungsumfang (siehe auch Abschn. 12.2.2)

Offenheit:
- Fremd-Datenformate; Einbindung Fremdhardware
- Programmierschnittstellen, unterstützte Hochsprachen

12.2.4 Plattformen für Meßtechnik-Software

C/ C++
PASCAL
BASIC

Programmiersprache?

Es wurde schon wiederholt darauf hingewiesen, daß die Verfügbarkeit gut dokumentierter Programmier-Schnittstellen bei Meßtechnik-Software einen besonderen Stellenwert einnimmt. Man ist dabei natürlich eng an die Programmiersprache des Wirtssystems gebunden, auch der zu verwendende Compiler liegt damit meist fest.

Entscheidet man sich für den Einsatz eines Entwicklungssystems oder die Eigenprogrammierung, eventuell mit Nutzung von *Toolboxen*, so ist die Wahl der Programmiersprache von wesentlicher Bedeutung. Kriterien können dabei sein

- Erfahrungen der potentiellen Entwickler,
- Verfügbarkeit geeigneter Toolboxen,
- eventuelle Forderungen nach Portierbarkeit.

Für professionelle Projekte haben sich dabei im wesentlichen C/C++ (*Microsoft* und *Borland*) und Pascal durchgesetzt, wobei Pascal im PC-Bereich automatisch synonym für Turbo/Borland Pascal steht. Für die schnelle Erstellung einer *Windows*-Oberfläche bietet sicher auch *Visual Basic* noch eine mögliche Alternative.

C ist die Programmiersprache der Profis und Systemprogrammierer und verspricht eine systemübergreifende Portabilität, was meist als das entscheidende Argument für C vorgebracht wird. In der Praxis ist dafür allerdings ein erhebliches Maß an Selbstdisziplin erforderlich, um wirklich portablen Code zu produzieren. Dies läßt sich allerdings leichter sagen als in der Praxis umsetzen. Weil die systemspezifischen Befehle gar zu verlockende Möglichkeiten bieten bzw. zum Teil eine sinnvolle Programmierung unter einem bestimmten Zielsystem überhaupt erst ermöglichen, werden in letzter Zeit zunehmend aufwendige *Toolboxen* angeboten, die die Programmierung portabler Projekte für die wichtigsten graphischen Oberflächen unterstützen (z.B. StarView / Star Division, XVT / Ematek). Diese sind in der Regel objektorientiert mit C++ programmiert. An C++ führt gerade für graphische Oberflächen und Programme heute kaum noch ein Weg vorbei, wenn man effektiv arbeiten will.

Turbo/Borland Pascal dagegen hat seine einsame Insel in der DOS- und Windows-Welt. Insbesondere wegen der strukturierten Programmierung und der leichteren Lesbarkeit des Quellcodes bietet es jedoch in der Hand auch von Nicht-Profis unter Umständen eine höhere Produktivität als C, und es ist deshalb möglicherweise günstiger für den, der sich nicht in den Fallstricken von C verheddern will. Im Wettlauf um potentielle Nutzer hat Pascal mit der neuesten Version 7.0 wieder einiges an Boden gutmachen können: *Protected-Mode*-(DPMI-)Anwendungen, die unter DOS die Speichergrenzen überwinden, und DLLs (*Dynamic Link Libraries*), die sowohl mit DOS- als auch mit Windows-Applikationen lauffähig sind, erfüllen manchen Programmierertraum. Die damit mögliche gemeinsame Nutzung von Modulen weist einen sicher sinnvollen Weg in die Zukunft: Hin zu sprach- (C, Pascal, Visual Basic...) und plattformübergreifender (DOS, Windows) Programmierung durch universell nutzbare DLLs. Visual Basic kann eine geeignete Basis sein, wenn man unter Nutzung vorhandener DLLs (z.B. aus kommerziell vertriebenen Toolboxen, die es auch für die Meßtechnik gibt) schnell zu einem Windows-Programm kommen will. Es hat allerdings den Nachteil, daß man in Visual Basic keine Möglichkeit hat, selbst DLLs zu erstellen.

Der allgemeine Trend geht offensichtlich in Richtung Vereinheitlichung der Konzepte und Vereinigung bzw. Annäherung der Systeme (z.B. Windows NT). Solange man (bei eigenen Projekten) bzw. der Hersteller der Software (bei Meßtechnik-Standardsoftware) darauf achtet,
- sich nicht völlig von aktuellen Entwicklungen abzukoppeln,
- sich nicht zu weit von den Industriestandards der Marktführer zu entfernen und
- sich nicht auf einmal errungenen Lorbeeren auszuruhen,

sollte auch ein Migrationspfad zu neuen Technologien möglich sein.

Systemübergreifende Standardprogramme?

DOS Windows
UNIX OS/2
Windows NT

Einige Meßtechnik-Programme werden mit Versionen für verschiedene Rechnerplattformen (PC, Mac, Unix) angeboten, was eventuell auch als wesentliches Argument für den Endnutzer hervorgehoben wird. Zweifellos ist Portabilität ein Argument, bei der Entscheidung für oder gegen ein System sollte man für sich allerdings durchaus einmal kritisch einige praktische Fragen beantworten:

- Wer benutzt tatsächlich mehrere Rechnersysteme gleichzeitig? Wenn ja, werden diese auch für die gleichen Aufgabengebiete benutzt (der Autor arbeitet z.B. mit: Mac für DTP, VAX für Firmen-EDV, PC für alle anderen Aufgaben - Meßtechnik setzt er jedoch nur mit dem PC ein)?
- Ist für eine spezielle Eigenentwicklung jemals eine Umsetzung auf ein anderes Rechnersystem zu erwarten? Ist sie überhaupt denkbar (z.B. eingesetzte Hardware!)?

Windows oder nicht Windows?

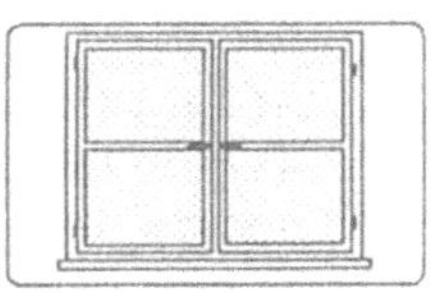

Wer heute vom PC spricht, meint fast automatisch auch *Windows*. So ist es nicht verwunderlich, daß auch in der Meßtechnik immer häufiger nach Windows-Programmen gefragt wird. Zweifellos gibt es gewichtige Gründe und Vorteile, die für Windows sprechen. Dies sind beispielsweise:

- Einheitliche Oberfläche und Bedienphilosophie, die eine schnelle Einarbeitung in neue Programme sichert, das Umdenken von Anwendung zu Anwendung überflüssig macht und damit auch manchen Fehler vermeiden hilft.
- Einheitliche Datenformate und vereinfachter Datenaustausch zwischen den Anwendungen (OLE, DDE). Allerdings gilt die Aussage in der Regel nicht für Meßdaten; hier sind die Datenformate nach wie vor nicht vereinheitlicht.

- Einheitliche Gerätetreiber, die von Windows z.B. für Drucker bereitgestellt werden, sichern, daß nicht jede Anwendung ihren eigenen Satz von Treibern bereitstellen muß und sorgen so für erhöhte Effektivität.
- Programme für Windows sichern den notwendigen technologischen Vorlauf für eine spätere Migration zu Windows/NT, OS/2 oder anderen Systemen der Zukunft.

Speziell bei Anwendungen für die Meßtechnik sind aber auch einige spezifische Probleme zu beachten:

- Das nicht preemptive Multitasking von Windows bereitet erhebliche Probleme, wenn es um eine schnelle oder zeitgenaue Erfassung von Meßdaten geht, z.B. mit einer PC-Einsteckkarte. Speziell die unter Windows gegenüber DOS deutlich größere *Interrupt-Latenzzeit* macht den Einsatz von preiswerten Standard-Meßkarten, die in der Regel keinen ausreichend großen internen Zwischenspeicher haben, fast unmöglich [Dams92].
- Es gehört zur Spezifik der Meßtechnik, daß die vielfältigen, oft nicht "standardisierbaren" Aufgaben auch beim Einsatz von Standardwerkzeugen immer noch einen Anteil an Eigenprogrammierung erfordern. Hier ist der Aufwand für die Programmierung selbst, aber vor allem auch für die Einarbeitung in das System, unter Windows ganz erheblich größer als unter DOS. Damit wird es für den Meßtechnik-Ingenieur, für den das Programmieren meist nur Mittel zum Zweck ist und der deshalb eher zur Kategorie der "Gelegenheitsprogrammierer" zählt, unter Windows möglicherweise deutlich schwieriger, in kurzer Zeit zu effektiven Lösungen zu kommen.

Lösungsmöglichkeiten für das erste der angesprochenen Probleme:

- Einsatz spezifischer (entsprechend teurer) Hardware, die durch ausreichend große *FiFo-Puffer* bzw. komplette Zwischenspeicherung der Daten "on Board" die Timing-Probleme entschärft.
- Einfachere Karten lassen sich unter Umständen einsetzen, wenn die Treibersoftware die Eigenschaft von Windows ausnutzt, daß jede Task die Prozessorkontrolle freiwillig wieder abgeben muß. Dies ist allerdings eher eine "Vergewaltigung" des Systems, die die Multitasking-Eigenschaften ad absurdum führt, weil sie das System für die Zeit der Datenerfassung lahmlegt. Deshalb ist diese Maßnahme nur im Ausnahmefall und nur für kurze Meßzeiten praktikabel. Außerdem ist es ein fehlerträchtiges Verfahren, bei Problemen mit der Meßtechnik (das kann schon ein ausbleibender Triggerimpuls sein) kann es dazu führen, daß das System abstürzt, ohne daß der Nutzer noch eine Eingriffsmöglichkeit hat, weil der Gerätetreiber ja aus Timing-Gründen gerade jeden äußeren Eingriff unterbindet.

Deshalb werden DOS-Programme für die Meßtechnik durchaus auch weiterhin ihre Existenzberechtigung haben. Zwar gehen immer mehr Hersteller auch von Meßtechnik-Software den "Windows-Weg", aber hin und wieder tun sie dies wohl eher zähneknirschend des allgemeinen Trends wegen und weniger aus innerer Überzeugung.

12.3 Softwaresysteme für die Meßtechnik, mögliche Varianten

Bei der Vielfalt der Anbieter und Programme auf dem Markt ist es nicht ganz einfach, für eine spezielle Anwendung die richtige Software auszuwählen. Inhaltliche und formale Aspekte sind in den Abschnitten 12.2.2 und 12.2.3 diskutiert. Wie bereits in Abschnitt 12.2.1 kurz dargestellt, gibt es einige allgemeine Kriterien für die Beurteilung von Meßtechnik-Software (siehe auch **Bild 12.2**):

- Erlernbarkeit und Handhabbarkeit
- Umfang und Mächtigkeit
- Anpassungsfähigkeit, Flexibilität und Offenheit
- Ausführungsgeschwindigkeit
- Fehler- und Ausfallsicherheit
- Hardwareunterstützung
- Kostenaspekt kurz- und langfristig

Die auf dem Markt erhältlichen Systeme kann man grob einteilen in
- Komplettpakete, menügeführt, ohne Erweiterungsschnittstellen
- Komplettpakete, ggf. modular, mit Erweiterungsschnittstellen (z.B. signalys, DIA/DAGO)
- Kommandoorientierte Systeme bzw. spezielle Programmierprachen (z.B. ASYST)
- graphische Entwicklungssysteme (z.B. LabView, DigiS)
- Entwicklungssysteme für Standard-Programmiersprachen (z.B. LabWindows (C, BASIC), PowerLab (Turbo Pascal))
- aufgabenspezifische Toolboxen für Standard-Programmiersprachen (z.B. Quinn-Curtis - Tools, TechTool)

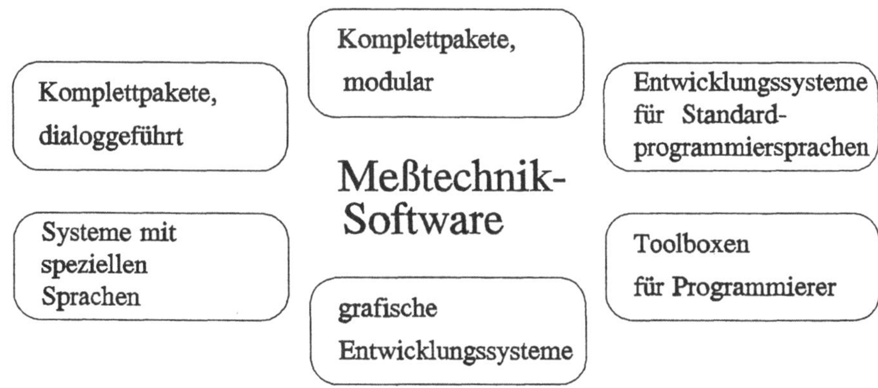

Bild 12.2 Kategorien von Meßtechnik-Software (Auswahl)

Eine leichte Bedien- und Handhabbarkeit, wie sie menügeführte Systeme nach modernen softwareergonomischen Richtlinien und Standards heute in der Mehrzahl bieten, kann die Einarbeitungszeit ganz erheblich verkürzen und die Fehlerrate durch entsprechende Eingabeüberprüfungen sehr niedrig halten. Gleichzeitig kann sie jedoch die Flexibilität und Offenheit einschränken, eine gewisse Starrheit der Anwendung verursachen und - nach der Einarbeitungsphase - ungünstigstenfalls sogar hinderlich für flottes Arbeiten werden. Außerdem sollte man sich bei einem "über den Ladentisch" verkauften Standardpaket bereits vor dem Kauf vergewissern, ob und in welcher Weise man auf Hilfe und Unterstützung rechnen kann, wenn die vorhandene oder benötigte Hardware von dem Programm nicht von vornherein unterstützt wird.

Am anpassungsfähigsten und schnellsten wird dagegen in der Regel das Programm sein, das man selbst für eine spezielle Aufgabe geschrieben hat. Dafür sind hier sicher Abstriche in Funktionsumfang, Handhabbarkeit oder Fehlersicherheit in Kauf zu nehmen.

Irgendwo dazwischen liegen Entwicklungssysteme, die möglichst offen in jeder Hinsicht sind und den Nutzer vor allem von der Routinearbeit befreien, indem sie für Standardaufgaben der Programmierung und der Meßtechnik entsprechende Bibliotheken zur Verfügung stellen.

Im folgenden Abschnitt werden einige Aspekte der verschiedenen Varianten der Software bzw. Ihrer Erstellung diskutiert. Diese Hinweise erheben wiederum keinen Anspruch auf erschöpfende Behandlung des Themas, sondern sind als "Anleitung zum Handeln" zu verstehen.

12.3.1 Meßtechnik-Standardsoftware

Das Angebot an Meßtechnik-Software ist inzwischen kaum noch überschaubar. Selbst wenn man die Auswahl auf größere und ggf. schon länger eingeführte Systeme beschränkt, bleibt noch eine erkleckliche Zahl übrig.

Standalone-Systeme, menügeführt, evtl. mit Programmierschnittstelle

Konkrete Hinweise für die Einschätzung der Eignung der in die engere Wahl gezogenen Software geben die Abschnitte 12.2.2 und 12.2.3, deshalb sollen hier einige Anstriche genügen.

+ Einsatz für sehr viele Anwendungen ausreichend
+ oft sehr umfangreiche Bibliotheken zur Signalverarbeitung
+ meist relativ schneller Start möglich

- starr vorgegebene Bedienungsabläufe (Menüführung)

? fest definierter Befehlssatz
? Flexibilität, Modularität
? Offenheit, Erweiterbarkeit
? Unterstützung einer breiten Palette an Meßgeräten? (oft nur Hardware des Software-Anbieters unterstützt)

Hardware-Add-Ons

Oft werden vom Hardware-Hersteller Programme mitgeliefert, die die wichtigsten Funktionen der Meßgeräte oder Einsteckkarten unterstützen und eine erste graphische Datenvisualisierung ermöglichen. Man sollte dabei jedoch in der Regel keine allzu hochgesteckten Erwartungen hegen. Die Programme sind oft letztlich nur bessere Demo-Programme, weil sie schon vom Konzept her nicht offen, erweiterbar oder flexibel genug sind und letztlich auch einen für den praktischen Gebrauch zu geringen Funktionsumfang haben (wobei es natürlich auch hier durchaus die berühmte Ausnahme von der Regel geben kann). Nützlich können solche Zugaben unter Umständen sein, wenn sie oder Teile davon im Quellcode vorliegen, weil man dann aus dem konkreten (im Idealfall gut kommentierten) Beispiel relativ schnell die Programmierung der Hardware verstehen kann.

12.3.2 Eigenentwicklung

Vollständige Selbstprogrammierung

Die völlige *Eigenentwicklung* sollte eigentlich nur in zwei Fällen in Betracht gezogen werden:

1. wenn es sich um kleine, leicht überschaubare Projekte handelt, die nur für einen kleinen Nutzerkreis oder eine endlich absehbare Nutzungsdauer konzipiert sind oder
2. für sehr spezielle oder anspruchsvolle Projekte, bei denen Standardsoftware zu allgemein, unflexibel, unangepaßt ist.

Eine typische Situation ist die folgende: Für einfache Aufgaben wird "mal schnell" ein Programm geschrieben. Es reichen einfache Daten- und Programmstrukturen, mit der "*Quick and Dirty*"-Strategie hat man bald eine Lösung. Weil es so schön geht, wird das Programm dann noch in dem einen oder anderen Detail verbessert und um diese und jene Funktion erweitert. Mit der Zeit wächst und wächst ein Spaghetticode. Strukturen, wenn sie denn einmal vorhanden waren, sind nicht mehr erkennbar...

Bevor man mit der Arbeit beginnt, sollte man sich deshalb unter anderem darüber klar werden, daß

- die Lösung des eigentlichen meßtechnischen Problems oft relativ schnell erledigt ist, der weitaus größere Teil des Aufwandes jedoch in der Erstellung der Benutzeroberfläche und verschiedener Hilfs- und Zusatzfunktionen (z.B. Datenhandling, Diskettenarbeit) liegt. Bei vielen Projekten wird man ein Verhältnis von 20 % : 80 % (und schlechter) vorfinden,
- die Folgeaufwendungen (Nutzerdokumentation, Fehlerbeseitigung, Programmwartung) gern unterschätzt werden,
- man der Konzeptionsphase insbesondere bei mittleren oder größeren Projekten oft nicht genug Aufmerksamkeit widmet.

Insbesondere der letzte Anstrich ist eminent wichtig: Wenn abzusehen ist, daß ein Projekt auch nur eine mittlere Größe erreicht und/oder über längere Zeit lebensfähig bleiben soll, so ist der Konzeptionsphase (Daten- und Programmstrukturen!) die gebührende Aufmerksamkeit zu widmen. Seriöse Schätzungen [Roth87] gehen für durchschnittliche Projekte von etwa folgender Aufwandsverteilung aus:

Spezifikation	20 %
Entwurf	20 %
Codierung	20 %
Test	40 %

d.h. etwa 40 % des Gesamtaufwands sind zu leisten, bevor überhaupt eine Zeile codiert wird! In der Codierungsphase ist es dann wichtig, die interne Dokumentation (ausführliche Kommentare in Quelltext) sofort parallel zur Codierung durchzuführen - in jeder späteren Phase ist der Aufwand deutlich höher (wenn es denn überhaupt noch dazu kommt!).

Nutzung von Toolboxen

Für viele Zwecke, insbesondere die Gestaltung von Benutzeroberflächen (auf Neudeutsch *User Interfaces*), gibt es mächtige Systeme und Bibliotheken, angefangen von Turbo Vision (für Turbo Pascal und Borland C++) bis hin zu auch plattformübergreifenden Bibliotheken. Dazu kommen Toolboxen für mathematische Verfahren (z.B. *Quinn-Curtis Science and Engineering Tools*), zur Programmierung von Echtzeitaufgaben, der seriellen Schnittstellen und (hier schon weniger) des IEC-Busses sowie für viele andere Aufgaben. In letzter Zeit werden für viele Bereiche zunehmend Toolboxen für die Windows-Programmierung in Form universell, d.h. aus verschiedenen Sprachen heraus, nutzbarer DLLs angeboten.

Es ist jedoch immer wieder erstaunlich, wie wenig bekannt das Angebot an Toolboxen ist. Um sich eine erste Marktübersicht zu verschaffen, kann man z.B. die Anzeigen einiger Computerzeitschriften analysieren. In konzentrierter Form findet man viele (aber kaum alle) Tools in den Katalogen spezialisierter Firmen (z.B. [Rote],[Soft]). Eine gewisse Vorsicht ist bei Tools aus Kleinanzeigen geboten; diese sollte man (aus den unten genannten Gründen) möglichst nur einsetzen, wenn man den Quellcode mit erhält, um sich nicht in Abhängigkeitsverhältnisse zu begeben.

- Ein Problem beim Einsatz von Toolboxen ist die rasante Geschwindigkeit der Software- und insbesondere Compiler-Entwicklung. Das topaktuelle Tool von heute ist schnell Schnee von gestern. Möglicherweise existiert dann die entwickelnde Firma schon nicht mehr, wenn wegen eines Compiler-Updates eine neue Toolboxversion erforderlich wird. Manche Toolbox taucht auf dem Markt auf und stirbt schon bald einen "leisen Tod", andere werden schlicht von der Compilerentwicklung überholt und dadurch überflüssig (Beispiele: Oberflächenbibliotheken durch Turbo Vision in Turbo Pascal und Borland C, Speicherverwaltungs-Tools durch DPMI-Versionen der Compiler).
- Je mächtiger eine Toolbox ist, desto komplexer ist sie oft. Damit steigt aber in der Regel der Einarbeitungsaufwand. Außerdem führt speziell bei Oberflächenbibliotheken heute kaum noch ein (Lösungs-) Weg an der objektorientierten Programmierung (OOP) vorbei - für viele Neuland.
- Gerade bei objektorientierten Systemen, wie sie auch z.B. bei der Graphikprogrammierung durchaus sinnvoll sind, sollte man sich stets bewußt sein, daß es hier in der Regel nur ein "Ganz oder gar nicht" gibt, daß es also meist nicht oder nur mit hohem Aufwand möglich ist, nur Teilbereiche zu benutzen.
- Vergleichsweise unproblematisch ist der Einsatz von Toolboxen, deren Routinen möglichst wenig vernetzt sind, z.B. allgemeine Hilfsroutinen oder mathematische Tools.
- Bei derartigen weniger hierarchischen Bibliotheken wird es vorkommen, daß die zugrundeliegenden Datenstrukturen nicht ganz denen des Zielprogramms entsprechen. Dennoch kann es effektiv sein und viel Zeit sparen, Routinen unter Nutzung gegebener Algorithmen anzupassen, weil man dabei das Rad nicht selbst erfinden muß.
- Für komplexe Lösungen sind u.U. für verschiedene Teilbereiche mehrere Toolboxen notwendig (Oberfläche, Schnittstellen, ...), der Aufwand der Zusammenführung und Harmonisierung kann dann aber im ungünstigen Fall überproportional steigen.

Die genannten Argumente sollen keineswegs gegen den Einsatz sinnvoller und in der Regel äußerst nützlicher Toolboxen sprechen. Sie sollen jedoch eine eher konservative und kritische Herangehensweise bei der Auswahl fördern, dies insbesondere dann, wenn keine Quelltexte verfügbar sind bzw. wenn die Tools in längerfristig angelegten Projekten eingesetzt werden sollen.

12.3.3 Fremdentwicklung

Nicht jedes Unternehmen wird selbst über die Erfahrungen, Spezialisten und Kapazitäten verfügen, um effektiv eigene Lösungen zu entwickeln. Wenn sich dazu herausstellt, daß Standardpakete nicht sinnvoll einsetzbar sind, können eventuell Softwarehäuser und Ingenieurbüros helfen.

- Wegen der Kosten für die Ingenieur- bzw. Programmiererstunde sind bzw. erscheinen derartige Lösungen oft besonders teuer. Es ist dabei aber zu bedenken, daß im Vorfeld von Eigenentwicklungen der Aufwand meist unterschätzt wird und viele versteckte Kostenfaktoren nicht berücksichtigt oder erst zu spät erkannt werden. Der tatsächliche Gesamtaufwand ist bei Entwicklungen im eigenen Hause oft nicht so klar in Zahlen zu fassen!

- Die Professionalität, Qualität und Effektivität der erstellten Software wird meist höher sein, da die Entwickler die benutzten Tools gut kennen.
- Zum Problem können die Fragen Wartung und Pflege werden, wenn man den (Fremd-) Entwicklern auf "Gedeih und Verderb" ausgeliefert ist. Es ist deshalb sicher ein günstiger Ansatz, wenn man nicht ein komplett neues System entwickeln läßt, sondern eine Entwicklung auf ein am Markt stabil eingeführtes offenes Programm- oder Entwicklungssystem aufsetzt. So besteht auch später ggf. unabhängig vom Entwickler eine reale Chance zur Wartung und Pflege, wenn eine geeignete Entwicklungsplattform ausgewählt wurde. Eventuell kann der Hersteller/ Distributor des Programmes ein mit diesem Basissystem erfahrenes Team von Entwicklern vermitteln, das die Aufgabe besonders effektiv lösen kann.

12.3.4 Entwicklungssysteme für die Meßtechnik

Entwicklungssysteme mit spezieller Kommando-, Programmier- oder Makrosprache (meist Interpreterprinzip)

Ein klassisches Beispiel ist das System ASYST (siehe Kapitel 14), das auf Forth-ähnlichen Prinzipien und Sprachelementen basierte. Einerseits ist das System sehr flexibel und offen, andererseits ist die Handhabung wegen der speziellen Notation gewöhnungsbedürftig. Für einfachere Aufgaben und vereinfachte Bedienung wurden deshalb die menügeführten Asystant-Versionen abgeleitet.

Der allgemeine Trend scheint jedoch eher zu Standard-Programmiersprachen zu gehen, wohl auch wegen des Inselcharakters einer solchen Lösung, die erhöhten Einarbeitungsaufwand bedingt und anderweitig vorhandene Kenntnisse und Fertigkeiten meist nicht optimal nutzen und einbeziehen kann.

Entwicklungssysteme für Standard-Programmiersprachen

Typische Vertreter dieser sehr flexibel anwendbaren Gruppe von Programmen sind LabWindows (für C und BASIC) und PowerLab (für Turbo/ Borland Pascal). Da in Abschnitt 12.4 exemplarisch das Programm PowerLab ausführlich vorgestellt wird, soll hier auf eine weitere Diskussion verzichtet werden.

Graphische Systeme

Datenflußorientierte Systeme wie LabView oder DigiS sind besonders anschaulich, da hier das "Programm" in graphischer und deshalb besonders gut verständlicher Form vorliegt. Man spricht deshalb auch von graphischen Programmiersprachen. Die Systeme sind z.T. sehr mächtig und leistungsfähig, durch die Möglichkeit modular-hierarchischer Konstruktionen läßt sich die Komplexität der graphisch "programmierten" Applikationen dennoch oft in relativ gut überschaubare Blockschaltbilder fassen.

Ein Vorteil der Datenflußorientierung ist, daß sich äußere Ereignisse beliebiger Art besonders unproblematisch einbinden und auswerten lassen. Die graphische Programmierung ist einfach handhabbar und plausibel, die Einarbeitung deshalb meist relativ unkritisch.

12.3.5 Allgemeine Standardsoftware

Eine typische, den Meßtechnik-Programmen in Teilen verwandte, aber eher zur Standardsoftware zu zählende Kategorie sind die *Präsentationsgraphik-Programme:* Diese sind oft auch zur anschaulichen und komfortablen Visualisierung von Meßdaten verwendbar. Wesentliche Einschränkungen können sich bei diesen ursprünglich für andere Aufgaben konzipierten Anwendungen z.B. ergeben, wenn nur relativ kurze Datensätze verarbeitbar sind und keine Unterstützung für die Meßdatenerfassung verfügbar ist.

Tabellenkalkulationen und *Datenbanken* sollten in der PC-gestützten Meßdatenverarbeitung eine eher untergeordnete Rolle spielen, letztere eventuell zur Datenarchivierung bzw. zur Verwaltung von Datenarchiven.

Bleiben *Textverarbeitungssysteme:* Diese haben "in der Sache selbst" am wenigsten mit Meßtechnik zu tun, sind jedoch in der Regel als Werkzeug für die zusammenfassende Dokumentation der Ergebnisse unverzichtbar. Wichtig sind deshalb Schnittstellen zu graphischen Standardformaten (vektororientiert: HPGL, EPS) bei Meßtechnik-Software und Textverarbeitung, um für die Dokumentation der Ergebnisse auf die ausgereiften und umfassenden Möglichkeiten der heutigen Textverarbeitungssysteme zurückgreifen zu können. Dies erspart u.U. aufwendige DTP-artige Zusatzfunktionen beim Meßtechnik-Programm, besonders wenn die Textverarbeitung durch ein internes oder externes Graphikprogramm unterstützt wird, das eine Nachbearbeitung der Graphiken ermöglicht.

12.3.6 Kombinationen daraus

Nach den Gesetzen der Kombinatorik sind nun vielfältige Kombinationen aus den genannten Kategorien denkbar, wenn auch sicher manche nicht besonders sinnvoll sein werden. Andere dagegen sind durch die mehr oder weniger "gewaltsame" Kategorisierung in der bisherigen Darstellung schärfer getrennt dargestellt, als es in der Praxis der Fall ist.

12.4 Eine mögliche Lösung: PowerLab - offenes Entwicklungssystem für Meßtechnik-Applikationen

Nachdem in den vorangegangenen Abschnitten versucht wurde, einen möglichst allgemeinen und breiten Überblick über die Gesamtproblematik zu geben, soll im nächsten Abschnitt ein konkretes Entwicklungssystem für die Meßtechnik vorgestellt werden. Dabei sollen weniger inhaltliche Aspekte als vielmehr die vielfältigen Nutzungsvarianten - vom eigenständigen menügeführten Programm bis zum Quelltextgenerator - im Vordergrund stehen, die PowerLab für ganz verschiedene Nutzergruppen interessant machen.

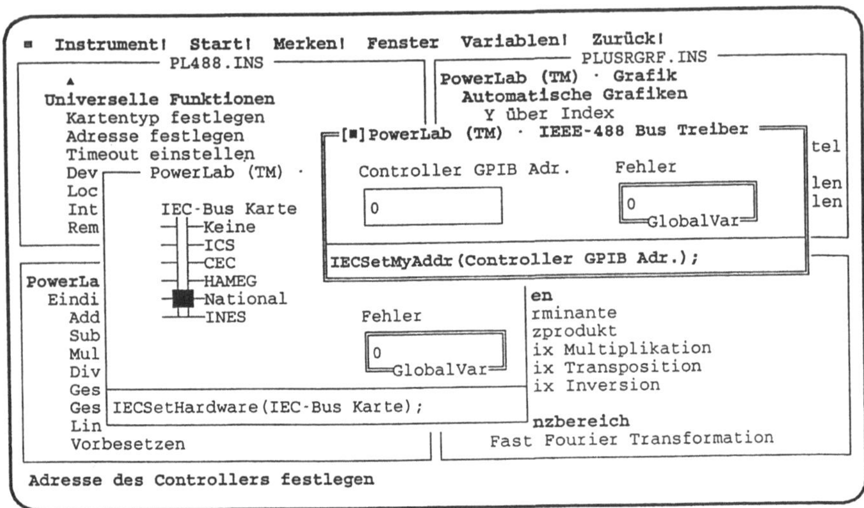

Bild 12.3 PowerLab-"Funktionsbäume" (Modulmenüs) und "Panels" (Dialogboxen)

12.4.1 Problematik bei der Erstellung von Applikationen

Wer jemals ein etwas komplexeres Programm geschrieben hat, das nicht nur für den "Hausgebrauch" bestimmt war, weiß, daß die Lösung des eigentlichen Problems oft relativ schnell erledigt ist - der deutlich größere Teil des Aufwands liegt jedoch in der Erstellung der Benutzeroberfläche und verschiedener Hilfs- und Zusatzfunktionen (z.B. Datenhandling, Diskettenarbeit). Außerdem gibt es für den "Normalverbraucher" bei der Erstellung von Applikationen für die Meßtechnik oft eine Hemmschwelle, wenn es um die Programmierung der Schnittstellen (RS-232, IEEE-488) geht, da dazu einiges Spezialwissen erforderlich ist - und natürlich die Zeit für Quellenstudium und Programmierung. Andererseits ist auch ein "fertiges" Komplettpaket möglicherweise nicht sinnvoll einsetzbar, weil gerade die eine für die Applikation so wichtige, aber eben sehr spezielle Funktion nicht implementiert ist, weil das Programm nicht flexibel genug an die konkrete Meßaufgabe angepaßt werden kann, oder aber weil die Bedienung für den angestrebten Einsatz zu komplex ist.

12.4.2 Lösung mit PowerLab

Genau hier setzt das neue Programmpaket PowerLab an; es stellt dem Nutzer nicht nur eine Vielzahl von fertigen Bibliotheksfunktionen und Meßgerätetreibern für die wichtigsten Aufgaben der Meßtechnik zur Verfügung, sondern auch eine *Turbo-Vision-Oberfläche* und die Möglichkeit zum interaktiven Test (ohne zu kompilieren!) am Objekt (sprich Meßaufbau). So kann der Anwender Schritt für Schritt unter Nutzung getesteter Bibliotheksroutinen Module seines Applikationsprogrammes erstellen und testen - es entsteht dabei Zeile für Zeile echter Turbo-Pascal-Quellcode, der anschließend problemlos in eigene Programme eingebaut werden kann: Parameter in das *Panel* (so heißen unter PowerLab die Ein-/ Ausgabemasken oder auch Dialogboxen) eintragen - interaktiv starten und damit testen - bei Erfolg Quellcode speichern: Als Standalone-Programm oder als neuer, komplexerer Modul für PowerLab.

Bleibt das Problem der Gestaltung der Benutzeroberfläche für neue oder selbstentwickelte Module? Nicht bei Verwendung von PowerLab, denn mit Hilfe des intuitiv zu bedienenden Ressourcen-Editors PLEdit ist in wenigen Minuten eine komplette, auf objektorienterter Technologie basierende Bedienoberfläche (*Turbo Vision*) für den neu geschaffenen PowerLab Programm-Modul erstellt, wohlgemerkt durch ein paar Mausklicks und die Angabe einiger Bezeichner, vor allem aber ohne selbst eine Zeile objektorientiert programmieren zu müssen! Insbesondere durch die Technik des *Cut & Paste* (Ausschneiden und Einkleben) ist es dabei sehr leicht, bestehende Oberflächenelemente und auch komplexe Konstrukte auch modulübergreifend einfach zu kopieren, um dann bei Bedarf nur wenige Details zu modifizieren, was eine erhebliche Zeitersparnis bedeuten kann. Im Lieferumfang des Grundpaketes eventuell nicht vorhandene Spezialfunktionen sind deshalb kein Problem - die Routinen "pur" schreibt der Anwender selbst, läßt sie schreiben oder importiert sie aus verfügbaren Bibliotheken oder Toolboxen, die Oberfläche wird mit PLEdit gestaltet, das Ganze als zusätzlicher Modul in PowerLab eingebunden - und schon stehen die Routinen für die Nutzung in komplexeren Applikationen zur Verfügung, die wieder interaktiv mit PowerLab erstellt werden können.

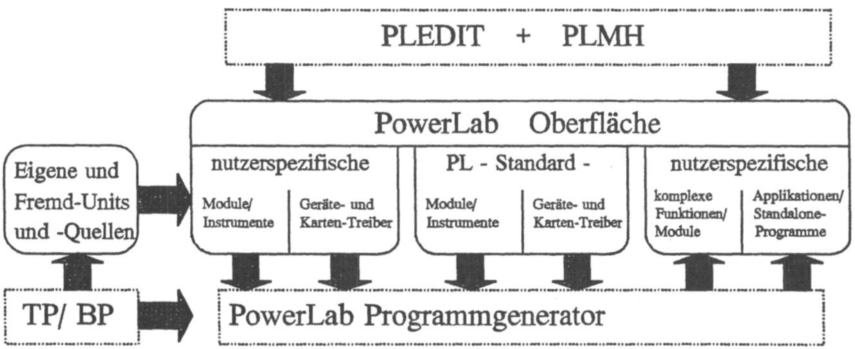

Bild 12.4 PowerLab: Überblick

```
        PowerLab - Kern
        +    getestete Basisfunktionen (Standardmodule)
        +    Meßgeräte- und Meßkarten - Treiber
        +    Turbo Vision - Oberfläche
        +    Online - Hilfe
        ________________________________________________
        Standardpaket für menügeführte interaktive Arbeit
        ================================================
+ a)    +    interaktiver Test "step by step"
          -> bei Erfolg SourceCode - Generierung
          -> neue, komplexe, automatisierte PL-Module
        oder/ und
+ b)    +    eigene oder Fremd-Units (auch wenn nur TPU)
        ________________________________________________
        +    Nutzeroberfläche (Ressourcen-Editor PLEdit)
        +    Hilfetexte (Tool PLMH)
        ________________________________________________
        individuell optimales Programmpaket
        ================================================
```

Bild 12.5 PowerLab - ein flexibles System

12.4.3 Arbeit mit PowerLab - einige Einsatzmöglichkeiten

So weit ein erster Einblick. Welche unterschiedlichen Möglichkeiten der Arbeit hat der Nutzer, wenn er mit PowerLab arbeitet?

a) "Normale" interaktive Arbeit mit PowerLab unter einer menügeführten, auf Turbo-Vision und damit dem SAA-Standard basierenden (und daher gewohnten), mit Maus oder Tastatur zu bedienenden Oberfläche einschließlich *Online*-Hilfefunktion.

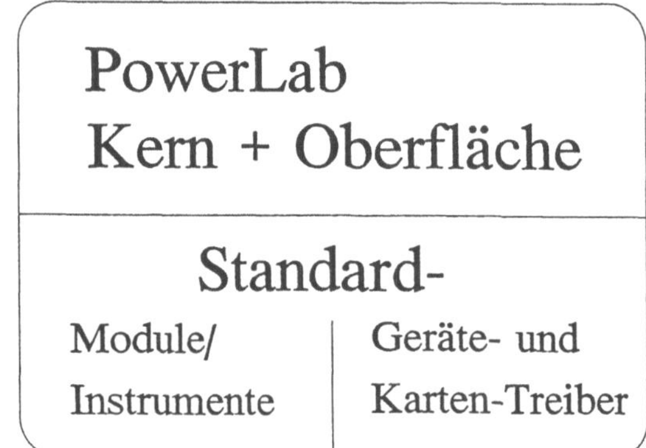

Bild 12.6 PowerLab-Basissystem

b) Im Lieferumfang von PowerLab nicht enthaltene Routinen können selbst programmiert oder aus anderen Programmen oder Toolboxen übernommen, mit Hilfe von PLEdit mit einer Turbo-Vision-Oberfläche versehen und schließlich in PowerLab eingefügt werden, wo sie nun zur interaktiven Arbeit verfügbar sind. Dabei ist es noch nicht einmal notwendig, daß die Routinen im Quelltext vorliegen. Es genügt die (Turbo/Borland Pascal) *Unit* als TPU und die Kenntnis des Interfaces, d.h. der Parameterliste einschließlich -typen (die man zur Not mit speziellen Tools, wie z.B. TINFO aus dem Paket Turbo Analyst [Turbo], auch aus der TPU selbst rekonstruieren kann). Es ist dabei gleichgültig, ob zuerst die Oberfläche oder der Quellcode erstellt werden.

Selbstverständlich kann jeder erstellte Modul über die Online-Hilfefunktion von PowerLab verfügen, dazu ist nur das mit dem Hilfsprogramm PLMH automatisch erstellte Gerüst der Hilfedatei mit den entsprechenden Texten zu füllen.

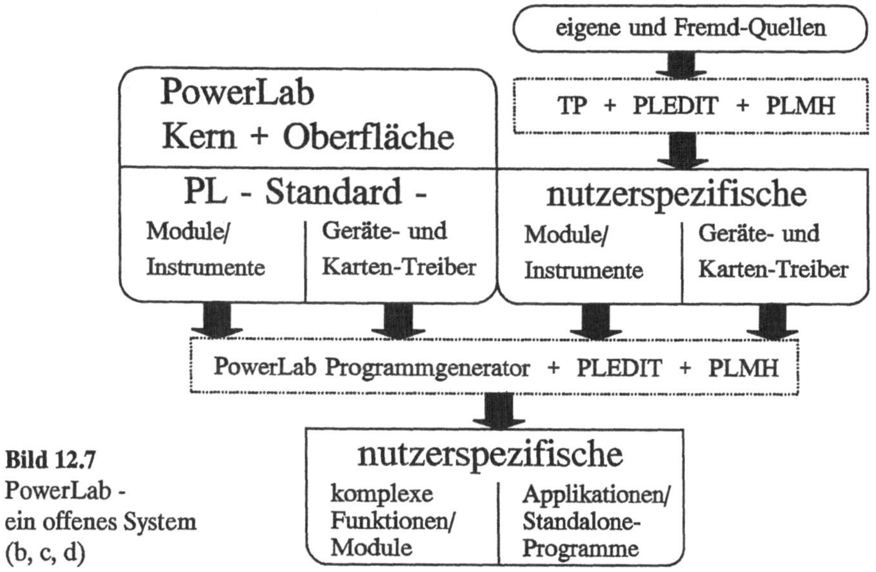

Bild 12.7
PowerLab -
ein offenes System
(b, c, d)

c) Mit Hilfe der Basisfunktionen der PowerLab-Bibliotheken (und natürlich auch eigener Module) kann man den Quelltext komplexerer Abläufe erstellen, der dann in der unter b) beschriebenen Weise in PowerLab eingebunden wird. Damit kann man die interaktive Arbeit noch effektiver gestalten, indem z.B. häufig wiederholte Routinesequenzen (die sonst das Ausfüllen mehrerer Dialogboxen mit Standardparametern erfordern würden) zusammengefaßt werden, die dann später bei der interaktiven Arbeit mit wenigen Mausklicks gestartet werden können.

d) Die interaktiv nach c) erzeugten Programmsequenzen müssen natürlich nicht unbedingt wieder unter der PowerLab-Oberfläche eingebunden werden, sondern können genausogut auch als *Standalone*-Programme kompiliert werden.

e) Man kann sich natürlich auch darauf beschränken, mit Hilfe der PowerLab-Bibliotheken die z.B. Meßwerte erfassenden, Signale verarbeitenden, Schnittstellen bedienenden Komponenten einer Applikation zu erstellen und die erstellten Module unter einer vielleicht vorhandenen eigenen Benutzeroberfläche einzubinden.

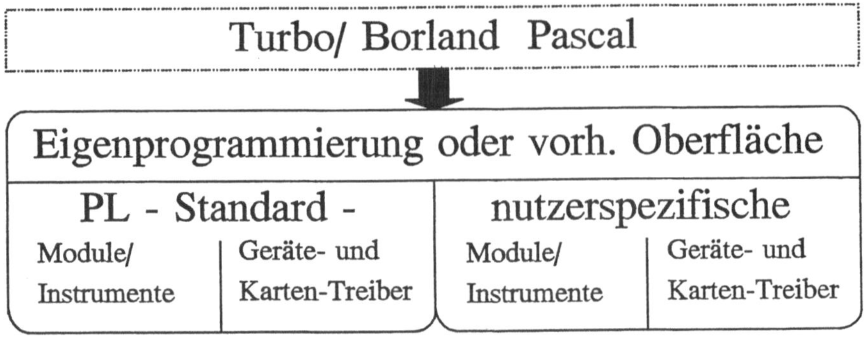

Bild 12.8 PowerLab als Toolbox (e, f)

f) Dem eingefleischten Programmierer steht es schließlich und endlich selbstverständlich frei, die Routinen der PowerLab-Bibliotheken in der klassischen Weise wie eine Toolbox zu benutzen - also PowerLab-Module + PowerLab-Handbuch + Turbo-Pascal-Entwicklungsumgebung. Auch dann sollte die Nutzung der fertigen Prozeduren und Funktionen für Meßwerterfassung und -verarbeitung noch einen erheblichen Zeitgewinn bringen.

12.4.4 Eigene Module in PowerLab integrieren

Wie bereits erwähnt, können beliebige selbstentwickelte oder Fremd-Module (*Turbo Pascal Units*) nahtlos in PowerLab und seine Turbo-Vision-Oberfläche integriert werden. Dafür sind lediglich die folgenden Schritte erforderlich:

1. *Turbo Pascal Unit* erstellen (*.PAS / *.TPU). Falls die Unit schon als TPU vorliegt, ggf. Interface-Deklarationen bestimmen (die Information steht in der TPU, kann z.B. mit TInfo aus Turbo Analyst [Turbo] extrahiert werden).

2. Mit PLEDIT interaktiv Benutzeroberfläche zu allen öffentlichen Routinen generieren. Parallel entsteht automatisch die DO??????.PAS-Datei für Schritt 3.

3. Neue PowerLab-Version generieren, die den zusätzlichen Modul enthält
   (1) DO??????.PAS in das Hauptprogramm PL.PAS kopieren
   (2) PL.PAS kompilieren zu PL.EXE.

4. Optional (wenn Hilfe gewünscht): Mit dem Hilfsprogramm PLMH das Gerüst für die Hilfedatei generieren und z.B. in der IDE von Turbo Pascal die Hilfetexte selbst schreiben.

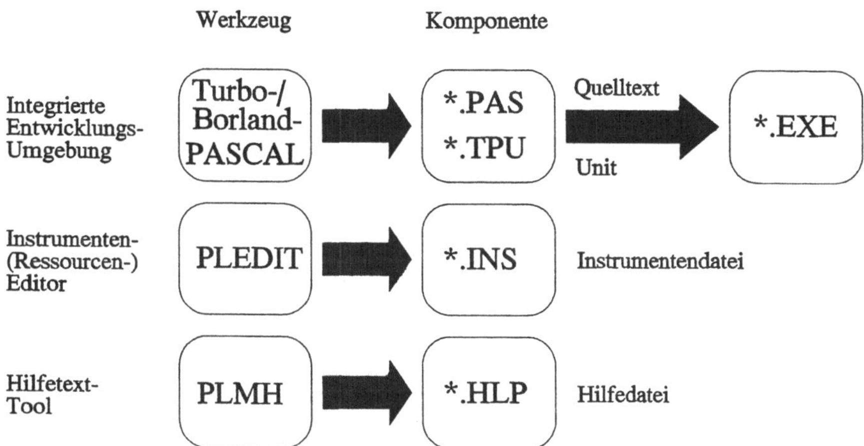

Bild 12.9 Integration individueller Module in PowerLab

12.4.5 PowerLab-Gerätetreiber

IEC-Bus-Gerätetreiber sind in PowerLab nichts anderes als eine spezielle Art von Modulen, die wie in Abschn. 12.4.4 beschrieben auch selbst entwickelt und in PowerLab integriert werden können. Mit PowerLab wird bereits eine Diskette mit diversen vollständigen Gerätetreibern für Standard-Geräte (Multimeter, Digitalspeicheroszilloskope usw.) ausgeliefert. Wegen der Vielfalt von Meßgeräten wird es aber nie möglich sein, für alle Geräte fertige Treiber bereitzustellen. Der Formalismus zur Erstellung eines Gerätetreibers ist deshalb im PowerLab-Handbuch ausführlich beschrieben, und auf der Treiberdiskette befinden sich neben dem Quelltext eines gut kommentierten Mustertreibers auch Beispiel-Quelltexte realisierter Treiber. Mit diesem Rüstzeug ausgestattet ist das Schreiben eigener Gerätetreiber für den PowerLab-Nutzer kein Problem mehr.

12.4.6 ME_DRV: Das universelle Treiberkonzept für PC-Meßkarten

PowerLab unterstützt selbstverständlich auch die Datenerfassung mit PC-Einsteckkarten. Weil die Programmierung dieser Karten doch recht aufwendig und zeitraubend sein kann, da es sich meist um Registerprogrammierung (einschließlich Interrupts, möglicherweise DMA) handelt, wurde zu den Meilhaus-Karten ein universelles Treiberkonzept entwickelt. Die eigentliche Ansteuerung der Karte übernimmt hier ein kartenspezifischer "Hardwarehandler", der als TSR-Programm ausgeführt ist und alle Möglichkeiten des konkreten Kartentyps ausnutzt. Der Nutzer kann die Kartenfunktionen dadurch auf viel höherer Ebene über ein Hochspracheninterface ansprechen, so daß er sich nicht mit den Details der Kartenprogrammierung herumschlagen muß.

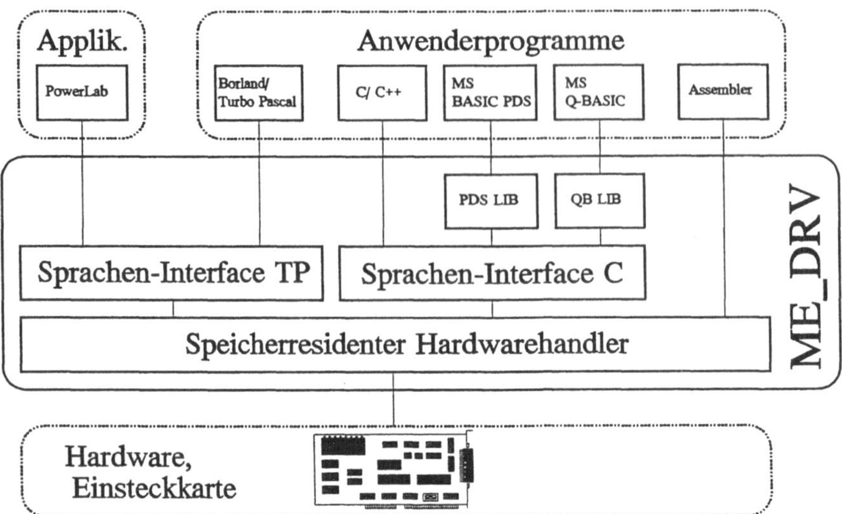

Bild 12.10 Treiberkonzept ME_DRV

Spracheninterfaces existieren für Assembler, Turbo / Borland Pascal sowie verschiedene C- und BASIC-Dialekte. Besonders nutzerfreundlich ist dabei, daß die Befehle für alle Karten eine einheitliche und leicht verständliche Syntax haben, so daß Einarbeitung und Handhabung völlig problemlos sind.

Auf dem Pascal-Interface setzt der PowerLab-Kartentreibermodul auf, so daß die Karten direkt in PowerLab nutzbar sind. Damit steht aber auch eine optimale Entwicklungsumgebung zur Verfügung, die die Generierung von Applikationen mit PC-Meßkarten auch in der Hand des Laien zum Kinderspiel werden läßt.

12.4.7 Eine typische Anwendung von PowerLab

Geradezu prädestiniert ist das System z.B. für den Einsatz an Universitäten, Hochschulen und Fachhochschulen. Hier sind einerseits immer wieder wechselnde Aufgaben zu bearbeiten, andererseits wechseln auch die Anwender - die Studenten - in schneller Folge.

Erhält ein Student in einer Studienarbeit die Aufgabe, ein meßtechnisches Problem zu programmieren, so wird er neben der eigentlichen Problemlösung in der Regel viel Arbeit in den zusätzlichen Service investieren, wenn er nicht gerade in einem fest vorgegebenen Rahmen, z.B. eines größeren Projektes, arbeitet. Studenten können gerade am Computer viel Erfindungsreichtum, Kreativität und Ehrgeiz entwickeln.

Eben diese zusätzlichen Funktionen - der "organisatorische Overhead" - sind jedoch dann möglicherweise die Ursache, daß das Programm bald in der Schublade verschwindet. Jeder Student entwickelt seine eigenen - sicherlich durchaus plausiblen und akzeptablen - Vorstellungen z.B. von Datenstrukturen, Datendarstellung und Nutzerführung. Damit sind die entststehenden Programme aber nicht mehr sinnvoll wartbar, da sie keinem einheitlichen Konzept folgen.

Wird dagegen ein System wie PowerLab eingesetzt, so werden gleich zwei Fliegen mit einer Klappe erschlagen: Einerseits können sich die Studenten nun ausschließlich auf das eigentliche technische Problem konzentrieren und damit natürlich im gleichen engen Zeitrahmen viel anspruchsvollere Aufgaben lösen. Andererseits wächst im Laufe der Zeit eine komfortable Sammlung von Algorithmen, Funktionen und Applikationen, die vergleichsweise problemlos gewartet und betreut werden kann, da sie ja auf einem professionellen, einheitlichen und streng modularen Konzept basieren.

12.4.8 Übersicht über die verfügbaren Funktionen

PowerLab besteht im Kern aus dem eigentlichen (jederzeit erweiterbaren) Programm PL, dem Instrumenten- oder Ressourceneditor PLEDIT und dem Tool PLMH (von "M"ake "H"elp) für die Erstellung der Hilfedateien. Dazu kommen die Bibliotheken für Standardaufgaben, wie z.B.

- allgemeine Mathematik (für skalare Werte, Vektoren und Matrizen) und
- spezielle Signalverarbeitungsfunktionen (wie z.B. die Fourieranalyse),
- Datenmanagement für verschiedene, auch flexible, Daten- und Dateiformate,
- Graphikbibliothek einschließlich Drucker- und Plotteransteuerung,
- Management der seriellen Schnittstellen (COM1 .. COM4),
- Steuerung des IEC-Busses,

sowie für die Meßwerterfassung, Datenausgabe oder Experimentsteuerung eine Vielzahl von Treibern für die Ansteuerung von

- PC-Einsteckkarten (A/D-, D/A-, Digital-I/O- und Multifunktionskarten)
- IEC-Bus-Meßgeräten, wie z.B. Stromversorgungen, Multimeter, Zähler, Funktionsgeneratoren, Digitalspeicheroszilloskope ...

Diese Module (**Bild 12.11**) können in beliebiger Zusammenstellung zu einer individuellen PowerLab-Version kombiniert und durch selbsterstellte oder Fremdmodule ergänzt werden.

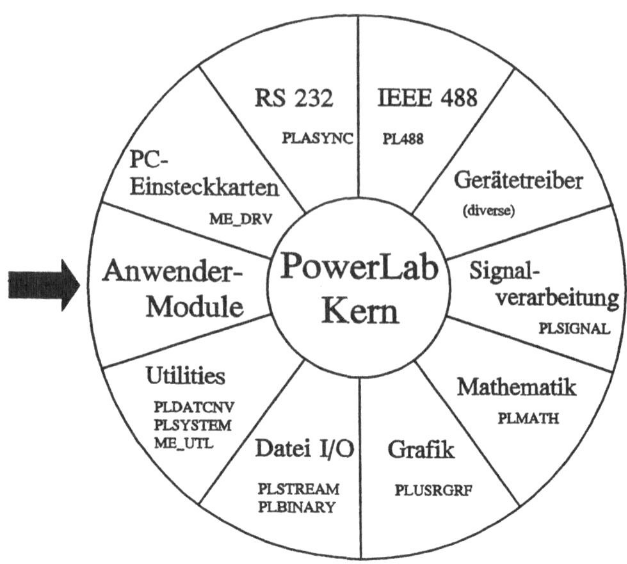

Bild 12.11 PowerLab: Modulüberblick

12.4.9 Fazit

PowerLab ist ein System, das vor allem durch seine konsequente Modularität und Offenheit interessant ist. Durch die Bereitstellung der wichtigsten für die Meßtechnik erforderlichen Basisfunktionen einerseits und einer auch für eigene Erweiterungen nutzbaren einheitlichen, einfach zu generierenden und zu bedienenden SAA-Standardoberfläche andererseits wird ein deutlicher Rationalisierungseffekt für die Entwicklung individueller Meßtechnik-Applikationen erreicht.

13 Zur Konzeption von Standardsoftware für die Meßdatenverarbeitung

von Wilfried Melder

13.1 Einleitung

Ohne Software geht heute praktisch nichts mehr. Die Vorteile, aus PC-Rechnern und Workstations mit Hilfe von Software Meßgeräte, Überwachungs- und Steuerungssysteme, Analysatoren oder Dokumentationseinrichtungen machen zu können, haben die Anwendungen aus dem kommerziellen/organisatorischen Bereich in den technischen Bereich übertragen. Wichtigste Voraussetzung dafür war, daß die mühsame und immer wieder von vorne beginnende Eigenentwicklung von Software durch den technischen Nutzer weitgehend beendet werden konnte.

Bild 13.1 Standardsoftware macht aus PCs zugeschnittene Meßsysteme

Der entscheidende Vorteil rechnergestützter gegenüber konventioneller Meßtechnik zeigt sich in der bei Software konfigurierbaren Verknüpfung aller beteiligten Komponenten. Während in der konventionellen Meßtechnik Zwischenlösungen und -ergebnisse von Bereich zu Bereich weitergegeben werden mußten, kann die rechnergestützte Meßtechnik den gesamten Vorgang auf einem einzigen Medium mit einer einheitlichen Bedienungsoberfläche darstellen.

Aus PC-Rechnern werden durch Nutzung von Standardsoftware im Zusammenspiel mit entsprechender Meßhardware mobile Meßsysteme oder stationäre Erfassungs-, Überwachungs- und Steuerungssysteme (**Bild 13.1**), zugeschnitten auf die Meßaufgabe und den Wunsch des Kunden. Die Möglichkeiten zur Analyse der Rohdaten und zur Dokumentation der Ergebnisse gehen dabei weit über den Rahmen konventioneller Meßtechnik hinaus.

Die Lösung der verschiedenartigen Aufgaben "Erfassen", "Überwachen", Steuern", "Regeln" und "Dokumentieren" in Standardsoftware verlangt nach Konzepten, die flexibel aufgebaut sind und auf unterschiedlichen Ebenen den Austausch von Informationen ermöglichen.

13.2 Generelle Anforderungen an Standardsoftware

Die Bezeichnung "PC-Meßtechnik" führt sowohl bei der Definition der Anforderungen wie auch bei der Darstellung der Leistungsfähigkeit in die Irre. In den meisten Fällen ist heute nicht der PC und die evtl. genutzte Hardware entscheidend, sondern die auf dem PC lauffähige Software. Diese Software stellt dem Anwender die Funktionalität des Gesamtsystems zur Verfügung und ermöglicht ihm die Kommunikation mit der angeschlossenen Hardware. Standardsoftware hat sich in diesem Bereich eine große Bedeutung erworben.

Selbstverständlich erwartet der Praktiker, daß sein PC in Verbindung mit seiner Software die Geräte ansprechen kann, die seinen Anforderungen an Genauigkeit, Geschwindigkeit und Zuverlässigkeit genügen [Mel92d] (**Bild 13.2**).

Am Markt sind heute vielfältige Hardwarebausteine verfügbar, um analoge Daten in digitale umzuwandeln oder um über entsprechende Schnittstellenkarten auf digital arbeitende Meßgeräte zuzugreifen.

Darüber hinaus allerdings hat der Praktiker heute Anforderungen an PC-Meßtechnik, die weit über den Rahmen seiner früheren Anforderungen an Meßtechnik hinausgehen. Diese Anforderungen sind in Software realisierbar.

Standardsoftware muß neben der Kommunikation mit den Meßgeräten auch die Datenerfassung, die Steuerung von Abläufen, die Überwachung von Prozessen und die Echtzeit-Darstellung am Bildschirm ermöglichen.

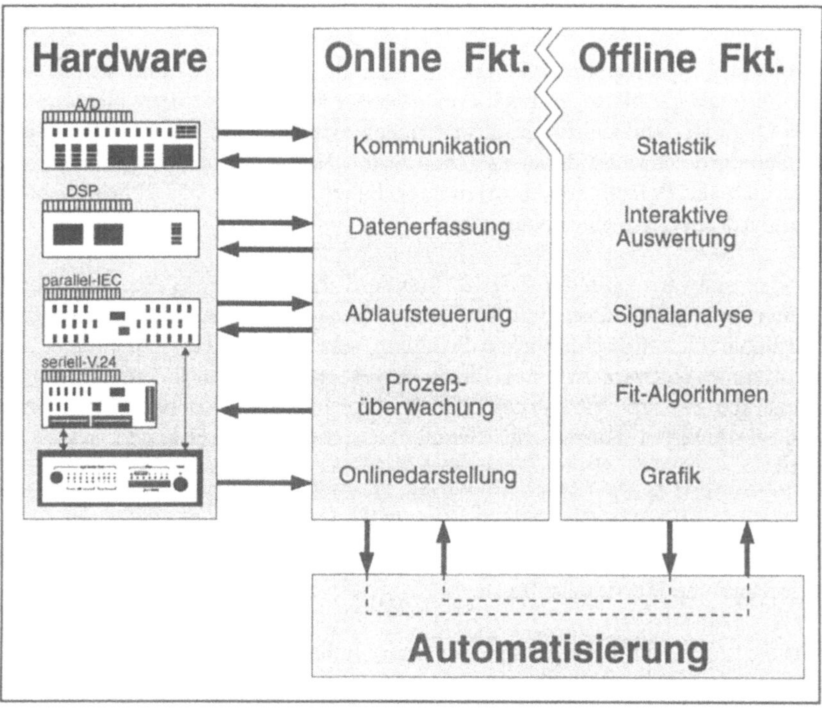

Bild 13.2 Mehr als nur Messen: die Verbindung von hardwarenahen Online-Funktionen mit Offline-Auswertungen und die Automatisierung in Standardsoftware

Neben die Anforderungen an die Erfassungsseite sind vielfältige Anforderungen an die Auswerteseite getreten. Gerade in der Meßtechnik ist es häufig erforderlich, Daten auf bestimmte Kriterien hin zu überprüfen, Standardsoftware muß hierzu die interaktive Bearbeitung von Datensätzen erlauben, die von der vergrößerten Darstellung bestimmter Datenbereiche, über die Isolation ausgewählter Ereignisse bis hin zur graphischen Manipulation von Daten reichen kann.

Darüber hinaus werden vielfältige Signalanalysefunktionen gewünscht, die wiederum Spezialgeräte ersetzen können. Mit Fit-Algorithmen müssen Kurvenzüge mathematisch beschrieben und ausgewertet werden. Statistikbausteine müssen neben den statistischen Grundfunktionen auch Spezialfunktionen, etwa aus der statistischen Prozeßregelung (SPC) zur Verfügung stellen.

An die Dokumentation von Meßwerten werden heute bezüglich Präzision und Qualität Anforderungen gestellt, die noch vor einigen Jahren als unerfüllbar gegolten hätten. Praktiker wollen sowohl ihre gewohnten Darstellungsweisen sehen, wie auch Spezialdarstellungen, etwa Meßgeräte in Wahrscheinlichkeitsnetzen oder in Regelkarten.

13.2.1 Was ist Standard an Standardsoftware

Im allgemeinen Sprachgebrauch versteht man unter *Standard* zum einen eine Richtschnur oder gar Norm, zum anderen eine Art Meßlatte, die nach allgemeinen üblichen Qualitäts- und Leistungsanforderungen erreicht wird. Die Bedeutung des Wortes Standard schwankt dabei zwischen festen Normalien, etwa im Eichwesen, an denen sich alle Betroffenen zu orientieren haben, und dem was üblich ist, etwa dem Standardrepertoire eines Künstlers.

Bei Standardsoftware kann der Begriff "Standard" heute mehrere Aspekte haben. Zum einen kann er bedeuten, daß für einen bestimmten Anwendungsbereich trotz der Verfügbarkeit unterschiedlicher Produkte verschiedene Hersteller eine einzige, bestimmte Software in einer Firma eingesetzt wird. Hierfür sprechen beispielsweise die bessere Wartbarkeit, die Austauschbarkeit zwischen Abteilungen und die verringerten Kosten für Schulungen und Unterweisungen von Mitarbeitern.

Ein weiterer Aspekt ergibt sich aus der Herstellung der Software. Aus dieser Sicht läßt sich Standardsoftware am besten durch das definieren, was sie nicht ist, nämlich zugeschnittene Individualsoftware.

Die wichtigste Definition dürfte sich aus dem Umfeld ergeben, in dem Standardsoftware arbeitet. Die Üblichkeiten, Normalitäten und eben "Standards" dieses Umfeldes bestimmen die Software.

Bild 13.3 Standardsoftware schafft die Verbindung zwischen Standardaufgaben und Standardlösungen.

In **Bild 13.3** ist dieses Umfeld mit seinen Standards dargestellt. Die vielleicht eindeutigste Definition für Standardsoftware ergibt sich dabei daraus, daß sie für Standardaufgaben Standardfunktionen zur Verfügung stellt, die zu Standardlösungen führen. Natürlich sind auch diese Begriffe nicht exakt faßbar, da beispielsweise in unterschiedlichen Branchen durchaus verschiedene Aufgaben "das Übliche" darstellen können. Trotzdem gibt es andererseits eine breite Basis von grundsätzlich übereinstimmenden Aufgabenstellungen. Je breiter das mit einer bestimmten Software bearbeitbare Aufgabenfeld ist, desto häufiger wird sie sich standardmäßig einsetzen lassen.

Neben den von außen kommenden Aufgaben und den geforderten Lösungen muß sich Standardsoftware nach einem anderen Bereich des Umfeldes richten. Hierzu gehört insbesondere die Unterstützung solcher Hardware, die üblicherweise in der Meßtechnik eingesetzt ist. Für die Rechnerhardware bedeutet dies beispielsweise die Unterstützung von PC-Rechnern oder auch die Unterstützung von Unix-Rechnern oder vernetzten Systemen.

Unabhängig von jeder Software haben sich darüber hinaus am Markt seit langem Meßgeräte etabliert, die über eigene digitale Schnittstellen verfügen. Bei den Schnittstellen wiederum ist es selbstverständlich, daß auch dort die üblichen, am Markt eingeführten Schnittstellen durch die Standardsoftware unterstützt werden sollen.

Standardsoftware hat sich auch nach vorgegebenen und marktüblichen Betriebssystemen zu richten, die zum Teil mit angebotener Rechnerhardware eng verknüpft sind. Auf PC-Rechnern war bis heute MS-DOS marktführend, auf Workstations wird im wesentlichen unter Unix gearbeitet. Auch neuere Entwicklungen, wie etwa graphische Benutzeroberflächen (X-Window unter Unix, Windows für MS-DOS) müssen berücksichtigt werden. Zum üblichen, also zum Standard gehört auch, daß Anwender aus unterschiedlichen Gründen eigene oder noch zu erstellende neue Programme innerhalb von Standardsoftware nutzen wollen. Gründe dafür können beispielsweise vorhandene Kapazitäten, oder auch einfach die Wahrung von Firmen-*Know-How* sein. Hier muß Standardsoftware Anwenderschnittstellen bieten, die beliebige Erweiterungen für nicht standardmäßig vorhandene Lösungen erlauben.

13.2.2 Wer nutzt Standardsoftware?

Standardsoftware in der Meßdatenverarbeitung kann ihre Aufgabe nur dann erfüllen, wenn sie von drei unterschiedlichen Benutzerkreisen gleich gut benutzt werden kann (**Bild 13.4**).

Im ersten Benutzerkreis sind diejenigen zusammengefaßt, die mit Hilfe von entsprechender Hard- und Software unterschiedliche Aufgabenstellungen zu lösen haben. Wichtig für die "Tester" ist, daß sie sowohl den Vorgang der Datenerfassung, der Datenauswertung wie auch der Archivierung der Daten von einer Stelle aus auf einfachste Art und Weise vornehmen können.

Bild 13.4 Unterschiedliche Anforderungen an Software nach Benutzerkreisen

Dies bedeutet, daß sich die Oberfläche der Software in einer vertrauten Form darstellt. Eine übersichtliche Anordnung der Bedienelemente sowie einfachste Eingaben zum Erreichen eines bestimmten Zieles sind hierbei Voraussetzungen. Selbstverständlich wird der Tester erwarten können, daß die Software die von ihm geforderten Funktionen zur Verfügung stellt.

Eine noch so einfache Bedienung wird dann als störend empfunden werden, wenn gleichartige Vorgänge wiederholt werden müssen. Aus diesem Grunde sowie aus Gründen der Vorausplanbarkeit sollten von Anwendern aus dem zweiten Benutzerkreis, den "Planern", wiederkehrende Abläufe durch Standardsoftware im Selbstlernmodus (*Teach-in*) erfasst werden können, und anschließend auf Knopfdruck beliebig wiederholt werden können. Dieser Modus ist insbesondere für all diejenigen von größtem Vorteil, die eine Standardsoftware nicht im Detail kennen, sondern nur bestimmte, vorgefertigte Funktionen nutzen wollen.

Der dritte Benutzerkreis umfaßt diejenigen, die die Software um eigene Anwenderprogramme ergänzen möchten. Wichtig für diese "Programmierer" ist, daß sie leistungsfähige Hilfsmittel aus der Standardsoftware heraus nutzen können, um beispielsweise eigene Eingabemasken auf einfachste Weise generieren zu können. Selbstverständlich müssen derartige Spezialbausteine vom Automatisierungsgenerator der Standardsoftware voll mitunterstützt werden.

13.2.3 Wie ist Standardsoftware aufgebaut?

Obwohl Meßaufgaben sehr unterschiedlich ausgeprägt sein können, gibt es doch für eine Vielzahl von Fällen grundsätzliche Übereinstimmungen. Bei üblichen Meßaufgaben wiederholen sich bestimmte Grundmuster, wie sie in **Bild 13.5** dargestellt sind.

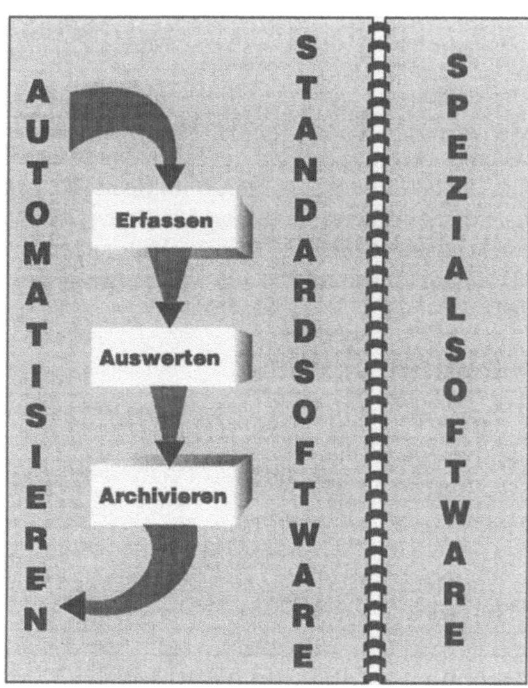

Bild 13.5
Standardsoftware wird mit Schnittstellen zum universellen Werkzeug

Meßdaten müssen erfaßt, nach der Erfassung ausgewertet werden - wobei diese Auswertung sowohl mathematische Analysen, wie auch graphische Darstellungen umfassen kann - und anschließend archiviert werden. Bei Prüfständen mit bestimmten Aufgaben ist es darüber hinaus häufig erforderlich, den Vorgang des Erfassens, Auswertens und Archivierens zu automatisieren. Die Aufgabe von Standardsoftware sollte es sein, diese Hauptpunkte möglichst umfassend zu lösen.

Geht man bei den ungezählten möglichen Aufgabenstellungen ins Detail, so wird man schnell feststellen, daß auch ein noch so gutes Konzept nie alle möglichen Aufgaben abdecken kann.

Daher ist es für einen Anwender von Standardsoftware außerordentlich wichtig, daß er Möglichkeiten erhält, seinen spezifischen Anforderungen durch Anbindung von Spezialmodulen gerecht zu werden. Dies wird erfüllt durch ein Konzept offener Schnittstellen, die es einem Programmierer ermöglichen eigene Gerätetreiber, eigene Auswertealgorithmen oder eigene Automatisierungsabläufe einzubauen.

Das Vorhandensein leistungsfähiger Schnittstellen in Standardsoftware ist auch deswegen wichtig, weil nur so der Anwender von Standardsoftware unabhängig vom Softwarehaus bleibt. Schnittstellen ermöglichen die Einbindung eigener Bausteine, ohne auf die jeweilige Kapazität eines Softwarehauses Rücksicht nehmen zu müssen und schützen darüber hinaus im Fall des Falles wichtiges Firmen-*Know-How* [Fi92].

13.3 Funktionen in Standardsoftware

Die Funktionen in Standardsoftware orientieren sich an den Anforderungen aus den unterschiedlichen Bereichen der "Meßdatenverarbeitung". Der Begriff Meßdatenverarbeitung soll sich im folgenden nicht nur auf das Messen und Darstellen von Größen beziehen, sondern im Sinne PC-gestützter Meßtechnik auch die unmittelbare Weiterverarbeitung von Daten, die Reaktion auf Ereignisse, die Überwachung von Prozessen, die Rückführung von Größen in den Prozeß zur Steuerung und Regelung und die Möglichkeit der vollständigen Dokumentation umfassen.

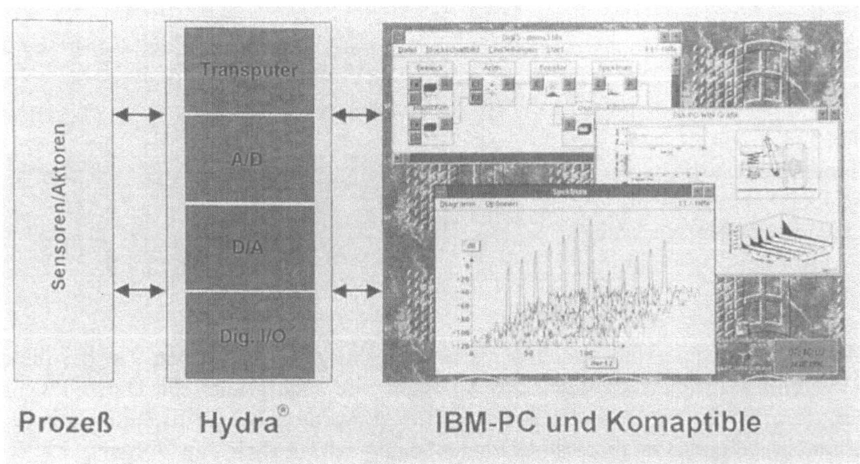

Bild 13.6 Funktionalität am PC-Bildschirm: Verbindung zum Meßprozeß, Beschreibung der Aufgabe, Analyse von Rohdaten und Darstellung der Ergebnisse

Für den Anwender ist es wichtig, daß die Funktionen in Standardsoftware möglichst unabhängig von angeschlossenen Hardwarebausteinen und unabhängig von speziellen Aufgaben gleichartig angesprochen werden. **Bild 13.6** zeigt beispielhaft einen Prozeß, aus dem Prozeßgrößen mit Transputerbausteinen erfaßt werden [Ku92a]. Die Beschreibung der Meßaufgabe erfolgt für den Transputer auf exakt dieselbe Art und Weise, wie es auch für eine PC-Einsteckkarte geschehen würde. Neben der Aufgabenbeschreibung am Bildschirm werden Ergebnisse in Echtzeit dargestellt, analysiert und für die Dokumentation vorbereitet.

13.3.1 Online-Funktionen zur Erfassung

Die Erfassung, Überwachung, Steuerung und Regelung mit Rechnern ist dadurch gekennzeichnet, daß sie im allgemeinen *online* erfolgt. Dies bedeutet, daß zwischen einer Erfassungshardware und dem PC ein ständiger Datenfluß vorhanden ist. Die Verarbeitung der einlaufenden Daten und die evtl. notwendigen Rückmeldungen an den Prozeß erfolgen nach Möglichkeit in *Echtzeit*. Echtzeit bedeutet in diesem Falle, daß die Verarbeitung von Meßdaten im Rechner so schnell erfolgt, daß sie den realen Veränderungen im Prozeß ständig folgen kann.

Zur Vorbereitung einer Messung gehört es, daß dem Verarbeitungsrechner in einer Konfiguration zunächst mitgeteilt wird, mit welcher Erfassungshardware er zusammenarbeiten soll. Bei Nutzung bestimmter Meßhardware ist dieser Vorgang nur einziges Mal durchzuführen.

Die Meßaufgabe selbst kann variabel sein und wird in der Meßvorbereitung beschrieben. Hierzu gehört die Definition der genutzten Ein- und Ausgänge für Meß- und Steuerdaten, die gewünschten Kalibrierungen für die Daten, sowie die Beschreibung des eigentlichen Meßablaufs.

Dieser Meßablauf kann im einfachsten Fall im "Start", der "Durchführung" und "Stopp" der Messung bestehen. In Standardsoftware können allerdings auch fast beliebig komplexe, verschachtelte Abläufe definiert werden. Hierzu können sogenannte Bedingungen definiert werden, die je nach überwachtem Ereignis "wahr" oder "unwahr" sind (**Bild 13.7**).

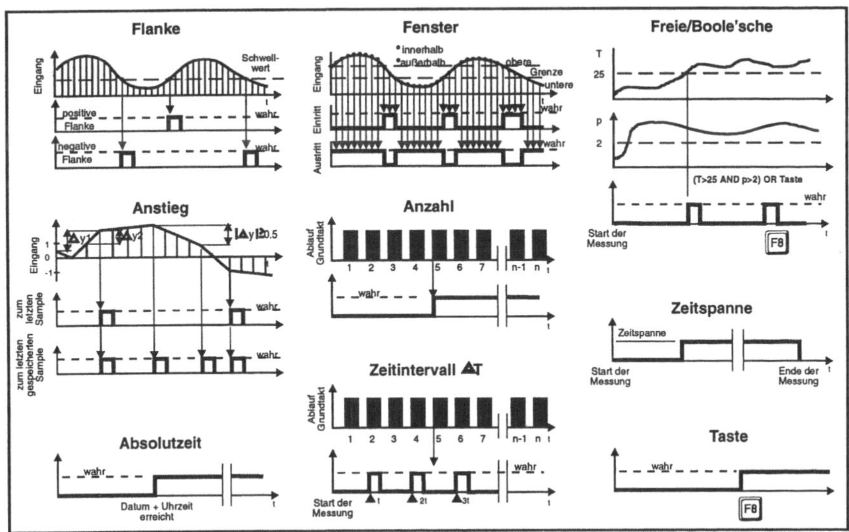

Bild 13.7 Komplexe Abläufe können durch unterschiedliche "Bedingungen" gesteuert werden

Solche Bedingungen können auf Meßkanäle angewendet werden und dann z.B. beim Erreichen einer bestimmten Schwelle, beim Durchlaufen eines bestimmten Fensters oder beim Erreichen eines bestimmten Anstiegswertes "wahr" werden.

Ebenso können aber auch Bedingungen definiert werden für das Erreichen einer bestimmten Anzahl von Abtastungen, das Überschreiten einer Zeitspanne oder das Erreichen einer Absolutzeit mit Datum und Uhrzeit.

Bedingungen können darüber hinaus regelmäßig für bestimmte Zeitintervalle "wahr" werden oder auch bestimmten Tasten auf der Tastatur zugeordnet werden.

Eine der wichtigsten Funktionen besteht darin, daß Bedingungen in freien mathematischen und logischen Ausdrücken beschrieben werden können.

In **Bild 13.8** ist hierzu ein Beispiel aus der Praxis gegeben. Ein Prüfstand soll bezüglich Schalldruckpegel und Öldruck überwacht werden. Der Prüfstand soll immer dann automatisch abgeschaltet werden, wenn die Bedingung "wahr" wird, daß eine Schwelle mit Namen "Pegel 1" überschritten und gleichzeitig eine Schwelle mit Namen "Druck 1" unterschritten wird. Er soll außerdem abgeschaltet werden, wenn entweder die Schwelle mit Namen "Pegel 2" überschritten oder die Schwelle mit Namen "Druck 2" unterschritten wird. Darüber hinaus soll der Prüfstand durch gleichzeitiges Betätigen der Taste "F9" und "F3" an der Tastatur von Hand abgeschaltet werden können.

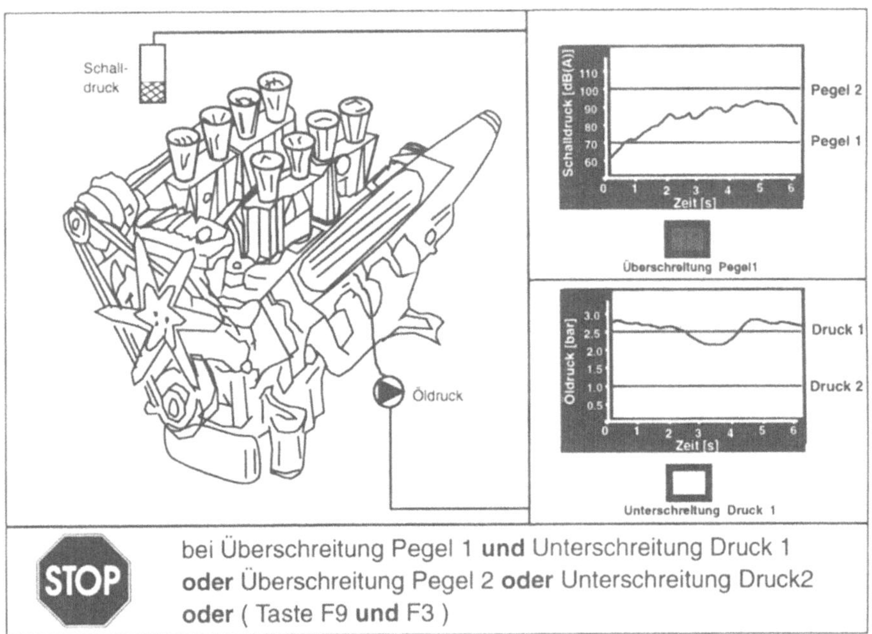

Bild 13.8 Beispiel für die Online-Überwachung eines Prüfstands mit Standardsoftware

Mit Hilfe von freien booleschen Bedingungen in Standardsoftware läßt sich eine derartige Aufgabe auf einfachste Weise ohne jede Programmierung in kürzester Zeit beschreiben.

Für unterschiedliche Gruppen von Anwendern besonders wichtig sind die Visualisierungsmöglichkeiten von Meßprozessen am Bildschirm. Derjenige, der eine Meßaufgabe vorbereitet, muß hier Funktionen vorfinden, die er auf einfachste Weise zur optimalen Präsentation seines Meßprozesses nutzen kann. Für den möglichen Endnutzer müssen die Visualisierungen klar und übersichtlich sein und den gewohnten Darstellungsweisen entsprechen. **Bild 13.9** zeigt einen Ausschnitt aus Instrumentierungsmöglichkeiten für die Online-Darstellung von Meßdaten. Das Spektrum reicht von Darstellungen im Zeitbereich in Form von unterschiedlichen Kurvendarstellungen, Balkendarstellungen und numerischen Anzeigen als Einzelwert oder als durchrollende Tabelle.

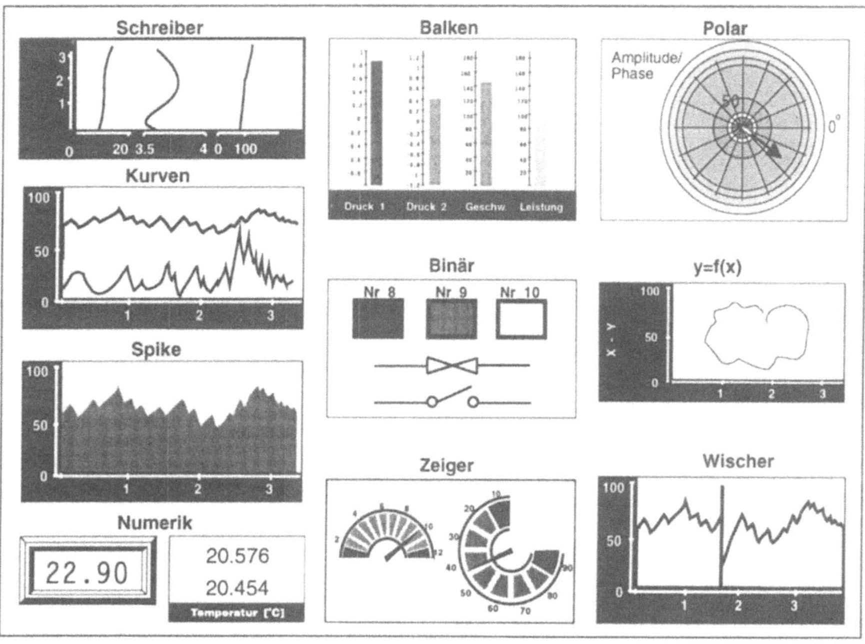

Bild 13.9 Am PC-Bildschirm werden unterschiedliche konventionelle Geräte simuliert

Darüber hinaus sind Zeigerdarstellungen und Darstellungen von Polarkoordinaten wie auch die Echtzeitdarstellung von zwei Signalen in Abhängigkeit voneinander, etwa Druck als Funktion der Temperatur möglich. Mit zusätzlichen binären Darstellungsformen wie Leuchtfenstern, Ventildarstellungen oder Schaltern kann das Erreichen von Schwellen oder ein digitaler Zustand symbolisiert werden.

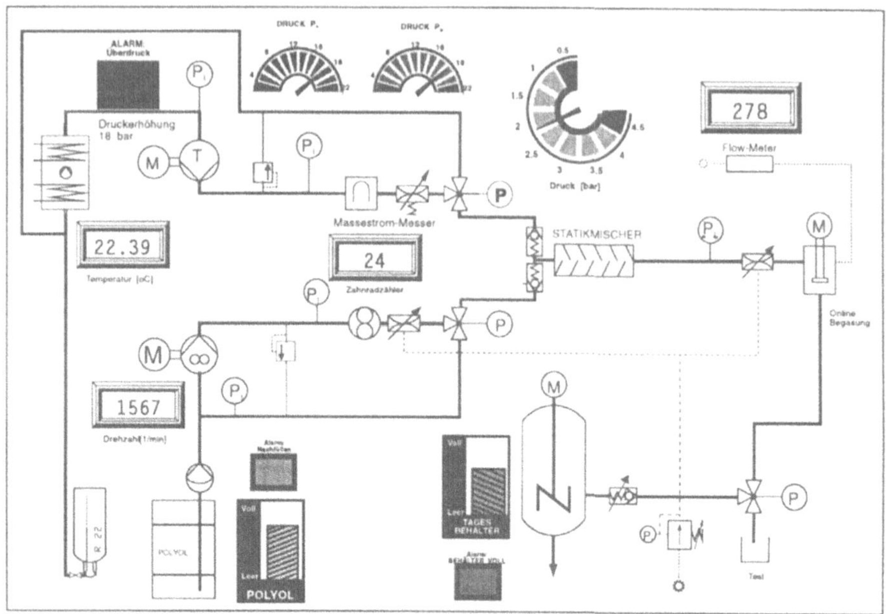

Bild 13.10 Meßprozeßvisualisierung, Überwachung und Steuerung ohne jede Programmierung in Standardsoftware

In **Bild 13.10** ist an einem Beispiel aus der Praxis die Möglichkeit zur Visualisierung von Meßprozessen dargestellt. Wichtig hierbei ist, daß in Standardsoftware neben vorgefertigten Elementen zur Anzeige von Meßdaten - wie in Bild 13.9 gezeigt - auch freie Graphikelemente genutzt werden können. Auf diese Weise lassen sich beliebige Meßprozesse visualisieren [Mel92e]. Verfügt die Standardsoftware dann noch über die Möglichkeit, auf unterschiedliche Datenquellen zurückzugreifen, so können - beispielsweise mit vorher abgespeicherten Versuchsdaten - vollständige Simulationen eines Überwachungs- oder Steuerungsvorgangs mit Standardsoftware vor der eigentlichen Inbetriebnahme durchgeführt werden.

13.3.2 Offline-Funktionen zur Analyse und Dokumentation

Aus dem Vorteil, daß mit digitaler Datenerfassung und -verarbeitung schnell große Datenmengen aufgenommen und analysiert werden können, hat sich inzwischen das Problem ergeben, daß Benutzer vor einer schier unübersichtlichen Flut von Meßdaten stehen. Hier ist ebenfalls die Unterstützung durch Standardsoftware gefordert. Mit Rechnerhilfe kann diese Flut nicht nur übersichtlich gestaltet werden, sondern auch hier wird die konventionelle Bearbeitung von Meßdaten weit übertroffen. Schon bei der Erfassung und Abspeicherung von Meßdaten werden einzelnen Versuchsergebnissen Versuchsparameter zugeordnet, die teils automatisch, teils vom Benutzer gesteuert in eine Datenbank einfließen (**Bild 13.11**).

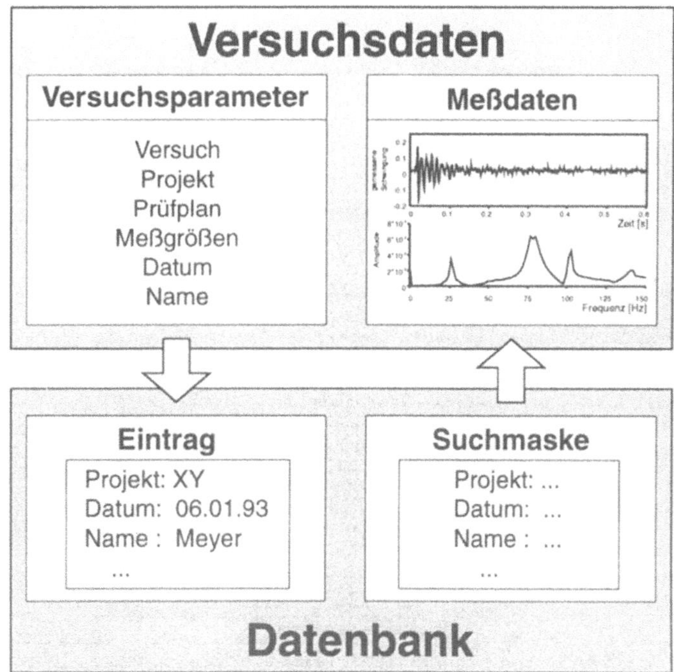

Bild 13.11 Versuchsdaten werden abgelegt und können für spätere Auswertungen herangezogen werden

Das Wiederfinden von bestimmten Meßergebnissen erfolgt in Suchmasken, in denen die Parameter und Suchkriterien eingetragen werden, nach denen bestimmte Ergebnisse aus der Vielzahl aller Ergebnisse selektiert werden sollen. Auf diese Weise ist es nicht nur leicht möglich, alte Ergebnisse aus Archiven wiederaufzufinden, sondern auch Übersichten über Versuchszusammenhänge zu erzeugen.

Wesentliche und umfangreiche Bausteine in Standardsoftware zur Meßdatenverarbeitung sind Funktionen zur mathematischen Erzeugung von Datenkanälen und zur Analyse von Rohdaten (**Bild 13.12**). Neben allgemeinen Operationen wie Integration, Differentiation, Glättung usw. können Datensätze mit mathematischen Funktionen erzeugt oder miteinander verknüpft werden.

Hervorzuheben sind solche Module, die ein interaktives Arbeiten in einer Cursorgraphik ermöglichen. Damit können praktisch beliebig viele Kurven gleichzeitig mit Fadenkreuz und Zoomfunktionen untersucht werden. Besonders für große Datensätze ist es erforderlich, mit Cursorn ein sogenanntes Fenster im Zeitbereich zu erzeugen, und damit den Datensatz praktisch wie bei einer Lupe durch dieses Fenster rollen zu lassen.

Selbst Editiermöglichkeiten zur graphischen Bearbeitung von Datensätzen finden sich heute in Cursorfunktionen. Damit können beispielsweise aus gemessenen Daten auf einfache Weise Sollkurven für die Überwachung von Prozessen erzeugt werden.

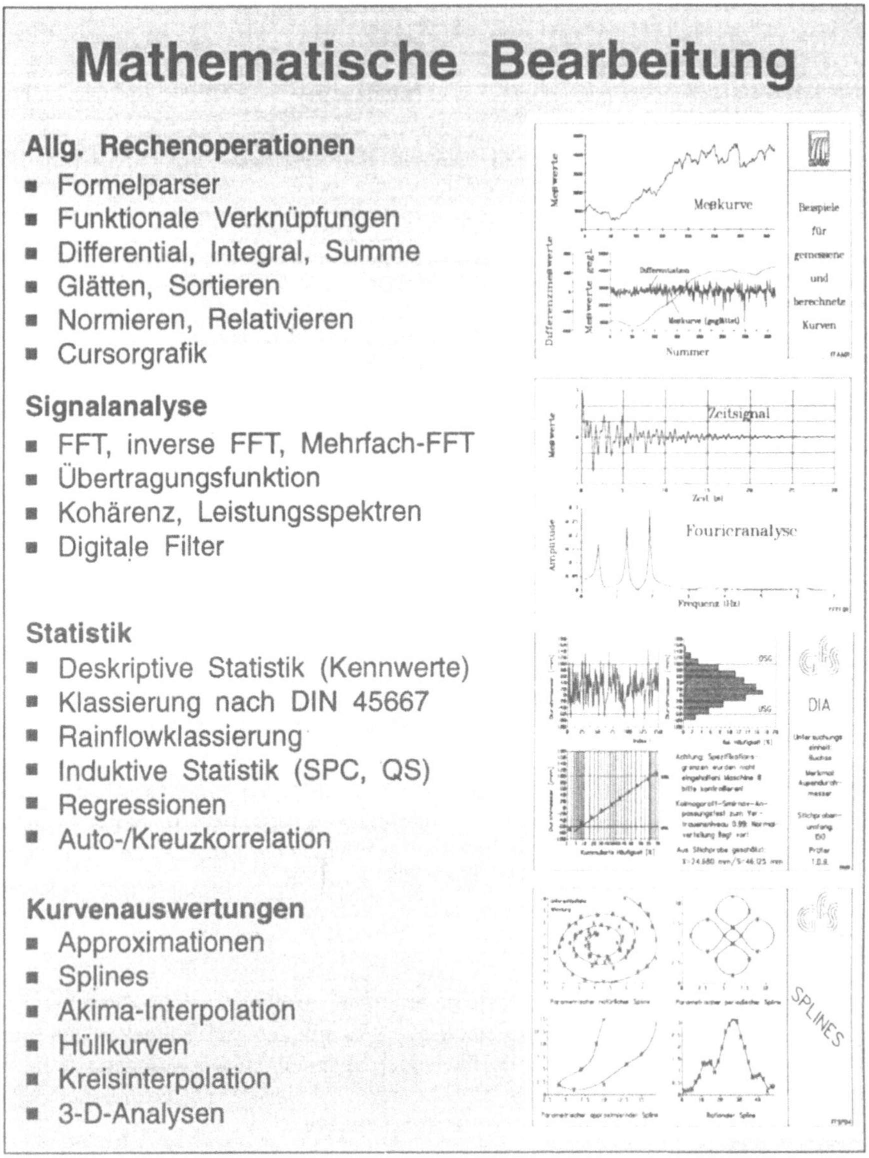
Mathematische Bearbeitung
Allg. Rechenoperationen
Formelparser
Funktionale Verknüpfungen
Differential, Integral, Summe
Glätten, Sortieren
Normieren, Relativieren
Cursorgrafik
Signalanalyse
FFT, inverse FFT, Mehrfach-FFT
Übertragungsfunktion
Kohärenz, Leistungsspektren
Digitale Filter
Statistik
Deskriptive Statistik (Kennwerte)
Klassierung nach DIN 45667
Rainflowklassierung
Induktive Statistik (SPC, QS)
Regressionen
Auto-/Kreuzkorrelation
Kurvenauswertungen
Approximationen
Splines
Akima-Interpolation
Hüllkurven
Kreisinterpolation
3-D-Analysen
Meßkurve
Beispiele für gemessene und berechnete Kurven
Nummer
Zeitsignal
Fourieranalyse
DIA
SPLINES

Bild 13.12 Umfangreiche mathematische Funktionen können bei Bedarf durch eigene Algorithmen erweitert werden

Die heute bereits in Standardsoftware für PC zur Verfügung stehenden Werkzeuge zur Signalanalyse sind vielfältig und äußerst leistungsfähig. Frequenzanalysen können unter unterschiedlichsten Randbedingungen durchgeführt werden. Übertragungsfrequenzgänge, Kohärenzfunktionen, Leistungsspektren und digitale Filter stehen zur Verfügung.

Häufig genutzt in Standardsoftware werden auch Statistikfunktionen. Hierzu gehören sowohl beschreibenden Funktionen (*deskriptive Statistik*) zur Ermittlung etwa von Mittelwerten und Standardabweichungen, wie auch Funktionen der *induktiven Statistik* etwa zur Überprüfung von Daten auf Normalverteilung. Verschiedenste *Klassierverfahren* werden z.B. bei Betriebsfestigkeituntersuchungen genutzt. *Auto- und Kreuzkorrelationen* ermöglichen die Ermittlung von Zusammenhängen zwischen Signalen im Zeitbereich [Mel92b].

Ein großer Block zur mathematischen Analyse sind Funktionen zur Kurvenauswertung. Mit *Approximations- und Splinefunktionen* können aus Rohdaten Ausgleichskurven berechnet werden. Die *Berechnung von Hüllkurven* stellt eine einfache Möglichkeit zur Ermittlung von Sollkurven dar, die Berechnung von Kreisinterpolationen wird beispielsweise in der Qualitätsüberwachung genutzt.

Ebenso wie für zweidimensionale Daten stehen auch Funktionen zur automatischen Analyse dreidimensionaler Daten zur Verfügung. Hierzu zählen beispielsweise *Interpolations- und Approximationsverfahren*.

Der Praktiker weiß, daß in der Meßtechnik immer wieder Situationen vorkommen, in denen Meßdaten durch äußere Ereignisse verfälscht werden. Die Ursache hierfür kann sowohl in der Meßkette wie aber auch in äußeren Einflüssen bestehen.

Sind die Einflüsse bekannt, so kann unter Umständen noch nach Abschluß einer Messung korrigierend eingegriffen werden. Ist beispielsweise bei einer Langzeitmessung, die über viele Wochen geht, für einen begrenzten Zeitraum ein Meßaufnehmer ausgefallen, so muß entweder die gesamte Messung unter hohem Kostenaufwand wiederholt werden, oder aber für den Zeitraum des Ausfalls muß eine adäquate Beschreibung für die Meßdaten gefunden werden.

Eine Möglichkeit in Standardsoftware besteht darin, mit nicht vorhandenen Werten, sogenannten *Novalues* zu arbeiten. Dies bedeutet, daß beliebigen Meßdaten der Wert "Novalue" von Hand oder automatisch zugewiesen werden kann. Damit bleibt die Zeitbeziehung zwischen einzelnen Meßkanälen erhalten, Meßdaten mit den Wert "Novalue" werden jedoch bei Auswertungen und graphischen Darstellungen ignoriert.

Bild 13.13 zeigt die Auswirkung der Bearbeitung von Meßdaten ohne und mit Nutzung von *Novalues*. Es sei angenommen, daß ein Sensor aufgrund äußerer Einflüsse für eine bestimmte Zeit übersteuert worden sei. Im oberen Teil des Bildes ist das Histogramm für den Zeitkanal dargestellt. Dieses Histogramm ist wegen der Übersteuerung völlig verfälscht und entspricht nicht der tatsächlichen Verteilung der Meßwerte. Im unteren Teil wurden die übersteuerten Signale entsprechend einer vorher definierten Bedingung automatisch mit dem Wert *Novalue* belegt. Sie werden damit bei graphischen Darstellungen und mathematischen Analysen ignoriert. Die statistische Auswertung zeigt in diesem Falle die richtige Verteilung der Meßdaten [GfS92a].

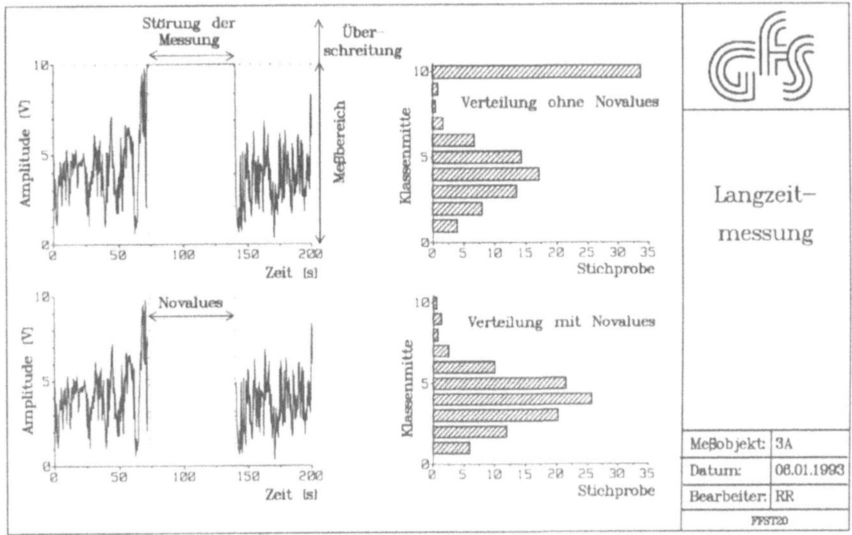

Bild 13.13 Speziell in der Meßtechnik muß auch mit nicht-vorhandenen Werten ("Novalues") gerechnet werden können

An die Darstellungsmöglichkeiten innerhalb von Standardsoftware werden unterschiedliche Anforderungen gestellt. In den meisten Fällen ist es erwünscht, seitenorientierte Ergebnisauswertungen zu erzeugen, d.h. es werden "Bilder" in einem gebräuchlichen DIN-Format erstellt. Die Graphiken müssen variabel, mit Texten und Tabellen kombinierbar sein und sich einfach und schnell erstellen lassen. Verschiedene Datensätze sollten in einmal erarbeiteten Layouts problemlos darstellbar sein. Hintergrundgraphiken können die Herkunft der Daten oder einen Meßaufbau veranschaulichen, so daß die Einindbarkeit beliebiger graphischer Elemente zweckmäßig ist. Die Speicherung der Graphiken als File hat sich für die Durchführung von *Slide-Shows* sowie die Archivierung von Bildern bewährt.

Die Leistungsfähigkeit der Ausgabegeräte, z.B. hinsichtlich Auflösung, Blattformat und Farbgraphik muß bereits durch die Art der Bildgestaltung sowie durch spezielle Gerätetreiber ausgenutzt werden können. Bei der Ausgabe des Bildes ist die Unterstützung einer Vielzahl von Matrix-, Laserdruckern und HPGL-kompatiblen Plottern erforderlich. Die Ausgabe auf Datei dient zur Weiterverarbeitung in DTP- oder Textverarbeitungsprogrammen (**Bild 13.14**) oder zur Archivierung und späteren Ausgabe der Bilder.

Meßdatenverarbeitung für die Profis

DIA/DAGO®

1.1 Die Aufgabe

Im Meßlabor, an Prüfständen, in der Qualitätskontrolle, im technischen Büro und in vielen anderen Bereichen fallen Daten an, die zum besseren Verständnis und zur Dokumentation grafisch aufbereitet werden. Dabei müssen vorher häufig mehr oder weniger aufwendige rechnerische Umformungen der Daten (Maßstabsfaktoren, Glättungen, Integralbildung etc.) vorgenommen werden.

Daten, die aus Handaufzeichnungen, aus Meßreihen oder aus Berechnungen stammen, müssen vorsortiert, auf ihre Aussage hin analysiert, nach bestimmten Kriterien umgeformt oder mit anderen Daten verknüpft werden. Allein die grafische Aufbereitung führt dabei, insbesondere wegen der Forderung nach einer vollständigen Beschriftung, oder nach einem kundenspezifischen Layout von Prüfergebnissen, zu einem kostspieligen, redaktionellen Aufwand.

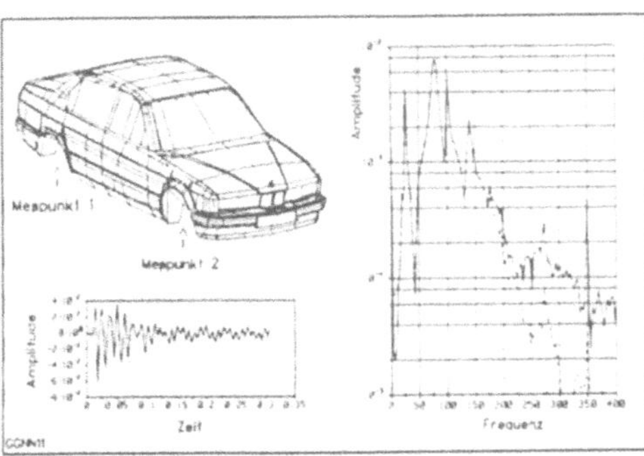

1.2 Die Lösung

Zur Lösung der oben skizzierten Aufgaben entwickelte die Gesellschaft für Strukturanalyse, GfS mbH Aachen das Programmsystem DIA/DAGO®, das auf PCs, HP9000-Rechnern und Sun SPARCstations lauffähig ist.

1.3 Die Frage

Warum sollte man ausgezeichnete deutsche Software kaufen, wenn es auch gute englische gibt?

1.4 Die Antwort

.... muß jeder selbst finden!

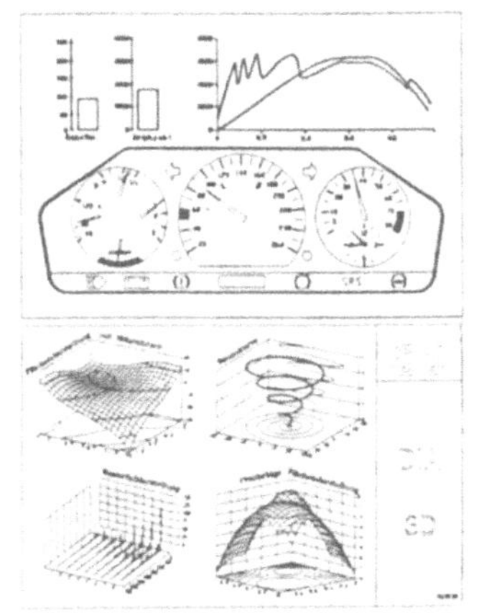

DIA/DAGO® und DTP

Technische Daten,(Auszug)

- ...
- Layoutbibliotheken; 3-D-Grafik mit Hiddenline; Flächen, Wasserfall; 3-D-Balken;XY-/XYZ-Tabelle;Schwärzungsmatrix.
- Ausgabe auf Laserdrucker, Matrixdrucker,Plotter, Postscript-, HPGL-Dateien; Komfortabler tabellarischer Ausdruck von Datensätzen und Variablen; Maßstabliche Ausgabe von Diagrammen
- Beliebig viele Kanalverknüpfungen bei beliebigen Kanallängen; Mathematische Grundfunktionen; Formelinterpreter; Approximationen; Splines; Akima-Interpolation
- Cursorgrafik zur grafisch interaktiven Analyse von beliebig vielen Kurven; X/Y-Darstellung; Zoomen, Scrollen, Editieren
- Deskriptive Statistik; Regressionen; Korrelationen; Klassierverfahren nach DIN 45667; Induktive Statistik (Werkzeug zu SPC); Rainflowverfahren
- FFT: Fensterfunktionen; Kohärenz;

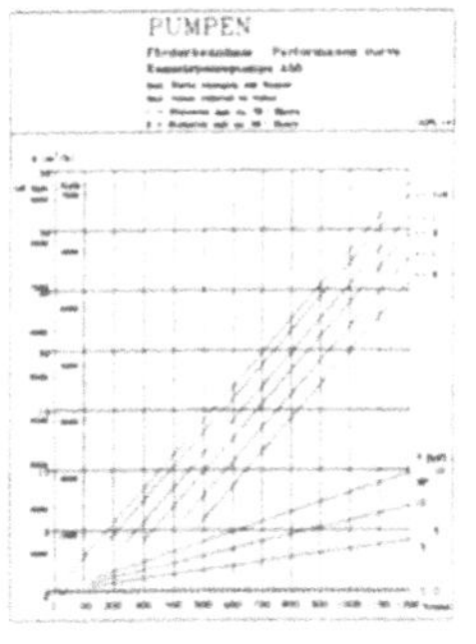

Bild 13.14 Sowohl der Import von graphischen Darstellungen in Meßergebnisse wie auch der Export ganzer "Meßgraphiken", z.B. für Berichte, muß möglich sein

Durch flexible Layoutdefinitionen wird eine Vielzahl individueller Gestaltungsvarianten für die Bilder erreicht. Einige wesentliche Elemente sind die Einbindung von Graphiken im HPGL-, GEM- und DIA-Format als Hintergrundgraphik, die 2D- und 3D-Darstellungsmöglichkeit von Diagrammen und Tabellen, sowie deren Kombination in einem Bild und vielfältige Variationen von Graphik und Text an jeder Stelle des Bildes. Ergänzt wird das durch frei definierbare Diagrammbeschriftung und Positionierung von Texten, dem Hoch- und Tiefstellen von Zeichen, einer großen Anzahl von frei skalierbaren Fonts, sowie die Nutzung von Legendenfunktionen und die Darstellung von Variableninhalten als Text (**Bild 13.15**). Die komplexen und variantenreichen 2D-/3D-Kurvenlayouts gestatten zweidimensionale Kurven-, Spike-, Treppen-, Balken-, Spannweiten- und Balkenumrißdarstellungen sowie dreidimensionale Darstellungen als Raumkurve, Fläche mit Höhenlinien, Wasserfall, Spike, Balken als auch 2½-Matrixdarstellungen und Isolinien. Die Diagramme können außerdem auch maßstäblich erstellt werden. Unterstützt wird der Anwender durch umfangreiche Standard-Layoutbibliotheken.

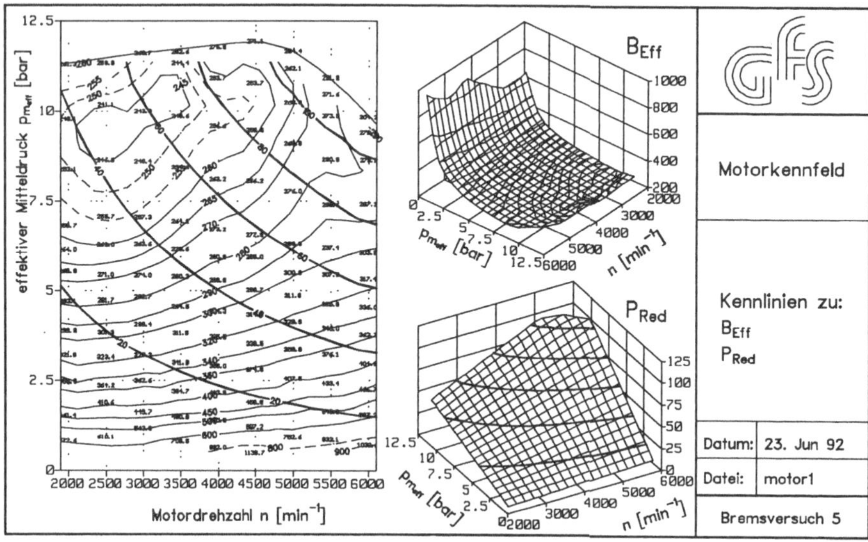

Bild 13.15 Darstellungsfunktionen müssen flexible Bildgestaltung in 2-D und 3-D gestatten

In Standardsoftware sind heute äußerst leistungsfähige Methoden integriert, um einen Datensatz im Detail durch Zoom- oder Lupenfunktionen zu studieren. Mit derartigen Lupenfunktionen ist es sogar möglich, in Echtzeit Datensätze von praktisch beliebiger Größe durch ein selbstgewähltes Zeitfenster "rollen" zu lassen, um auf diese Weise eine zeitliche Dehnung zu erreichen und Details innerhalb der Daten genauer erkennen zu können. Trotzdem wird von vielen Anwendern der langgestreckte Schrieb eines Endlosschreibers bevorzugt, weil dieser ihm einerseits die gewünschte Auflösung und andererseits den gesamten Datenbereich "auf einen Blick" zeigt. Die Forderungen an Standardsoftware nach Simulation eines solchen Schreiberverhaltens ist somit folgerichtig (**Bild 13.16**).

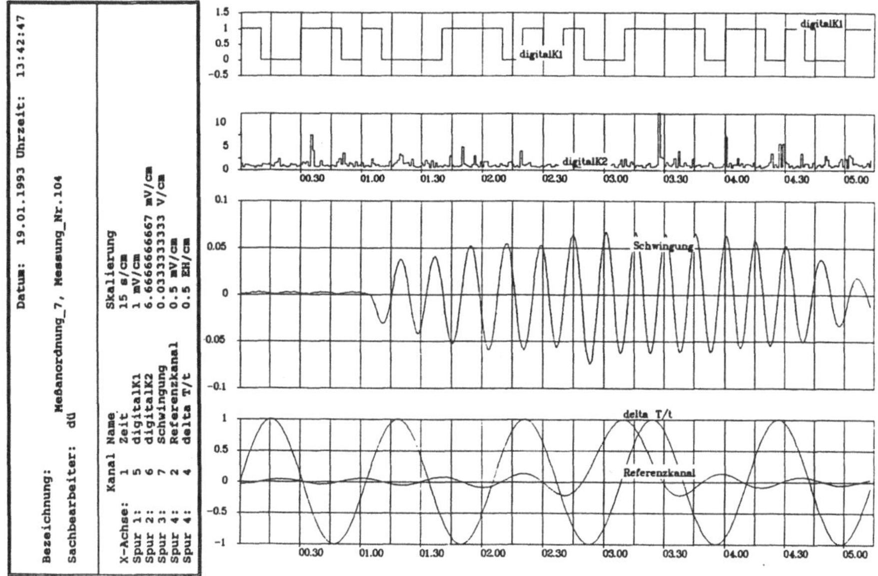

Bild 13.16 Als Funktion in Standardsoftware: nicht nur seitenorientierte Auswertungen, sondern auch Endlosschriebe

Auf dem Rückzug dürfte dagegen die Forderung nach der Erstellung von reinen alphanumerischen Listen sein. Einzelwerte, die zu bestimmten Parametern gehören, können am Rechner selbst einfacher gefunden und angezeigt werden, als es aus einem dicken Papierstapel möglich ist. Der Zusammenhang zwischen Meßgrößen wird graphisch in jedem Falle besser wiedergegeben als durch ein "Zahlengrab". Trotzdem gibt es Dokumentationspflichten, die auch diesen Modus für Standardsoftware sinnvoll machen.

13.4 Benutzeroberfläche und Bedienung von Standardsoftware

Bisher wurden allgemeine Anforderungen an Software zur Meßdatenverarbeitung sowie enthaltene Funktionen behandelt. Äußerst wichtig für den erfolgreichen Einsatz von Software ist daneben auch deren Bedienbarkeit. Zwei wichtige Thesen stehen hiermit in Zusammenhang.

These 1: Die Bedienung einer Software ist so zu gestalten, daß sie sich den Gewohnheiten des Benutzers anpaßt und nicht umgekehrt.

These 2: Jede Software kann nur insoweit wirtschaftlichen Erfolg bringen, wie sie vom Benutzer akzeptiert wird.

Die Bedienbarkeit einer Software beginnt damit, daß ihr Aufbau und der Zusammenhang zwischen einzelnen Funktionen auf Anhieb erkannt werden können. Die Bedienelemente sind dabei so zu gestalten, daß sie möglichst für sich selbst sprechen. Wichtig ist nicht nur, in welcher Zeit man sich in die Bedienung einer Software einarbeiten kann, sondern auch, welche Erinnerungshilfen gegeben werden, d.h. in welch kurzer Zeit die Software bei Benutzung in Abständen wieder verfügbar ist [Ku92b].

Hierarchieebenen für Benutzer mit unterschiedlich tiefgehenden Kenntnissen der gesamten Software sollen darüberhinaus ein nach Erfahrungsstand abgestuftes Arbeiten ermöglichen. Wiederkehrende, gleiche Befehlssequenzen langweilen - so einfach sie auch zu bedienen sein mögen - auf Dauer jeden Benutzer. Deshalb muß Software in jedem Falle mit automatisch ablaufenden Sequenzen arbeiten können, wobei diese "Autosequenzen" vom Benutzer frei gestaltbar sein sollten.

Alle Eingaben, die vom Benutzer gefordert werden, sollen in möglichst praxisgewohnter Form erfolgen. In Masken oder "Editoren", die alle Angaben zu einer bestimmten Aufgabe enthalten, sollen vom Benutzer selbstverständlich Angaben nur zu solchen Punkten gefordert werden, zu denen er wirklich Angaben oder Änderungen machen möchte.

Trotz der nach Möglichkeit selbstklärenden sogenannten Benutzeroberfläche sollen direkte Hilfen unmittelbar am Bildschirm für Erklärungen zum Programm zur Verfügung stehen.

Insgesamt ist schließlich auf ein ausgewogenes Verhältnis von "Universalität" zu "Bedienbarkeit" zu achten. So kann sich im praktischen Software-Test durchaus ergeben, daß bestimmte Vorgänge besser von Hand durchgeführt werden, als sie automatisch ablaufen zu lassen. Dies ist beispielsweise immer dann der Fall, wenn vom Benutzer vor einer automatischen Abarbeitung eine Vielzahl von logischen Angaben erwartet wird.

Neben der Bedienung über Menüs und Masken sollte es für einen Anwender jederzeit möglich sein, auch über Direktbefehle sein Ziel zu erreichen. Eine interessante Kombination aus Menübedienung und der Eingabe von Direktbefehlen stellt das sogenannte Strukturbild dar (**Bild 13.17**). Das Strukturbild zeigt die Programmstruktur auf einen Blick, so daß der Anwender jederzeit eine Orientierung über die verfügbaren Funktionen hat. Gleichzeitig erlaubt das Strukturbild die direkte Bedienung des Programms. Mit der Maus wird der gewünschte Befehl im Strukturbild angeklickt und vom Programm sofort ausgeführt.

Bei der Nutzung graphischer Bedienoberflächen kann der gesamte Meßablauf als Blockschaltbild am Bild dargestellt werden (**Bild 13.18**). Der Anwender wählt aus einer Bibliothek aus Funktionsblöcken die gewünschten aus. Jeder Block beinhaltet ein bestimmtes Funktionsmodul, und die Daten werden entlang der Verbindungsleitungen von Block zu Bock weitergereicht. Durch einfaches Anklicken mit der Maus können die einzelnen Blöcken beliebig angeordnet, parametriert und mit

Leitungen verbunden werden. Fertige Aufgabenbeschreibungen können als Gesamtes abgespeichert und für spätere Arbeiten wieder verwendet werden. Im Bild sind oben links Funktionsblöcke gezeigt, unten links eine Online-Fourieranalyse und rechts die Darstellung eines laufenden Videobildes, das ereignisgesteuert eingeblendet wird, um einen Prozeß zu überwachen [GfS92c].

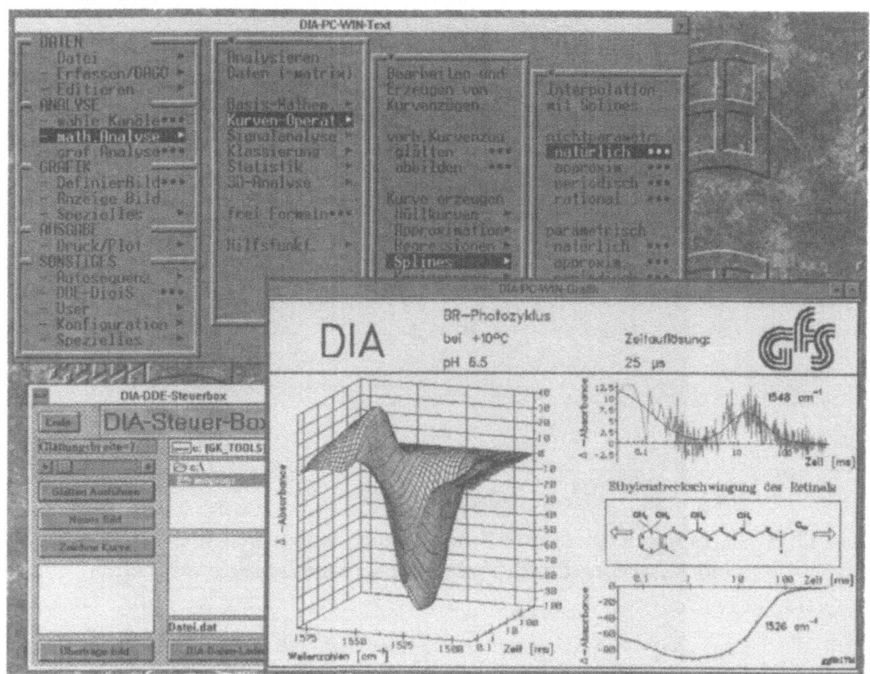

Bild 13.17 Übersichtlichkeit durch das "Strukturbild"-Inhaltsverzeichnis und Bedienelement zugleich

Neben der ständigen aktiven Arbeit mit einer Standardsoftware werden viele Aufgaben dadurch gelöst, daß die für sie notwendigen Konfigurationen und Vorbereitungen einmal beschrieben und später immer wieder genutzt werden. Diese Nutzung kann dann durchaus von einem völlig anderen Personenkreis erfolgen.

In solchen Fällen kommt es also nicht nur darauf an, daß die sogenannte Benutzeroberfläche der Standardsoftware übersichtlich und einfach den Zugriff auf alle enthaltenen Funktionen erlaubt, sondern daß die mit Standardsoftware erreichbaren Lösungen so übersichtlich sind, daß ein späterer Endnutzer möglichst ohne jede Anleitung die entstandene Speziallösung bedienen kann.

In **Bild 13.19** ist hierfür ein Beispiel dargestellt. Die Endnutzer der Standardsoftware sind in diesem Falle Testfahrer von Automobilen, die während ihrer Testfahrten bestimmte Meßaufgaben lösen müssen und dabei Sensordaten überwachen und für deren Speicherung sorgen [Mel92c].

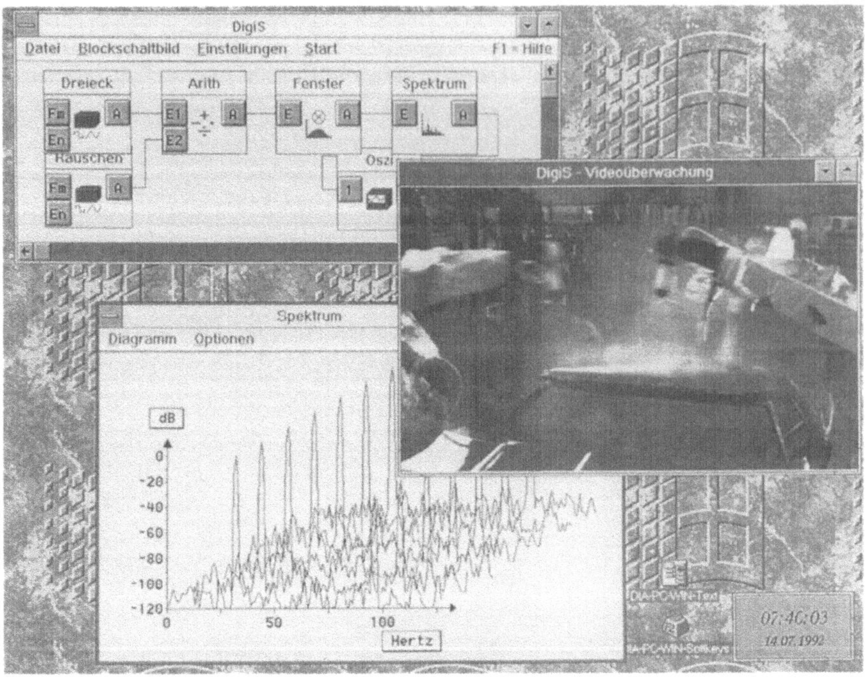

Bild 13.18 Graphisch orientierte Beschreibung der Meßaufgabe - die Funktions blöcke werden durch Signalleitungen miteinander verbunden

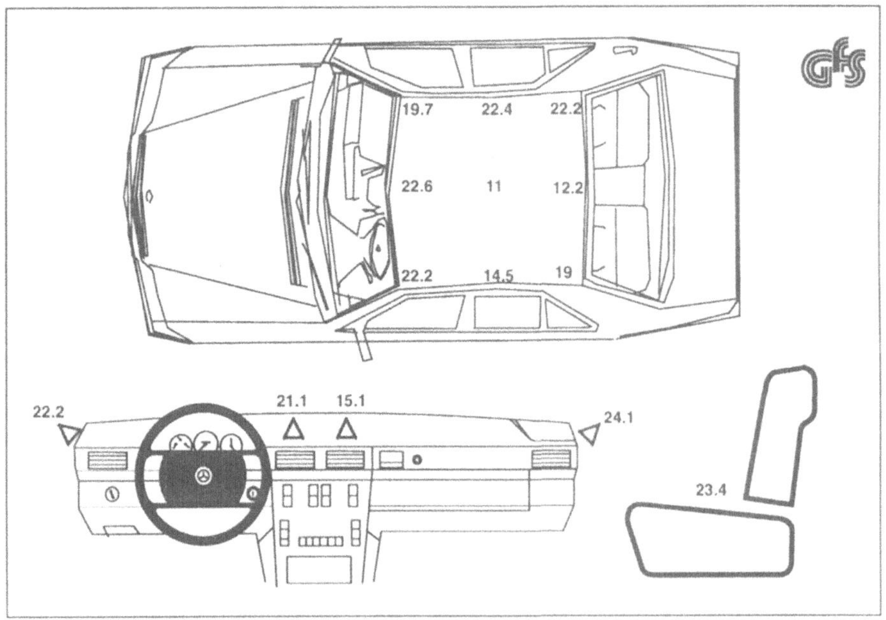

Bild 13.19 Für den Testfahrer zugeschnittene "Bedienoberfläche": alle Meßwerte auf einen Blick, Umschalten der Meßart auf Knopfdruck

Das Beispiel Bild 13.19 zeigt die für diesen Fall innerhalb von Standardsoftware auf einfachste Weise entwickelte Benutzeroberfläche. Temperaturmeßstellen werden in einem graphischen Hintergrundbild in Echtzeit während der Fahrt an den Stellen angezeigt, an denen die Sensoren tatsächlich angebracht sind. Auf diese Weise ist eine einfachste Zuordnung zwischen einem Temperaturwert und dem zugehörigen Meßort hergestellt.

Durch Umschalten der Darstellungsweise über die Tastatur können unterschiedliche Darstellungsmodi vom Fahrer aufgerufen werden, um andere Meßgrößen zu verfolgen.

Dieser Fall zeigt, daß ein solcher Anwender keine Kenntnisse haben muß bezüglich des grundsätzlichen Aufbaues einer bestimmten Darstellungsweise, sondern nur noch über die Funktion einiger weniger Tasten unterrichtet werden muß.

In **Bild 13.20** ist ein anderes Beispiel für eine zugeschnittene Benutzeroberfläche aufgeführt. Es sei angenommen, daß Temperaturmessungen in einzelnen Räumen eines Gebäudes durchgeführt werden müssen. Die Definition dieser Meßaufgabe umfaßt zunächst die Beschreibung aller gewünschten Temperaturmeßstellen, die hierzu notwendige hardwaremäßige Anbindung, die Kalibrierung sowie die gewünschten Abtastraten.

Ferner sei gewünscht, daß die Zuordnung von Meßwerten zu bestimmten Räumen für den Anwender unmittelbar erkennbar sein soll. Darüber hinaus sollen Meßstellen gemeinsam in Gruppen zusammengefaßt als Balken dargestellt werden.

Bild 13.20 Die "Bedienoberfläche" ändert je nach Ereignis ihr Aussehen automatisch: rechts unten wird ein Detailausschnitt ereignisabhängig eingeblendet

Im Bild 13.20 ist nun das Ergebnis dieser vorbereitenden Beschreibungen zu sehen. Der Endbenutzer hat als Bedienelement nur noch dieses Ergebnisbild vor sich. Über "Bedingungen" wie sie weiter vorne beschrieben wurden, können auf Tastendruck bestimmte Einzelheiten sichtbar gemacht werden. So kann beispielsweise die Detailinformation eines bestimmten Raumes in einem Bildschirmbereich - wie im Bild unten rechts dargestellt ist - gezeigt werden. Auch dieses Beispiel weist aus, daß man mit Standardsoftware in der Lage ist, auf der einen Seite komplexe Vorgänge zu beschreiben und auf der anderen Seite diese komplexen Vorgänge auf einfachste Weise bedienbar zu machen [GfS92b].

13.5 Automatisierbarkeit und "Customizing"

Nicht nur die Bedienung muß für einen Endanwender möglicherweise auf einige wenige Eingabemöglichkeiten zusammengestrichen werden können, sondern auch die Funktionen, die in Standardsoftware möglich sind, müssen für bestimmte Aufgaben so hintereinander gelegt werden können, daß ihre automatische Abarbeitung ohne Zutun des Benutzers erfolgen kann.

Diese Automatisierung von Meß- Überwachungs- Steuerungs- und Auswertevorgängen muß in Standardsoftware ohne Programmierung möglich sein. Dies bedeutet, daß auch ohne jede Programmierung spezielle Eingabemasken, die auf einen bestimmten Anwendungsfall zugeschnitten sind ("Customizing") erstellbar sein müssen. Nach Nutzung derartiger Funktionen zur Automatisierung in sogenannten *Autosequenzen* sieht die entstandene Software für einen Anwender so aus wie speziell für ihn gemacht. Der Ersteller derartiger Autosequenzen kann bei Bedarf sogar verhindern, daß ein Anwender den "normalen" Funktionsbereich einer Standardsoftware überhaupt erreicht.

In **Bild 13.21** ist ein Beispiel für eine derartig zugeschnittene Lösung mit Standardsoftware zu sehen. Die Aufgabe besteht in diesem Falle darin, Geräuschspektren an Aggregaten in der Produktion aufzunehmen. Die jeweils mit dem PC aufgenommenen Zeitsignale werden in den Frequenzbereich transferiert und dort mit einem Sollspektrum verglichen. Dieser Vergleich führt zu der Aussage "Toleranz überschritten" oder "Toleranz eingehalten". Das Ergebnis der Frequenzanalyse wird zusammen mit der Sollvorgabe und der jeweils gültigen Meldung über die Einhaltung oder Nicht-Einhaltung der Toleranz am Bildschirm ausgegeben.

Gleichzeitig wird mitprotokolliert, wie häufig die Toleranz eingehalten bzw. überschritten wurde. Auch diese Ergebnisse werden direkt am Bildschirm in Balkenform dargestellt. Zusätzlich werden die Überschreitungen der Toleranz noch bezüglich der Amplitude der jeweiligen Überschreitung untersucht. Diese Auswertung ergibt dann Interpretationsmöglichkeiten über die Qualität des Prozesses. Ein derartiger Meß-, Auswerte- und Dokumentationsvorgang ist in Standardsoftware ohne eine einzige Zeile zu programmieren realisierbar.

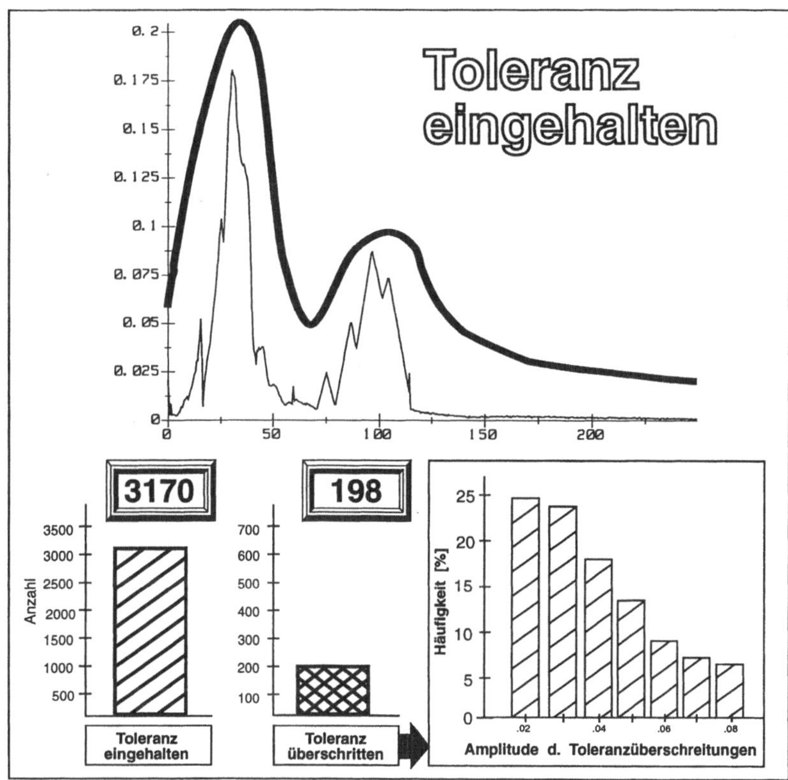

Bild 13.21 Automatische Überwachung in der Produktion mit (Alarm)-meldungen und statistischen Auswertungen

Bild 13.22 zeigt ein Beispiel, in dem automatische Abläufe mit interaktiven Eingriffen verknüpft sind. Die Aufgabe möge in diesem Falle darin bestehen, Nachhallzeiten von Spektren zu ermitteln. Über eine Meßvorbereitung wird jeweils der Schalldruckpegel über die Zeit bei impulsförmiger Anregung eines Raumes aufgenommen. Dieser Vorgang läuft automatisch ab, das Ergebnis ist im oberen Teil des Bildes zu sehen.

Nach der automatischen Messung verzweigt die Standardsoftware in den interaktiven Modus, in dem nun der Anwender den von ihm gewünschten Kurvenausschnitt zur Berechnung der Regression von Hand auswählen kann. Nach der Auswahl läuft ohne weiteres Zutun des Anwenders die gestartete Autosequenz weiter, um die restlichen Auswertungen wiederum automatisch durchzuführen.

Diese Beispiele zeigen deutlich, daß Standardsoftware in der Meßdatenverarbeitung zu weit mehr genutzt werden kann als zur flexiblen Lösung unterschiedlichster Aufgaben. Genauso gut können bestimmte, feststehende Aufgaben in Standardsoftware auch so vorbereitet werden, daß sie in vorherbestimmbaren Rahmen automatisch oder - falls gewünscht - mit Interaktionen von Hand ablaufen.

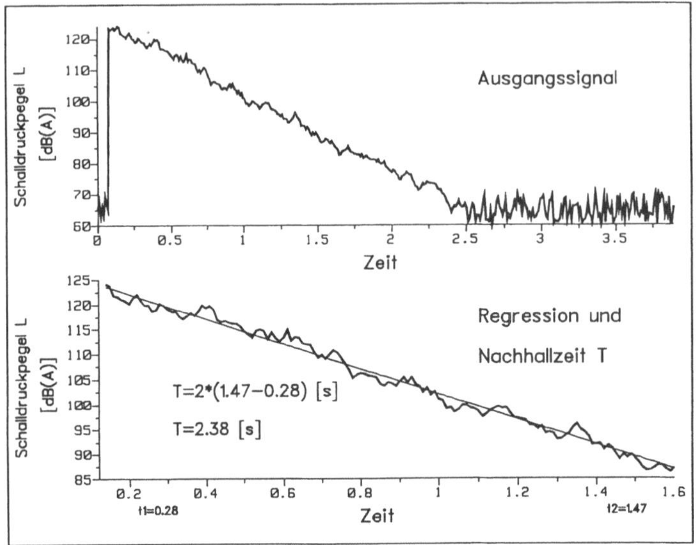

Bild 13.22 Kombination aus Automatik und Interaktivität: nach automatischer Durchführung der Messung wird der gewünschte Kurvenbereich von Hand ausgewählt, der Auswertevorgang erfolgt wieder automatisch

Standardsoftware kann je nach Bedarf dann auf handelsüblichen PC-Rechnern oder Workstations laufen, oder auch möglicherweise für den rauheren Betriebseinsatz auf industrietauglichen Rechnern installiert sein (**Bild 13.23**). Diese Hardware kann dann ebenfalls aufgabenspezifisch zusammengestellt sein. Auf diese Weise ist ein weiter Bereich von wirtschaftlichen Lösungen gegeben.

13.6 Wirtschaftlichkeit und Kriterien für die Beschaffung

Für den Anwender von Standardsoftware, aber auch für denjenigen, der Fremd-Software in eigene Software integrieren möchte, ist die Entscheidungsfindung für oder wider eine bestimmte Software oft nicht einfach. Erst recht trifft dies zu für die Entscheidungsfindung in Einkaufsabteilungen, in denen nach Kostengesichtspunkten gewertet werden muß.

Endgültig entscheidend wird immer die Frage nach der Wirtschaftlichkeit einer bestimmten Lösung sein. Die Kriterien, die die Wirtschaftlichkeit von Software zur rechnergestützten Meßwertverarbeitung bestimmen, sind in **Bild 13.24** zusammengestellt. Der wesentliche Punkt, ohne den sich ein wirtschaftlicher Einsatz nicht erzielen lassen kann, ist die Akzeptanz des Werkzeugs "Software" durch den Benutzer. Diese wiederum wird unmittelbar beeinflußt durch technische Merkmale wie Flexibilität und Mächtigkeit der Software. Die Kosten der Software selbst müssen diesem gesamten "Software-Wert" gegenübergestellt werden.

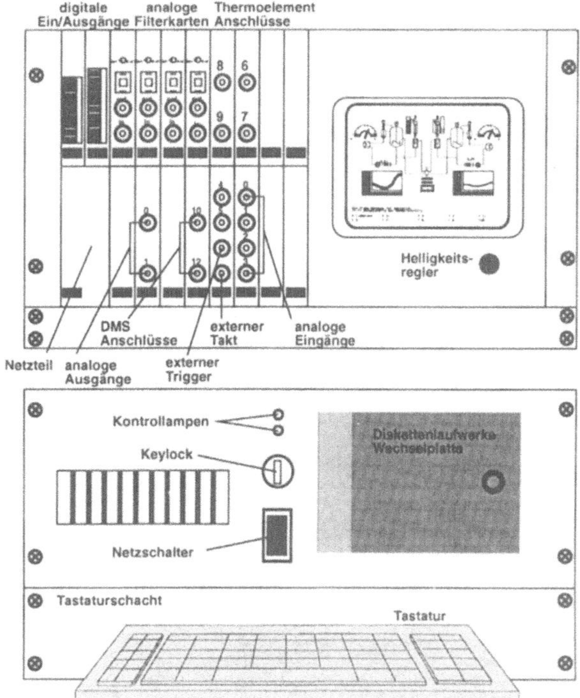

Bild 13.23 Die Automatisierung von Meß- und Auswertesequenzen verknüpft mit zugeschnittenen Hardwarelösungen erlaubt den wirtschaftlichen Aufbau von Spezialsystemen

An dieser Stelle sei darauf hingewiesen, daß das früher häufig praktizierte "Selbstprogrammieren" von Software gegenüber dem Einsatz von Standardsoftware aus wirtschaftlichen Gründen immer mehr an Boden verliert.

Im Bild 13.24 sind einzelne Kriterien für die Punkte Akzeptanz, Flexibilität und Mächtigkeit aufgeführt, die als Orientierungshilfe bei der Bewertung von Software dienen können. Unter dem Gesichtspunkt, daß jedes Werkzeug nur soweit wirtschaftlich sein kann, wie es vom Benutzer eingesetzt wird, sind unter dem Punkt *Akzeptanz* viele Einzelkriterien zu sehen.

Hierzu gehört die Sprache, in der sich das Programm dem Benutzer darbietet, der Eingabemodus, die Zeit für die erste Einarbeitung, aber auch die Zeit für eine wiederholte Einarbeitung, etwa nach Nicht-Benutzung für einen bestimmten Zeitraum. Die Verständlichkeit der Struktur der Bedienebenen, die Übersichtlichkeit der Bausteine, die Geschwindigkeit, mit der ein Benutzer zum Ziele kommt, gehören ebenfalls zu den wichtigen Kriterien. Die Akzeptanz wird ferner dadurch bestimmt, welche erfahrungsabhängigen Bedienstufen im Programm eingebaut sind, da ein noch so einfach zu bedienendes Programm bei stupide abgefragten Wiederholungen mit zunehmender Anwendererfahrung als äußerst unangenehm empfunden wird.

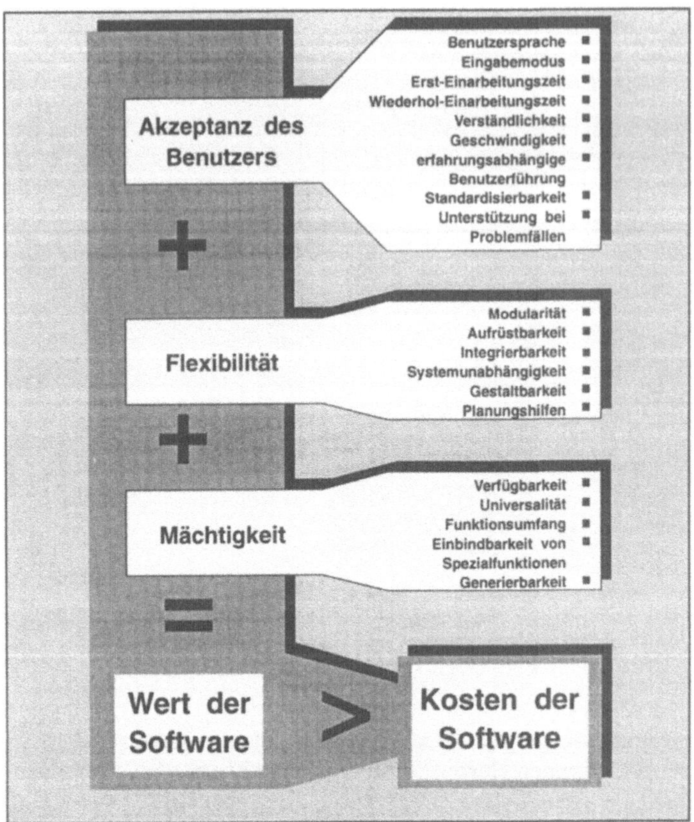

Bild 13.24 Standardsoftware ist dann wirtschaftlich, wenn ihr Wert die Kosten übersteigt

Als äußerst wichtig müssen schließlich die Standardisierbarkeit von Lösungen angesehen werden sowie die fachkundige Unterstützung des Benutzers bei Problemfällen.

Zum Punkt *Flexibilität* gehören Kriterien wie die Modularität der Software, die spätere Aufrüstbarkeit mit neuen Modulen, die Integrierbarkeit eigener Entwicklungen, die Systemunabhängigkeit, die freie Gestaltbarkeit für Sonderaufgaben und die Verfügbarkeit von Hilfsmitteln zur Planung von Meßabläufen.

Die *Mächtigkeit* einer Software umschreibt alle Kriterien zur technischen Ausstattung, zur Güte und zu den enthaltenen Funktionen. An erster Stelle steht die Verfügbarkeit (geringe Ausfallrate, Absicherung gegen Bedienfehler etc.); die Universalität der Software und der enthaltene Funktionsumfang sind weitere wichtige Kriterien. Ferner gehören zur Mächtigkeit der Software ihre Fähigkeit zur Einbindung neuer Funktionen und ihre benutzerorientierte Generierbarkeit.

Alle genannten Punkte machen in der Summe den *Wert einer Software* aus. Die Entscheidung für oder wider eine Software fällt im Vergleich dieses Wertes mit den aufzuwendenden Kosten. Für viele Anwender ist es auch von großer Bedeutung, daß Software für wichtige, unterschiedliche Betriebssysteme zur Verfügung steht. Hierzu gehören für die PC-Welt MS-DOS und MS-Windows, für die Workstations Unix und X-Window [Mel92a].

Bei der Beschaffung von Standardsoftware können sieben Regeln die Beurteilung erleichtern.

Grundregel 1: *Wichtigstes Kriterium bei der Auswahl von Standard-Software für die Meßdatenverarbeitung ist die Lösbarkeit der eigenen Aufgaben.* Die Software sollte so modular aufgebaut sein, daß nur wirklich benötigte Teile zu beschaffen sind.

Grundregel 2: *"Das haben wir immer so gemacht" muß nicht der beste Weg sein.* Wesentliche Voraussetzung für den Kauf von Software ist die Bereitschaft, sich mit den neuen Möglichkeiten auseinanderzusetzen, die sich aus Rechnereinsatz und Software ergeben.

Grundregel 3: *Die Bedienung ist das Wichtigste. Entscheidend für die Akzeptanz einer Software ist deren Bedienbarkeit.* Nur eine übersichtliche und klare Bedienbarkeit garantiert einen effizienten Einsatz und damit die Wirtschaftlichkeit der Investition.

Grundregel 4: *Auf verfügbare Funktionen achten.* Bedienung allein macht nicht selig. Die Mächtigkeit einer Software zeigt sich an den bereits integrierten Funktionen, den vorhandenen mathematischen Analysemethoden, den Möglichkeiten einer universellen graphischen Darstellung und an den Möglichkeiten zum Import und Export von Daten. Günstig für einen minimalen Schulungsaufwand ist es, gleiche Software für unterschiedliche Betriebssysteme zu haben (MS-DOS, MS-Windows, Unix, X-Window).

Grundregel 5: *Unabhängig vom Softwarehaus erweitern können.* Als Anwender muß man nicht in die Abhängigkeit vom Hersteller geraten. Aus "strategischen" Gründen sollte man Erweiterungen selbst einpassen können.

Grundregel 6: *Automatisierung lohnt sich.* Rechner und Software nehmen dem Benutzer Routinearbeit ab. Neue Funktionen wie das Erfassen und Auswerten von Meßdaten müssen innerhalb der Standard-Software automatisierbar sein, damit überflüssige Bedienschritte bei gleichen Vorgängen vermieden werden.

Grundregel 7: *Billig muß nicht preiswert sein.* Auch wenn Standard-Software heute günstig angeboten wird, gibt es wesentliche Unterschiede. Der Anwender sollte den Kaufpreis für die Software ins Verhältnis zur Bedeutung der Meßaufgabe setzen. Bereits ein einziger Tag zusätzlicher Einarbeitungszeit kann aus einem billigen System ein teures machen.

13.7 Zusammenfassung

Die zunehmende Bereitschaft, Standard-Software für unterschiedlichste Aufgaben einzusetzen, hat vor allem wirtschaftliche Gründe. Die Entwicklung, vor allem aber die Pflege von Spezialsoftware ist zu einem extremen Kostenfaktor geworden. Daraus resultiert, daß möglichst viele Standardkomponenten eingesetzt werden sollten, die aufgrund Ihrer Stückzahl zu günstigen Preisen angeboten werden. Bei der Komplexität dessen, was nur unzureichend mit "Rechnergestützter Meßtechnik" beschrieben wird, müssen an derartige Standardkomponenten hohe Anforderungen gestellt werden. Einerseits sollten vielfältige Funktionen bereits integriert sein. Andererseits kann nicht erwartet werden, daß jede denkbare Funktion in Standardsoftware enthalten ist. Aus diesem Grunde ist es unbedingt erforderlich, daß Standardsoftware über definierte Schnittstellen zur Integration neuer Lösungen verfügt. Eine wichtige Forderung dabei ist, daß diese Schnittstellen offen sind, so daß auch der Anwender selbst eigene Eingriffsmöglichkeiten hat.

Unter Gesichtspunkten der Wirtschaftlichkeit erscheint die Investition in Software selbst als der geringere Teil der insgesamt zu betrachtenden Aufwendungen. Weitaus mehr als die Investitionskosten werden auf die Dauer die Kosten der mit einem bestimmten System arbeitenden Mitarbeiter zu Buche schlagen. Für den wirtschaftlichen Erfolg des Einsatzes von Standardsoftware ist daher die Akzeptanz einer Software der ausschlaggebende Faktor. Dies Akzeptanz orientiert sich nicht nur am jeweiligen Stand der Technik, sondern wird ganz wesentlich beeinflußt durch die langfristigen Perspektiven, die in der ständigen und kundennahen Weiterentwicklung einer Software gegeben sind.

14 ASYST - Eine Programmiersprache zur Meßdatenverarbeitung

von Wolfgang Bartels

14.1 Einleitung

Wie können Meßdaten auf einem Personalcomputer, kurz PC, verarbeitet werden? Zunächst ist festzustellen, ob ein geeignetes Programmpaket bereits existiert, das den Ansprüchen an Erfassung, Verarbeitung, Darstellung und Ausgabe gerecht wird. Nur wenn dies nicht der Fall ist, sollte der Anwender dazu übergehen, seine eigenen, angepaßten Programme zu schreiben - oder schreiben zu lassen. Die Entscheidung für eine bestimmte Programmiersprache ist dabei mehr oder minder endgültig.

Funktionsmodule, die in einer Programmiersprache geschrieben sind, können - wenn überhaupt - nur unter Schwierigkeiten in eine andere Programmiersprache übernommen werden. Voraussetzung dafür ist, daß beide Programmiersprachen eine kompatible Zwischenebene in Assembler oder Maschinensprache besitzen. Andererseits altert auch Software, so daß eine Übernahme von "historischem Ballast" oft gar nicht wünschenswert erscheint.

Zu beurteilen ist eine Sprache oder auch ein Programmpaket nach dem Sprachumfang sowie dem Zeitaufwand für die Programmentwicklung und die Ausführung des Programms. Weiterführende Überlegungen betreffen das spezielle Umfeld des Anwenders. Dabei kann z.B. die Verbreitung einer Programmiersprache oder die Portabilität auf andere Systeme eine wichtige Rolle spielen.

Die Entscheidung für ein Programmpaket oder eine Programmiersprache kann nur unter den aktuell gegebenen Umständen gefällt werden und würde später mit Sicherheit anders aussehen; für die meisten Programme der Meßdatenverarbeitung gilt das gleiche wie für die Hardware: sie sind vergänglich.

Nicht so das ASYST-Softwarepaket. Mit der folgenden Stellungnahme sollen Entscheidungshilfen für die Feststellung gegeben werden, ob ASYST ein geeignetes Werkzeug darstellt. Die Programmierung in ASYST wird nur kurz behandelt , um die Unterschiede zu anderen Programmiersprachen und Programmpaketen zu verdeutlichen. Anhand der Bereiche *Erfassung, Verarbeitung* und *Darstellung* wird der Sprachumfang erläutert.

Das Arbeiten mit der ASYST-Software ist von der ersten Stunde an erfolgreich, dennoch ist eine Einarbeitungszeit nötig, um mit dem mächtigen Paket "sattelfest" zu werden. Dieser Aufwand wird durch die Verfügbarkeit vielfältiger Funktionen honoriert.

Mit der neuesten Version 4.0, ausgestattet mit einer *Menüoberfläche* und einem *Programmgenerator*, ist die Einarbeitungszeit drastisch verkürzt worden. Weiterhin stehen dem Anwender sehr viele Programmbeispiele sowie komplexe Menü-"Utilities" für die ASYST-Software zur Verfügung. Für einfachere Meß- und Auswerteaufgaben gibt es drei Menüprogramme ASYSTANT, EASYEST-LX und ASYSTANT-GPIB, auf die hier nur kurz eingegangen wird. Die Entscheidungsfindung wird durch ein befristetes kostenfreies Rückgaberecht unterstützt.

14.2 Compiler / Interpreter / Assembler

Ein wesentliches Unterscheidungsmerkmal von Programmiersprachen ist der Zeitpunkt der Progammübersetzung in einen Code, der dem Rechner (Prozessor) verständlich ist. Zu unterscheiden ist zwischen *Compiler-Sprache* (übersetzt Programme aus höheren Sprachen in Maschinensprache) und *Interpreter-Sprache* (führt Programme des Quellprogramms direkt aus). Daneben existieren seit einiger Zeit auch Mischformen wie COMPILER-BASIC oder INTERPRETER-C. Auch die neuen "TURBO-Sprachen" von BASIC, Pascal und C, die eine interpreterähnliche Umgebung mit einer schnellen Codeerzeugung verbinden, fassen immer mehr Fuß.

Assembler

Die Assemblersprache stellt keine eigentliche Sprache dar, sondern ist lediglich als *mnemonisches Hilfsmittel* (ein Code, dessen Kürzel Hinweise auf ihre Eigenschaften oder ihre Verwendung als Gedächtnisstütze enthalten) der Programmierung im Maschinencode zu verstehen. Die Übertragung auf Rechner mit einer anderen als der ursprünglichen Zentraleinheit ist ausgeschlossen. Die Anwendung sollte sich auf Ausnahmefälle beschränken (*Hardwaretreiber*).

Compiler

Vertreter der Compilersprachen sind Pascal, FORTRAN, C usw. Die typische Eigenschaft einer Compilersprache während des Programmlaufs sind durch die vorangegangene Übersetzung in den Maschinencode gegeben:

- kurze Ausführungszeit
- Programm liegt zur Ausführungszeit in Maschinen- nicht jedoch im Quellcode vor (erschwerter Softwarediebstahl)
- Programmablauf ist nicht interaktiv beeinflußbar (wie ASYST).

Compiler erzeugen einen Assembler-Zwischencode, der es gestattet, eigene Assemblerroutinen einzubinden und die Übersetzung zu optimieren (auch bei ASYST). Dies ist erforderlich, um für bestimmte Programmfunktionen minimale

Ausführungszeiten zu erzielen oder das Programm in eine Systemumgebung ohne Standardbetriebssystem einzubinden. Auch maschinenbezogene Funktionen können hier eingebracht werden. Kompilierte Programme laufen direkt auf der Betriebssystemoberfläche ab und benötigen keine Programmierumgebung.

Interpreter

Eine klassische Interpretersprache ist BASIC (BASICA oder GW-BASIC). Die aufgeführten Eigenschaften der Compilersprachen gelten ebenso. Die Ausführungszeiten sind abhängig von der Programmerstellung. Die Einbindung von Assemblerroutinen ist möglich. Die Portabilität auf ein System ohne Standardbetriebssystem ist ausgeschlossen, weil die erforderliche Programmierumgebung - BASIC - fehlen wird.

ASYST

ASYST ist ein Komplettsystem zur Erfassung, Verarbeitung, und Ausgabe von Meßdaten (s. hierzu **Bild 14.1**).

14.3 Was ist ASYST?

ASYST ist die Bezeichnung für *a scientific system*. ASYST ist "ein Werkzeug zur Lösung technisch-wissenschaftlicher Probleme gleich welcher Art". ASYST ist auch eine komfortable Programmierumgebung für PC/XT-, AT- und 386-Maschinen im Bereich der Meßdatenerfassung, Datenanalyse, Darstellung und Datenausgabe.

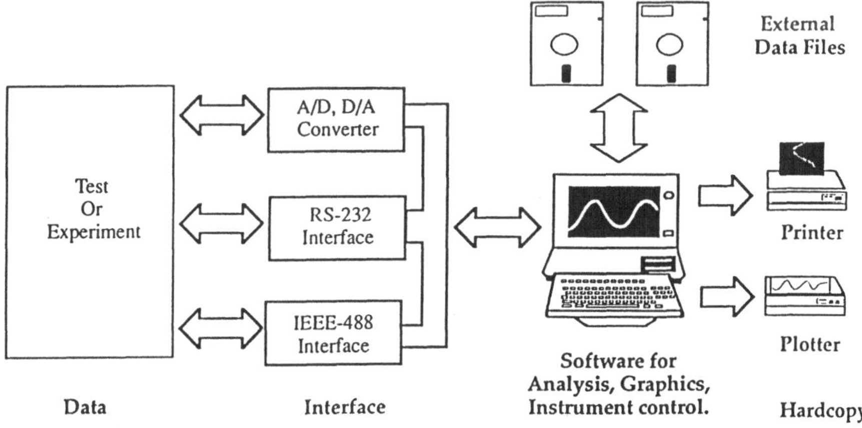

Bild 14.1 Arbeitsplatz auf PC-Basis. Komplettsystem zur Erfassung, Verarbeitung und Ausgabe von Meßdaten

Für den Anwender präsentiert sich ASYST in der aktuellen Version 4.0 in Form von 7 Disketten (1x System, 2x Overlay, 2x Demo, 1x Ext.Driver und 1x Help) und den dazugehörigen vier Handbüchern (Papierstapel von 10 cm Höhe netto). Zum Lieferumfang gehört eine Kurzeinführung unter dem Namen "ASYST SCHNELL ERLERNT"; diese erleichtert den Einstieg in die Programmierung erheblich. Ab Version 3.0, (lieferbar ab Mitte 1989) steht dem Anwender eine Benutzeroberfläche mit integriertem Programmgenerator zur einfachsten Programmerstellung zur Verfügung. Die Menüführung unterstützt sowohl die Graphik, Analyse, Datenerfassung und den IEC-Bus, als auch die Erstellung menügeführter Anwenderoberflächen.

Strukturiert ist das Paket in vier Modulen:

Modul 1 - SYSTEM
Modul 2 - ANALYSIS
Modul 3 - ACQUISITION
Modul 4 - GPIB/IEEE-488

Die Module 1 und 2 bilden die Grundversion, die optionell erweitert werden kann. Modul 3 unterstützt die A/D-Wandler-Karten mehrer Anbieter, Modul 4 unterstützt ca. 23 IEC-Bus-Interfacekarten.

Die Bedienung von ASYST entspricht der von *Forth*, wobei die Befehlseingabe in der *umgekehrt-polnischen Notation* (UPN) erfolgt, wie sie von den HP-Taschenrechnern bekannt ist. Die Begründung dafür liegt in der "Stack"-Orientierung von ASYST nach dem LIFO-Prinzip (*last in first out*). Die *algebraische Notation* ist innerhalb von Formeln dennoch zulässig.

Als *Programmiersprache* läßt sich ASYST am ehesten den Interpretern zuordnen. ASYST kann interaktiv benutzt werden, besitzt einen eigenen Text-Editor und eine eigene Umgebung. Der Vorteil für den Anwender liegt darin begründet, daß er sich nur mit der ASYST-Umgebung und nicht mit dem Betriebssystem auseinandersetzen muß. Es erfolgt zu keiner Zeit eine Übersetzung des Anwenderprogramms in einen Maschinencode. Jeder Funktionsaufruf wird intern in eine Zeigerzuweisung auf eine entsprechende Routine umgesetzt. Die Ausführung solcher Routinen ist auf das Vorhandensein von ASYST gebunden. Zum Weitergeben von Anwenderprogrammen, stehen "Run-Time-Lizenzen" zur Verfügung.

Im Gegensatz zu BASIC erfolgen die "Interpretationen" bereits bei der Eingabe. Damit werden sehr kurze Ausführungszeiten erzielt, die unabhängig von der Vorgeschichte der Programmiersitzung sind. Alle Eingaben werden sofort ausgeführt, also ohne Abspeicherung mit Zeilennummern. Die Programmierung erfolgt durch Verknüpfung vorhandener Funktionen zu neuen Funktionen (*Colondefinitions*). Diese Funktionen haben beim Aufruf die Wirkung von Programmen. Hier ist die Ähnlichkeit zu Compilersprachen erkennbar.

Zur Programmierumgebung gehören neben dem Text-Editor die *Ursprungswörter* bzw. die ihnen zugeordneten Funktionen und deren Verwaltung. (FFT, SMOOTH, INTEGRATE.DATA, A/D.IN>ARRAY usw.) In der Vielfalt dieser Ursprungswörter (über 1200 in der Version 2.1) liegt auch die Mächtigkeit des ASYST-Pakets begründet. Durch den neuen Programmgenerator entfällt jedoch zum größten Teil das Erlernen solcher Wörter.

Zu Beginn der Arbeit mit der ASYST-Software wird eine menügeführte Konfiguration des Systems durchgeführt, um unnötigen "Wortballast" im Speicher zu vermeiden.

14.4 Programmierung

Alle Befehle, Funktionen oder Kommandos werden im ASYST *Wörter* genannt. Die Programmierung erfolgt durch Definition und Aufruf dieser *Wörter*. Alle neudefinierten *Wörter* sind in der Behandlung den vordefinierten *Wörtern* gleichwertig. Die Bedeutung von *Wörtern* ist nach der Eingabe nur noch der Maschine als Verkettung von Zeigern bekannt. Ein Tastaturspeicher erlaubt es jedoch dem Anwender, die neuen Wörter zu modifizieren und neu zu definieren.

Neu gebildete *Wörter* können fest in den Bestand der vordefinierten *Wörter* (Kern) übernommen werden, indem der aktuelle Zustand einfach als ".COM"-File abgespeichert wird. *Wörter* aus einem abgespeicherten Kern können umdefiniert, aber nicht gelöscht werden.

Die Anwenderprogramme (also *Wörter*) können nach dem Starten von ASYST eingegeben oder hinzugeladen werden. Die neuzuladenden *Wörter* werden mit dem ASYST-Text-Editor oder einem beliebigen ASCII-Texteditor (*Wordstar*) erzeugt. Während des Ladevorgangs wird auf Fehler geprüft, und die *Wörter* werden interpretiert. In den neuen ASYST-Versionen besteht alternativ die Möglichkeit, Programmdateien vorzuinterpretieren und als Anwender-"Overlay" zu laden (schnellerer Zugriff). Während des "Programmierens" zugeladene oder eingegebene *Wörter* können gelöscht werden, jedoch nur chronologisch rückwärts bis zum gewünschten *Wort* (Stackprinzip).

Durch die Erweiterung des ASYST-Kerns mit eigenen neuen *Wörtern* erhält man selbstständige Applikationspakete, wobei der Quelltext stets mit abgelegt werden sollte. Bei "Software-Updates" muß jedoch immer das Original-System mit den Ursprungswörtern vorliegen!

14.5 Strukturelemente

Das Leerzeichen ist als trennendes Element einer Zeile zwingend vorgeschrieben. Eine Eingabe wird mit der RETURN-Taste abgeschlossen und gestartet. Die mathematische Strukturierung durch Klammern ist möglich (*Algebraic Parser*). Als Beispiel soll eine einfache Division durchgeführt und angezeigt werden:

'Dividend' 'Divisor' / ?

100 50 / ? 2

Solche zu verarbeitenden Werte können auch als Variable (*Scalar*) repräsentiert werden. Als Zahlen sind ganzzahlige, reelle und komplexe Werte zugelassen, in beliebiger Kombination und mit einer Genauigkeit zwischen 2 und 16 byte je nach Datentyp. Das Beispiel einer Variablendefinition und Belegung folgt.

'Typ' SCALAR 'Name' 'Wert' 'Name' :=

Beispiel:

```
OK REAL SCALAR WEG 100E3 WEG :=
OK SCALAR ZEIT 60 60 * ZEIT :=
```

Die gesamte Ein- und Ausgabe von *Wörtern* oder Zahlen erfolgt über den numerischen *Stack*, der auch die Typ- und Namenszuordnung beinhaltet (siehe 14.13). Neben dem Zahlenstack existiert auch noch ein sogenannter Symbol-Stack zur Aufnahme von Zeichenketten (*Strings*).

Die Erzeugung eigener *Wörter* (*Colondefinition*, beginnt mit einem ":" und endet mit einem ";") wird im folgenden Beispiel erklärt.

```
: 'Name'
  'Funktionen und / oder Werte'
;
```

Beispiel: Multiplikation zweier Stack-Werte und Addition der Zahl 5, Ausgabe

```
OK : Versuch_1
OK * 5 + .
OK ;
```

Programmverzweigungen und Schleifenstrukturen sind nur innerhalb von *Wörtern* (*Colondefinitionen*) zugelassen. Benötigte Parameter können sowohl innerhalb einer Wortdefinition als auch direkt vom Stack übernommen werden.

Ein Progammierbeispiel einer DO...LOOP-Schleife mit dem Inkrement ungleich 1 folgt.

```
: 'Name'
  'Endwert + 1' 'Anfangswert' DO 'Schleifenzähler' 'Inkrement'
   LOOP
;
```

Beispiel: Ausgabe des Loopindex, Anfangs- und Endwert vom Stack übergeben

```
OK : Versuch_2
OK   do I .
OK   loop
OK ;
```

Das Einfügen von Kommentarzeilen ist durch Verwendung des "\"-Zeichens möglich. Hierbei werden beim Laden von Programmen die Kommentareweginterpretiert und stehen deshalb nur im Editor zur Verfügung.

Eine weitere sehr wichtige Fähigkeit des ASYST-Programmpakets die, *Multitasking-Fähigkeit* mit bis zu 32 Tasks zur Datenerfassung und -ausgabe im Hintergrund, sei hier nur erwähnt. Dies gilt für die A/D-, D/A- und digitale I/O-Datenaufnahme sowie für die *asynchrone Datenerfassung* über den IEC-Bus oder die RS-232-Schnittstellen. Es ermöglicht dem Anwender somit eine Echtzeitverarbeitung der Daten während der Erfassung (Echtzeitgraphik bis zu 130 kHz inklusive Speicherung).

"Newcomern" steht im ASYST eine *Online-Help-Funktion* zur Verfügung, die das Nachschlagen im Handbuch oftmals erübrigt (**Bild 14.2**).

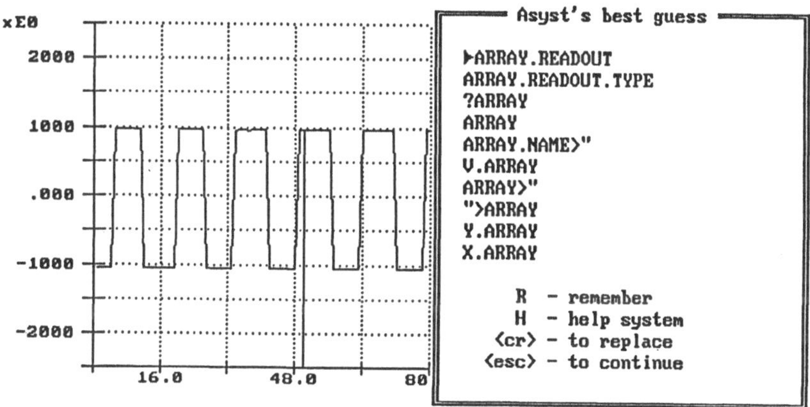

Bild 14.2 Zur "Online-Help-Funktion"

14.6 Schnittstellen

In diesem Abschnitt sollen die Schnittstellen der ASYST-Programmierumgebung zu Anwenderprogrammen anderer Programmiersprachen betrachtet werden, und zwar sowohl die in den Rechner hinein als auch die nach außen wirkenden.

Softwareschnittstellen

Wesentliche DOS-Kommandos zur File-Handhabung werden nachgebildet, die Benutzung von Unterverzeichnissen ist möglich. Das Einbinden von Assemblerroutinen ist möglich und erfolgt wie im BASIC (DEFSEG, CALL). Die Speicheradressen von SCALARS und ARRAYS werden (ADDRESS) mitgeteilt.

Ab der ASYST-Version 3.0 sind zwei weitere Sprachschnittstellen zu FORTRAN und zu C verfügbar. Auch wird diese Version "SHELL-fähig", das heißt, während ASYST im Hintergrund läuft, kann mit dem SHELL-Kommando ins DOS gesprungen und ein anderes Programm aufgerufen werden.

Systemschnittstellen

Die Durchgriffsmöglichkeit der ASYST-Software auf Rechnerbausteine ist ebenfalls gegeben. Der Zugriff auf Port- und Speicheradressen erfolgt ähnlich wie der in BASIC mit DEFSEG, PEEK, POKE, PORT.IN und PORT.OUT.

Mit Hilfe dieser Schnittstellen können sehr schnell eigene A/D-Wandler- und digitale I/O-Karten eingebunden werden.

Analoge und digitale Schnittstellen

Eine der elementarsten Aufgaben einer jeden Meßdatenverarbeitung betrifft den Austausch analoger und digitaler Daten mit der Außenwelt. Dieser Datenaustausch erfolgt mittels A/D- und D/A-Wandlern oder mittels digitaler Ein-/Ausgänge. In den Rechner werden dazu geeignete Schnittstellenkarten eingesetzt, auf die natürlich direkt oder per I/O-Adressen zugegriffen werden kann.

Zur einfachsten und unkompliziertesten Handhabung stellt die ASYST-Software für eine große Anzahl solcher Karten (siehe 14.13) vorgefertigte Schnittstellentreiber zur Verfügung. Maximal 16 solcher Karten können auf diese Weise gleichzeitig verwaltet werden (auch IEC und A/D gemischt).

Den Schnittstellentreibern sind zur besseren Übersicht Namen zugeordnet. Die Treiber verwalten alle für die Datenerfassung/-ausgabe erforderlichen Parameter. Dazu gehört im Fall der A/D-Umsetzung die Auswahl der Kanalzahl, der Verstärkung, des Triggers, des Zeitgebers (Clock), der Datenablage und der Betriebsart des Datentransfers (DMA).

Daten können direkt unter dem DMA-Betrieb (*Direct Memory Access*) auf die Festplatte abgelegt und in einen Puffer zurückgelesen werden. Das Darstellen von Daten ist in beliebig vielen Graphikfenstern möglich.

Beispielprogramm einer Zweikanal-Meßdatenerfassung mit der A/D-Wandlerkarte DASH16 unter **Bild 14.3**, in dem die graphische Darstellung von Kanal 1 gezeigt ist.

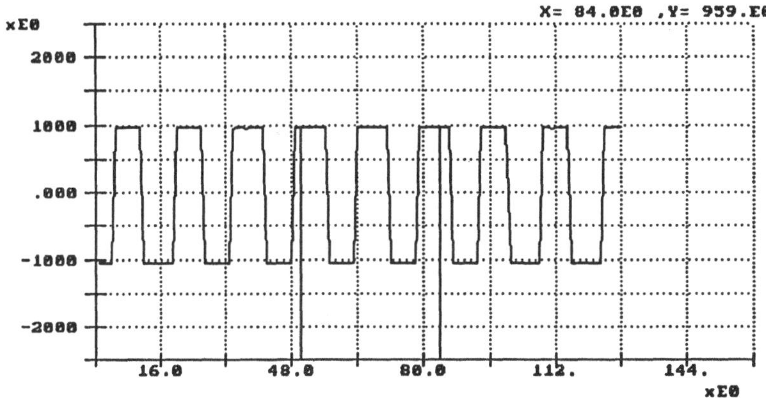

<F1> ACQUIRE DATA
<F2> FOURIER TRANSFORM DATA
<F3> EXPAND REGION
<F4> DIFFERENTIATE DATA
<F5> INTEGRATE DATA
<F6> SMOOTH DATA
<F7> PLOT ORIGINAL DATA
<F8> PLOT MOST RECENT DATA
<F9> EXIT DEMO

Bild 14.3 Graphische Darstellung von Kanal 1

```
dash16                              \ Auswahl der Karte
0 1 a/d.template messung            \ Start-und Stoppkanal 0 1
integer dim[ 512 , 2 ] array test   \ 2dimensionales Datenfeld anlegen
512 template.repeat                 \ Anzahl der Meßwerte pro Kanal
test template.buffer                \ Speicher zur Datenaufnahme festlegen
0.1 conversion.delay                \ A/D-Wandlerzeit in Millisekunden
a/d.init                            \ Initialisierung der Parameter
a/d.in > array                      \ Erfassung der Daten in das Feld TEST
test xsect[ 1 ] -5 5 a/d.scale      \ 1. Kanal auswählen auf +/- 5 Volt
y.auto.plot                         \ Darstellung mit autom. Skalierung
```

IEC-Bus-Schnittstelle

Das ASYST-Softwarepaket ist ebenfalls in der Lage, IEC-Bus-Karten mit den Controllern NEC µPD7210 und TI TMS9914 zu verwalten (siehe 14.13). Es können somit bis zu vier getrennte Bussysteme - auch mit verschiedenen Controllerkarten - gleichzeitig realisiert werden.

Das IEC-Bus-Protokoll wird vollständig unterstützt (Sekundäradresse, Interrupt / SRQ, serielles und paralleles Polling und der asynchrone Modus). Die Zustandsdarstellung des Busses kann jederzeit am Bildschirm aktiviert werden (siehe 14.13).

Die Handhabung der IEC-Bus-Schnittstelle erfolgt durch verschiedene Treiber, die je einem IEC-Bus-Gerät unter einem bestimmten Namen zugeordnet sind. Die

Treiber beinhalten die Informationen über die Busnummer, Geräteadresse, das "Timeout", das EOS-Zeichen, die EOI-Leitung und den Datenpuffer. Die einzelnen Zuordnungen innerhalb der Treiber sind konfigurierbar und werden mit dem Befehl ?GPIB.DEVICES dargestellt (siehe 14.13).

Beispiel einer IEC-Bus Programmierung:

send.interface.clear	Bus zurücksetzen
remote.enable.on	Verbindung herstellen zum Gerät
9 gpib.device MULTIMETER	Geräteadresse festlegen
30 string DATEN	Länge des erwarteten ASCII-Strings
MULTIMETER	Auswahl des Gerätes
" function acv" gpib.write	Gerätekommando abschicken (AC Volt)
DATEN gpib.read	Meßwert vom Multimeter einlesen
DATEN "type	String DATEN auf den Bildschirm
NACV +1.097E+0	1.097 Volt AC werden angezeigt

RS-232-Schnittstelle

Die Unterstützung der seriellen Schnittstelle erfolgt innerhalb der ASYST-Software ähnlich wie beim IEC-Bus. Schnittstellen mit dem National-8250-Controller werden mittels Treibern unterstützt, die neben dem logischen Namen alle einstellbaren Parameter beinhalten. Standardmäßig sind die Treiber für COM1: und COM2: verfügbar. Die Interruptfähigkeit ist wählbar und wird unterstützt (asynchrone Datenübernahme). Die Anzahl der RS-232-Schnittstellen ist nicht begrenzt, da ASYST jede Schnittstelle als sogenanntes DEVICE mit einer bestimmten Adresse betrachtet.

Auf der Schnittstellenseite werden folgende Leitungen benutzt:

TxD, RxD, DSR, DTR, Ground

Die Anpassung an spezielle Geräte erfolgt durch die Konfiguration des Verbindungskabels. Das DSR / DTR-Protokoll kann aktiv oder inaktiv geschaltet werden.

Centronics-Schnittstelle

Die Centronics-Schnittstelle ist innerhalb der ASYST-Software nur als Druckerinterface zu verwenden. Eine große Anzahl von Druckertreibern zur Graphikausgabe ist implementiert.

14.7 Datentransfer

Die Datenübertragung mittels der Schnittstellen werden durch folgende Betriebsarten unterstützt:

- *ungepuffert*: es wird ein einzelnes Datenbyte übertragen, Ziel oder Quelle ist hierbei der STACK;
- *gepuffert*: es wird eine Folge von Datenbytes ausgetauscht, die Quelle bzw. das Ziel ist ein ARRAY;
- *dirkte Betriebsart*: hier erfolgt ausschließlich die Datenerfassung, der Rechner kann keine anderen Aufgaben übernehmen;
- *Hintergrundbetrieb*: die Datenübertragung erfolgt im Hintergrund per Interrupt, im Vordergrung steht der Rechner für Auswertungen zur Verfügung; niedrige Transferraten bis zu 2 kHz sind möglich;
- *DMA-Betrieb*: die Datenübertragung wird durch Hardware unterstützt, hohe Übertragungsraten sind möglich (Hardware-abhängig).

Hierbei ist zu beachten, daß alle Schnittstellen, bis auf die RS-232-Schnittstelle, den DMA-Betrieb unterstützen.

14.8 Datenverarbeitung, Datenanalyse

Nun kommen wir zu einer weiteren Stärke der ASYST-Software, der Weiterverarbeitung der gemessenen oder eingelesenen Daten. Hierbei fällt eine angenehme Eigenschaft von ASYST sofort auf, nämlich der unkomplizierte Umgang mit Feldern (ARRAYS) bis zu 16 Dimensionen. Sofern der mathematische Hintergrund dafür gegeben ist, ist es völlig belanglos, ob bei einfachen Operationen, wie z.B. der Division, der Operand ein einfacher Wert, ein Feld oder beide Typen vorliegen. Ein Feld wird durch den Namen, die Dimension und den Datentyp beschrieben (REAL DIM[10000] ARRAY TEST.FELD).

Der Zugriff auf Elemente des Feldes kann einzeln, in Gruppen oder gesamt erfolgen. Wird von einem Feld ein Teilfeld definiert, so wird keine Kopie des Datensatzes erzeugt, sondern es wird von Feld und Teilfeld der gleiche Speicherbereich benutzt. Zur einfachsten Änderung von Feldinhalten steht ein *Array-Editor* zur Verfügung. *Beispiel*:

TEST.FELD SUB[1 , 1000 , 10]	von dem Array TEST.FELD werden 1000 Elemente in je 10 Schritten ausgewählt, beginnend an der Stelle 1

Zur Anwendung auf solche Felder stehen eine riesige Anzahl von mathematischen Funktionen aus dem technisch-wissenschaftlichen Bereich vorgefertigt zur Verfügung. Einige Funktionen sollen hier nur schlagwortartig aufgeführt werden. Sehr beeindruckend ist die Ausführungsgeschwindigkeit.

- FFT und Inverse FFT, 2DFFT ...
- numerische Integration und Differentiation...
- Polynomoperationen...
- Matrizenoperationen...
- Datenmanipulation durch Filterung...

- Henning, Hamming, Blackmann, Kayser usw...
- Spline-Interpolation, Curve-Fitting...
- Umwandlung von Koordinatensystemen (*polar, cartesian*)...
- Statistik, Regression, Korrelation, Histogramme, F-Tests, ANOVA ...

Als *Beispiel* für die Ausführungsgeschwindigkeit ist hier die FFT-Analyse auf unterschiedlichen Rechnern ausgewählt - *eine FFT von 1024 Punkten*:

PC	4,770 MHz	=	4,5 Sekunden
AT	6,000 MHz	=	2,1 Sekunden
AT	8,000 MHz	=	1,6 Sekunden
AT	16,00 MHz	=	1,0 Sekunden
386	20,0 MHz	=	0,7 Sekunden
386	25,0 MHz	=	0,4 Sekunden

14.9 Darstellung von Ergebnissen

Zur Darstellung von numerischen Werten (Zahlentabellen) stehen dem Anwender unterschiedlichste Formate zur Verfügung.

Die graphische Darstellung von Daten kann wahlweise auf dem Bildschirm, dem Plotter (HPGL-Format) oder einem graphikfähigen Matrixdrucker erfolgen. Bei der Verwendung von Farbbildschirmkarten steht die entsprechende Farbpalette zur Verfügung, die auch über dementsprechende Plotter per Anweisung ausgegeben werden kann.

Die Darstellung kann in frei wählbaren Fenstern erfolgen, wobei die Mehrfachskalierung (aller 4 Achsen) in unterschiedlichster Art erfolgt. Das Überlagern verschiedener Fenster ist ebenfalls möglich. Solchen Graphikfenstern können ebenfalls Textfenster zugeordnet werden.

Neben den Funktionen der Liniengraphiken (Y-t, X-Y usw.) sind auch solche der Balken- und Torten- bzw. Kreisdarstellung vorhanden.

Auch eine 3dimensionale Darstellung ist mit dem *Wort* AXON.PLOT ausführbar. Hierbei liegt dem Wort ein 2dimensionales ARRAY zugrunde.

Die Randbedingungen der Darstellung können über weite Bereiche den Bedürfnissen angepaßt werden. Die Achsen können linear oder logarithmisch mit wählbarem Markerabstand skaliert werden. Das Gitternetz kann selektiv oder insgesammt entfernt werden. Die Darstellung einzelner Datenpunkte mit speziellen Symbolen kann einzeln oder kontinuierlich erfolgen, ebenso ist die Beschriftung frei wählbar.

Besonders erwähnenswert ist das interaktive Arbeiten mit der Graphik. So kann mittels des Cursors in der Graphik herumgefahren werden, um Meßwerte festzustellen, auszulesen oder um einen Ausschnitt zu definieren (ZOOMING). Ab der ASYST-Version 3.0 ist auch eine Mausunterstützung vorgesehen (Fenstertechnik). Beispiele von graphischen Darstellungen sind in 14.13 gegeben.

14.10 Handhabung von Datenfiles

ASYST ist in der Lage, komplette Datenfelder oder auch Einzelwerte in einem File auf eine Diskette oder Festplatte abzuspeichern oder zurückzulesen. Die Daten können dabei als ASCII-File oder als Binär-File strukturiert sein.

Binärfiles werden innerhalb von ASYST mit einem sogenannten *Header* versehen. Dieser *Header* erlaubt dem Anwender das Einfügen von Kommentarzeilen und die Unterteilung der Daten in Teilmengen, die wiederum einzeln ansprechbar sind. Beispielsweise kann ein Datenfile aus mehreren ARRAYS entstanden sein, von denen im weiteren nur noch eines zu bearbeiten ist. Die Zusammensetzung des Fileformates ist im Handbuch komplett offengelegt.

Die Erzeugung von ASCII-Files erfolgt ähnlich wie in BASIC. Außerdem steht dem Anwender der Datenaustausch mit Lotus-1-2-3-Format zur Verfügung, als WKS- und WR1-Files.

Als letzte Alternative ist ebenfalls der wahlfreie Filezugriff möglich. Dabei wird die Interpretation eines jeden Bytes in die Hand des Anwenders gelegt (BYTE.SWAP, HIGH.BYTE, LOW.BYTE, UNPACK usw.).

Graphiken können ebenfalls als HPGL-Files abgespeichert werden, um sie später mit komfortablen DTP-Systemen weiterverarbeiten zu können (DTP: *Desk-Top Publishing*).

Zum Lieferumfang des ASYST-Softwarepaketes gehören zwei Demo-Disketten, auf denen z.B. eine menügeführte "Utility" die verschiedenen Fileformate liest. Ebenfalls steht eine menügeführte Graphik und Statistik-"Utility" zur Verfügung. Es ist also für jeden Anwender der ASYST-Software wichtig, den Inhalt der beiden Demo-Disketten zu kennen.

14.11 Hardware-Kompatibilität

ASYST ist zur Zeit auf allen IBM-Rechnern und kompatiblen Geräten (PC, XT, AT und 386) lauffähig, wenn das Betriebssystem DOS oder MS-DOS 3.x installiert ist.

640 Kbyte RAM
MDA-, CGA-, EGA-, VGA- oder HGA-Graphikkarten
mathematischer Koprozessor 8087, 80287, 80387
bis 8 Mbyte Speichererweiterungen nach LIM / EMS-Standard

Außerdem sind zur Darstellung bzw. Ausgabe von Ergebnissen folgende Geräte ansprechbar:

IBM-Graphikdrucker, Epson, NEC, Okidata, HP-Laserjet und dazu kompatible,
HP Plotter (7470, 7475, 7440) oder kompatible (HPGL-Format), sowohl über RS-232 als auch den IEC-Bus.

Folgende IEC-Bus-Karten werden unterstüzt:

Capital PC-488 sowie PS-488 für PS/2-Rechner
IOTech GP488, auch für PS/2-Rechner
IBM GPIB
Metrabyte IE488
National Instruments GPIB-PC1/2/2a/PC-III / PS/2-Rechner
Hewlett-Packard GPIB
Ziatech GPIB usw....

Für die analoge und digitale Datenerfassung werden folgende Karten unterstützt:

Data Translation DT2800-, 2820-, 2811-Serie
Metrabyte DAS-8, DAS-16, EXP-16, DAS-20, DAS-1600, DAS-50 usw.
Keithley DAC-500, DAC-575
Analog Devices RTI-800, RTI-802, RTI-815
Tecmar Lab Master/ Lab Tender/ DADIO
IBM DACA
Cyborg ISAAC 91-1
jede Karte mit 8255-Ports
Burr-Brown PCI-20000-Serie mit externen Treibern
externe Treiber nach DAS-Treiber-Spezifikationen (von ASYST)

Alle Karten werden einmal konfiguriert, die dann folgende Programmierung mittels komfortabler Kommandos ist Hardware-unabhängig!

14.12 Menügeführte Software

Aus dem soeben beschriebenen Programmpaket ASYST sind mittlerweile drei eigenständige Softwarepakete entstanden:

EASYEST-LX, ASYSTANT-GPIB und ASYSTANT.

Diese drei Pakete erlauben es dem Anwender, ohne große Einarbeitung Daten zu erfassen, zu analysieren, darzustellen und auszugeben. Dabei muß aber beachtet werden, daß jedes Menüpaket in seinen Anwendungen eingeschränkt ist, da eine "freie Programmierung" wie im ASYST nicht möglich ist.

EASYEST-LX

Meßdaterfassung über eine große Anzahl von A/D- und D/A-Wandlerkarten in verschiedenen Betriebsarten:

Strip-Chart-Recorder (Linienschreiber mit Echtzeitgraphik)
X-Y-Recorder (X-Y-Schreiber mit Echtzeitgraphik)
Transienten-Recorder (Pre-Post-Trigger mit anschließender Graphik)
High-Speed-Recorder (schnelle Erfassung mit anschließender Graphik)
Signal-Averager (schnelle Erfassung mit Mittelwertbildung)
Data-Logger (Erfassung, Steuerung, Alarmmeldungen)
Function-Generator (Ausgabe von analogen Daten)

Bei allen Betriebsarten ist das Abspeichern der Daten auf die Festplatte möglich. Die Analyse und Darstellung erfolgt anschließend in speziellen Menüpunkten wie: Graphik, "Curve-Fitting", Statistik, File I/O, "Waveform"-Prozessor usw.

ASYSTANT-GPIB

Meßdatenerfassung und Gerätesteuerung über den IEC-Bus.

Hierbei ist hervorzuheben, daß im ASYSTANT-GPIB ein Programm-Modus installiert ist. Dieser Modus ermöglicht, bis zu 30 Routinen mit den dazugehörenden Kommandos zu generieren und abzuarbeiten. Die Erstellung dieser *Macros* erfolgt über die Menüführung. Hierbei wird nicht nur der IEC-Bus-Teil unterstützt, sondern natürlich auch die Analyse (FFT, SMOOTH, AVG usw.) und die graphische und tabellarische Ausgabe der Daten inklusive Datensicherung.

Programmbibliotheken für verschiedene IEC-Bus-Geräte stehen dem Anwender bei Lieferung zur Verfügung (Keithley, LeCroy, Philips, HP, Nicolett usw.).

ASYSTANT

Mit diesem Paket ist keine Meßdatenerfassung möglich. Der ASYSTANT ist als reines Analyse- und Graphikpaket zu verstehen. Da alle ASYST-Pakete File-kompatibel sind, ist der ASYSTANT eine sehr gute Ergänzung zum ASYST-Programmpaket zur einfachen und schnellen Datenauswertung.

Vergleiche

Programmiersprache	Programmieroberfläche	Menüoberfläche
BASIC FORTRAN C, usw.		ASYSTANT EASYEST-LX ASYSTANT-GPIB

A S Y S T 2 . 1

A S Y S T 4 . 0

Die neueste ASYST-Version 4.0 besitzt sowohl eine komfortable Menüoberfläche als auch die hervorragende Flexibilität der ASYST-Programmierumgebung und als weitere Besonderheit die direkte Schnittstelle zu anderen Programmiersprachen wie Microsoft-FORTRAN und C sowie der DOS-Umgebung (*DOS Shell*).

14.13 ASYST-Menüs

Die nachfolgenden Bilder (**Bild 14.4** bis **Bild 14.11**) stellen unkommentiert einige wesentliche Menüs von ASYST 4.0 vor.

14.14 Zusammenfassung

Dem eingangs genannten Anspruch, ein Werkzeug für technisch-wissenschaftliche Anwendung zu sein, wird ASYST gerecht.

Auch und gerade zur Meßdatenverarbeitung steht dem Anwender ein großer Fundus an Funktionen bereit, der im Bedarfsfall sehr einfach erweitert werden kann. Für die meisten elementaren Funktionen gilt die Strategie *suchen und finden*, da die Kommandos der Funktion eindeutig entsprechen. Dieses sollte als Beleg für die *anwenderbezogene* Entwicklung des Programmpaketes gewertet werden.

Die angebotene Dokumentation ist in Englisch abgefaßt und sehr gut lesbar. Die vorhandenen Funktionen (*Wörter*) sind eindeutig beschrieben und anhand von Beispielen belegt.

In einem eigenen Dokumentationsteil, "GLOSSARY" genannt, werden die Funktionen zusätzlich im Umfeld der Anwendung behandelt.

Für den "Newcomer" steht eine Kurzeinführung unter der Bezeichnung ASYST SCHNELL ERLERNT bereit. Hierin wird ein Querschnitt über alle Funktionen dargestellt.

Abschließend kann man sagen, daß das ASYST-Softwarepaket eine Programmierumgebung für alle in der Datenerfassung und Datenverarbeitung erforderlichen Funktionen vereint. Es verbindet eine komfortable *Wortprogrammierung* mit der Flexibilität einer Progammiersprache im klassischen Sinn.

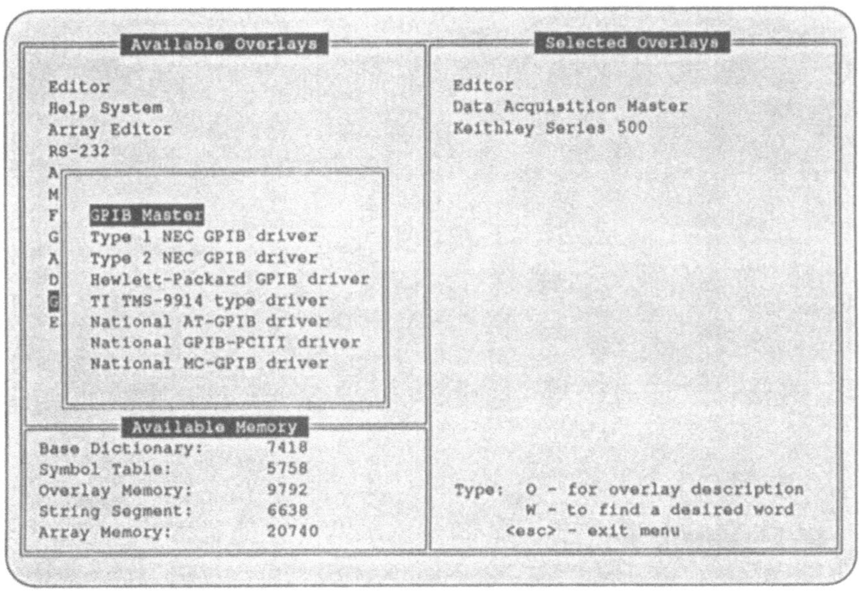

Bild 14.4 Konfigurationsmenü von ASYST 4.0

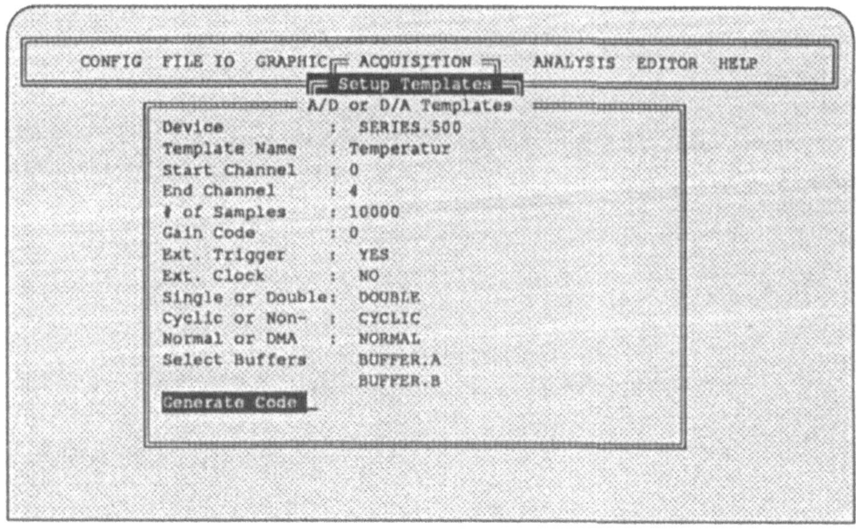

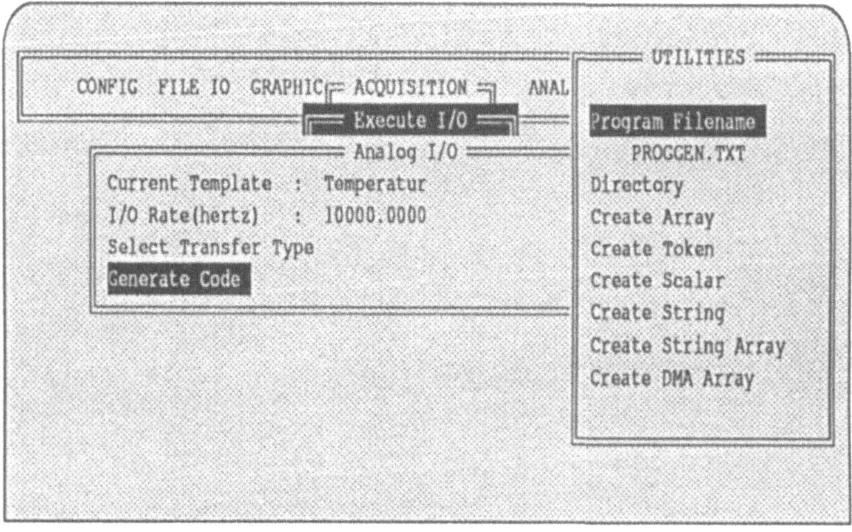

Bild 14.5 Coder-Menü: Meßwerterfassung mit A/D-Wandler

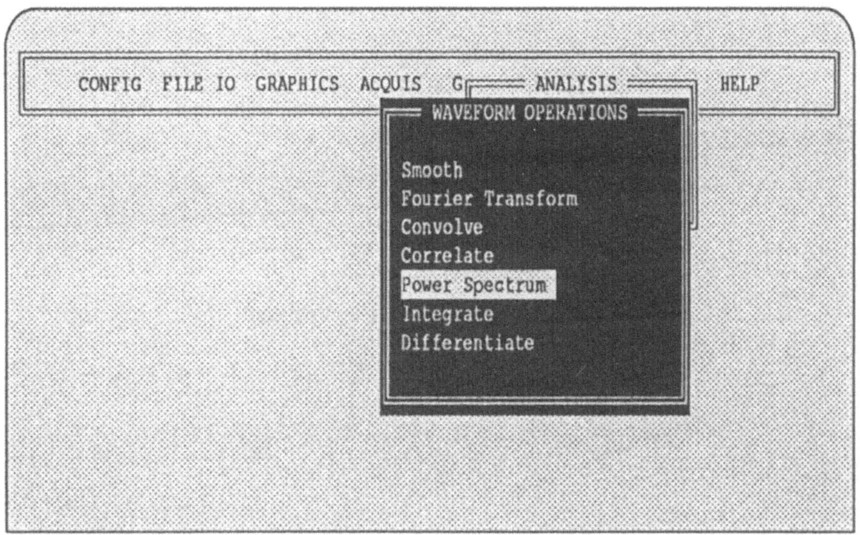

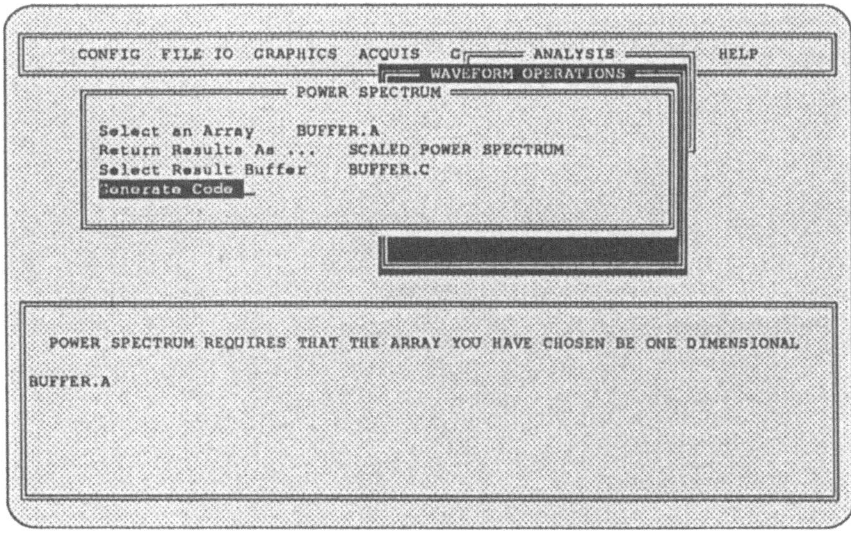

Bild 14.6 Coder-Menü: Analyse der Meßwerte

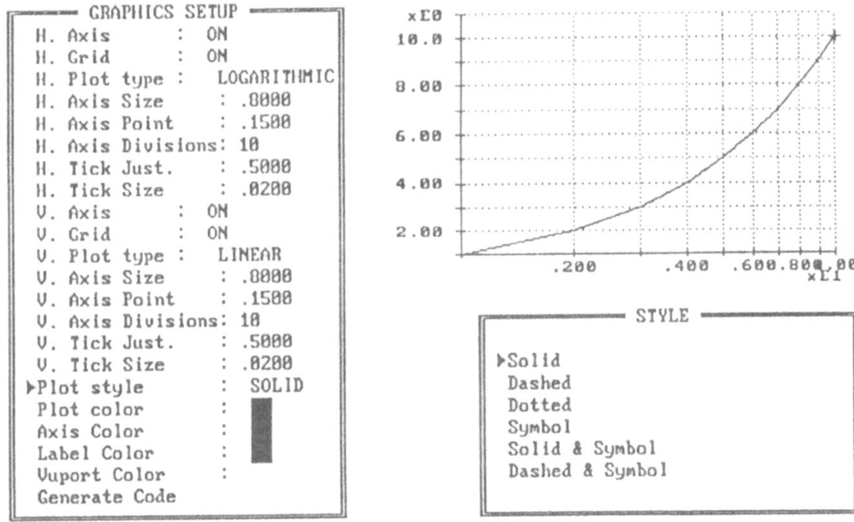

Bild 14.7 Coder-Menü: Einstellung der Graphikattribute

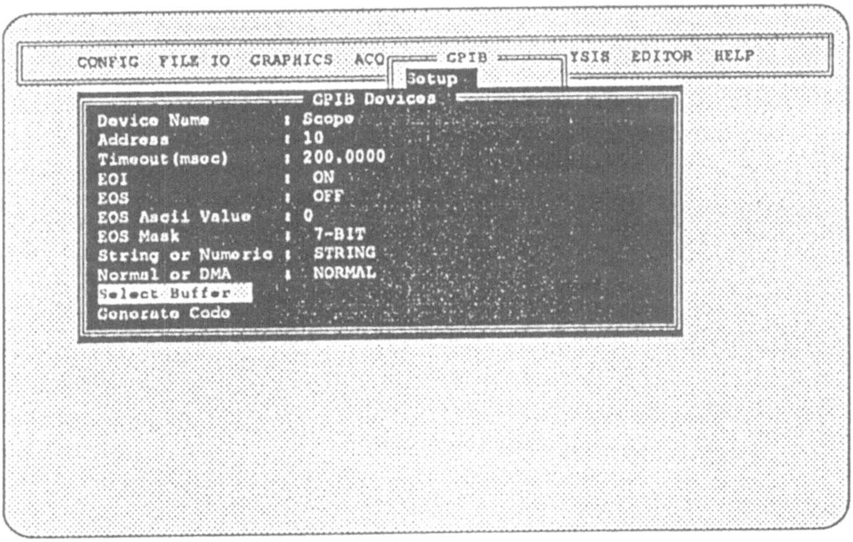

CONFIG FILE IO GRAPHICS ACQ GPIB YSIS EDITOR HELP
Setup
GPIB Devices
Device Name : Scope
Address : 10
Timeout (msec) : 200.0000
EOI : ON
EOS : OFF
EOS Ascii Value : 0
EOS Mask : 7-BIT
String or Numeric : STRING
Normal or DMA : NORMAL
Select Buffer
Generate Code

Bild 14.8 Coder-Menü: GPIB-Steuerung

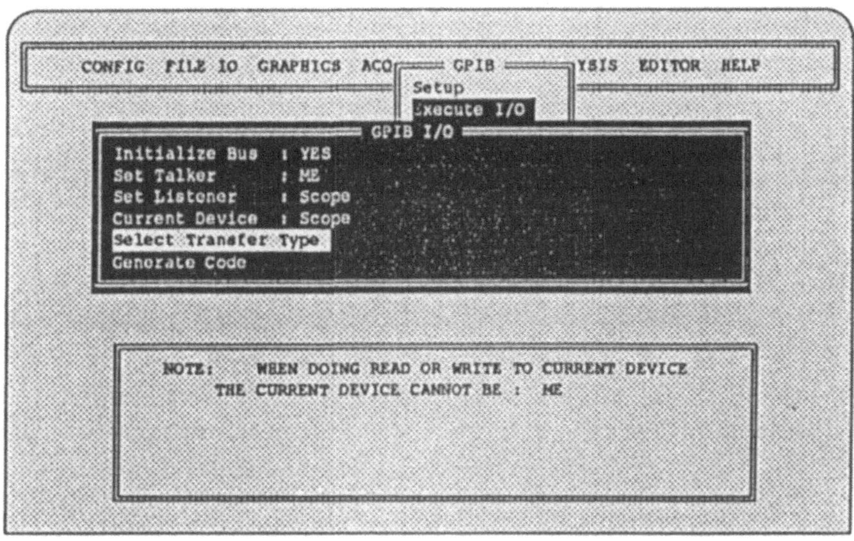

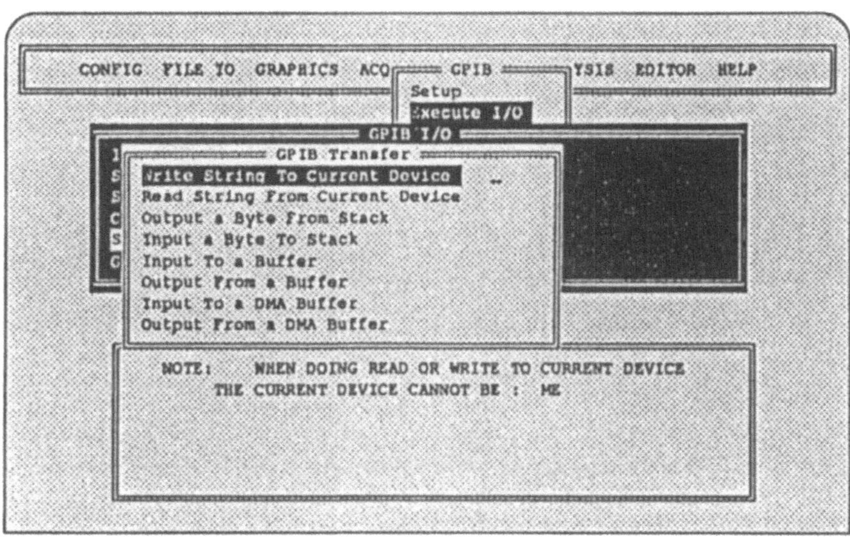

Bild 14.8 GPIB-Steuerung (Fortsetzung)

```
INTEGER DIM[ 1 ] UNNAMED.ARRAY BECOMES> BUFFER.A
INTEGER DIM[ 1 ] UNNAMED.ARRAY BECOMES> BUFFER.B
INTEGER DIM[ 1 ] UNNAMED.ARRAY BECOMES> BUFFER.C
INTEGER DIM[ 1 ] UNNAMED.ARRAY BECOMES> BUFFER.D

LOAD.OVERLAY GPIB.SOV
 16.0000  GPIB.DEVICE dmm            \ DEFINE A GPIB DEVICE
 20000.0000  TIMEOUT                 \ TIMEOUT PERIOD IN MILLISECS.


BUS.INIT                             \ INITIALIZE BUS TO CONFIGURED STATE
SEND.INTERFACE.CLEAR                 \ MAKE ME CONTROLLER IN CHARGE
REMOTE.ENABLE.ON                     \ DEVICES RESPOND TO CONTROLLER COMMANDS
dmm TALKER                           \ SET CURRENT DEVICE AS TALKER
UNLISTEN
ME LISTENER                          \ SET CURRENT DEVICE AS LISTENER
dmm                                  \ MAKE THIS DEVICE CURRENT
"data GPIB.READ                      \ READ STRING FROM CURRENT DEVICE
_
--------------------------------------------------------------------------------
PROGGEN.TXT              --> Char      Insert      Line   60  Char  1833

F1  Word       F3  Page       F5  Direction   F7  Block Mark  F9  Save
F2  Line       F4  File       F6  Find&Repl   F8  Block Merge F10 Exit
```

Bild 14.9 Coder-Menü: Der Editor

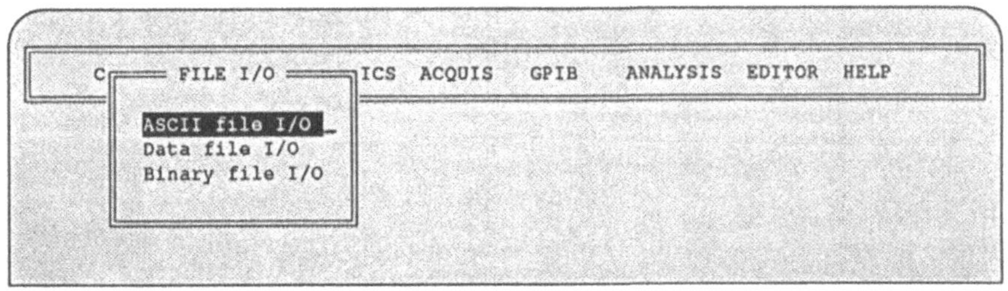

Bild 14.10 Coder-Menü: Lesen von Datenfiles

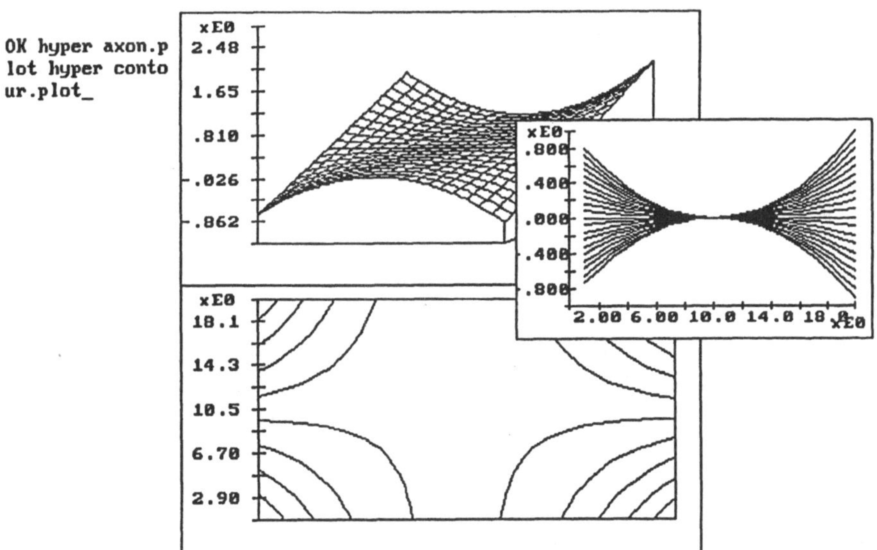

Bild 14.11 Darstellung einer Hyperbelfunktion als 3D-Graphik, als Höhenlinien-Diagramm (*Contourplot*) und als Schnittfläche

Anhang

Normen-Verzeichnisse

Die nachfolgend wiedergegebenen Normenlisten sind dem Schnittstellen-Buch von *H. Schumny* und *R. Ohl* entnommen [SchyOhl93].

DIN-Normen sind über den Beuth Verlag, 1000 Berlin 30, Postfach 1145, zu beziehen; Tel. 030/2601-361.

1 Grundlagen-Normen

DIN ISO 7498	Informationsverarbeitung;Kommunikation offener Systeme, Basis-Referenzmodell, OSI-Referenzmodell, 7 Schichten
DIN 44 300	Informationsverarbeitung; Begriffe
DIN 44 302	Informationsverarbeitung; Datenübertragung, Datenübermittlung; Begriffe
DIN 66 003	Informationsverarbeitung; Internationaler 7-Bit-Code (ISO 646)
DIN 66 303	8-Bit-Code Erweiterung für Deutschland
DIN 66 019	Informationsverarbeitung; Steuerungsverfahren mit dem 7-Bit-Code bei Datenübertragung, Verwendung der Übertragungssteuerzeichen, Grundlage für "Basic-Mode-Prozeduren" (ISO 1745, ISO 2111)
DIN 66 020 T. 1	Zusammenstellung der Modem-Schnittstellen-Steuerleitungen für das Fernsprechnetz, entspricht CCITT V.24
DIN 66 020 T. 2	Funktionelle Anforderungen an die Schnittstelle zwischen DEE und DÜE in Datennetzen, entspricht CCITT X.24, Signale für Modemsteuerung in Postdatennetzen
DIN 66 022 T. 1	Informationsverarbeitung; Darstellung des 7-Bit-Code bei Datenübertragung; asynchrones Datenformat (ISO 1177)
DIN 66 219	Verfahren zur Blockprüfung bei Datenübertragung im Übermittlungsabschnitt, Cyclic Redundancy Check (CRC-16-Polynom) und Blockprüfzeichen (ISO 1155, ISO 2111)

DIN ISO 3309	HDLC, Aufbau des Datenübertragungsblocks
DIN ISO 4335	HDLC, Elemente der Steuerungsverfahren
DIN ISO 7809	HDLC, Klassen der Steuerungsverfahren
DIN ISO 6256	HDLC, Übermittlungsvorschrift zwischen Hybridstationen bei Paketvermittlung (X.25)

2 Normen für Elektrische Eigenschaften

DIN 66 259 T. 1	entspricht V.28, Elektrische Eigenschaften von RS-232-Schnittstellen (+ 3 V bis 15 V an 3 kOhm), bis 20 kbit/s
DIN 66 259 T. 2	entspricht V.10, X.26 und EIA RS-423, Elektrische Eigenschaften für Postschnittstellen (+ 5 V), bis 100 kbit/s
DIN 66 259 T. 3	Elektrische Eigenschaften der Schnittstellenleitungen; Doppelstrom, symmetrisch, bis 10 Mbit/s, entspricht V.11, X.27 und EIA RS-422, moderne Punkt-zu-Punkt-Verbindungen (+ 0,3 V bis 6 V an 100 Ohm, Twisted Pairs)
DIN 66 259 T. 4	entspricht ISO 8482 und EIA RS-485, moderne Mehrpunkt-Verbindungen ähnlich DIN 66 259 Teil 3 (0,3 V bis 6 V, Twisted Pairs)
DIN 41 652 T. 1	(z.Z. Entwurf) Steckverbinder für die Einschubtechnik, trapezförmig, runde Kontakte, 0,1 mm; Gemeinsame Einbaumerkmale und Maße; Bauformenübersicht

3 Anwender-Normen

DIN 66 021	V.24-Modem-Schnittstellen für den Postgebrauch für unterschiedliche Modems im Fernsprechnetz (Teil 1 bis 10)
DIN 66 245 T. 1	PROFIBUS, serieller Feldbus, RS-485 mit Protokoll
DIN 66 258 T. 1	Schnittstellen und Steuerungsverfahren für die Datenübermittlung, 20-mA-Stromschleife (CS, Current Serial) und Schnittstelle ähnlich RS-232 (VS, Voltage Serial) mit Steckerbelegung und Protokoll
DIN 66 258 T. 2	Schnittstellen und Steuerungsverfahren für die Datenübermittlung; erdsymmetrische Schnittstelle und 7-Bit-Code-Steuerungsverfahren bei Start/Stop-Übertragung und Punkt-zu-Punkt-Verbindung, asynchrone V.11-Schnittstelle mit Übertragungsprotokoll
DIN 66 348 T. 1	Schnittstellen und Steuerungsverfahren für die serielle Meßdatenübermittlung, Punkt-zu-Punkt-Verbindung, V.11 sowie Stromschleife mit 3 verschiedenen Protokollen
DIN 66 348 T. 2	Schnittstelle und Basis-Steuerungsverfahren für Mehrpunktverbindungen
DIN 66 349	Schnittstelle für die parallele Meßdatenübermittlung, BCD-Schnittstelle, 36 bit, mit TTL-Pegeln

4 Außerdem

DIN VDE 0160	Ausrüstung von Starkstromanlagen mit elektronischen Betriebsmitteln
DIN VDE 0800 T. 1	Fernmeldetechnik; Allgemeine Begriffe, Anforderungen und Prüfungen für die Sicherheit der Anlagen und Geräte
DIN VDE 0804	Fernmeldetechnik; Herstellung und Prüfung der Geräte, Fernmeldegeräte (einschließlich informationsverarbeitenden Geräten)
DIN VDE 0871	Funk-Entstörung von Hochfrequenzgeräten für industrielle, wissenschaftliche, medizinische (ISM) und ähnliche Zwecke

VDE-Richtlinien sind zu beziehen durch *Deutsche Elektrotechnische Kommission* (DKE) im DIN und VDE, Stresemannallee 15, 6000 Frankfurt 70.

5 Internationale Normen

Hier sind einige wichtige internationale Normen von ISO und IEC für die Datenübertragung zusammengestellt.

IEC-, ISO- und EIA-Normen sind beziehen durch: *Beuth Verlag* GmbH, Auslandsnormenvermittlung, Burggrafenstraße 6, 1000 Berlin 30

IEC 57	Telecontrol communication protocols - Cyclic redundancy check
IEC 8072	Rectangular connectors for frequencies below 3 MHz Part 2: Detail specification for a range of connectors with round contacts - Fixed solder contact types
ISO 646 - 1973	7-bit coded character set for information processing interchange; 7-Bit-Code für den Informationsaustausch in der Informationsverarbeitung
ISO 1177 - 1981	Information processing - Character structure for start/stop and synchronous transmission; Informationsverarbeitung - Zeichenaufbau für Start/Stop und synchrone Übertragung
ISO 1745 - 1975	Information processing - Basic mode control procedures for data communication systems; Informationsverarbeitung - Grundverfahren der Steuerungstechnik in Datenübermittlungssystemen
ISO 2111 - 1985	Data communication Basic mode control procedures - Code independent information transfer

ISO 4903 - 1980	Data communication - 15-pin DTE/DCE interface connector and pin assignments; Datenübermittlung - 15poliger Schnittstellen-Steckverbinder und Stiftbelegungen
ISO 7477 - 1981	Data processing - Requirements for DTE to DTE physical connection using 15- and 37-pin connectors; Datenübermittlung - Anforderung an die Schnittstelle zwischen DEEs mit dem 15- oder 37poligen Trapezstecker
ISO 7480 - 1981	Information processing - Start/stop transmission signal quality at DTE/DCE interfaces; Informationsverarbeitung - Signalgüte bei Start/Stop-Übertragung
ISO 8481 - 1986	Data communication DTE to DTE physical connection using X.24 interchange circuits with DTE provided timing
ISO 8482 - 1987	Information processing systems - Data communication - Twisted pair multipoint interconnections (EIA RS-485)
ISO 9549 - 1989	Information processing systems - Galvanic isolation of balanced interchange circuits

6 CCITT

Die Empfehlungen des *Comité Consultatif International Télégraphique et Téléphonique* (CCITT) werden von der *Union Internationale des Télécommunications* (UIT), Place des Nations, CH-1211 Geneve 20, veröffentlicht. In Deutschland zu beziehen durch DIN *Deutsches Institut für Normung* e.V., Auslandsarchiv, Postfach 1107, D-1000 Berlin 30.

CCITT V.6	Standardization of data signalling rates for synchronous data transmission on leased telephone type circuits; Genormte Übertragungsgeschwindigkeiten für synchrone Datenübertragung auf Standleitungen
CCITT V.10	Electrical characteristics for unbalanced double current interchange circuits for general use with integrated circuit equipment in the field of data communication
CCITT V.11	Electrical characteristics for balanced double current interchange circuits for general use with integrated circuit equipment in the field of data communication; Elektrische Eigenschaften für symmetrische Doppelstrom-Schnittstellenleitungen zur allgemeinen Benutzung mit integrierten Schaltkreisen in der Datenübermittlung
CCITT V.24	List of definitions for interchange circuits between data terminal equipment and data circuit-terminating equipment
CCITT V.28	Electrical characteristics for unbalanced double current interchange circuits

CCITT X.1	International user classes of service in public data networks; Internationale Benutzerklassen in öffentlichen Datennetzen
CCITT X.4	General structure of signals of international alphabet No.5 code for data transmission over public data networks; Allgemeine Struktur von codierten Signalen des Internationalen Alphabets Nr.5 für die Datenübertragung in öffentlichen Datennetzen
CCITT X.20	Interface between data terminal equipment (DTE) and data circuit terminating equipment (DCE) for start/stop-transmission services on public data networks; Schnittstelle zwischen Datenendeinrichtung (DEE) und Datenübertragungseinrichtung (DÜE) für Start/Stopp-Übertragung in öffentlichen Datennetzen
CCITT X.21	Leitungsvermittelte Netze der Post
CCITT X.24	List of definitions for interchange circuits between data terminal equipment (DTE) and data circuit terminating equipment (DCE) on public data networks
CCITT X.25	Paketvermittelte Datennetze der Post

7 Amerikanische Normen

Einige wichtige EIA-Standards, die Schnittstellen behandeln, sind hier zusammengestellt.

RS-232-C	Interface between data terminal equipment and data communication equipment employing serial binary data-interchange (V.24/V.28)
RS-334	Signal quality at interface between data processing terminal equipment and synchronous data communication equipment for serial data transmission
RS-363	Standard for specifying signal quality for transmitting and receiving data processing terminal equipments using serial data transmission at the interface with nonsynchronous data communication equipment
RS-422-A	Electrical characteristics of balanced voltage digital interface circuits (V.11)
RS-423-A	Electrical characteristics of unbalanced voltage digital interface circuits (V.10)
RS-449	General purpose 37-position and 9-position interface for data terminal equipment and data circuit terminating equipment employing serial binary data interchange
RS-485	Standard for electrical characteristics of generators and receivers for use in balanced digital multipoint system, compatibel with RS-422

Literaturverzeichnis

[ANSI87a] ANSI/IEEE Std 488.1 - 1987. IEEE: Institute of Electrical and Electronics Engineers, 345 East 47th Street, New York, NY 10017, USA.

[ANSI87b] ANSI/IEEE Std. 488.2 - 1987.

[BirkSwik83] *Birk, H.; Swik, R.*: Mikroprozessoren und Mikrorechner und ihre Anwendung in der Automatisierungstechnik. München, Wien: Oldenbourg 1983.

[BollVar86] *Boll, G,; Varchmin, J.-U*; u.a.: Erwärmungstest an Hubwerkantrieben mit Personal-Computer automatisiert. Antriebstechnik, Band 25 (1986), Heft 1, S. 46-50.

[Bratz92] *Bratz, E.-M.*: Entwicklung einer Steuersoftware für das HP16500A Logic Analysis System unter PowerLab. Diplomarbeit Fachhochschule München, 1992.

[BroHackVar83] *Brosch, P.F.; Hackmann; Varchmin, J.-U.*: Mikrorechner steuert Dauerprüfstand für elektrische Maschinen. messen + prüfen, Heft 9, 1983, S. 486.

[Conrads89] *Conrads, D.*: Datenkommunikation. Braunschweig: Vieweg 1989.

[Dams92] *Dams, M.*: Meßdatenerfassung unter Windows. Elektronik Informationen Nr. 3, 1992.

[DIN83] DIN 1319 Teil 3. Berlin: Beuth-Verlag 1983.

[DIN85] DIN 1319 Teil 4. Berlin: Beuth-Verlag 1985.

[Doetsch85] Doetsch, G.: Anleitung zum praktischen Gebrauch der Laplace-Transformation und der z-Transformation. München, Wien: Oldenbourg 1985.

[Fi92] *Finkl, K.; Melder, W.*: PC-Meßtechnik-Erweiterungen mit offenen Schnittstellen und Standards. Elektronik Information 9/92.

[Filbert87] *Filbert, D.*: Möglichkeiten und Grenzen beim Digitalisieren von Meßwerten. In: Energie und Automation. München: Siemens-Verlag 1987.

[GfS92a] N.N.: DIA-Anwenderhandbuch zur Meßdatenauswertung: DIA-Einführung, DIA-Grafik, DIA-Datenanalyse. GfS, Aachen: 1992.

[GfS92b] N.N.: DAGO-Anwenderhandbuch zur Meßdatenerfassung: DAGO-Messen. GfS, Aachen: 1992.

[GfS92c] N.N.: DigiS-Anwenderhandbuch zum Erfassen und Auswerten unter Windows. GfS, Aachen: 1992.

[HaaSnoSchy92] *Haasz, V., Snorek, M., Schumny, H.:* PC Instrumentation for Data Acquisition and Measurement. PTB-Bericht PTB-IT-1. Bremerhaven: Wirtschaftsverlag 1992.

[Halling87] *Halling, H.* (Hrsg.): Serielle Busse. Berlin: VDE-Verlag 1987.

[HP] *Hewlett-Packard*, HP16500A Logic Analysis System, Programming Reference.

[Hering92] *Hering, E.*: Software-Engineering. Braunschweig: Vieweg 1992.

[Hessel83] *Hesselmann, N.*: Digitale Signalverarbeitung. Würzburg: Vogel 1983.

[Hoffmann83] *Hoffmann, N.*: Digitale Regelung mit Mikroprozessoren. Braunschweig: Vieweg 1983.

[Hofmann83] *Hofmann, D.*: Handbuch Meßtechnik und Qualitätssicherung. Braunschweig: Vieweg 1983.

[ImmelViet86] *Immel, H.; Vieten, M.*: Der PC machts möglich. Elektronik-Journal, Nr. 15/16, 1986.

[Ku92a] *Kuhn, A.; Melder, W.*: PC wird "angelinkt": Transputer unter Windows. Design + Elektronik, 14.7.92.

[Ku92b] *Kuhn, A.; Melder, W.*: Symbolische Programmierung. Design + Elektronik, 25.12.92.

[Lacroix80] *Lacroix, A.*: Digitale Filter. München, Wien: Oldenbourg 1980.

[LeseaZaks] *Lesea, A.; Zaks, R.*: Mikroprozessor-Interface-Techniken. Düsseldorf: Sybex.

[MartinKlotz81] *Martin, W.; Klotz, U.*: Mikrocomputer in der Prozeßdatenverarbeitung. München, Wien: Hanser 1981.

[Meilhaus] *Meilhaus* Electronic, PowerLab Anwenderhandbuch Rev.1.0. Fa. Meilhaus Electronic GmbH, 8039 Puchheim.

[Mel92a] *Melder, W.*: Meßtechnik mit Standardsoftware unter DOS und Windows. und oder nor 5/92.

[Mel92b] *Melder, W.; Ostendorf, W.*: Meßwerte mehrfach nutzen. Zeitschrift VFI, 5/92.

[Mel92c] *Melder, W.*: Ersetzt das Rechnerdisplay künftig das Armaturenbrett für den Testfahrer? Automobil-Industrie 5/92.

[Mel92d] *Melder, W.; Philipps, M.*: PC-Systeme für fast alle Aufgaben in der Meßwerterfassung. MSR-Magazin 11-12/92.

[Mel92e] *Melder, W.; Richter, M.*: Standardsoftware in der Prozeßüberwachung. CAV, 9/92.

[Meyer82] *Meyer, G.*: Digitale Signalverarbeitung. Berlin: VEB Verlag Technik 1982.

[MXI91] MXIbus, Multisystem Extension Interface Bus Specification, Version 1.2 1991. National Instruments Corp., 12109 Technology Boul., Austin, Texas 78727, USA.

[Paul82] *Paul, M.*: Digitale Meßwertverarbeitung. Berlin: VDI-Verlag 1982.

[PEARL86] *PEARL-Verein* (Hrsg.): Personal-Realtime-Computing '86. München: Markt & Technik 1986.

[Pietro82] *Pietrowski, A.*: IEC-Bus; Die Funktionsweise des IEC-Bus und seine Anwendung in Geräten und Systemen. München: Franzis 1982; & Automation, 9. Jahrg., August 1987.

[Rote] "Der dicke Rote", Katalog. SOS Software Service GmbH, Augsburg.

[Roth87] *Rothardt, G.*: Praxis der Software-Entwicklung. VEB Verlag Technik, Berlin: 1987.

[SchnHoy84] *Schnell, G.; Hoyer, K.*: Mikrocomputer-Interfacefibel. Braunschweig: Vieweg 1984.

[Schwieger83] *Schwieger, E.*: Digitale Butterworthfilter. München, Wien: Oldenbourg 1983.

[Schy86] *Schumny, H.* (Hrsg.): PC-Praxis. Braunschweig: Vieweg 1986.

[Schy87a] *Schumny, H.* (Hrsg.): LAN - Lokale PC-Netzwerke. Braunschweig: Vieweg 1987.

[Schy87b] *Schumny, H.*: Signalübertragung, 2. bearbeitete Auflage. Braunschweig: Vieweg 1987.

[Schy89] *Schumny, H.*: Digitale Datenverarbeitung, 2. Auflage. Braunschweig: Vieweg 1989.

[SchyOhl93] *Schumny, H., Ohl, R.*: Das Schnittstellen-Buch. Braunschweig: Vieweg 1993.

[SCPI91] SCPI 1991 - Standard Commands for Programmable Instruments, Volume 1 bis 3 (Version 1991.0. May,1991).

[SCPI92] SCPI 1992 - Standard Commands for Programmable Instruments, Version 1992.0.

[Soft] "Software Informationen", Katalog. ENZ EDV-Beratung GmbH, Bad Homburg.

[Stearns87] *Stearns, S.D.*: Digitale Verarbeitung analoger Signale. München, Wien: Oldenbourg 1987.

[TempStieg88] *Tempelmeier, T.; Stieger, K.* (Hrsg.): Personal-Realtime-Computing '88. München: Markt & Technik 1988.

[Till87] *Tillmann, K.-D.*: Datenkommunikation mit dem PC. Braunschweig: Vieweg 1987.

[Turbo] Turbo Analyst, Turbo Power Software, Scotts Valey, USA. Im Vertrieb: ENZ EDV-Beratung GmbH, Bad Homburg.

[VarBro83] *Varchmin, J.-U.; Brosch, P.F.*: Preisgünstige Lösung gesucht; Rechner steuert Prüfplatz für elektrische Maschinen. Markt & Technik, Nr. 41, Okt. 1983, S. 112.

[Weber84] *Weber, H.*: Laplace Transformation. Stuttgart: Teubner 1984.

[Welzel91] *Welzel, P.*: Datenfernübertragung, 2. überarbeitete Auflage. Braunschweig: Vieweg 1991.

[Wolle] *Wolle, J.*: Der SCPI-Standard für IEC-BUS-Programmierung. Vortrag in Fa. Rohde & Schwarz, München.

Sachwortverzeichnis

H. Czichos, Bundesanstalt für Materialforschung und -prüfung (BAM), Berlin (Hrsg.)

HÜTTE
Die Grundlagen der Ingenieurwissenschaften

Im Auftrag des Wissenschaftlichen Ausschusses des Akademischen Vereins Hütte e.V., Berlin

29., völlig neu bearb. Aufl. 1989. Ber. Nachdruck 1991. XLV, 1405 S. 1586 Abb. Geb. DM 98,– ISBN 3-540-19077-5

Aus dem Inhalt: Mathematik und Statistik. – Physik. – Chemie. – Werkstoffe. – Technische Mechanik (inkl. Strömungsmechanik). – Technische Thermodynamik. – Elektrotechnik: Grundlagen, Energietechnik, Nachrichtentechnik, Elektronik. – Meßtechnik. – Steuerungs- und Regelungstechnik.– Technische Informatik: Digitale Systeme, Rechnerorganisation, Programmierung. – Entwicklung und Konstruktion. – Anhang: Normung, Recht, Patentwesen, Betriebswirtschaft. – Sachregister.

Die in der 29. Auflage völlig neu konzipierte Grundlagen-HÜTTE enthält in einem Band das Grundwissen der wichtigsten Ingenieurfächer. Die Stoffauswahl orientiert sich an den Studiengängen der Technischen Universitäten und Fachhochschulen und macht das moderne Standardwerk neben dem DUBBEL zum unverzichtbaren Bestandteil der Lehrbuch-Grundausstattung eines jeden Technikstudenten. In dem nach kurzer Zeit notwendig gewordenen Nachdruck wurden Satzfehler korrigiert und einige Textpassagen verbessert.

Preisänderungen vorbehalten.

B3.04.037